序

近十幾年來食品安全議題受到舉世重視，自2008年進口大陸三聚氰胺攙偽奶粉事件起，隨後接踵而來的食安事件層出不窮，如起雲劑添加非法化學物質塑化劑、順丁烯二酸酐化製毒澱粉、黑心油混油事件、工業級添加物混入食品、日本進口輻射食品、逾期食品改標重製販售、DDT玫瑰茶、孔雀綠鰻魚、蘇丹紅鹹蛋蛋黃、戴奧辛與芬普尼雞蛋、液蛋事件、開放含萊克多巴胺的美牛美豬進口、冰淇淋與泡麵含有環氧乙烷、美式賣場販賣的莓果含有A型肝炎病毒等，這些食安事件使民眾對於食品管理存疑引發消費信心危機。

鑒於食品安全為公共衛生及民眾所關心之民生重點，「食品安全衛生管理法」數次修法、食品雲「五非不可」和蔡總統「食安五環」之執行，以強化食品業者的管理及稽查機制；衛福部擬定「食品安全政策白皮書」以擘劃我國未來食品安全管理新藍圖；「食品安全管制系統準則」擴大強制執行業者；「食品業者專門職業或技術證照人員設置及管理辦法」強制業者聘請專門職業人員與具技術士證照人員為食安把關。經過這幾次的食安事件後，政府不斷擴增食品衛生檢驗高普考之缺額，以彌補食安漏洞。

食品技師與食品衛生檢驗、農產加工高普特考具有相同的考試科目，在準備這兩種考試時，考題可以互相參考，然而其參考答案就顯得相當重要，好的答案可以使讀者快速了解並熟記重點。

作者於食品補教界任職十五年之久，將答題經驗與技巧撰寫成此書，期能提供最完整與精隨的參考答案，以供考生作為考試的藍本。

黃上品、梁十

食品技師全攻略2.0 (106~112 試題詳解)

目　錄

106年第一次食品技師專技高考 ---------- 1

106年第二次食品技師專技高考 ---------- 35

107年第一次食品技師專技高考 ---------- 71

107年第二次食品技師專技高考 ---------- 105

108年第一次食品技師專技高考 ---------- 137

108年第二次食品技師專技高考 ---------- 167

109年第一次食品技師專技高考 ---------- 197

109年第二次食品技師專技高考 ---------- 230

110年第一次食品技師專技高考 ---------- 262

110年第二次食品技師專技高考 ---------- 295

111年第一次食品技師專技高考 ---------- 326

111年第二次食品技師專技高考 ---------- 360

112年第一次食品技師專技高考 ---------- 395

106 年第一次專門職業及技術人員高考-食品技師

類科：食品技師　科目：食品微生物學

一、食品可利用加熱處理來降低食品微生物菌數。請敘述影響食品加熱殺菌殘存菌數多寡的因子，請至少寫出 5 項以上因子，並解釋每項因子的影響。（20 分）

【106-1 年食品技師】

詳解：

(一)微生物本身：

各種微生物對熱之抗性均不同，以相同的加熱程度處理，抗熱性高的微生物殘存菌數多；抗熱性低的微生物殘存菌數少，一般抗熱性G(+)菌會大於G(-)菌。

(二)微生物生長階段的抗熱性：

微生物於不同生長期的抗熱性不同，對數生長期(Log phase)之微生物抗熱性較差，以相同的加熱程度處理，對數生長期(Log phase)之微生物殘存菌數少。

(三)加熱殺菌之溫度：

以相同時間之加熱處理，溫度越高的加熱處理，微生物殘存菌數越少；溫度越低的加熱處理，微生物殘存菌數越多。

(四)加熱殺菌之時間：

以相同溫度之加熱處理，時間越長的加熱處理，微生物殘存菌數越少；時間越短的加熱處理，微生物殘存菌數越多。

(五)食品中成分會影響微生物抗熱性：

1. 水分含量/水活性：[靠自由水(熱蒸氣)導熱]
水分含量低，微生物抗熱性高；水分含量高，微生物抗熱性低
2. 碳水化合物含量：[碳水化合物會吸水，降低導熱的自由水(熱蒸氣)]
碳水化合物含量高，微生物抗熱性高；碳水化合物含量低，微生物抗熱性低
3. 蛋白質含量：(微生物外層蛋白質變性，阻礙熱傳導)
蛋白質含量高，微生物抗熱性高；蛋白質含量低，微生物的抗熱性低
4. 脂質含量：(脂肪是熱的不良導體)
脂質含量高，微生物抗熱性高；脂質含量低，微生物的抗熱性低
5. 食物的酸鹼值(pH 值)/氫離子濃度：(熱同時加上酸鹼值殺微生物易死)
酸鹼值接近中性，微生物抗熱性高；酸鹼值遠離中性，微生物的抗熱性低
6. 抗菌物質含量：(熱同時加上抗菌物質殺微生物易死)
無抗菌物質存在，微生物抗熱性高；有抗菌物質存在，微生物的抗熱性低

二、請詳細解釋葡萄酒釀造時添加二氧化硫或亞硫酸鹽類化合物的原因。（20分）
【106-1年食品技師】

詳解：

(一)主要為抑制雜菌(防腐)：

二氧化硫或亞硫酸鹽類化合物是葡萄酒釀製時主要的防腐化學藥品(因大部分葡萄酒釀製完後沒有經加熱殺菌過程)，一般多用偏重亞硫酸鉀($K_2S_2O_5$)，也有用亞硫酸鉀(K_2SO_3)或亞硫酸氫鉀($KHSO_3$)等添加於葡萄酒的破碎及榨汁過程，以產生游離態的二氧化硫才具有防腐作用，其有效濃度為100 ppm。其作用機制為在微生物細胞內形成亞硫酸鹽，可將蛋白質(酵素)雙硫鍵還原，使得蛋白質構型改變而變性，失去活性，來達到抑制雜菌(防腐)的效果。

(二)安定花青素等色素：

二氧化硫或亞硫酸鹽類化合物具有還原作用，可作為抗氧化劑。少量的二氧化硫或亞硫酸鹽類化合物可保護花青素不被氧化而褪色；但大量的二氧化硫或亞硫酸鹽類化合物之亞硫酸根會與花青素結合形成複合物，而導致花青素褪色。

(三)抑制酵素性褐變：

二氧化硫或亞硫酸鹽類化合物是酚酶的強力抑制劑，可以抑制葡萄破碎後之酵素性褐變，避免葡萄酒於製程中酵素性褐變，導致顏色深而賣相變差。

(四)抑制非酵素性褐變(梅納褐變反應)：

二氧化硫或亞硫酸鹽類化合物可形成亞硫酸根，與葡萄酒中的羰基化合物(如葡萄糖、果糖等)之羰基反應，防止其與胺基化合物進行胺羰反應(梅納褐變反應)，產生褐色的梅納汀(melanoidins)而導致顏色深而賣相變差。

(五)防止葡萄酒過度熟成：

二氧化硫或亞硫酸鹽類化合物具有抑菌作用，可防止葡萄酒存在之乳酸菌大量生長，過度進行蘋果酸乳酸發酵而產生大量的有機酸，與酒精進行酯化反應，產生大量的小分子酯類化合物，雖然可增加葡萄酒熟成的香氣成分，但會過度消耗掉酒精，導致葡萄酒之酒精濃度下降。

三、請詳細比較說明豬肉與牡蠣二種食品之腐敗機轉（spoilage mechanism）。（20分）

【106-1年食品技師】

詳解：

(一)豬肉食品之腐敗機轉(spoilage mechanism)：

1. 變黏(slime)：如乳酸菌(*Leuconostoc* spp.、*Lactobacillus* spp.等)、低溫為假單孢桿菌屬(*Pseudomonas* spp.)污染，肉品表面產生胞外多醣(Exopolysaccharide, EPS)所致。
2. 綠變(green meat)：
(1)如乳酸菌(*Leuconostoc* spp.等)污染，包裝不良或開封(無氧→有氧)，菌體會產生過氧化氫(H_2O_2)，使得肌紅蛋白(myoglobin)氧化成為膽綠肌紅蛋白(cholemyoglobin)而造成綠變(green meat)。
(2)如低溫時，假單孢桿菌屬(*Pseudomonas* spp.)污染，真空包裝(有氧→無氧)，菌體產生硫化氫(H_2S)，使得肌紅蛋白(myoglobin)反應成硫化肌紅蛋白(sulfmyoglobin)而造成綠變(green meat)。
3. 變藍(綠)：如低溫時，螢光假單孢桿菌(*Pseudomonas fluorescens*)污染，會產生藍綠色螢光。
4. 黴腐：
(1)變黑：如 *Rhizopus* spp.污染。
(2)變綠：如 *Penicillium* spp.污染。
(3)變白：如 *Aspergillus* spp.污染。
5. 變酸：因微生物產生醋酸(acetic acid)、乳酸(lactic acid)等，如 *Lactobacillus* 等乳酸菌產生乳酸。
6. 變臭：因蛋白質分解成氨氣(NH_3)等揮發，如 *Bacillus*、厭氧為 *Clostridium*、低溫為 *Pseudomonas* 所引起。

(二)牡蠣食品之腐敗機轉(spoilage mechanism)：

牡蠣屬於軟體動物之貝類，其化學組成含高量的碳水化合物(5.6 %)，含氮量較魚類低，碳水化合物以肝醣為主，軟體動物中含高量的鹽基態氮，且游離胺基酸如精胺酸、天門冬胺酸、麩胺酸含量高於魚類，其主要的腐敗菌初期以 *Pseudomonas* spp.、*Serratia* spp.、*Proteus* spp.、*Clostridium* spp.、*Bacillus* spp.、*Enterobacter* spp.、*Lactobacillus* spp.等，中期則以 *Pseudomonas* spp.、*Acinetobacter* spp.、*Moraxella* spp.為主，末期則以 *Enterococcus* spp.、*Lactobacillus* spp.及酵母菌佔優勢。

由於牡蠣肝醣含量相當高，故其腐敗基本上屬於發酵型腐敗，為微生物汙染後將肝醣發酵代謝成有機酸，所以許多學者皆以牡蠣的 pH 值來決定其品質，當 pH 值越低時，代表腐敗越嚴重。

四、固體食品進行微生物分析前須先進行均質，請詳述常使用的二種均質方法，以及這二種均質方法的優（缺）點及限制。（20分）

【106-1年食品技師】

詳解：

(一)常使用的二種均質方法：

1. 鐵胃(Stomacher)：取10或25 g之樣品放入內部有網的無菌均質袋中，再加入90或225 mL之稀釋用無菌水(可為0.1 % peptone water、phosphate buffer pH7.2或生理食鹽水等，為的都是盡量保持樣品中微生物之數目不變)，稀釋10倍，再以鐵胃(stomacher)之兩片鐵片拍打，使樣品中的微生物均勻分散於無菌水中，達到均質的效果。
2. 攪碎機(blender)：取10或25 g之樣品加入含有90或225 mL之稀釋用無菌水(可為0.1 % peptone water、phosphate buffer pH7.2或生理食鹽水等，為的都是盡量保持樣品中微生物之數目不變)之含有螺旋刀片的均質瓶中稀釋10倍，再以均質機(blender)攪碎，使樣品中的微生物均勻分散於無菌水中，達到均質的效果。

(二)這二種均質方法的優（缺）點：

	優點	缺點
1. 鐵胃(Stomacher)	(1)均質時不會產生煩人的噪音 (2)在正常操作時間內(2分鐘)，樣品不會因產熱而導致樣品中的細菌死亡 (3)採用無菌塑膠袋進行均質，使用後即丟，不需清洗裝置 (4)無菌塑膠袋中的稀釋液便於保存於冰箱中，以利後續分析之用	(1)拍打均質速率一般不可控制 (2)每次使用需浪費均質袋，造成垃圾問題 (3)均質時間較長 (4)攪碎程度差 (5)不利於大量處理樣品(時間長)
2. 攪碎機(blender)	(1)轉速與時間可以控制 (2)均質瓶使用完可清洗再利用 (3)節省時間 (4)攪碎程度佳 (5)可以大量處理樣品(時間短)	(1)均質會產生煩人的噪音 (2)容易產熱而導致樣品中的細菌死亡 (3)使用後須清洗均質瓶

(三)這二種均質方法的限制：

1. 鐵胃(Stomacher)：

樣品的體積過大或堅硬，不容易經鐵胃均質；均質效果較差。

2. 攪碎機(blender)：

容易起泡的樣品會於攪碎過程產生大量的泡沫，由螺旋刀片處流出，增加外界微生物汙染的可能；樣品太堅硬，可能會損壞刀片。

五、試述下列各項之微生物種類（細菌、黴菌、酵母菌或病毒），及其與食品之重要關係。（每小題 5 分，共 20 分）
(一)*Listeria monocytogenes*
(二)*Saccharomyces cerevisiae*
(三)*Lactobacillus bulgaricus*
(四)*Aspergillus oryzae*

【106-1 年食品技師】

詳解：

(一)*Listeria monocytogenes*：單核增生李斯特菌

1. 微生物種類：細菌。
2. 與食品之重要關係：

為低溫的病原菌，常造成冷藏食品(此菌於低溫下可生長良好)、微波食品、肉製品、乳製品及生菜沙拉等低溫保存的食品之感染型食品中毒，症狀為嘔吐、腹痛、腹瀉、腦膜炎，若為孕婦可造成流產與死胎。

(二)*Saccharomyces cerevisiae*：啤酒酵母或稱麵包酵母

1. 微生物種類：酵母菌。
2. 與食品之重要關係：

可利用葡萄糖在無氧條件下，進行酒精發酵，產生酒精與二氧化碳，產生酒精可以製造啤酒，而產生二氧化碳可用於麵包之膨發；亦可作為單細胞蛋白質(Single Cell Protein, SCP)的產生微生物。

(三)*Lactobacillus bulgaricus*：保加利亞乳酸桿菌

1. 微生物種類：細菌。
2. 與食品之重要關係：

使用於乳酸飲料之重要菌種，為益生菌(Probiotics)，常和嗜熱鏈球菌(*Streptococcus thermophilus*)一同用於優酪乳(yogurt)之發酵，因具有協同共生(Symbiosis)與加乘作用(Synergism)，故可使發酵時間減短。

(四)*Aspergillus oryzae*：米麴菌

1. 微生物種類：黴菌。
2. 與食品之重要關係：

為製麴(Koji)的重要菌種，可將蛋白質分解成胜肽及胺基酸，使澱粉分解成單糖，以製造味噌(Miso)與醬油(Soy sauce)；亦可發酵生產美白用的麴酸(Kojic acid)；亦為製造酒類的糖化菌。

106 年第一次專門職業及技術人員高考－食品技師

類科：食品技師　科目：食品化學

一、請說明油脂氫化（hydrogenation）的意義與目的及可能的反應機制。同時以人造奶油（margarine）為例，說明如何利用氫化反應製造出符合人造奶油的特性。（20 分）

【106-1 年食品技師】

詳解：

(一)油脂氫化（hydrogenation）的意義：

將含有不飽合成分的脂肪與催化劑[如鎳(Ni)、銅(Cu)、鉻(Cr)、鉑(Pt)等]混合後通以氫氣，控制溫度、壓力、攪拌速率等條件，使氫分子選擇性地加到雙鍵上的兩個碳，而使其成飽合的單鍵。

(二)油脂氫化（hydrogenation）的目的：

1. 將液態油轉化成室溫下成固態的油脂，改善作用與功能。
2. 可減少油脂中的不飽合度，增加油脂的穩定性。
3. 適合於做人造奶油(margarine)與酥油(shortening)。
4. 較不易產生聚合物，適合做為油炸油。

(三)油脂氫化（hydrogenation）可能的反應機制：

常用催化劑：鎳、銅、鉻、鉑等。

1. 油 + 催化劑 → 油-催化劑(複合物)。
2. 油-催化劑(複合物) + H_2 → 氫化油與催化劑。

(四)利用氫化反應製造出符合人造奶油的特性：

以氫化反應將常溫為液態的不飽和植物油製造出類似天然奶油，常溫為固態且不飽和度較低的產品，以便於塗抹，稱為人造奶油「Margarine」，其含有反式脂肪，其反應如下：

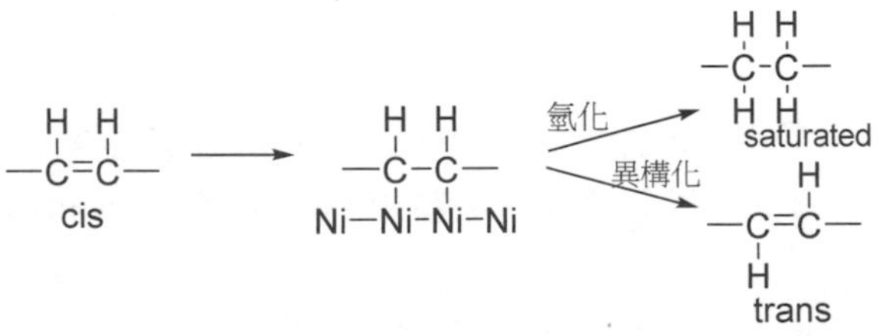

H H
—C=C—
cis
→
H H
—C—C—
Ni—Ni—Ni—Ni
氫化 →
H H
—C—C—
H H
saturated
異構化 →
H
—C=C—
H
trans

由於反式脂肪會使血液中低密度脂蛋白膽固醇(LDL-c)的濃度增加，且會降低血液中高密度脂蛋白膽固醇(HDL-c)的濃度，攝食會使罹患心血管疾病的風險增加。故可用以下方法減少反式脂肪的形成：

1. 嚴格掌握部分氫化之反應條件，使反式脂肪酸含量維持在最低限度。
2. 改用昂貴金屬為觸媒，例如：鉑(Pt)或鈀(Pd)。
3. 採用超臨界流體(supercritical fluid)氫化反應。
4. 降低原料油脂不飽合度，使氫化次數減少。
5. 達到完全氫化程度。

二、(一)請說明花青素（anthocyanin）的基本構造和特性。（6 分）
(二)請說明環境 pH 值及維生素 C 對花青素溶液顏色的影響。（14 分）
【106-1 年食品技師】

詳解：

(一)請說明花青素（anthocyanin）的基本構造和特性：

1. 基本構造：

花青素乃是由花青素的配質與一個或多個糖分子所形成的配醣體(醣苷)(glycosides)，花青素具有類黃酮典型的 C_6─C_3─C_6 的碳骨架結構，而花青素配質的基本架構則是 2-苯基苯哌喃酮(2-phenyl-benzo-α-pyrylium, flavylium)，其結構如下圖：

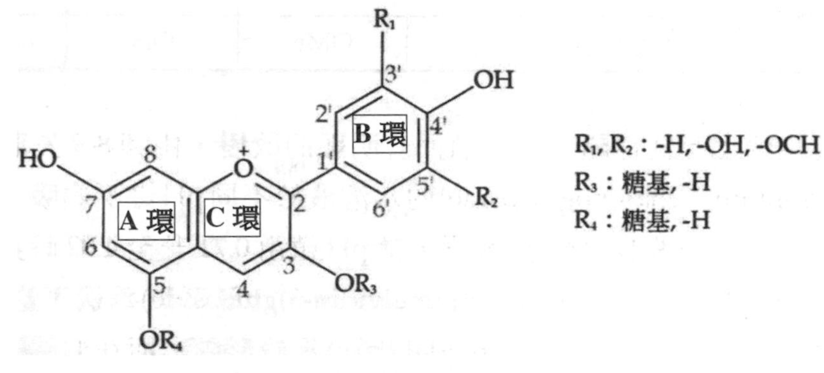

◎花青素配質(flavylium)的基本架構

2. 特性：

(1)水溶性。

(2)具抗氧化能力。

(3)顏色為紅色、藍色、紫色。

(4)會進行酵素性褐變。

(二)請說明環境 pH 值及維生素 C 對花青素溶液顏色的影響：

1. 環境 pH 值對花青素溶液顏色的影響：

(1)pH 值大於 7 時，花青素以藍色的醌式存在(quinoidal base)。

(2)pH 介於 4~ 5 之間，花青素以無色的擬鹼式存在(carbinol pseudo-base)，並可互變成無色的查耳酮式(chalcone)，並有少量藍色的醌式與少量紅色的陽離子型存在，故呈紫色。

(3)pH 值小於 3 時，花青素以紅色的陽離子型存在(flavylium cation)。

2. 維生素 C 對花青素溶液顏色的影響：

花青素與維生素 C 共存時，會進行共氧化(cooxidation)反應，二者交互作用的結果是同時都被分解；若有金屬離子如銅或鐵的催化，維生素 C 之氧化更加速了花青素的破壞，而花青素的分解產物為紅褐色，在果汁中仍可被接受。

三、請說明並寫出下列抗氧化酵素的反應式：
(一)超氧化物歧化酶（superoxide dismutase, SOD）（5 分）
(二)麩胱甘肽過氧化酶（glutathione peroxidase）（5 分）
【106-1 年食品技師】

詳解：

(一)超氧化物歧化酶（superoxide dismutase, SOD）：

以 Cu/ Zn SOD 為例：(銅離子催化 SOD、鋅離子穩定 SOD 結構)

$SOD\text{-}Cu^{2+} + O_2^{\cdot -} \rightarrow SOD\text{-}Cu^{+} + O_2$

$SOD\text{-}Cu^{+} + O_2^{\cdot -} + 2H^{+} \rightarrow SOD\text{-}Cu^{2+} + H_2O_2$

淨反應：$O_2^{\cdot -} + O_2^{\cdot -} + 2H^{+} \rightarrow H_2O_2 + O_2$

(二)麩胱甘肽過氧化酶（glutathione peroxidase）：

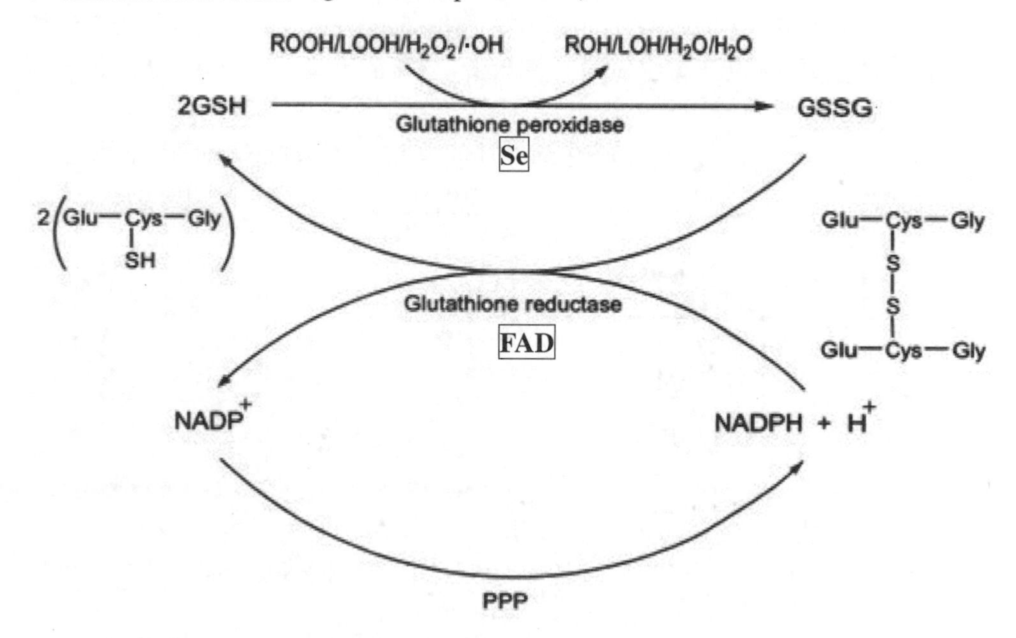

◎麩胱甘肽(GSH)與麩胱甘肽過氧化酶(Glutathione peroxidases)之作用

四、何謂蛋白質的一級結構和二級結構？並說明蛋白質之間可能存在的 5 種交互作用。（20 分）

【106-1 年食品技師】

詳解：

(一)蛋白質的一級結構和二級結構：

1. 一級結構：

又稱初級結構(Primary structure)，指蛋白質中的胺基酸分子之排列次序、數目及種類。主要的影響因素是胜肽鍵。

2. 二級結構：

又稱次級結構(Secondary structure)，指蛋白質分子經由雙硫鍵、氫鍵以及其他化學鍵的作用，摺疊而形成特殊的螺旋結構。例如：α-螺旋結構(α-Helix)，氫鍵方向與 α-Helix 之走向平行，β-摺板結構(β-Sheet)，氫鍵方向與 β-摺板之結構垂直。其主要的影響因素是氫鍵、雙硫鍵；次要的因素是離子鍵、疏水鍵、極性分子間的作用力。

△脯胺酸(Pro)、羥脯胺酸(Hyp)會中斷 α-Helix 結構。甘胺酸(Gly)使其不穩定。

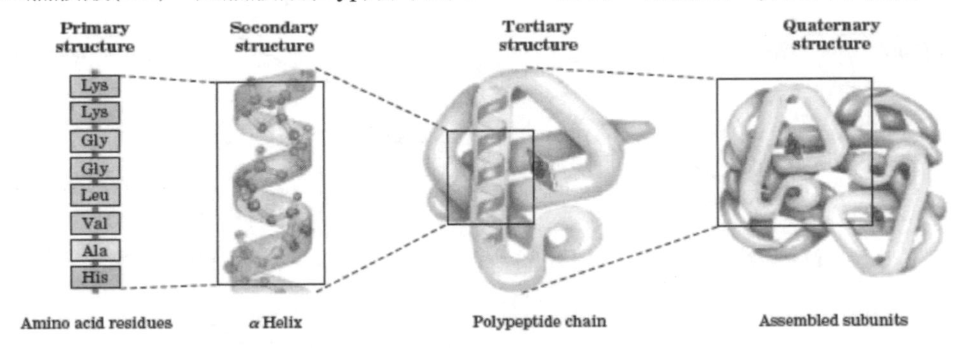

(二)蛋白質之間可能存在的 5 種交互作用：

1. 胜肽鍵(Peptide bond)：一個胺基酸的羧基與另一個胺基酸的胺基形成一個取代的醯胺鍵，這個鍵稱為胜肽鍵，如下圖所示：

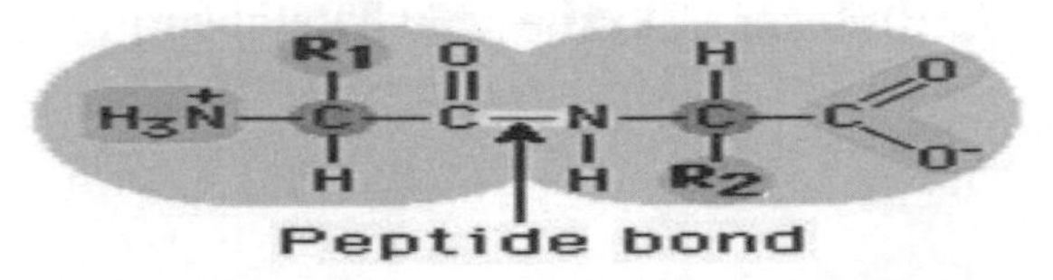

2. 雙硫鍵(Disulfide bond)：如兩個半胱胺酸之間的 SH 基與 SH 基形成-S-S-。
3. 氫鍵(Hydrogen bond)：如兩個酪胺酸之間的 OH 基與 OH 基形成。
4. 離子鍵(Ionic bond)：如兩個胺基酸之間的 COO^-與 NH_3^+形成。
5. 疏水鍵(Hydrophobic bond)：如疏水性胺基酸與疏水性胺基酸碳鏈的吸引力。

五、請舉出及詳細說明降低屠宰後肉品保水性的四種因素。（20 分）
【106-1 年食品技師】

詳解：

(一)醣解作用：肝醣分解形成乳酸，會使 pH 下降。下列皆會使保水力下降：

1. 水漾肉：肉體屠宰後未迅速冷卻，致使肌肉溫度過高。肌肉醣解速度過快，pH 值急速下降(通常會低於 pH5.5)所造成。
2. 暗乾肉：屠宰前過分掙扎，致使體內肝醣消耗殆盡。屠宰後無法形成乳酸，pH 無法下降所造成。

(二)pH 值：

肌肉的保水性與 pH 值密切相關，肌肉的 pH 值接近等電點時(此時肌肉蛋白質的正負電荷幾乎相等，呈現電中性，易產生凝固現象)，保水性最差(當肉的 pH 值接近 5.2 左右時，保水性最差)，如果 pH 值遠離等電點(pI > pH，蛋白質帶正電；pI < pH，蛋白質帶負電)，由於蛋白質的正電荷或負電荷增加，結合水分子的能力增加，肌肉的保水性也隨之增加。

(三)肌動凝蛋白形成：

即死後僵直，屠體死後數小時內，呼吸作用停止，因不再有氧氣供應，待體內殘存氧氣消耗殆盡後(ATP 與 ADP 耗竭時)，肌肉中之肌動蛋白(actin)與肌球(凝)蛋白(myosin)結合收縮成不可逆的肌動球(凝)蛋白(actomyosin)狀態，造成肌肉僵直變硬之現象。僵直狀態的肉品呈現收縮狀態，加熱調理後質地較硬、加工時水合程度低、保水力差。可透過熟成或嫩化，使保水力增加。

(四)鹽類：

屠宰肉品添加食鹽、磷酸鹽類等，會增加與水結合的離子作用力，也會使肌肉蛋白質的 pH 值改變，增加肌肉蛋白質的正負電荷，而增加肌肉的保水能力。

六、何謂蔬果的呼吸控制（respiratory control）？請說明二種控制方法。（10 分）

【106-1 年食品技師】

詳解：

(一)蔬果的呼吸控制（respiratory control）：

蔬果採收後，仍會進行呼吸作用與蒸散作用等細胞組織的生理變化。呼吸作用產生的能量除了供應本身的生長與代謝之外，大部分以熱能方式釋放，此即呼吸作用，控制呼吸作用以延長蔬果儲存的時間，稱為蔬果的呼吸控制（respiratoryncontrol。呼吸控制若無適當處理，將導致蔬果過度成熟與溫度升高，進而影響其儲藏壽命。

(二)二種控制方法：

1. 低溫：

(1)降低溫度，降低呼吸速率。

(2)抑制微生物生長。

2. 減壓：

(1)氧氣減少，抑制呼吸速率。

(2)將乙烯排出，抑制催熟。

(3)抑制黴菌、細菌的繁殖。

3. 換氣：簡單地將蔬菜、水果維持於最適當的氣體濃度(通常為氧氣 5%、二氧化碳 5%)。常用的方法有：

(1)調氣儲藏法(modified atmosphere storage)：將配好的空氣通入裝有蔬果材料的密閉儲藏箱中一段時間，停止通氣後儲藏一段時間，以修正由於蔬果之呼吸而造成的氣體組成之偏差。

(2)控氣儲藏法(controlled atmosphere storage)：利用選擇性薄膜，經實驗求得最佳氧氣與二氧化碳濃度後，將調配好的空氣不斷且均勻的通入裝有該作物的儲藏室或儲藏箱中，將儲藏環境氣體之組成控制不變。

106年第一次專門職業及技術人員高考-食品技師

類科：食品技師　科目：食品加工

一、請說明下列加工技術的原理、加工應用：(每小題10分，共40分)
(一) 超臨界二氧化碳萃取技術(supercritical carbon dioxide extraction)
(二) 調氣包裝技術(modified atmospheric package)
(三) 脈衝電場加工(pulsed electric field techniques)
(四) 微膠囊技術(microencapsulation techniques)

【106-1年食品技師】

詳解：

(一)

1. 原理：利用低溫高壓使二氧化碳提高密度變為具有氣體與液體特性的超臨界流體，因液體具有較高的溶解度，而可萃取分離該物質。當回復常溫、常壓時，液體二氧化碳變為原來氣體狀態，因具有較高的擴散性，所以溶劑不殘留。優點有：

(1) 低溫處理：較無加熱或分解、變質的現象
(2) 二氧化碳為溶劑：不會與食品成分起變化
(3) 溶劑不殘留
(4) 可藉由不同操作條件，萃取不同物質

2. 加工應用：香料萃取、啤酒花萃取、乳酪中膽固醇去除、魚油中不飽和脂肪酸萃取、咖啡中咖啡因的萃取後去除。

(二)

1. 原理：調整二氧化碳、氮氣和氧氣之間比例的包裝模式，於低溫冷藏可延長生鮮食品的保存期限。常用的有：

(1) 控氣儲藏法(controlled atmosphere storage)：利用選擇性薄膜，經實驗求得最佳氧氣與二氧化碳濃度後，將調配好的空氣不斷且均勻的通入裝有該作物的儲藏室或儲藏箱中，將儲藏環境氣體之組成控制不變。
(2) 調氣儲藏法(modified atmosphere storage)：將配好的空氣通入裝有蔬果材料的密閉儲藏箱中一段時間，停止通氣後儲藏一段時間，以修正由於蔬果之呼吸而造成的氣體組成之偏差。

2. 加工應用：不同食品需要不同比例，例如：

魚類	(1) 50%以上二氧化碳：可抑制需氧細菌、黴菌生長而又不會使魚肉滲出 (2) 10~15%氧氣：抑制厭氧細菌生長
禽畜類	30~40%二氧化碳；60~70%氧氣混合，可保持肉原本紅色，又能抑制微生物生長。
蔬果	5%氧氣；5%二氧化碳；90%氮氣混合，在 6℃~8℃有較長保鮮期。

(三)

1. 原理：可分為物理與化學效應：

(1) 物理效應：細胞膜外層具有一定的電位差，當有外部電場加到細胞兩端時，會使細胞膜的內外電位差增大而引起細胞膜的通透性劇增；另一方面，膜內外表面的相反電荷相互吸引而產生擠壓作用，會使細胞產生穿孔。

(2) 化學效應：由於強磁場作用與電解離作用，會使一些離子團和原子形成激發態。通過細胞膜後會與蛋白質結合而變性，另外產生之臭氧分子，具有較強的殺菌作用。

2. 加工應用：目前多用於流體食品，但因其電穿孔特性，可用於其他加工：

(1) 減少飲用水中之氯氣的使用

(2) 提高果汁、植物油、胞內物質的產量

(3) 低脈衝電場之外在壓力，可增加發酵食品之二級代謝物

(4) 縮短食品乾燥及肉品醃漬時間

(四)

1. 原理：將物料(液體、氣體、固體等，統稱為心材)包裹於其他物料(壁材)中，進而改變以下特性：

(1) 物理性質：改變顏色、外觀、溶解度、質地、密度等。

(2) 穩定性：避免環境的影響，調整反應活性、耐久性、耐酸鹼性、熱敏性與光敏性等。

(3) 隔離：遮蔽不良味道，如：蒜頭的辛辣味、魚油的腥味等。

(4) 控制溶釋環境：控制心材通過不良環境，直至所需定點再釋放。

2. 加工應用：

(1) 膠囊化油脂：將液態的油脂固體化，因有壁材的包覆，可以有效防止油脂的氧化。

(2) 微膠囊化香精：傳統香精添加於食品中，於咀嚼過程中沒有辦法持久，若微膠囊化後，則可於口中慢慢釋出，延長香氣的時間。

(3) 微膠囊化魚油：食用過程中，不會感受到魚腥味。

(4) 微膠囊化乳酸菌：攝食後可抵抗腸胃道中的胃酸、膽鹽；並至腸道中，壁材溶解、心材釋放。可提高乳酸菌於腸道中之存活與定殖。

二、關於麵粉製備與應用的相關問題，請申論之。
(一) 潤麥(tempering)的目的為何？(5 分)
(二) 添加過氧化苯甲醯基(benzoyl peroxide, BPO)的目的為何？然而目前臺灣市售的麵粉卻很少添加 BPO，考慮的原因為何？(5 分)
(三) 麵粉中的那兩種蛋白質可使麵糰分別具有彈性與延展性？(5 分)
(四) 統粉(straight grade flour)與粉心粉(patent flour)的差異為何？(5 分)
【106-1 年食品技師】

詳解：

(一)

潤麥(tempering)：小麥加水放置一段時間，使水分達到均勻的操作。為了允許最大限度地提取麵粉並確保可以滿足質量參數。

1. 麩皮：部分吸水後變堅韌，不易破碎。
2. 胚乳：部分吸水後變柔軟，易於破碎。

(二)

1. 目的：促進熟成；有漂白及促進麵筋的網狀結構(增加黏彈性)作用。
2. 少用原因：

(1) 影響防腐劑使用之判讀：化學性質不穩定，會還原成苯甲酸而殘留於麵糰中。
(2) 過量攝食苯甲酸會引起腹瀉、流口水及心跳加快等症狀。
(3) 可能致癌：對動物有致癌性，對人體則資料不足。

(三)

1. 穀膠蛋白(gliadin)：醇溶性蛋白質，延展性佳(分子內雙硫鍵)，彈性弱。
2. 小麥穀蛋白(glutenin)：鹼溶性蛋白質，延展性弱，彈性佳(分子間雙硫鍵)。

(四)

1. 統粉(straight grade flour)：混合所有粉流者，未分級處理。胚乳粒在細磨過程中，除去麩皮及胚乳後，磨細的粉分為含有各種不同成份的灰份、色澤、純度的麵粉，將這些麵粉匯流一起，即稱為統粉。
2. 粉心粉(patent flour)：胚乳中心粉流，純度較高，蛋白質品質較好。同樣蛋白質含量的麵粉，蛋白質品質較佳者製作出來的產品品質較佳。

三、臺灣芋頭主要品系有檳榔心芋與麵芋，均屬高澱粉作物，請回答下列問題。
(一) 檳榔心芋紫紅色紋路主要是什麼成分所致？(5 分)
(二) 芋頭加工製品芋泥和芋圓是臺灣地方特色食品，蒸煮過的芋泥和芋圓，經隔夜冷藏後會變硬。請問為何會發生質地變硬的現象？如何延緩芋泥和芋圓在冷藏所發生的質地問題，藉以延長貯藏期限？對此兩產品，請分別論述之。(10 分)

【106-1 年食品技師】

詳解：

(一)

芋頭平常供食用的部份為地下球莖，莖內有微管束，提供水份傳輸。紫紅色紋路為酚類化合物染成之顏色，故推測可能為因水質改變 pH 值，使酚類化合物變色導致。

(二)

1. 芋泥：芋頭蒸煮後打成泥之產品。

(1) 隔夜冷藏後會變硬：芋頭含直鏈澱粉，冷藏易老化。熟澱粉放置時，分子再次結合，形成微結晶，回復成生澱粉相似狀態的離水現象(syneresis)，又稱為 β 化。

(2) 延緩方法：因材料主要為芋頭，故可採用下列方法：

a. 添加物法：加入乳製品、乳化劑、醣...等，防止水分流失。

b. 包裝法：使水分不易喪失。

2. 芋圓：芋頭蒸煮後加入樹薯澱粉後，製程圓狀之產品。

(1) 隔夜冷藏後會變硬：芋頭含直鏈澱粉，冷藏易老化。熟澱粉放置時，分子再次結合，形成微結晶，回復成生澱粉相似狀態的離水現象(syneresis)，又稱為 β 化。

(2) 延緩方法：因需要咀嚼口感，故可採用下列方法：

a. 泡在糖水內再冰：減少水分流失。

b. 以修飾澱粉取代樹薯澱粉：如安定化澱粉、交鏈澱粉，減少老化發生。

四、超市的冷凍庫因販賣須經常開關，導致冷凍食品品溫的變動。若超市有一批冷凍肉片僅以保鮮膜覆蓋再以保麗龍盒包裝，經冷凍儲藏一段時間後，請回答下列問題。
(一) 請問該批冷凍肉片的品質可能有那些劣變？(15 分)
(二) 請就上述冷凍肉片品質的劣變，論述那些處理可以減少劣變發生？(10 分)
【106-1 年食品技師】

詳解：

(一) 冷凍肉片的品質劣變：

1. 溫度變動：

(1) 濃縮作用：水結成冰會造成溶質濃度之提高而改變 pH 值，增加離子強度，促使蛋白質變性或膠體狀食品產生脫水現象。

(2) 冰晶擠壓傷害：水結冰後體積會膨脹約 8~9%，對組織造成局部性的擠壓作用；另外，若緩慢凍結形成細胞外大冰晶，並使細胞脫水，因而使細胞壁崩潰損壞組織性；同時，過度脫水也比較容易使蛋白質變性。

(3) 解凍滴液(Drip loss)：冷凍肉片解凍時，體液相繼流出，稱為滴落液。是由凍結分離的水不能如原狀被吸著或被吸引而流出體外。溫度變動會使大冰晶增多，進而擠壓組織，使後續烹調時解凍滴液增多。

2. 未完整包裝易引起凍燒(freezer burn)：冷凍肉由於包裝不良導致乾燥和褐變變為燒焦現象。冷凍肉的冰結晶昇華部分即形成孔洞，與空氣接觸擴大，結果變為多孔質，由於乾燥引起脂肪氧化而褐變。凍燒部分，水分減少 10~15%，加水也無法復原，風味變劣。

(二) 減少劣變之處理：

1. 減少溫度變動：減少開關次數；利用小包裝，要買再拿，不買不拿。

2. 完整冷凍包裝，如包冰(glazing)：食品在預備凍結後，在品溫接近凍結溫度時，將食品浸入冷水中或以水噴霧，再進行凍結，使食品表面覆蓋一層冰衣(glaze)。可防止食品發生乾燥、芳香成分散失、食品所含油脂與空氣接觸而氧化。

106 年第一次專門職業及技術人員高考－食品技師

類科：食品技師　科目：食品分析與檢驗

一、若取食醋（vinegar）3.000 g，以酚酞為指示劑，以 0.1N NaOH 溶液（f=1.020）來滴定，共耗掉 22.40 mL，請以醋酸表示其中所含總酸度（假設原子量 C=12，O=16，H=1）。（20 分）

【106-1 年食品技師】

詳解：

(一)食醋(vinegar)之總酸度(%)(以醋酸表示)：

$$食醋(vinegar)之總酸度(\%) = \frac{醋酸重(g)}{樣品重(g)} \times 100\ \%$$

$$= \frac{醋酸當量數(eq) \times 醋酸當量}{樣品重(g)} \times 100\ \%$$

[酸鹼中和滴定：醋酸的當量數(eq) = NaOH 的當量數(eq)]

$$= \frac{NaOH\ 當量數(eq) \times 醋酸當量}{樣品重(g)} \times 100\ \%$$

$$= \frac{NaOH\ 當量濃度(N) \times 力價 \times 滴定體積(mL) \times 10^{-3}(L) \times \frac{醋酸分子量}{醋酸解離數}}{樣品重(g)} \times 100\ \%$$

[醋酸(CH_3COOH)的分子量 ＝60，解離數 ＝1]

$$= \frac{0.1\ (N) \times 1.020 \times 22.40\ (mL) \times 10^{-3} \times \frac{60}{1}}{3.000\ (g)} \times 100\ \%$$

$= 4.570\ \%$ (w/w %) (以醋酸表示)

答：食醋(vinegar)之總酸度(%) (w/w %)為 4.570 % (以醋酸表示)。

(二)食醋(vinegar)之總酸度(%)(以醋酸表示)：

(0.1 N NaOH 溶液 1 mL 分別相當於醋酸 0.0060 g)

$$食醋(vinegar)之總酸度(\%) = \frac{22.40\ (mL) \times 1.020 \times 0.0060\ (g/mL)}{3.000\ (g)} \times 100\ \%$$

$= 4.570\ \%$ (w/w %) (以醋酸表示)

答：食醋(vinegar)之總酸度(%) (w/w %)為 4.570 % (以醋酸表示)。

二、測定食品中水活性（water activity），若沒有溼度計（hygrometer），只能用重量平衡法，請問需要那些器材？原理為何？（20 分）

【106-1 年食品技師】

詳解：

(一)器材：

1. 康威氏皿。
2. 鋁箔紙。
3. 烘箱。
4. 玻璃乾燥器。
5. 天平。
6. 各種飽和鹽溶液(含對應之水活性大小之附表)、凡士林、紙和筆。

(二)原理：

利用食品會隨著空氣中相對濕度的大小而發生吸濕或乾燥脫水的現象，在密閉容器(康威氏皿)內，食品所顯示的蒸氣(水活性)與該溫度內飽和鹽類產生的相對蒸氣壓之差異，會發生吸濕或乾燥的現象，而改變重量(增加或減少)。若以食品重量增加情形為縱座標，各種飽和鹽溶液之對應水活性為橫座標，連接各點與橫座標相交處即為該食品之水活性(以內插法求得)。

(三)方法：以胚芽米為例

將康威氏皿烘乾，將折好的鋁箔稱重(**W_0**)至於康威氏皿的內室。稱取磨碎後粉狀胚芽米樣品約 1 g(**Ws**)於折好的鋁箔中，在康威氏皿的外室中加入各種已配製好的飽和鹽溶液約 1/10 的量(重複數種飽和鹽溶液)，然後在康威氏皿的磨砂處塗上少量的凡士林使呈密封狀態，最後放入 30 ℃烘箱，放置 24 小時後取出稱重(W_2)。以樣品的增減重量與標準品水活性作圖，可得該樣品的曲線，曲線與 X 軸相交點之值(X 軸之截距)即為該樣品之水活性。

計算公式：$W_1 = W_0 + Ws$ ；**增減重** $= W_2 - W_1$

◎各種標準飽和鹽溶液之水活性數值

鹽溶液	水活性(Aw)	
	30℃	35℃
1.醋酸鉀($KC_2H_3O_2$)	0.23	0.23
2.氯化鎂($MgCl_2$)	0.32	0.32
3.碳酸鉀(K_2CO_3)	0.42	0.41
4.硝酸鎂($Mg(NO_3)_2$)	0.52	0.51
5.氯化鈉(NaCl)	0.75	0.75
6.氯化鋇($BaCl_2$)	0.89	0.88

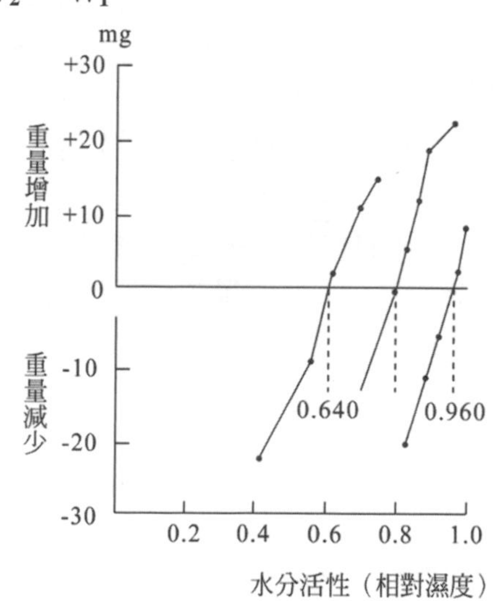

三、試說明氣相層析法（gas chromatography）與高效液相層析法（high performance liquid chromatography）之異同點。（20分）

【106-1年食品技師】

詳解：

(一)兩者的相異點：

	氣相層析法（gas chromatography）	高效液相層析法（high performance liquid chromatography）
移動相	氣體	液體
固定相(管柱)	主要有填充管柱及毛細管柱，目前以毛細管柱為主，而它的高管柱效率使分離的效果很好，即使固定相不是最佳的條件下	種類繁多的管柱填充料(分離包括吸附、分配、離子交換、排除、親和層析）為HPLC的廣泛應用發揮了極大的作用。依移動相與固定相的極性與非極性，又可區分成正相層析與逆相層析(最常用)
樣品前處理	樣品需要先經過處理成易揮發，否則氣化室的高溫可能會導致非揮發性物質降解，並產生一些由降解的揮發性產物引起的假峰	可溶解於液體(移動相)中（極性或非極性溶劑），樣品成分是不揮發的
偵檢器	氫火焰離子化（FID）、熱導（TCD）、電子捕獲（ECD）、火焰光度（FPD）、光離子化（PID）等檢測器	紫外光-可見光、螢光、示差折光、電化學分析檢測器、光二極管陣列等，可串聯分析系統
分析的成份	(1) 適合熱穩定性的揮發性化合物的分析(因需高溫氣化)，熱不穩定性、揮發性太低（如糖、胺基酸、脂肪酸、膽固醇），需要進行樣品前處理(衍生化) (2) TCD偵檢器為非破壞性，常用於香氣研究	(1) 廣泛用於小分子和離子的分析，如糖類、維生素和胺基酸，大分子的分離純化，如蛋白質、核酸和多醣 (2) 待分析的成份，可以回收再使用，並不會破壞樣品中的成份
烘箱（管柱溫度）	(1) 程序性控溫：進樣時可以在較低的管柱溫度下進行，然後再程序升溫至某一溫度，以增加解析度(Rs) (2) 溫度高於HPLC所使用的溫度	固定溫度，可提高管柱的精密度。溫度越高則移動相的管柱壓力會隨之下降。其溫度多在30～85°C之間

(二)兩者的相同點：(分離原理)

待分析之成分，經過層析管柱之後，藉由不同的特性(親和力)，達到分離的效果，接著，再以適宜的偵測器，偵測其成分的變化，並與標準品相比對，藉由滯留時間與波峰的積分面積，達到定性及定量的效果。

四、何謂揮發性鹽基態氮（volatile basic nitrogen, VBN）？舉出微量擴散法測定流程及原理。（20 分）

【106-1 年食品技師】

詳解：

(一)揮發性鹽基態氮（volatile basic nitrogen, VBN）：

蛋白質食品腐敗時，由於自身酵素及細菌的胺基酸脫羧酶(amino acid decarboxylase)之作用，分解蛋白質成胺類及氨等較低分子量且含氮的鹼性物質，這些生成物在鹼性(K_2CO_3)時變為揮發性(VBN 如 NH_3)。測定蛋白質食品之揮發性鹽基態氮(volatile basic nitrogen, VBN)，評估海產品其品質新鮮程度，做為蛋白質鮮度的初步指標。VBN 值越大，越不新鮮。

揮發性鹽基態氮(VBN)	每 100 g 樣品內所含揮發性鹽基態氮 mg 數。

(二)微量擴散法測定流程：

1. 精稱 2 g 樣品，加 18 mL 之 2.2 % TCA 溶液攪拌 10 分鐘，以濾紙(Whatman NO.1)過濾，取得上清液，再以 2.2 % TCA 定量至 20 mL。
2. 康威氏皿先以 95%酒精擦拭乾淨，再放入 50 ℃烘箱中烘乾。
3. 塗凡士林於康威氏皿之外緣接合面，以吸管吸取 H_3BO_3 吸收液 1 mL 置於內室，掩蓋內室，只讓外室之一部分露出，再以吸管吸取飽和 K_2CO_3 溶液 1 mL 置於外室，再取樣品溶液 1 mL 於外室，隨即將蓋關閉。
4. 以鐵夾固定康威氏皿，並輕輕轉動，使樣品與 K_2CO_3 溶液混合均勻，移入 37 ℃烘箱中放置 90 分鐘後取出。
5. 利用微量滴定器及攪拌器、攪拌石，以標定過之 0.02 N HCl 溶液滴定內室之溶液，記錄滴定終點(粉紅色)時 HCl 標準溶液消耗之毫升數。計算樣品中揮發性鹽基態氮之含量。

(三)原理：

蛋白質食品腐敗時，由於自身酵素及細菌的胺基酸脫羧酶(amino acid decarboxylase)之作用，分解蛋白質成胺類及氨等較低分子量且含氮的鹼性物質，這些生成物在鹼性(K_2CO_3)時變為揮發性(VBN 如 NH_3)，可利用康威氏皿內室的硼酸標準溶液吸收後，再以鹽酸滴定硼酸胺，最後換算揮發性鹽基態氮的量。反應式如下：

樣品 + K_2CO_3(鹼) → VBN(如 NH_3)

$$3NH_3 + H_3BO_3 \rightarrow (NH_4)_3BO_3$$

$$(NH_4)_3BO_3 + 3HCl \rightarrow H_3BO_3 + 3\,NH_4Cl$$

五、溶液配製：(每小題 5 分，共 20 分)
(一)如何快速將市售 95%的酒精配製成 70%。
(二)如何配製 3% KOH-EtOH（3%氫氧化鉀的酒精溶液）100 mL。
(三)需要 4% 硫酸銅溶液 100 mL，實驗室有 $CuSO_4 \cdot 5H_2O$ 的試藥，請問如何配製。(假設原子量 Cu=63.5，S=32，O=16，H=1)
(四)如何配製 0.1 N 的草酸（oxalic acid, 假設 $H_2C_2O_4 \cdot 2H_2O$ 分子量=126）溶液 100 mL。

【106-1 年食品技師】

詳解：

(一)如何快速將市售 95%的酒精配製成 70%(v/v %)。

解一：

1. 假設有 100 mL 之 95%之酒精(其組成為 95 mL 酒精和 5 mL 水)，需要加水 X mL 才能配製成 70%的酒精溶液。
2. $70\% = \frac{95\ (\text{mL 酒精})}{95\ (\text{mL 酒精}) + 5\ (\text{mL 水}) + X\ (\text{mL 加的水})} \times 100\%$，X = 35.71 mL。
3. 取 35.71 mL 的水加入 100 mL 之 95%之酒精中，即為 70%的酒精溶液。

解二：

1. 假設有 X mL95%之酒精；假設需要 70%酒精溶液 100 mL。
2. 稀釋前後溶質體積(mL)相同，即 $C_1 \times V_1 = C_2 \times V_2$。
3. 95 (%) × X (mL) = 70 (%)× 100 (mL)。
4. 解 X = 73.68 (mL)。
5. 取 73.68 mL 之 95%酒精，加入 100 mL 的定量瓶中，以水定量至 100 mL，級配製成 70%酒精溶液 100 mL。

(二)如何配製 3% KOH-EtOH（3%氫氧化鉀的酒精溶液）100 mL (w/ v %)。

1. KOH 為固體，精秤 3 g 一級標準品的 KOH。
2. 加入 100 mL 的燒杯，以少量 95%酒精溶液溶解，溫度降回常溫後，再倒入 100 mL 定量瓶，以少量 95%酒精清洗燒杯並洗入定量瓶，最後以 95%酒精定量至 100 mL。
3. 即配製好 3% KOH-EtOH（3%氫氧化鉀的酒精溶液）100 mL。

(三)需要 4% 硫酸銅溶液 100 mL (w/ v %)，實驗室有 $CuSO_4 \cdot 5H_2O$ 的試藥，請問如何配製。(假設原子量 Cu=63.5，S=32，O=16，H=1)

1. 4% (w/v %)硫酸銅($CuSO_4$)溶液 100 mL，即精秤 4 g 硫酸銅($CuSO_4$)，以水定容於 100 mL 定量瓶中。
2. 但 $CuSO_4 \cdot 5H_2O$ 的試藥，為帶有 5 個結晶水的試藥。
3. $CuSO_4 \cdot 5H_2O$ 之分子量為 249.5，$CuSO_4$ 之分子量為 159.5。
4. 利用莫耳數相等，假設需精秤 X g 的 $CuSO_4 \cdot 5H_2O$。

5. $\frac{4\ (g)}{159.5} = \frac{X\ (g)}{249.5}$，X = 6.257 g。

6. 將精秤的 6.257 g 之 $CuSO_4 \cdot 5\ H_2O$，加入 100 mL 定量瓶中，加入少量的水溶解，再定量至 100 mL，即為 4% 硫酸銅溶液 100 mL。

(四)如何配製 0.1 N 的草酸(oxalic acid, 假設 $H_2C_2O_4 \cdot 2H_2O$ 分子量=126)溶液 100 mL。

1. $H_2C_2O_4 \cdot 2H_2O$ 分子量 = 126，$H_2C_2O_4$ 分子量 = 90。草酸為 2 質子酸，假設會完全解離。

2. 0.1 N 的草酸溶液 100 mL，假設草酸重量為 X g，$\frac{\frac{X\ (g)}{\frac{90}{2}}\ (eq)}{100 \times 10^{-3}\ (L)} = 0.1\ (N)$，

   X = 0.45 g。

3. 利用莫耳數相等，假設需精秤 Y g 的 $H_2C_2O_4 \cdot 2H_2O$。

4. $\frac{0.45\ (g)}{90} = \frac{Y\ (g)}{126}$，Y = 0.63 g。

5. 精秤 0.63 g 之 $H_2C_2O_4 \cdot 2H_2O$，加入含 50 ml 蒸餾水之燒杯中，混合均均，溫度降回常溫後，再倒入 100 mL 定量瓶內，並以少許的蒸餾水清洗燒杯及漏斗等沾有草酸溶液器具，最後將體積定量成 100 mL，即為 0.1 N 的草酸溶液 100 mL。

106年第一次專門職業及技術人員高考-食品技師

類科：食品技師　科目：食品衛生安全與法規

一、市面傳言，罐頭食品因添加防腐劑，故可久存不壞，請說明本傳言之真偽及其原因。(20分)

【106-1年食品技師】

詳解：

(一)本傳言之真偽：

依據「食品添加物使用範圍及限量暨規格標準」(111.8.2)，第一類「防腐劑」之各種防腐劑的使用範圍並無「罐頭」，故罐頭一律禁止使用防腐劑，但因原料加工或製造技術關係，必須加入防腐劑者，應事先申請中央衛生主管機關核准後，始得使用。

(二)原因：

依據「食品良好衛生規範準則」(103.11.7)之以下定義：

1. 罐頭食品：

係指食品封裝於密閉容器內，於封裝前或封裝後施行商業滅菌而可在室溫下長期保存者。

2. 商業滅菌：

係指其殺菌程度應使殺菌處理後之罐頭食品，在正常商業貯運及無冷藏條件下，不得有微生物繁殖，且無有害活性微生物及其孢子之存在。

無菌加工設備及容器之商業滅菌，係指利用熱、化學殺菌劑或其他適當的處理使無有害活性微生物及其孢子存在，並使製造出來之食品在室溫情況下貯運，對人體健康無害的微生物亦不會生長者。

故經上述「商業滅菌」的「罐頭食品」，在正常商業貯運及無冷藏條件下，不得有微生物繁殖，且無有害活性微生物及其孢子之存在；可在室溫下長期保存者，故罐頭食品可久存不壞。

二、請說明麻痺性貝毒（paralytic shellfish poison）引起食物中毒的症狀、原因食品及如何預防中毒之發生。(20 分)

【106-1 年食品技師】

詳解：

麻痺性貝毒(Paralytic Shellfish Poison, PSP)，最有名的為蛤蚌毒素(Saxitoxin)，此毒素具耐熱性，為現在已知對人最毒的神經毒素之一，口服劑量 0.5~1 毫克便可致人於死，發病時間約 30 分鐘左右。

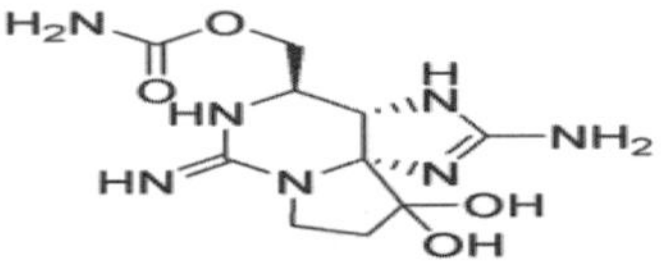

(一)症狀：

1. 輕微：口、唇、舌、臉麻木，具燒熱感，並蔓延至脖子、身體及四肢漸呈麻痺狀態。
2. 嚴重：肌肉運動失調、頭痛、嘔吐、語言困難，最後引起呼吸麻痺而死亡。

(二)原因食品：

通常存在貽貝、帆玄貝、立蛤、西施舌等雙殼綱軟體動物中，毒素產生是由於貝類攝食有毒的渦鞭毛藻，使毒素累積於貝類的消化管道中(貝類本身不會中毒，原因不詳)，一旦攝食了這種毒貝，便造成中毒。

(三)預防中毒之發生：

1. 養殖池定期對環境、水中藻類數目作檢測。平時注意衛生勿使藻類滋生。
2. 貝類上市先予篩檢。
3. 購買水產品，選擇有認證或信譽良好的廠商。
4. 萬一有中毒者儘快催吐，服用食鹽水，儘快送醫。
5. 治療方法：

(1)由於無解毒劑，因此以支持性療法為主：對於嘔吐嚴重的患者，補充足夠的體液及電解質。

(2)如未產生呼吸衰竭，應不會造成死亡。但如患者已產生明顯之肌肉無力現象，則應隨時準備放置氣管插管，並以人工呼吸器幫助呼吸。

三、請說明加工食品之有效期限如何訂定。（20 分）

【106-1 年食品技師】

詳解：

依據「市售包裝食品有效日期評估指引」(111.12.20)

(一)直接方法：須含以下 6 個步驟

1. 步驟 1：分析食品劣變的因子

(1)產品本身之劣變因子：原料、產品配方組成、水活性(aw)、酸鹼度(pH)、氧化還原電位(Eh)、透氧性等。

(2)加工及倉儲過程之劣變因子：加工過程、殺(滅)菌方法、製造環境與設備、包裝材料與材質，以及儲存環境、溫度、濕度等。

(3)產品流通販賣過程之劣變因子：儲運及展售環境、溫度、濕度等條件。

2. 步驟 2：選擇評估產品品質或安全性的方法

依據步驟 1 找出可能影響食品劣變的因子，然後再選擇適當的分析方法。

衛生法規中有明確規定各類食品之衛生標準，故微生物分析為評估有效日期之首要評估指標；成分或營養標示需符合市售包裝食品營養標示規範，故為第二評估指標；物理及化學分析，以及感官品評可用於評析產品於有效日期內之食品品質，與微生物所造成之劣化較無相關性，因此列為第三評估指標。

(1)微生物學分析(microbiological analysis)：以微生物學來評估食品從製造日起開始之品質劣化時，依照食品種類、製造方法、溫度、時間、包裝材質等保存條件，選擇能夠有效評估的微生物指標，如：總生菌數、大腸桿菌群數、大腸桿菌數、低溫菌數、芽孢菌數等。這些指標可提供客觀的、有用的、合理的、科學的數據。微生物學檢驗方法建議依照衛生福利部食品藥物管理署公告檢驗方法，但也可以採用與公告方法有相同檢驗結果且能確保食品安全的微生物快速檢測法。

(2)感官品評(sensory evaluation)：以透過人體的視覺、嗅覺、味覺等感覺，遵循各種個別技巧，在一定條件下，評估食品的性質。與儀器試驗比較，官能檢查誤差可能性高，結果的再現性也受到品評者的身體狀況、品評時間等因素影響。不過在適當儀器未開發前，或者儀器的敏感度沒有人高的時候，感官品評仍為有效方法。為了提高數據的信賴度與妥善性，必須在適當控制的條件下，由經過訓練的品評員以正確的方法進行感官品評，再以統計學統計分析。

(3)物理及化學分析(physical and chemical analysis)：按照食品特性，選擇足以反映食品性狀之指標，以物理及化學分析方法來評估從食品製造日開始之品質劣化，以訂定有效日期。分析指標可包括黏度、濁度、比重、過氧化價、酸價、酸鹼度、糖度、酸度、上部空隙氣體分析、游離脂肪酸和易揮發氣體等，這些指標可提供客觀的、有用的、合理的、科學的數據。利用這些指標，比較製造日之測定值與製造日以後，在不同時間點取樣之測定值，可判斷品質之劣化。

(4)成分分析(component analysis)：從食品製造日開始之營養素或特定成分之劣化，例如維生素、多酚類、脂肪酸等。這些指標可以用客觀的數據表現營養素或特定成分含量，用以判斷是否符合成分標示值。

3. 步驟 3：擬定有效日期的評估計畫

(1)選擇測試實驗。

(2)決定保存期限試驗執行多久的時間及取樣測試頻率，建議取樣測試時間點，至少包括產品製造日之起始點、預定設定為有效日期之終點及中間三個時間點。在預定終點的時間外，可以再延長的時間採樣一次，以確認所選擇的終點之適當性。

(3)每次採樣測試之樣品數目採三重複，或依產品特性於評估計畫中擬定測試樣品數目。

(4)何時開始執行保存期限試驗：可在產品開發的最後階段，或是生產市售產品時，且在最有可能造成安定性問題的季節(通常是夏季)，並考慮產品的變異性，建議安排一次以上之實驗。

4. 步驟 4：執行有效日期的評估計畫

在評估進行時，食品最好與平常生產製造至消費者端，有相同的運輸和儲存條件，或是儲存在一個特定的溫度和濕度下，所有的條件均應正確控制並詳加記錄。

5. 步驟 5：決定有效日期

參考法規標準，以訂出有效日期：以微生物學方法評估食品劣化的程度，此時必須考慮到不同種類食品微生物限量標準或指標值。國內各類食品的微生物標準應符合衛生福利部之公告。

6. 步驟 6：監控有效日期

生產過程或製造環境中有任何足以影響產品有效日期的改變時，需要重新評估有效日期；在產品上市後，實際從運輸和零售系統中採樣測試。假如測試結果顯示有效日期不適當，必須修正之。

(二)間接方法：

1.對於有效期限較長的產品，可以保存期限加速試驗(accelerated shelf life studies)來預估有效日期，通常採提高所預設的儲存溫度以加速產品劣化，再估算產品在設定的儲存條件下的有效日期。

2.本(他)廠有相似配方或製程且已上市 1 年以上之市售產品，未曾發生有效日期內產品異常或客訴事件者，可作為評估有效日期的參考。

四、請說明我國對食品添加物的管理方式為何？（20分）

【106-1年食品技師】

詳解：

(一)「正面表列」(Positive list of food additives)制。依「食品添加物使用範圍及限量暨規格標準」，目前歐洲國家均採用相同制度，而美國為許可制。正面表列意義及此標準中所列出的品目才可以使用，其他一律禁止使用；使用時並應依照所規定的範圍與限量來使用。

1. 類別：只有17大類食品添加物可以使用，非列於17大類的食品添加物不能使用。
2. 中文或英文品名：同一個類別中有列的食品添加物才能使用，沒有列的不能使用。
3. 使用食品範圍及限量：一種食品添加物中，有列的食品範圍才能使用，沒有列的食品範圍不能使用，且需符合其使用限量。
4. 使用限制：一種食品添加物中，需符合其使用限制，若空白則無使用限制。
5. 規格：一種食品添加物中，需符合其規格。

(二)「查驗登記」制。「食品安全衛生管理法」(108.6.12)第二十一條：**經中央主管機關公告之食品、食品添加物、食品器具、食品容器或包裝及食品用洗潔劑，其製造、加工、調配、改裝、輸入或輸出，非經中央主管機關查驗登記並發給許可文件，不得為之；其登記事項有變更者，應事先向中央主管機關申請審查核准。**舉例說，假設欲進口某項食品添加物，其中成分含有「食品添加物使用範圍及限量暨規格標準」所規定之食品添加物(天然食品添加物因自古即被食用，已視為安全的，因此並未列入用量標準中，如鹽、砂糖等)，則於進口之前，須先將相關資料、樣品呈送FDA以便「查驗」，核可後給予一個許可證字號及證書，此時方得以進口。

(三)「三分策略」之食品添加物源頭管理：衛生福利部、財政部及經濟部共同合作，實施食品添加物源頭管理，「三分策略」，將化學品及食品添加物全面分離，避免流用及交叉污染。包括：

1. 「進口分流」：食品添加物之報單加註「食品用」或「食品添加物」及「批號」
2. 「製造分廠」：遵行「食品安全衛生管理法」(108.6.12)第十條第三項。
3. 「販賣分業」：鼓勵業者變更營業項目「食品添加物批發業」、「食品添加物零售業」及執行強制登錄(非登不可)、追溯追蹤(非追不可)。

(四)非登不可之「食品業者登錄辦法」：食品添加物販售業者應完成登錄，未登錄者，不得營業，且經命限期改正不改正者，或登錄不實者，處新臺幣3萬元至3百萬元罰鍰，情節重大者得命其歇業或停業。

(五)非追不可之「食品追溯追蹤管理資訊系統」：建立產品原材料、半成品與成品供應來源及流向之追溯或追蹤系統。

(六)使用後宜設專人、專櫃、專冊管理。

五、目前食品安全衛生管理法規定食品必須標示有效日期，逾有效日期則不得販售，也因此引起許多尚可食用食物之浪費問題，請提出如何兼顧兩者的合理解決方案。（20 分）

【106-1 年食品技師】

詳解：

(一)進銷存管理，嚴格管控進貨量，從源頭減少浪費：

1. 系統管理：進銷存系統

(1)利用系統預估銷售量，進而得知進貨量之範圍。

(2)利用系統管控庫存量，進而有效率監控貨品有效期限，且針對即期品做出相關應變措施。

2. 人力管理：設立專門管理倉儲之職缺，並培養人才，以分析往年相關數據，以利預估特殊情況之進貨量，如節日假期之進貨量。

3. 倉儲管理：

(1)規劃倉庫擺放區域，並落實先進先出原則，並將即將過期之商品分類存放。

(2)倉庫搭配系統監控管理，避免因人為疏忽而導致過期品。

(二)即期品處理方式：

1. 促銷方案：針對「即期品」進行折扣促銷，如大賣場、全聯於過期前促銷吸引買氣。

2. 商店辦理活動：舉辦活動如「韓國週」、「世界巡迴活動」等，利用消費者心理吸引買氣。

3. 團體簽訂合約：可與團體機關於合法內簽訂合約，針對大量產品需求之團體，提供即期品優惠採購。

4. 即期食品商店：以低價格販售即期食品之商店。

5. 樂捐：建立合作名單，將即期品提供給低弱勢團體。

6. 分享：

(1)歐洲推廣之「食物分享計畫」，利用網站及 app 由網路上分配從商店回收狀況良好的食物。

(2)歐洲民間團體推出「公共冰箱」：將家裡冰箱吃不完的食物，拿出來與大家共同分享與交換。

7. 政府舉辦相關資源共享活動：提供二手資源共享平台，將家裡用不到或吃不完的食物，與他人互相交換，如「2016 台歐綠色嘉年華」。

(三)過期品再利用：

1. 飼料與肥料：過期食品可與合法牧場或是農田簽訂回收合約，進而提供飼料或肥料使用。

2. 能源生成：研發生質能源之使用。

3. 剩食超市：販售過期但是外觀無腐敗之可食用產品，目前國外如丹麥、英國可合法販售剩食。

106年第一次專門職業及技術人員高考-食品技師

類科：食品技師　科目：食品工廠管理

一、請說明廣義生產管理的內容？食品工廠透過生產管理可以達到那些效益？（20分）

【106-1年食品技師】

詳解：

(一)生產管理的定義：

1. 廣義而言：

生產管理是假設整個企業為一個生產系統，將行銷、人事、研究發展及財務等部門都看成為生產服務部門，一切有關生產的企業經營均納入其範圍。亦即指如何有效運用資源以獲得最大產出的一切管理活動。

2. 狹義而言：

運用管理科學的方法，經由縝密的規劃，期以最低成本，並達到適時、適量的提供一定品質標準的產品給顧客的所有活動，稱為生產管理。簡言之，生產管理涉及生產系統的設計與控制這兩個領域，一方面藉著改變投入及控制產出速率及品質，另一方面藉著生產設備或營運方法之變更，以調整產出之水準及品質。亦即指企業如何計畫和管制其生產工作。

因此生產管理是針對人員、機械、原物料、方法等有關的生產因素，預先作有計畫、有系統的組合與控制，來製造出合乎品質要求、最低成本、準時交貨、滿足顧客的產品。簡言之，生產管理是指對各生產階段加以管理，以便能在預定的日程內，以最低成本，製造合乎規格標準及產量的產品。

(二)食品工廠透過生產管理可以達到那些效益？

生產管理是要以最低成本，提供適時、適量、適質的產品或服務，以此觀點可歸納出生產管理四大要素如下：

1. 成本：指最低成本。
2. 時間：指最適時間，包括生產進度之安排、交貨期限之達成。
3. 數量：指提供符合顧客需求的量。
4. 品質：指最適品質，包括生產品質、設計品質之管理。

食品工廠大多屬於勞力密集的中小型工廠，而農產品又受季節性的控制，因此在生產管理上倍感困難，生產效率低落、成本高昂是普遍存在的問題。因此生產管理為食品工廠的重要管理工作，務必作合理的計畫與調配，將人(man)、設備(machine)、原材料(material)、操作方法(method)和測定(measurement)之製程要素(5M)，作經濟有效地利用與配合，促進其發揮最大效益，達到最適品質、最低成本、最適時間及提供符合顧客需求的量之生產管理的最終效益。

二、請解釋說明下列三項品質管理名詞：
(一)QC 工程圖（8 分）
(二)預防成本（prevention cost）（6 分）
(三)持續改善（continuous improvement）（6 分）
【106-1 年食品技師】

詳解：

(一)QC 工程圖：

是指一個控制產品及其製程的系統之書面陳述，包括作業流程、管制項目、管制基準、管制圖表、管制人員、管制方式等，其目的為將產品和製程的變異降到最低。執行 QC 工程圖之管制計畫有下列的好處：

1. 品質：能在設計、製造、裝配等各階段減少廢料並改善產品品質，能鑑別出製程特性並幫助找到因製程變異而影響到產品變異的根源。
2. 顧客滿意：集中在顧客的重要特性之相關製程和產品上，可將資源運用在關鍵處而不犧牲品質的情況下來降低成本。
3. 溝通：是活的文件，能揭示並傳達有關產品製程特性、控制方法、特性方面的變更狀況。

(二)預防成本（prevention cost）：

指防止缺點或不良品發生以使產品失敗、使檢測成本減至最小，所必須耗費的成本或費用，包括如下：

1. 品質計畫費用。
2. 品質資料整理、分析與回饋，以及預防發生不良品質產生之費用。
3. 量測設備設計與發展之費用。
4. 品質管制會議、報告和改良計畫等相關費用。
5. 品質管制教育與訓練之費用、品質管制人員薪資。
6. 其他如品質訓練導致生產作業停頓之費用。

(三)持續改善（continuous improvement）：

為 ISO 9001 品質管理八項原則之一，是指一旦完成企業年度營運目標的擬定之後，必須在實施過程中，持續找出可以改善的地方。切忌待版的死守目標而不聽取第一線工作人員或顧客的回報和反應。經由不斷檢討、反省與改進，企業才能生產最符合市場期待的產品。具體做法包括市場調查、內部稽核、顧客滿意度調查等。持續改善的關鍵，在於以下幾個部分是否落實：

1. 主動的尋求改善的機會，而不是被動的等待問題的發生再採取改善行動。
2. 任何一項檢討與改善的提出，必要時應涵蓋產品、過程與系統的三個層面，不只是涵蓋特定的作業與活動。
3. 任何一項改善的提出與執行，必須引導並進入第二個層次：新的規劃、新的執行與新的檢討，而不只是修改規劃而已，此為 PDCA 概念。
4. 改善的範圍可以從小區域、小階段到全面性及大區域的改善。

三、開發具備競爭力新產品對於企業來說，是極為重要的事，請詳述說明在推出新產品之前應做何種評估分析，以供做為公司開發新產品決策之參考？（20 分）

【106-1 年食品技師】

詳解：

為避免因盲目的投資與開發，而造成企業的損失，因此新產品推出前必須進行可行性分析，作為是否具備開發價值的判斷。新產品開發的可行性分析可以分為三個階段來進行：

(一)初期階段：

當引進構想與初步計畫時，就其投資可行性、必要性等作妥當的評估，提供經營者作為採用與否的決策參考。

(二)中期階段：

在研究階段、開發進行中或試作期間，作各種評估，供為是否繼續進行、變更、中止或採取彌補措施等參考。

(三)完成階段：

當完成開發時，針對開發過程的問題加以檢討，作為改進參考。根據該評估可以研究開發與投資效果作確實的評價，提供生產計畫、銷售計畫等企業營運的決策參考。

新產品開發的可行性分析所要考慮的因素因公司或產業而異，但通常以「市場性」、「安定性」、「成長性」及「生產性」為重要評價特性，各公司可依當時的主、客觀條件，對這些項目賦予不同的權重，以便求得更合理的評價結果。

新產品經過綜合評價後，以其所得分數來加以分級，其分級標準如下表，最後即可判定新產品是否適合開發。

◎新產品評價分數等級表

等級	綜合評價得分	判定
A	100~ 88	開發最容易而效果大，應積極開發
B	87~ 71	檢討該產品的開發對公司的貢獻度大小，並據此評分提出開發的理由與建議
C	70~ 54	檢討該開發案在基本上的可行性，提出改善對策後，決定開發或建議撤銷本案
D	53~ 37	表示開發困難，且效果小，故宜判定不該開發而註銷
E	36~ 20	同 D 級

四、依據「食品良好衛生規範準則」，請說明其對食品業者在倉儲管制有何規定（20 分）

【106-1 年食品技師】

詳解：

依照「食品良好衛生規範準則」(103.11.7)：

第六條食品業者倉儲管制，應符合下列規定：

一、原材料、半成品及成品倉庫，應分別設置或予以適當區隔，並有足夠之空間，以供搬運。

二、倉庫內物品應分類貯放於棧板、貨架上或採取其他有效措施，不得直接放置地面(GMP(TQF)規定離牆離地 5 公分)，並保持整潔及良好通風。

三、倉儲作業應遵行先進先出之原則，並確實記錄。

四、倉儲過程中需管制溫度或濕度者，應建立管制方法及基準，並確實記錄。

五、倉儲過程中，應定期檢查，並確實記錄；有異狀時，應立即處理，確保原材料、半成品及成品之品質及衛生。

六、有污染原材料、半成品或成品之虞之物品或包裝材料，應有防止交叉污染之措施；其未能防止交叉污染者，不得與原材料、半成品或成品一起貯存。

附表一食品業者之場區及環境良好衛生管理基準：

(一)熱藏：60 ℃以上。

(二)冷藏：食品中心溫度在 7 ℃以下，凍結點以上。

(三)冷凍：食品中心溫度在-18 ℃以下。

五、經公告實施食品安全管制系統準則之食品業者，依照「食品安全管制系統準則」之規定應成立管制小組，請說明管制小組主要的工作職責。（20 分）

【106-1 年食品技師】

詳解：依照「食品安全管制系統準則」(107.5.1)管制小組之規定：

(一)第三條

中央主管機關依本法第八條第二項公告之食品業者(以下簡稱食品業者)，應成立管制小組，統籌辦理前條第二項第二款至第八款事項。

管制小組成員，由食品業者之負責人或其指定人員，及專門職業人員、品質管制人員、生產部(線)幹部、衛生管理人員或其他幹部人員組成，至少三人，其中負責人或其指定人員為必要之成員。

(二)第四條

管制小組成員，應曾接受中央主管機關認可之食品安全管制系統訓練機關(構)(以下簡稱訓練機關(構))辦理之相關課程至少三十小時，並領有合格證明書；從業期間，應持續接受訓練機關(構)或其他機關(構)辦理與本系統有關之課程，每三年累計至少十二小時。前項其他機關(構)辦理之課程，應經中央主管機關認可。

(三)管制小組職責：

第五條

管制小組應以產品之描述、預定用途及加工流程圖所定步驟為基礎，確認生產現場與流程圖相符，並列出所有可能之生物性、化學性及物理性危害物質，執行危害分析，鑑別足以影響食品安全之因子及發生頻率與嚴重性，研訂危害物質之預防、去除及降低措施。

第六條

管制小組應依前條危害分析獲得之資料，決定重要管制點。

第七條

管制小組應對每一重要管制點建立管制界限，並進行驗效。

第八條

管制小組應訂定監測計畫，其內容包括每一重要管制點之監測項目、方法、頻率及操作人員。

第九條

管制小組應對每一重要管制點，研訂發生系統性變異時之矯正措施；其措施至少包括下列事項：

一、引起系統性變異原因之矯正。

二、食品因變異致違反本法相關法令規定或有危害健康之虞者，其回收、處理及銷毀。

管制小組於必要時，應對前項變異，重新執行危害分析。

第十條

管制小組應確認本系統執行之有效性，每年至少進行一次內部稽核。

106 年第二次專門職業及技術人員高考－食品技師

類科：食品技師　科目：食品微生物學

一、請試述 ATP 測定法計算菌數之優缺點，並另外說明四種計算食品中菌數的方法。（25 分）

【106-2 年食品技師】

詳解：

(一)ATP 測定法計算菌數之優缺點：

活體微生物的細胞都含有腺核苷三磷酸(adenosine triphosphate, ATP)，是驅動各種細胞活動的能量來源。各種微生物活細胞的 ATP 含量大致相同，利用螢火蟲來源的螢光素(luciferin)及螢光素酶(luciferase)在有氧及鎂離子的存在下與其反應發出螢光，藉由冷光儀(luminometer)以 560nm 來測定發出的螢光強度(黃色光)，因此可再藉由測定已知菌數的螢光強度，可求出螢光強度對菌數的標準曲線，當測得樣品的螢光強度，即可比對標準曲線而快速得知菌數。

1. 優點：

(1)檢測簡便快速，即時得知檢測結果。

(2)檢測方法簡單。

(3)檢測結果為活菌數。

(4)可快速檢測固體與液體樣品，表面清潔度亦可檢測。

2. 缺點：

(1)菌數濃度約 10^3 CFU/mL 以上才測的出來。

(2)易受檢測物中非微生物的 ATP(通常會用藥劑去除)及螢光物質的干擾。

(3)若有受傷的微生物，其 ATP 較低，檢測結果可能會低估；若有酵母菌存在，其 ATP 較高，檢測結果可能高估。

(4)需作已知菌數的標準曲線，不同樣品需作個別的標準曲線，準確度較高。

(5)雖然可快速測定出樣品的菌數，但是費用非常貴。

(二)四種計算食品中菌數的方法：

1. 直接計數法：

(1)好氣性平板計數法(Aerobic plate count, APC)：將均質後的樣品，經序列稀釋後以塗抹平板法(Spread plate)或傾注平板法(Pour plate)，使微生物平均分散於培養基，再以 37 ℃倒置培養，24~ 48 小時後計算 25~ 250 CFU/ mL(g)菌落數。

(2)最確數法(Most probable number, MPN)：一般分三組進行，每一組各有數重複(三管或五管系統)，分別以漸次稀釋的方式加入不同量的待測水溶液於培養液中進行培養，隨後觀察每一組中的試管是否有菌生長，然後再利用 MPN

統計表估計菌數。

2. 間接計數法：

(1)分光光度計(Photospectrometer)之濁度測定法(Turbidity)計數法：細菌生長於液態培養基時，會引起混濁現象，在分光光度計測定時，細菌個體會阻礙或吸收通過之光源，因此藉由測定已知菌量培養液的吸光值，可求出吸光值對菌量的標準曲線，當測得樣品的吸光值後，即可比對標準曲線而得知菌數。

(2)電阻抗法(Electrical impedance method)：微生物於液態培養基中生長會造成培養基成分改變，導致培養基的電阻抗急劇變化，因此再藉由測定已知菌數培養液之電阻抗急劇變化的時間(IDT)，可求出菌數對 IDT 的標準曲線，當測得樣品的 IDT 後，即可比對標準曲線而得知菌數。

二、2017 年諾貝爾化學獎得獎主題是低溫電子顯微鏡於微生物的研究。請敘述電子顯微鏡的分類及成像原理，並舉例說明電子顯微鏡術如何應用在食品微生物？（25 分）

【106-2 年食品技師】

詳解：

(一)電子顯微鏡的分類：主要分為兩類

1. 穿透式電子顯微鏡(TransmissionElectron Microscope, TEM)：先製作非常薄的試片放在電子槍內，使觀察的解析度比掃描式高，但因為電子束須穿透試片，所以所需的加速電壓相對比掃描式電子顯微鏡來的高。
2. 掃描式電子顯微鏡(Scanning Electron Microscope, SEM)：有很大的景深，對粗糙的表面，例如凹凸不平的金屬斷面顯示得很清楚，而且立體感很強。低溫電子顯微鏡(Cryogenic SEM, Cryo-SEM)屬之。

(二)電子顯微鏡的成像原理：

1. 穿透式電子顯微鏡(TEM)：以電子槍(electron gun)發射之電子束(electron beam)為光源，由於該波長極短，可以直接穿透 0.2 μm 的標本，質量大的結構穿透的電子少，而質量小的結構穿透的電子多，最後使影像在螢幕上呈現 2D 的結構(類似幻燈片原理)。
2. 掃描式電子顯微鏡(SEM)：以電子槍(electron gun)發射之一次電子束(稱 primary electron beam)為光源，該波長極短，再照射在樣品標本表面(通常外表鍍金)後，會激發二次電子束(secondary electron beam)反射，使影像為電子接收器接收，經一連串影像放大後，會在螢幕上呈現 3D 的物體外表影像結構。

(三)電子顯微鏡術如何應用在食品微生物：

1. 觀察微生物確切的結構。
2. 觀察病毒的結構。
3. 觀察微生物的胞器結構。
4. 診斷病毒種類。
5. 觀察微生物分泌的物質。
6. 觀察不同抑菌物質對微生物的影響。
7. 觀察不同營養物質對微生物的影響。。
8. 觀察微生物之間的互動。

三、近來國際傳出多起因吃沙拉、即食肉品、哈密瓜等，感染「李斯特菌」，嚴重時恐引發敗血症或腦膜炎致死。衛生福利部預告，民國 107 年元旦起將「李斯特菌症」列為第四類法定傳染病，須在七十二小時內通報。請問：何謂 listeriosis？其菌種特性為何？並敘述其傳染途徑、治療及預防方法等。（25 分）

【106-2 年食品技師】

詳解：

(一)李斯特菌病(listeriosis)：

為感染單核增生李斯特菌(*Listeria monocytogenes*)產生的症狀，初期的症狀都很溫和，可能類似流行性感冒或甚至沒有症狀出現，潛伏期由三到七十天，但平均是三星期到一個月左右。一年四季都可能是流行期，其症狀如下：

1. 嘔吐、腹痛、腹瀉。
2. 年長者、免疫力低下的族群及新生兒感染後，可能引發敗血症或腦膜炎等嚴重疾病，甚至死亡，致死率可達 2 至 3 成。
3. 孕婦感染後可能會導致流產、死胎、早產，或於分娩時經產道傳染胎兒，造成新生兒敗血症或腦膜炎。

(二)菌種特性：

1. G(+)桿菌、無芽孢、好氧或兼性厭氧、具鞭毛。
2. 此菌在低溫下生長良好，屬低溫菌，亦為冷藏的病原菌。此菌為兼性胞內寄生菌，可在巨噬細胞(macrophage)、表皮細胞及纖維母細胞中生長。

(三)傳染途徑：

1. 主要傳染途徑是以食品為媒介，透過吃下受污染的食物，例如：蔬果、生乳、乳酪、肉品、熱狗、魚蝦、冰淇淋等造成感染，大部分的流行都與食物污染有關。
2. 易受感染之食品包括生菜沙拉、即食食品、加工肉類製品、熱狗、乳酪、奶油、沙拉醬及未經適當殺菌的牛奶及冰淇淋等。
3. 也有可能透過受感染的孕婦經由胎盤或產道傳染給新生兒造成母子垂直感染。
4. 生食者、實驗室工作人員及需經常接觸牲畜的工作者，例如獸醫、畜牧業、寵物飼養者、禽鳥飼養者也屬於感染高危險群。

(四)治療方法：

在治療上，使用抗生素治療，因青黴素(Penicillin 或 Ampicillin)較無抗藥性，一般被廣泛用來治療人類李斯特菌症。若對青黴素過敏者，可以用紅黴素代替治療，但四黴素因被發現有抗藥性，並不推薦使用。截至目前為止，人類李斯特菌症並無疫苗可以使用。

(五)預防方法：

1.保持個人及飲食衛生，避免進食高風險的食品及飲品。

(1)加強洗手，進食前、如廁後保持個人衛生。

(2)生吃的蔬菜、水果要徹底洗淨。

(3)肉類務必煮熟，避免進食未經煮熟之生肉。

(4)不要進食未經殺菌處理的牛奶及乳製品、以及來路不明的牛奶及乳製品。

(5)避免進食存放在冰箱超過一天以上的即食食品。

(6)徹底復熱經冷藏的食品。

(7)生鮮和熟食所使用之容器、刀具及砧板應分開，勿混合使用，並且分開冷藏。

2.懷孕婦女應有充分的知識了解其危險性，包括對胎兒的危險性。

3.不要碰觸流產的動物屍體，因為它們有可能已被感染。

4.飼養動物者、獸醫及畜牧業者應加強環境清潔消毒，定期監測動物的健康狀況，並於接觸過動物後要加強洗手。

5.食品與食品處理器具之製造者應了解此病特性，工廠和設備設計應有利清洗和消毒以降低可能之污染。

四、屏東縣現種植三萬多株可可樹，可可加工業者正努力透過農業轉型，大量鼓勵農民栽種可可樹，以取代目前檳榔產業。而可可果實中的可可豆是巧克力的製造原料，請詳述可可豆發酵過程及巧克力製造方法，並說明巧克力對人體健康的功效與營養價值。（25分）

【106-2年食品技師】

詳解：

(一)可可豆發酵過程：

將成熟的可可果實，切開纖維質外皮(果莢)，將帶有果肉的可可豆置於木箱中，覆蓋香蕉葉使之自然發酵。可可豆發酵主要可分為三個階段：

1. 第一階段：主要為酵母菌等使酸性可可豆(pH 3.6)中的糖轉變產生酒精、CO_2。
2. 第二階段：主要為乳酸菌等使可可豆的糖轉變為乳酸、醋酸、酒精、CO_2。
3. 第三階段：主要為醋酸菌等使酒精氧化產生醋酸。最後可可豆發酵成 pH 7.1。

發酵後可可豆容易剝離、呈赤褐色、單寧氧化、苦味減少及生成特有風味。發酵後的可可豆，以熱風或日光徐徐乾燥，至水分8%以下，以便貯運。

(二)巧克力製造方法：

1. 將可可豆焙炒(焙炒條件130~150℃熱風，豆之溫度110~120℃)，生成風味、色澤、芳香、減少苦味與刺激臭，並使外皮與果仁易於分離。
2. 將焙炒後的可可豆磨碎，可可豆碎片為酸性、苦且消化性不好，須知1~2%碳酸鉀來中和，因其所含的可可脂(50%)磨擦生熱而成泥漿狀，即為可可漿，冷卻固化即成為可可塊。
3. 可可塊再以榨油機脫脂，得到可可脂及脫脂可可，高脂可可(20~24%)用於飲料，中脂可可(12~20%)供飲料及糖果製造，低脂可可(8~12%)供糖果製造。
4. 可可脂再經過調溫(tempering)手段，即利用不同溫度之調溫操作，可形成不同程度的混合結晶，利用結晶方式改變可可脂的性質，使得到理想的同質多晶型和物理狀態，使可可脂的晶型能於人體體溫下熔化(熔點範圍狹小，入口即化)，而達到"只溶你口，不溶你手"，而單一晶型結構也有滑潤口感與光澤產生，作法如下所述：

(1)將可可脂加熱成液態可可脂(使所有晶型狀態熔化)。

(2)然後冷卻時開始結晶成適宜的晶型(β_2-3類型)。

(3)之後再加熱至剛好適宜的晶體之熔點(33.8℃)以下而凝固。

(4)使不適合類型的晶體仍在熔化狀態而分離。

(三)巧克力對人體健康的功效與營養價值：

1. 人體健康的功效：巧克力具有多種類黃酮(flavonoids)，具有以下功效：

(1)抗氧化、抗老化、抗突變、抗畸胎、抗癌。

(2)預防心血管疾病、抗發炎、防止關節老化、預防癌症等。

2. 營養價值：巧克力大部分為脂質，及人為添加的醣類，故具高熱量的食品：

(1)脂質1克可以提供9大卡的熱量。

(2)醣類1克可以提供4大可的熱量。

106年第二次專門職業及技術人員高考-食品技師

類科：食品技師　科目：食品化學

一、請說明水活性（AW）對食品品質的影響，並舉例說明如何控制食品水活性（20分）【106-2年食品技師】

詳解：

(一)水活性（AW）對食品品質的影響：

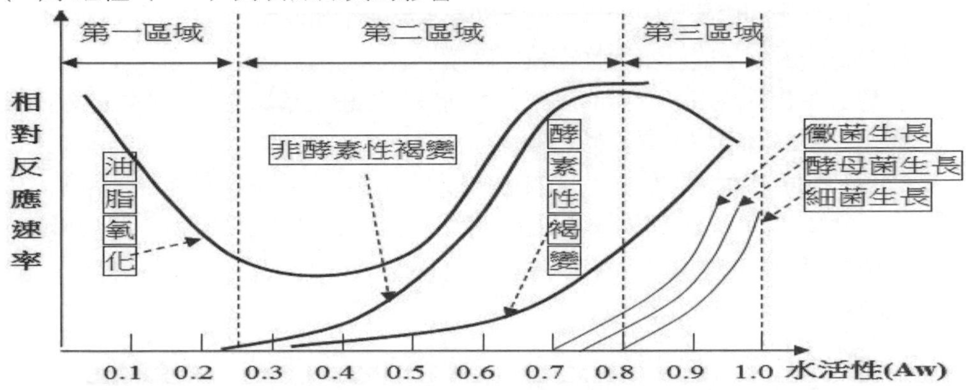

1. 微生物的繁殖：

對一般生物之生長，其水活性最低限度大致如下：

(1)黴菌：0.70以上，大部分黴菌需Aw 0.80以上
(2)酵母菌：0.75以上，大部分酵母菌需Aw 0.85(0.88)以上
(3)細菌：0.80以上，大部分細菌需Aw 0.90以上
(4)嗜旱黴菌(Xerophilic mold)和嗜滲透酵母菌(Osmophilic yeasts)可於Aw 0.61生長，所以要完全阻止微生物的生長與繁殖，應控制Aw於0.61以下

2. 油脂氧化：

Aw值達0.7~0.8時氧化速率最大。當Aw降至0.3左右時，油脂之氧化速率最低，0.3以下又反而升高。

(1)於高Aw下(0.7~ 0.8)：氧化速率高，與油脂可浮於水面，水中溶氧高，氧氣進行油脂氧化反應作用有關
(2)於低Aw下(約0.3)：氧化速率最低，水分可與氫過氧化物(ROOH)結合抑制後續反應，且水可提供電子以抑制自由基生成以抑制油脂氧化，及水可與金屬離子水合而減低金屬離子催化油脂氧化之反應
(3)於極低Aw下(0.3以下)：水分子幾乎不存在，原先水分子存在之空間形成多孔狀，增加脂質與氧氣接觸面積，金屬離子也更容易與油脂接觸而催化油脂氧化

3. 非酵素性褐變(主要指梅納褐變反應)：

此反應在 Aw 為 0.7 時反應最為快速，因水多胺基與羰基容易碰撞。Aw 為 0.8 以上反應速率下降，因水多稀釋反應物。

4. 酵素性褐變(包括大部分酵素反應)：

酵素性褐變在 Aw 達 0.6 以上時速率變快，因固定基質濃度時，水多酵素與基質容易反應。

◎食品之水活性(AW)對食品之微生物、化學與生化、物理特性之影響：

1. 微生物生長：水活性是決定產品貨架期的決定因子，微生物所能利用的水為自由水，而 Aw 為描述食品中自由水的多寡，其值越高，表示自由水越多，微生物越能利用食品中的水分。所以含水量並不足以確切得知影響食品微生物生長的因素，故以水活性描述更為確切。
2. 化學與生化活性：水分可能以許多不同機制影響化學反應，水活性影響油脂氧化、蛋白質變性、澱粉糊化老化等。
3. 物理特性：水活性也影響食品質地，高水活性食品質地常較多汁、鮮嫩，水活性降低時，具較堅硬、乾澀的感覺，水活性同時也影響粉粒體的移動、成塊性質。

(二)控制食品水活性的方法：

1. 降低水活性(AW)之方法：

(1)低溫：冷凍、冷藏使食品蒸汽壓下降。

(2)乾燥：使自由水蒸發掉，以去除自由水，如陽光乾燥、加熱乾燥、熱風乾燥、噴霧乾燥等。

(3)濃縮：使自由水直接蒸發、離開或形成冰晶再離心使其分離，如蒸發濃縮、薄膜濃縮、冷凍濃縮、真空濃縮等。

(4)添加水合性物質(溶質)：與自由水以靜電作用力或氫鍵結合，如鹽、糖。

(5)加入親水性的膠體物：使自由水的蒸汽壓下降，成為包埋水(Entrapped water)如果膠、澱粉膠。

2. 增加水活性(AW)的方法：

(1)勿放於低溫：放於室溫使食品蒸汽壓較高。

(2)加水：增加自由水的量。

(3)勿加水合性物質：如勿加糖、鹽。

(4)勿加親水性的膠體物：如果膠、澱粉膠。

二、請說明食品褐變的機制，其優缺點各為何？以及如何預防？（20 分）
【106-2 年食品技師】

詳解：

(一)食品褐變的機制，及其優缺點：

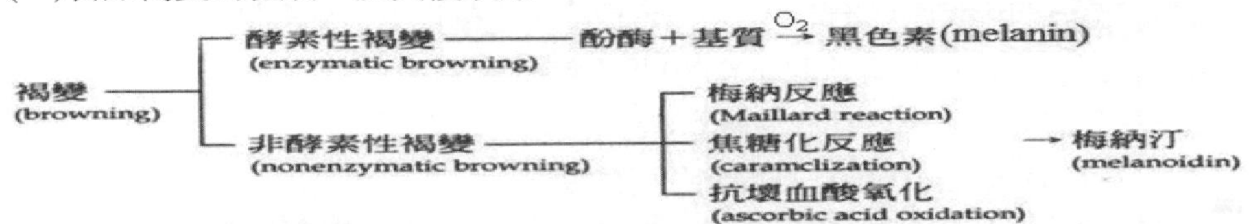

1. 酵素性褐變反應(enzymatic browning reaction)：褐變之形成若與基質(酚類)、酵素及氧氣的參與有關。如酪胺酸酶(tyrosinase)或多酚氧化酶(polyphenol oxidase, PPO)等，主要是將酪胺酸(Tyrosine)或多酚(polyphenol)等基質轉變為醌(quinone)，最後形成黑色素(melanin)。如紅茶、水果(特別是桃子、梨、蘋果等)、蔬菜(特別是洋菇、馬鈴薯)、蝦頭的褐變。其優缺點如下：

(1)優點：烏龍茶與紅茶的加工，使茶湯顏色較深、澀味減少(單寧類氧化)。

(2)缺點：水果(特別是桃子、梨、蘋果等)、蔬菜(特別是洋菇、馬鈴薯)、蝦頭的褐變使賣相變差。

2. 非酵素性褐變反應(non enzymatic browning reaction)：褐變之形成若與酵素的參與無關，但最終都會形成褐色之梅納汀(melanoidins)。此類反應包括：

(1)梅納反應(Maillard reaction)又稱為胺羰反應(amino-carbonyl reaction)：含有胺基的化合物(胺基酸、胜肽、蛋白質)與含有羰基的化合物(醣類、醛、酮等)經由縮合、重排、氧化、斷裂、聚合等一連串反應生成之褐色的梅納汀(melanoidins)及經史特烈卡降解(Strecker degradation)產生小分子醛類香氣成分。如咖啡、醬油、啤酒、麵包、蘋果西打、油炸馬鈴薯片、烤雞、脆皮烤鴨等的褐變。其優缺點如下：

a. 優點：顏色與香氣的產生(如咖啡、醬油、啤酒、麵包、蘋果西打、油炸馬鈴薯片、烤雞、脆皮烤鴨等)、產生抗氧化物質、產生抗突變物質等。

b. 缺點：顏色變深(如蛋粉、高果糖糖漿等)、溶解度下降、必需胺基酸之損失及消化性之影響、致突變物質產生(如丙烯醯胺形成)、氧化物質產生等。

(2)焦糖化反應(caramelization)：醣類在沒有胺基化合物存在下，以高溫加熱或以酸鹼處理，使醣類最終形成褐色的梅納汀(melanoidins)和小分子醛、酮類香氣成分。如焦糖的製作過程等。其優缺點如下：

a. 優點：製作焦糖、產生焦糖顏色與香氣。

b. 缺點：可能會產生不良的顏色及苦味。

(3)抗壞血酸氧化(ascorbic acid oxidation)：抗壞血酸在氧氣存在下氧化並裂解成形成褐色的梅納汀(melanoidins)。如抗壞血酸暴露於空氣中氧化褐變。其優缺點如下：

a. 優點：產生顏色。

b. 缺點：產生不良顏色、減少抗壞血酸(維生素 C)抗氧化能力。

(二)預防方法：

1. 酵素性褐變預防方法：

(1)去除氧氣：抽真空、隔絕氧氣、調氣(MA)或控氣(CA)包裝。

(2)控制酵素活性：

a. 溫度：利用殺菁使酵素失活。溫度愈低，化學反應速率愈慢。

b. pH 值：調 pH 值至 3 以下或 10 以上使酵素失活。

c. 鹽類：浸泡氯化鈉可抑制酚酶活性。

d. 亞硫酸鹽或二氧化硫：為酚酶強力的抑制劑。

e. 螯合劑(chelating)：可用 EDTA、檸檬酸、蘋果酸、硼酸(非法)將酚酶分子內之銅離子輔基螯合，使失活。

(3)改變或去除基質：

a. 維生素 C(抗壞血酸)：將二苯醌化合物還原成二元酚。

b. 甲基化處理：以酵素將羥基(-OH)甲基化成甲氧基($-OCH_3$)，使不被酚酶作用。

2. 非酵素性褐變預防方法：

(1)梅納反應：

a. 降低溫度：一般來說，每增高 10℃反應速率約增快一倍，低溫可減慢反應。

b. 降低水活性：水活性 0.8 反應最快，可使水活性降至 0.4 以下減慢反應。

c. 降低 pH 值：梅納反應最適 pH 為鹼性範圍，可加酸降低 pH 值。

d. 真空或充氮包裝：抑制油脂氧化，防止其產生羰基化合物而反應。

e. 減少輻射：油脂光氧化產生 ROOH 再裂解成羰基化合物，可用深色包裝或儲放在陰暗處防止。

f. 酵素法：以葡萄糖氧化酶，氧化葡萄糖為葡萄糖酸，使梅納反應無基質。

g. 化學阻礙劑法：

(a)亞硫酸鹽：與還原糖的羰基(carbonyl group)反應以抑制梅納褐變反應。

(b)硫醇：如半胱胺酸(cysteine)之-SH 基與還原糖的羰基(carbonyl group)反應以抑制梅納褐變反應。

(c)鈣鹽：如氯化鈣($CaCl_2$)之氯離子與還原糖的羰基(carbonyl group)反應以抑制梅納褐變反應；鈣可和胺基酸結合形成不溶性化合物而抑制反應。

(2)焦糖化反應：

a. 醣類勿單獨高溫加熱。

b. 醣類勿單獨酸鹼處理

c. 減少醣類高溫加熱或酸鹼處理的時間。

(3)抗壞血酸氧化：

a. 降低溫度：一般來說，每增高 10℃反應速率約增快一倍，低溫可減慢反應。

b. 降低水活性：水活性 0.8 反應最快，可使水活性降至 0.4 以下減慢反應。

c. 降低 pH 值：pH 2 以下抗壞血酸氧化不易進行。

d. 減少氧氣量：使抗壞血酸不易氧化，可真空或充氮包裝防止。

三、請說明油脂在食品加工和貯藏中產生的化學變化以及如何防止？（20 分）
【106-2 年食品技師】

詳解：

(一)油脂在食品加工和貯藏中產生的化學變化：

(自氧化)

1. 氧化(初期) →	2. 裂解(後期) →	3. 聚合(後期)
產生 ROOH(氫過氧化物)(包括共軛雙烯及共軛雙鍵的三烯不飽和物)	產生小分子醛、酮、醇、酸	產生大分子聚合物，如環狀聚合物(如 PAHs)
(1)ROOH，POV↑(初期指標)，後期 POV↓ (2)共軛雙烯，共軛雙烯價(234 nm)↑ (3)共軛雙鍵的三烯不飽和物，共軛雙鍵的三烯不飽和物量(268 nm)↑	(1)醛，如丙二醛，毒性最強，TBA value↑(後期指標) (2)酸，為游離脂肪酸，AV↑ (3)醛、酮，羰基價(CV)↑，醛、酮與胺基酸進行梅納反應，顏色變深與產生氣味，胺基酸含量↓ (4)小分子醛、酮、醇、酸，分子量下降，發煙點↓，並產生油耗味 (5)醛、酮、醇、酸，總極性物質↑，介電常數↑	(1)大分子聚合物，黏度增加、顏色加深、並產生油垢 (2)某些環狀聚合物會致癌(如苯駢芘)

1. 油脂的氧化反應(lipid oxidation)：產生氫過氧化物(ROOH)與共軛雙烯
(1)與空氣中氧接觸，進行自氧化(autoxidation)。
(2)由光與色素類引起的光氧化(photo sensitized oxidation)。
(3)由酵素引起的酵素性氧化(enzymatic oxidation)。
2. 油脂的裂解反應：氫過氧化物(ROOH)斷裂形成不同小分子醛、酮、醇、酸等碳氫化合物等具有令人不愉快的氣味及酸敗味，導致油脂酸敗(rancidity)
3. 油脂的聚合反應：油脂氧化與裂解產生的小分子化合物可進一步發生聚合反應，生成二聚體或多聚體。或自氧化反應，產生自由基再進行聚合作用。

(二)防止方法：防止油脂氧化，就不會進一步裂解與聚合

1. 外在因子：
(1)氧氣：濃度低時，氧化速率與含氧量呈正比；高濃度下不受影響。可利用脫氧劑或包裝提升保存效果。
(2)光線：會促進活性氧($^1O_2$)的形成並促進氧化。可避光儲藏。
(3)溫度：連鎖反應期與過氧化物鍵結斷裂形成自由基之反應速率隨溫度升高而加快。可利用低溫儲藏預防。
2. 內在因子：
(1)脂肪酸不飽合程度：氧化速度與雙鍵呈正比。可氫化減少不飽合度。
(2)水分：氧化速度與水分呈正比；Aw 約 0.3 時，可延緩。
(3)催化劑：二價金屬離子(如鐵、銅)為助氧劑。可添加螯合劑(如檸檬酸)抑制。
(4)酵素：如脂氧合酶催化脂質氧化。可利用殺菁(blanching)使酵素失活。
(5)抗氧化劑：可作氫離子提供者及自由基接受者，延緩並抑制油脂氧化作用。

四、請說明蛋白質在食品加工中所扮演的角色，請以魚丸或貢丸之加工製程為例，說明其特性。（20分）

【106-2年食品技師】

詳解：

(一)蛋白質在食品加工中所扮演的角色：蛋白質的功能特性：

是指除了營養外的其他性質(物理、化學特性)，這些性質常會影響到食品的感官特性(特別是質地方面)，同時也對食品或食品配料在製備、加工或儲藏時的物理特性扮演著重要角色。

1. 蛋白質功能性區分：

(1)水合性質：水的吸附與保留(保水性)、可濕性、膨潤性、附著性、分散性、溶解度、黏度、沉澱。

(2)蛋白質和蛋白質交互作用有關的性質：沉降性(大沉澱)、凝膠性、生成不同結構(蛋白團、組織化蛋白)。

(3)表面性質：表面張力、乳化性、起泡性。

2. 不同食品中所需的蛋白質功能特性：

食品	功能性
肉品填充料	水和脂質的吸附與保留、不溶性、硬度、咀嚼性、凝聚性、熱變性
肉製品	乳化性、凝膠性、凝聚性、水的吸附與保留(保水性)
乳製品	乳化性、脂質保留性、黏度、起泡性、凝膠性、凝固性
食品塗料	凝聚性、附著性
蛋代用品	起泡性、凝膠性
蛋白團生成、烘焙食品	黏度、彈力性質、凝聚性、熱變性、凝膠性、附水性、乳化性、起泡性、褐變性
湯、醬	黏度、乳化性、保水力
飲料	在不同的pH值時均可溶、對熱安定、黏度
糖果、蜜餞	分散性、乳化性

(二)蛋白質成分於魚丸或貢丸食品中所呈現之功能特性：

1. 凝膠性：製作貢丸時，加鹽擂潰以溶出鹽溶性蛋白質，再經由加熱使其以共價鍵與非共價鍵互相鍵結形成之網狀結構，保留水分於結構之中而形成凝膠。

2. 乳化性：製作貢丸時，加鹽擂潰以溶出鹽溶性蛋白質，使貢丸中的油脂與水分可以藉由蛋白質的疏水性基團與油脂作用及親水性基團與水作用而融合，使貢丸不會油水分離。

3. 水的吸附與保留(保水性)：貢丸中的蛋白質之親水性基團可與水作用，以保留水分，再加上凝膠時保留於結構中的水分，使貢丸在食用時具有濕潤性與多汁性。

五、請說明食品中色素的來源，並舉例說明其在食品加工和貯藏中的變化。（20 分）

【106-2 年食品技師】

詳解：

(一)食品中色素的來源：

色素(pigment)是形成色彩的化合物，因為它們會吸收可見光譜範圍(波長400~800nm)之內的光，不同的色素根據其特殊的化學結構以獨特的形式呈現色彩。主要可分為動物性來源、植物性來源、微生物來源：

1. 以異戊二烯(isoprene)為單元構成的類異戊二烯(isoprenoids)，如類胡蘿蔔素(carotenoids)(動物、植物或微生物)：如番茄的蕃茄紅素(lycopene)、胡蘿蔔的β-胡蘿蔔素(β-carotene)、蝦蟹外殼的蝦紅素或蝦紅(青)素(astaxanthin)等。
2. 以吡咯(pyrrole)為單元構成的四吡咯(tetrapyrrole)，如葉綠素(chlorophylls)(植物、微生物)、肌紅素(myoglobin, Mb)(動物)、血紅素(hemoglobin, Hb)(動物)。
3. 以苯哌喃(benzopyran)為單元，如花青素(anthocyanin)(植物)、類黃酮(flavonoids)(植物)。
4. 其他化學結構各異的天然色素(miscellaneous pigment)，如胭脂蟲酸(carminic acid)(動物)、甜菜苷(betanin)(植物)、紅麴色素(monasco red)(微生物)等。

(二)色素在食品加工和貯藏中的變化：

1. 類異戊二烯(isoprenoids)，如類胡蘿蔔素(carotenoids)容易受下列因子氧化及異構化使褪色：

(1)高熱與光照：類胡蘿蔔素較其他天然色素安定，但卻會因高熱與光照而氧化，引起異構化(雙鍵位置的逆／順式互換)或氧化分解的現象，特別是在不飽和油脂含量高的食品中。

(2)氧氣：高濃度的氧氣會加速類胡蘿蔔素的氧化，可充氮密封預防。二氧化硫為強還原劑，所以二氧化硫對類胡蘿蔔素亦有保護作用(作為抗氧化劑)，如金針乾中，存於多量二氧化硫(以燻硫)，以保護類胡蘿蔔素。

(3)酵素：脂氧合酶(lipoxygenase, Lox)可加速類胡蘿蔔素分解及異構化。

2. 四吡咯(tetrapyrrole)：

(1)葉綠素(chlorophylls)：

a. 酵素作用：葉綠素酶(Chlorophyllase)會催化葉綠醇(phytol)的酯鍵由葉綠素中水解，而產生葉綠酸(Chlorophyllide)，而葉綠酸更易發生脫鎂作用。葉綠素酶最適溫度在 60~82℃之間。
b. 輻射處理：經 γ-輻射處理後，葉綠素即遭到分解。
c. 酸及熱：某些發酵作用產生的酸及食品加工的熱會造成葉綠素(Chlorophyll)及葉綠酸(Chlorophyllide)脫鎂以產生脫鎂葉綠素(Pheophytin)及脫鎂葉綠酸(Pheophorbide)。
d. 光氧化作用(photo-oxidation)：發生於經加工及儲存的綠色植物組織，此作用受光的催化，顏色因此由綠色轉棕色。

(2)肌紅素(myoglobin, Mb)：

a. 高氧分壓：肌紅素(紫紅色)會氧合產生氧合肌紅素(鮮紅色)，再過度氧化產生氧化(變性)肌紅素(棕色)。

b. 低氧分壓：肌紅素(紫紅色)會直接產生氧化(變性)肌紅素(棕色)。

c. 過氧化氫(H_2O_2)存在：如乳酸菌產生過氧化氫與肌紅素、氧合肌紅素作用，生成綠色的膽綠肌紅素[cholemyoglobin (Fe^{2+} or Fe^{3+})]。

d.硫化氫(H_2S)存在：如假單胞桿菌(*Pseudomonas*)產生硫化氫與肌紅素作用，生成綠色的硫化肌紅素[sulfmyoglobin (Fe^{3+})]。

e.一氧化碳(CO)存在：人為充填一氧化碳可與肌紅素作用，產生粉紅色之一氧化碳肌紅素(MbCO)。

f. 硝酸鹽或亞硝酸鹽存在：人為醃漬硝酸鹽或亞硝酸鹽，會先還原成成一氧化氮(NO)再與肌紅素作用，產生亮紅色的氧化氮肌紅素(NO-Mb)。

3. 苯哌喃(benzopyran)，如花青素(anthocyanin)、類黃酮(flavonoids)：

(1)氧氣：氧氣對花青素、類黃酮具有破壞作用(酵素性褐變)，可用充氮包裝防止。

(2)溫度：加熱或高溫儲藏，花青素、類黃酮將會降解為褐色產物(酵素性褐變)。

(3)pH 值的變化：

a. 花青素：

(a)pH 值大於 7 時，花青素以藍色的醌式存在(quinoidal base)。

(b)pH 介於 4~ 5 之間，花青素以無色的擬鹼式存在(carbinol pseudo-base)，並可互變成無色的查耳酮式(chalcone)，並有少量藍色的醌式與少量紅色的陽離子型存在，故呈紫色。

(c)pH 值小於 3 時，花青素以紅色的陽離子型存在(flavylium cation)。

b. 類黃酮：在加工使用水之硬度較高或使用碳酸鈉與碳酸氫鈉使 pH 值升高，會使原本無色的黃烷酮或黃烷醇轉變為可逆性的金黃色查耳酮類(如油麵的製作加鹼變黃)。

(4)酵素：

a. 醣苷酶(glycosidase)：主要引起花青素、類黃酮加速降解的酵素，會水解醣苷鍵(3-glycoside)，使花青素、類黃酮形成不穩定的配醣基(配質)。

b. 多酚氧化酶(polyphenol oxidase)：直接或間接使花青素、類黃酮氧化或降解(酵素性褐變)。

(5)金屬離子：花青素、類黃酮與金屬離子形成複合物，使顏色加深。如鮮花的顏色比花青素鮮豔得多，就是因鮮花中一部分花青素與金屬離子形成複合物。如在罐頭中，蘆筍類黃酮的芸香苷(rutin)會與鐵離子形成不悅的黑色複合物(洋蔥於鐵鍋炒亦同)，

4. 其他化學結構各異的天然色素(miscellaneous pigment)，如甜菜苷(betanin)：

(1)高溫情況下：會氧化褪色。

(2)高氧情況下：會氧化褪色。

106年第二次專門職業及技術人員高考-食品技師

類科：食品技師　科目：食品加工

一、添加鹽、磷酸鹽、酵素及電擊處理，這四種方法可以加速大型肉用動物(牛、豬等)的解僵(嫩化)過程，分別詳述它們的作用機制與應用實例。(25分)

【106-2年食品技師】

詳解：

	作用機制	應用實例
鹽	1.鹽溶性蛋白溶出，可當乳化劑，增加保水性 2.細胞脫水作用，加速自溶性酵素活化	鹽配成醃製液用於醃製或注入肉中，然後進行揉混。
磷酸鹽	1.提高肉之pH值，增進保水性 2.增加肉之離子強度，增進肌纖維蛋白質的溶解性	多聚磷酸鹽配成醃製液用於醃製或注入肉中，然後進行揉混。
酵素	利用木瓜酵素、無花果酵素或鳳梨酵素使屠體僵直反應的肌動球蛋白分解。	注射木瓜蛋白酶來嫩化牛肉，並於後熟24h左右進行了可溶性膠原蛋白含量的測定，結果顯示屠宰後注射木瓜蛋白酶可顯著提高牛肉嫩度。
電擊	1.肌肉痙攣性收縮，導致肌纖維結構破壞 2.加速家畜宰後肌肉的代謝速率，使死後僵直與熟成加速 3. pH值下降，活化酸性蛋白酶的活性，加速蛋白分解，破壞肌肉纖維結構	利用電流對放血完全的屠體進行刺激的一種方法。電刺激對牛及羊肉改善較大，嫩度可提高23%，對豬肉進行電刺激嫩化效果不如牛羊肉，通常只有3%左右。

二、一般便當標示「隔餐勿食」，但是米飯鮮食便當類產品在18℃，危險溫度帶中仍能達到24小時保存期限，請以其製作與流通販售過程為例，說明柵欄技術(hurdle technology)在此過程之應用特性。(25分)

【106-2年食品技師】

詳解：

1. 製作與流通販售過程：

蓬萊米→前處理→加水→蒸煮(加熱)→真空冷卻→包裝→成品→低溫儲存→販售→消費者。

(1) 前處理：洗淨(沖洗一次即可，防止水溶性養分移出過多)

(2) 加水：蓬萊米含20%直鏈澱粉，吸水性約為米重的2倍(直鏈澱粉越多，加水量要越大)。

(3) 加熱蒸煮：澱粉糊化，又稱為α化。生澱粉加水、加熱，促使水分子進入澱粉的非結晶區並打斷結晶區的氫鍵；進入並破壞結晶區，逐漸失去複屈折性，造成澱粉結構崩解，膨潤(swelling)成糊的現象，此時黏度上升。

(4) 真空冷卻：利用真空使加工食品的水分蒸散，利用蒸散時帶走蒸發潛熱來冷卻食品，可快速使蒸熟的米飯快速降溫。製品可冷卻至18℃，過程中產生澱粉老化現象(分子再次結合，形成微結晶，回復成生澱粉相似狀態的離水現象，又稱為β化)，可使米飯較有彈性咬感。

2. 柵欄技術(hurdle technology)在此過程之應用特性：

(1) 蒸煮：加熱，具有殺菌作用，可降低微生物初始菌數。原理：

利用熱穿透微生物細胞，使微生物內部發生下列變化：

A. 酵素、蛋白質等生理活性物質變性

B. 菌體內有毒代謝物質無法代謝

C. 原生質及必要脂質變性而無法生存

(2) 真空冷卻：降低水活性，原理：

A. 除去微生物所能利用的有效水分

B. 減緩酵素水解作用

C. 減緩非酵素性褐變反應

D. 降低氧化反應進行速率

(3) 包裝：隔絕外界因子影響，減少微生物進入機率。

(4) 低溫儲存：利用降低溫度，抑制食品中大部分微生物的繁殖及酵素的活性，並緩和其化學反應的進行，以達到延長食品保藏期限的目的。

三、用括弧內之「指定設備」(殺菌釜、真空濃縮機、熱交換機、榨汁機)，以番茄為原料製成「番茄糊罐頭」，試畫出其生產流程後套入上述設備，不足的設備可自行加入，同時分別詳述其加工原理、「指定設備」特點、重要操作參數及影響品質因子。(25分)

【106-2年食品技師】

詳解：

1. 加工流程圖：

番茄→前處理→榨汁(榨汁機)→篩濾(篩濾裝置)→番茄漿→預熱(熱交換機)→濃縮(真空濃縮機)→番茄糊→均質(均質裝置)→裝罐→脫氣(蒸氣脫氣法)→密封(二重捲封裝置)→殺菌(殺菌釜)→冷卻(冷媒循環裝置)→成品。

2. 操作原理：

(1) 前處理：

A. 選果：挑選新鮮無腐敗的番茄，並去除不可食部分。

B. 清洗：以清水清洗乾淨

C. 破碎：榨汁前先進行初步破碎。

D. 因為番茄糊(tomato paste)製作，需加入清洗乾淨之九層塔葉、符合衛生標準之添加物，如食鹽與碳酸鈉(中和酸度)。

(2) 榨汁機：減積操作，使表面積增加，以利後續加熱處理；並可增加風味與口感，以符合成品要求。可採用熱破碎(hot break)，使製品黏度安定。

(3) 篩濾：使用之篩濾裝置以除去較粗固形物為主(榨汁機未破碎部分)，防止因固形物過多而減少加熱之殺菌能力。

(4) 熱交換機：可採用刮面式熱交換機進行預熱步驟，目的為使後續濃縮與均質處理效能提高(降低黏度；提高固形物體積；提高固形物與水分之密度差)，並達到攪拌之功能。

(5) 真空濃縮機：利用該食品品質所能容忍之極限溫度為主，降低壓力使食品溶劑(通常為水)之沸點下降而蒸發，達到濃縮的目的。

(6) 均質：使用均質裝置，目的為使成品穩定，防止製品之離水現象。

(7) 脫氣：可採用蒸氣脫氣法，以蒸氣噴射罐瓶上部空隙的位置，以取代空氣而產生真空的方法。

(8) 密封：目前大部分食品罐頭均使用二重捲封(double seaming)：主要部位為托罐盤、軋頭及捲輪。

(9) 殺菌釜：利用熱穿透微生物細胞，使罐頭內微生物死滅，以增加保存期限。因番茄糊罐頭為酸性食品，固可採用巴士德殺菌。

(10) 冷卻：防止罐頭內容物色澤劣變、組織軟化、風味變差及營養價值降低；防止殘餘高溫促使耐熱性孢子菌的孢子發芽而導致腐敗。

3. 指定設備：

	特點	操作參數	影響品質因子
榨汁機	1.破壞果膠酵素，使黏度安定 2.將溶氧趕出，使 Vit C 耗損少	80~85℃，2~3分鐘，3000rpm	黏度
熱交換機	1.由一組套筒及轉動功能之刮刀組合而成。熱／冷煤經外筒夾層部分，以進行熱交換。內筒中附刮刀之轉軸可幫助刮除表面之產品並攪動，使熱交換效率提高。 2. 適用於高黏度或固形物含量高之產品加工。	120℃，4~5秒，300rpm	溫度、時間
真空濃縮機	1.可減少熱敏感食品因加熱而變質 2.可利用加熱使溫差變大，加速或提高蒸發能力 3.低溫處理：芳香成分消失較少，復原性良好	100 torr (mmHg)，52℃	壓力、溫度
殺菌釜	1.流水式殺菌釜 2.柵欄技術運用可降低殺菌溫度 3. 100℃以下進行殺菌，無法完全殺滅腐敗菌，但可殺滅病原菌及無芽孢細菌	95℃，10分鐘	溫度、時間、組成物

四、用括弧內之「指定設備」(播潰機、骨肉分離機、離心機、冷凍機)，以鱈魚為原料製成「冷凍魚漿磚」，試畫出其生產流程後套入上述設備，不足的設備可自行加入，同時分別詳述其加工原理、「指定設備」特點、重要操作參數及影響品質因子。(25 分)

【106-2 年食品技師】

詳解：

1. 加工流程圖：

鱈魚→前處理→採肉(骨肉分離機)→漂水→脫水(離心機)→絞肉→擂潰(擂潰機)→加抗凍劑→成型→冷凍(冷凍機)→包裝→成品。

2. 操作原理：

(1) 前處理：去頭、去尾、去皮、去內臟與血液。

(2) 骨肉分離機：將帶有肉之骨一同絞碎，然後由細孔中，將赤肉以糊狀擠出，而得到分離之機械去骨肉。

(3) 漂水：除去水溶性蛋白質(增進肌動蛋白(actin)與肌凝蛋白(myosin)比例，以促進凝膠)、脂肪與血液。

(4) 離心機：改變水分含量。

(5) 擂潰機：添加食鹽擂潰，具有乳化、均勻混合之功用，其目的是使魚肉組織散開，讓添加的食鹽將鹽溶性蛋白質中的肌動蛋白(actin)與肌凝蛋白(myosin)自肌肉纖維中充分溶出，以便形成煉製品凝膠的網狀結構，增加黏彈性。

(6) 加抗凍劑：防止冷凍過程因冰晶形成及濃縮作用造成離水現象。

(7) 成型：冷凍魚漿磚可解凍成為製作其他產品之原料，故形成較大型磚塊狀即可。

(8) 冷凍機：快速冷凍，使魚漿內生成的冰晶為小且分布均勻，因此食品凍結後可保持優良品質。

3. 指定設備：

	特點	操作參數	影響品質因子
骨肉分離機	1.利用擠壓機破壞魚肉組織 2.魚肉可通過篩網	0.3~0.5mm篩網	魚肉顆粒大小
離心機	1.固液分離(若物質有密度的差異即可分離) 2.提高魚肉量(魚漿製作需要鹽溶性蛋白)	3000 × *g*	水分含量(與保水性有關)
擂潰機	1.添加食鹽，溶出鹽溶性蛋白 2.混合、攪拌	300 rpm	鹽溶性蛋白含量
冷凍機	快速降溫	-20℃(30分鐘內)	溫度、時間

106 年第二次專門職業及技術人員高考-食品技師

類科：食品技師　科目：食品分析與檢驗

一、利用比重計測定玉米濃湯的總固形物為 25.00%，該公司的標準是 31.25%，如果一開始容積是 4,000L 中有 6.25%，且重量為 1.02kg/L，那麼要濃縮去除多少多餘的水分，才能達到正確的濃度？（10 分）

【106-2 年食品技師】

詳解：

(一)解一：(第一句話應該沒意義，總固形物單位為 w/w %)

1. 總體積為 4000(L)。
2. 總重量為 4000(L) × 1.02(kg/ L) = 4080(kg)。
3. 總固形物為 4080(kg) × 6.25% (w/w %) = 255(kg)。
4. 水重為 4080(kg) – 255(kg) = 3825(kg)。
5. 假設總固形物不變：

   31.25% (w/w %) =[255/(255+濃縮後水重)] × 100%，濃縮後水重= 561(kg)。

故要濃縮去除水為 3825(kg) – 561(kg) = 3264(kg)。

(二)解二：(第一句話應該沒意義，總固形物單位為 w/w %)

1. 總固形物 6.25% (w/w %)，即水分含有 93.75% (w/w %)。
2. 乾基為 93.75(kg)/ 6.25(kg) = 15(kg)水/ (kg)乾重。
3. 目標總固形物為 31.25% (w/w %)，即水分含有 68.75%。
4. 乾基為 68.75(kg)/ 31.25(kg) = 2.2(kg)水/(kg)乾重。
5. 乾重為 4000(L) × 6.25% (w/w %) × 1.02(kg/ L) = 255(kg)。
6. 故要濃縮去除水分為[15(kg/ kg) - 2.2(kg/ kg)] × 255(kg) = 3264(kg)。

二、活性氧法（Active oxygen method）、過氧化價（Peroxide value）及硫巴比妥酸測定法（Thiobarbituric acid method）為測定油脂不同時期貯存安定性的常用方法，請問三種測定法的適用測定時期、原理及操作流程各為何？（30 分）

【106-2 年食品技師】

詳解：

(一)活性氧法（Active oxygen method）：

1. 適用測定時期：油脂氧化酸敗初期，為油脂氧化安定性檢測。
2. 原理：將空氣每秒以 2.33 ml 的速率打至 1000 克油脂中，測量其產生 20 毫(克)當量數(meq)過氧化物[過氧化價(POV)為 20]所需的時間(可內插法求得或外部標準法之檢量線法求得)。AOM 值越大，代表油脂氧化安定性高，與油脂中的雜質越少，有利油脂的保存。
3. 操作流程：

(1)取 1000 克油脂加入試管中，放入 AOM 裝置中。

(2)以空氣每秒以 2.33 ml 的速率打至 1000 克油脂中。

(3)定期測定 1000 克油脂產生過氧化物當量數(meq) [過氧化價(POV)]的時間。

(4)以過氧化價對時間作圖，以內插法或檢量線法求出 1000 克油脂中，產生 20 毫(克)當量數(meq) [過氧化價(POV)為 20]所需的時間。

(二)過氧化價（Peroxide value）：

1. 適用測定時期：油脂氧化酸敗初期，為油脂氧化酸敗的初期指標。
2. 原理：測定油脂樣品過氧化價(peroxide value, POV)大小，做為油脂氧化程度的初期指標。樣品中的油脂儲存不當或油炸，會氧化產生過氧化物，加入過量的飽和碘化鉀(KI)溶液，與過氧化物反應產生碘(I_2)，再以 $Na_2S_2O_3$ 滴定碘，而求得過氧化價。
3. 操作流程：

(1)取適量油脂樣品，放入 250 mL 三角錐瓶中，再加入 30ml 醋酸–氯仿混合溶劑溶解之。[或使用醋酸－異辛烷混合溶劑(3:2)，於加入澱粉指示劑時還需加入 0.5 mL 10% SDS]

(2)加入過量飽和 KI 溶液，搖盪，再加入適量蒸餾水。

(3)以 $Na_2S_2O_3$ 標準溶液滴定 I_2，直到顏色由深棕色轉為淺黃色時，再加入 1~2 ml 1%澱粉指示劑，此時溶液轉為墨水的深藍色，再滴定至無色為止。(深棕色(I_2 多)→淺黃色(I_2 少)→深藍色(加澱粉)→無色)。並做空白試驗。

(4)以滴定的體積計算過氧化價(ROOH meq/ Kg 油)。

(三)硫巴比妥酸測定法（Thiobarbituric acid method）：

1. 適用測定時期：油脂氧化酸敗後期，為油脂氧化酸敗的後期指標。
2. 原理：硫巴比妥酸價(thiobarbituric acid value, TBA value)測定原理為油脂氧化裂解次級產物丙二醛(包括丙醛型產物)與 TBA 試劑反應產生紅色產物，可利用分光光度計測定 535 nm(530~535 nm)吸光值比對標準曲線計算之。
3. 操作流程：

(1)丙二醛檢量線的製作：

a. 配置不同濃度之四乙氧基丙烷或丙二醛標準溶液。
b. 加入 TBA 試劑，混合均勻，置沸水浴加熱，放冷，測定 535 nm 吸光值。
c. 由所得吸光度及相對之標準溶液丙二醛的含量繪製檢量線，並求其回歸方程式及決定係數(R^2)。

(2)檢液之調製：

a. 稱取一定量樣品置於圓底燒瓶中，加入 HCl 溶液，依普通蒸餾裝置小心組裝並固定之。
b. 以溫水加熱並收集餾出液約 35 mL，停止蒸餾。
c. 蒸餾液加蒸餾水定容至 50 mL，供給樣品溶液。

(3)丙二醛含量測定：

a. 依標準溶液做法取樣品溶液及 TBA 試劑混合均勻(做二重覆)，置沸水浴加熱 30 分鐘取出放冷，測定 535 nm 吸光值。並做空白試驗。
b. 由檢量線迴歸方程式求出樣品中丙二醛含量。

三、解釋及比較 280nm 紫外線分光光度計法，雙縮脲比色法及福林酚法三種蛋白質測定方法的原理、操作流程及優缺點。（30 分）

【106-2 年食品技師】

詳解：

(一)280nm 紫外線分光光度計法：

1. 原理：蛋白質及其水解產物芳香族胺基酸例如苯丙胺酸(Phenylalanine)、酪胺酸(Tyrosine)、色胺酸(Tryptophan)在紫外光區波長 280 nm 有一定的吸收，且吸收值與蛋白質濃度(3~ 8 mg/ ml)呈直線關係，因此利用事先經由凱氏氮分析的標準蛋白質樣品與樣品作比較或用牛血清蛋白(BSA)為標準品製作檢量線，可計算樣品中蛋白質含量。
2. 操作流程：

(1)標準曲線繪製：以檸檬酸溶液配置牛血清蛋白(BSA)標準溶液，再離心，分別吸取不同量的上層澄清液，加入尿素(Urea)氫氧化鈉溶液，劇烈震盪，使其充分反應，測定 280 nm 吸光值，製作檢量線，並求其回歸方程式及決定係數(R^2)。

(2)樣品測定：精秤適量蛋白質樣品，加入檸檬酸溶液，再離心，吸取上層澄清液，加入尿素氫氧化鈉溶液，劇烈震盪，使其充分反應，測定 280 nm 吸光值。並做空白試驗，由檢量線迴歸方程式求出樣品中蛋白質含量。

3. 優缺點：

(1)優點：

a. 快速，相對較靈敏(比雙縮脲比色法靈敏數倍)

b. 反應不受硫酸銨和其他緩衝液的干擾。(不受其他含氮物影響)

c. 不破壞樣品原有的性質，在測定完蛋白質含量後仍然可用於其他分析。廣泛用於層析管柱分離後的蛋白質測定

(2)缺點：

a. 核酸、核苷酸與組胺酸在280 nm處也有紫外光吸收，會增加吸光值

b. 不同種類食品的蛋白質中，芳香族胺基酸的含量明顯不同

c. 樣品溶液必須純淨無色，因微粒引起的溶液混濁會導致紫外吸收增加

(二)雙縮脲比色法：

1. 原理：雙縮脲反應主要是測試樣品中是否有「二胜類」(含)以上之蛋白質。以具有兩個二胜類的尿素為例，加熱後會生成雙縮脲。化學反應式如下：

$$CO(NH_2)_2 + CO(NH_2)_2 \xrightarrow[\text{雙縮脲}]{} NH_2\text{-}CO\text{-}NH\text{-}CO\text{-}NH_2 + NH_3$$

雙縮脲、二胜類以上胜肽及蛋白質在鹼性的環境下會與硫酸銅(Copper Sulphate, $CuSO_4$)形成錯鹽而呈色。樣品中若含有二以上胜肽類(如雙縮脲、多胜肽和所有的蛋白質)，則與銅離子結合產生紫紅色。

2. 操作流程：

(1)配置不同濃度之牛血清白蛋白(BSA)溶液，以相同實驗方法建立蛋白質濃度與吸光度的標準曲線，並求其回歸方程式及決定係數(R^2)。

(2)取蛋白質樣品加入適量氫氧化鈉溶液，混合均勻後，加入數滴硫酸銅溶液，若顏色呈紫紅色代表樣品中含有二以上的胜肽類。

(3)測定吸 540 nm 吸光值，由檢量線迴歸方程式求出樣品中蛋白質含量。

3. 優缺點：

(1)優點：

a. 該方法比凱氏定氮法費用低，速度快(可在不到 30 分鐘的時間內完成)，是分析蛋白質最簡單的方法。

b. 幾乎沒有物質干擾食品中蛋白質的雙縮脲反應。

c. 不需要測定非多胜肽或非蛋白質來源的氮。

(2)缺點：

a. 不如福林酚法(lowry)靈敏，分析時至少需要 2~4 mg 蛋白質。

b. 不同蛋白質最終反應產物的顏色不同，如明膠的雙縮脲反應產生紅紫色。

c. 此法不是絕對值的方法，須用已知濃度的蛋白質或經凱氏定氮法校正。

(三)福林酚法：

1. 原理：蛋白質中的色胺酸、酪胺酸會與福林酚試劑反應，生成藍色複合物，在 750 nm(低蛋白質濃度，具有高度敏感度)或 500 nm(高蛋白質濃度，具有低敏感度)，檢測吸光值比對標準曲線，計算之。此法被廣泛應用於溶液中蛋白質的測定。

2. 操作流程：

(1)配置不同濃度之牛血清白蛋白(BSA)溶液，以相同實驗方法建立蛋白質濃度與吸光度的標準曲線，並求其回歸方程式及決定係數(R^2)。

(2)取蛋白質樣品加入適量酒石酸鉀鈉-磷酸鈉溶液，再加入適量硫酸銅-酒石酸鉀鈉-氫氧化鈉溶液，最後再加入福林酚試劑混勻。

(3)測定吸 750 或 500 nm 吸光值，由檢量線迴歸方程式求出樣品中蛋白質含量。

3. 優缺點：

(1)優點：

a. 具極高靈敏度。

b. 對蛋白質作用專一性高，不易受雜質影響。

c. 此方法亦可測定總酚含量分析。

(2)缺點：

a. 較 UV 法費時。

b. 對蛋白質結構造成破壞，樣品無法回收。

c. 操作手續繁複，需加入多種試劑，進行多次反應。

四、查獲疑遭受含芬普尼的殺蟲劑污染的一批散裝雞蛋，試敘述利用 QuEChERS 萃取及 LC/MS/MS 測定雞蛋內芬普尼含量之分析流程，並確認其殘留量是否超標？（雞蛋芬普尼暫定殘留容許量為 0.01ppm，其質譜的定量離子對（m/z）435＞330，定性離子對（m/z）435＞250）。(30 分)

【106-2 年食品技師】

詳解：

QuEChERS 為 Quick、Easy、Cheap、Effective、Rugged 和 Safe 六個英文字組合而成。本實驗方法採用 QuEChERS 新樣品前處理技術後進行 LC/MS/MS：

(一)前處理：乙腈萃取+萃取粉劑+固相萃取法+簡單方法

1. 均質：將檢體混合，以均質機均質。
2. 萃取：以乙腈萃取待分析成分並加入萃取用粉劑吸附雜質。
3. 淨化：以含吸附劑之固相萃取裝置進行濃縮純化後，離心取上清液過濾。

(二)LC：由衛生福利部取得 HPLC 分析條件：

移動相	極性的適當溶劑
固定相	非極性的適當管柱
偵測器	適當的偵測器
流速	1 mL/ min

將樣品注射後，經由幫浦(pump)產生壓力，推動移動相(mobile phase)和分析物到分離管柱(column)，由於各分析物與分離管中填充之固定相(stationary phase)之間的分配係數不同(即親和力不同)，使其在管柱中的滯留時間不相同而得以分離出來。流出之各種化合物經由偵測器辨認測定後可被記錄於記錄器上，由紀錄器的層析圖可求出波峰面積與滯留時間。依分析方法選擇一個波峰，進入 MS/MS。

(三)第一台 MS：

1. LC 送入的成分(疑似含芬普尼)，經過第一次電灑離子化法，產生離子碎片。
2. 四極柱選擇某一具有代表性的離子碎片進入第二台 MS。

(四)第二台 MS：

1. 由第一台 MS 提供純離子碎片，針對此離子碎片進行第二次電灑離子化法。
2. 四極柱選擇某些代表性碎片通過偵測器，產生某物質才有的代表性離子碎片(定性離子對 250 m/z；定量離子對 330 m/z)。

(五)定性：

1. 將樣品導入 HPLC，得知樣品波峰之滯留時間，比較樣品標準品波峰之滯留時間，相同滯留時間表示相同物質。
2. 比對第二台 MS 之樣品標準品與樣品碎片分布[主要為代表性碎片之定性離子對(250 m/z)是否存在]，相同離子碎片代表相同物質。

(六)定量：將內部標準品與樣品注入 LC/MS/MS，以內部標準法得知濃度。(可用 HPLC 波峰面積與濃度成正比或第二台 MS 代表性碎片(定量離子對 330 m/z)的相對豐盛度與濃度成正比的關係)。計算芬普尼是否超過 0.01 ppm。

106年第二次專門職業及技術人員高考-食品技師

類科：食品技師　科目：食品衛生安全與法規

一、請說明什麼是芬普尼？為何雞蛋中會被檢驗出芬普尼？以及驗出芬普尼後，衛生、農業、環保機關各依什麼法，有那些工作需要執行？（20分）

【106-2年食品技師】

詳解：

(一)芬普尼(Fipronil)：脂溶性

芬普尼是一種合法農藥之殺蟲劑，是防治農作物害蟲的農藥，也是合法環境用藥，及寵物外寄生蟲防治用藥。可殺滅白蟻、甲蟲、蟑螂、扁蝨等或是寵物跳蚤。2017年雞蛋無芬普尼標準，農委會參照歐盟標準5 ppb的容許量。目前依照「動物產品中農藥殘留容許量標準」(111.4.19)禽的蛋之殘留容許量為0.01 ppm。

(二)雞蛋中會被檢驗出芬普尼的原因：

1. 此次歐洲發生蛋品中殘留芬普尼事件，造成芬普尼進入食物鏈的原因為違法使用芬普尼消毒蛋禽場防治雞外寄生蟲，導致雞蛋受污染。
2. 我國發生的原因目前持續調查(目前大部分同上)。

(三)驗出芬普尼後，衛生、農業、環保機關各依什麼法，有那些工作需要執行？

1. 衛生機關：市售蛋品之芬普尼參照「動物產品中農藥殘留容許量標準」(111.4.19)之殘留容許量為0.01 ppm。

(1)法源依據：違反「食品安全衛生管理法」(108.6.12)第十五條第一項第五款。食品或食品添加物有下列情形之一者，不得製造、加工、調配、包裝、運送、貯存、販賣、輸入、輸出、作為贈品或公開陳列：五、殘留農藥或動物用藥含量超過安全容許量。

(2)工作執行：

a. 依第四十一條第一項第三款及第四款：直轄市、縣（市）主管機關為確保食品、食品添加物、食品器具、食品容器或包裝及食品用洗潔劑符合本法規定，得執行下列措施，業者應配合，不得規避、妨礙或拒絕：

三、查核或檢驗結果證實為不符合本法規定之食品、食品添加物、食品器具、食品容器或包裝及食品用洗潔劑，應予封存。

四、對於有違反第八條第一項、第十五條第一項、第四項、第十六條、中央主管機關依第十七條、第十八條或第十九條所定標準之虞者，得命食品業者暫停作業及停止販賣，並封存該產品。

b. 依第四十四條第一項第二款：有下列行為之一者，處新臺幣六萬元以上二億元以下罰鍰；情節重大者，並得命其歇業、停業一定期間、廢止其公司、商業、工廠之全部或部分登記事項，或食品業者之登錄；經廢止登錄者，一年內不得再申請重新登錄：

二、違反第十五條第一項、第四項或第十六條規定。

c. 依第四十九條第二項：有第四十四條至前條行為，情節重大足以危害人體健康之虞者，處七年以下有期徒刑，得併科新臺幣八千萬元以下罰金；致危害人體健康者，處一年以上七年以下有期徒刑，得併科新臺幣一億元以下罰金。

d. 依第五十二條第一項第一款：食品、食品添加物、食品器具、食品容器或包裝及食品用洗潔劑，經依第四十一條規定查核或檢驗者，由當地直轄市、縣（市）主管機關依查核或檢驗結果，為下列之處分：

一、有第十五條第一項、第四項或第十六條所列各款情形之一者，應予沒入銷毀。

2. 農業機關：上市前蛋品之芬普尼參照「動物產品中農藥殘留容許量標準」(111.4.19)之殘留容許量為 0.01 ppm。

(1)法源依據：依照「動物用藥品管理法」(105.11.9)。

(2)工作執行：經檢出不合格蛋品的蛋雞場，政府採行以下措施全面管控，避免有疑慮蛋品流出：

a. 全場(含雞隻及雞蛋)立即進行移動管制。

b. 蛋由地方政府依權責沒入以堆肥方式銷毀處理。堆肥再抽驗未檢出芬普尼，才可供蔬果使用。

c. 雞隻由蛋禽業者提出重新採檢申請(自行付費)，地方政府採樣送驗未檢出後，始得解除管制，雞蛋才能再上市。

d. 如畜主主動放棄雞隻，則由地方機關協助撲殺銷毀，但不予補償。

3. 環保機關：芬普尼為合法環境用藥，濃度低為一般環境用藥，濃度高為特殊環境用藥，特殊環境用藥需病媒法治業依「環境用藥管理法」(105.12.7)，此次事件部分農民使用芬普尼之特殊環境用藥。

(1)法源依據：違反「環境用藥管理法」(105.12.7)第二十一條第二項：特殊環境用藥之使用者，以衛生、環境保護主管機關或其所屬機關及持有許可執照之病媒防治業或其他經當地直轄市、縣 (市) 主管機關核准者為限。

(2)工作執行：依第四十九條第一項第一款：有下列情形之一者，處新臺幣三萬元以上十五萬元以下罰鍰，並得令其限期改善；屆期未改善或情節重大者，撤銷、廢止其許可證或許可執照，必要時，並得勒令停工、停業或歇業：

一、違反第九條第五項、第十二條、第二十一條第一項、第二項或第二十七條第一項規定。

二、請解釋典型與非典型 BSE 的差別，以及我國基於食品安全考量對此二者的管理方式。(20 分)

【106-2 年食品技師】

詳解：

(一)典型與非典型 BSE 的差別：

1. 典型牛海綿樣腦病變(Bovine Spongiform Encephalopathy, BSE)：

(1)定義：或稱典型狂牛病，為牛隻食入變異型普因蛋白(PrPSC, Prion)(主要為肉骨粉飼料)，就會使腦中的正常型普因蛋白(PrPC)變異成變異型普因蛋白，而使腦組織海綿化，導致腦方面的疾病，感染至牛即為典型狂牛症。.

(2)特性：典型狂牛症為肉骨粉飼料傳播，好發於 30 個月齡以上牛隻，而且會有四肢不穩、倒地不起的「倒牛」等症狀。

2. 非典型牛海綿樣腦病變(Bovine Spongiform Encephalopathy, BSE)：

(1)定義：或稱非典型狂牛病，是牛隻當中本來就有百萬之一不等的比例，會因遺傳、老化等自然因素引發的自發性狂牛症即為非典型狂牛症。

(2)特性：非典型狂牛症非為肉骨粉飼料傳播，好發於 30 個月齡以上牛隻，而且不會有「倒牛」等症狀。

(二)我國基於食品安全考量對此二者的管理方式：

1. 典型牛海綿樣腦病變(Bovine Spongiform Encephalopathy, BSE)：三管五卡法

(1)管源頭：源頭管理更確實僅開放 30 月齡以下的牛肉及產品，扁桃腺及迴腸末端等特定風險物質，全部不准進口，腦、脊髓、眼、頭骨等四項非特定風險物質，也不會讓它進口到台灣，嚴格落實把關工作。

(2)管邊境：邊境查驗更嚴格：

a. 核—核對各項證明文件：包括必須出自經我國認可之肉品工廠；必須通過美國農業部之品質系統評估制度認證；必須檢具美國農業部所開立並經駐廠獸醫師簽署之相關衛生證明；必需屬於 30 月齡以下之牛肉及其產品。

b. 標—明確標示產品資訊：出口商必須於外箱或包裝上，明確標示商品資訊，包括其品名、原產地、製造廠、有效日期等相關之訊息，只要缺一，即予退運。[散裝食品標示規定：新增牛肉及牛可食部位原料之原產地（國）]

c. 開—開箱進行嚴密檢查：每批均予嚴格檢查，一旦發現含有不准進口物質，立即逐批開箱檢查，所查獲之禁運產品，均強制退運，並追究責任。

d. 驗—切實檢驗食品安全：檢驗項目含 38 項動物用藥、重金屬及大腸桿菌。

e. 查—資訊連線即時查明，運用進口食品與檢疫之資訊連線系統，於第一時間即有效查明其安全之訊息，迅速採取管制作為。

(3)管市場：市場管理更清晰：為了協助民眾辨識，並保障消費者權益，未來將會嚴格要求在賣場販售之肉品，必須全面標示產地。

2. 非典型牛海綿樣腦病變(Bovine Spongiform Encephalopathy, BSE)：因非典型狂牛症好發於 30 個月齡以上牛隻，故三管五卡法之管源頭即可排除非典型狂牛症之牛隻產品。

三、依據民國 105 年臺灣地區食品中毒案件統計資料，請寫出發生案件數中，可被判明的最主要病因物質及其所引起的疾病症狀，並說明消費者對此病因物質的預防措施。（20 分）

【106-2 年食品技師】

詳解：

(一)民國 105 年臺灣地區食品中毒案件統計資料，最主要病因物質及疾病症狀：

1. 最主要病因物質：諾羅病毒(norovirus)，其特性為單股 RNA 病毒、絕對寄生。
2. 疾病症狀：

(1)主要症狀有噁心、嘔吐、腹部絞痛和水樣不帶血腹瀉(嚴重腹瀉脫水)。

(2)全身性的症狀有頭痛、肌肉痠痛、倦怠等，部分病患會有輕微發燒的現象，症狀通常持續 24 到 72 小時。

(二)消費者對此病因物質的預防措施：嚴格的遵守個人和食品衛生習慣，才能預防諾羅病毒：

1. 勤洗手，特別是在如廁後、進食或者準備食物之前。為嬰幼兒或老年人更換尿布或處理排泄物之後，也應洗手。
2. 飲水要先煮沸再飲用，所有食物都應清洗乾淨並徹底煮熟，絕不生食。
3. 外食要選擇乾淨衛生的餐飲場所。
4. 不需烹煮的食物應該儘快吃完。
5. 食物需要封上保鮮膜預防污染，吃剩的食物應該放在溫度適中的冰箱中儲存。
6. 被污染的食物或者懷疑被污染的食物必須被丟棄。
7. 注意居家環境衛生，必要時可用漂白水消毒。
8. 新生兒餵哺母奶可提高嬰幼兒的免疫力。
9. 為了預防把疾病傳染給其他人，尤其是餐飲業工作者，應於症狀解除至少 48 小時後才可上班。

四、請說明什麼是 processing aid？並以己烷為例說明其在使用上應遵循的食品安全事項。(20分)

【106-2年食品技師】

詳解：

(一)加工助劑(processing aid)：

依照「食品安全衛生管理法」(108.6.12)第三條：加工助劑：指在食品或食品原料之製造加工過程中，為達特定加工目的而使用，非作為食品原料或食品容器具之物質。該物質於最終產品中不產生功能，食品以其成品形式包裝之前應從食品中除去其可能存在非有意，且無法避免之殘留。

(二)己烷在使用上應遵循的食品安全事項：

依照「加工助劑衛生標準」(109.8.11)：加工助劑(processing aid)

第一條：本標準依食品安全衛生管理法第十八條之一規定訂定之。

第三條：加工助劑之使用量應以可達使用目的之最小量為原則，並應儘可能於終產品中降低其殘留量，且該殘留量不應對消費者健康造成危害。

第四條：使用附表一之加工助劑應符合該表列載之使用規定。

第五條：附表一列載之加工助劑規格應符合附表二之規定。

第六條：本標準自發布日施行。

附表一：丙二醇、甘油、己烷、異丙醇、丙酮、乙酸乙酯、三乙酸甘油酯。

◎「加工助劑衛生標準」(109.8.11)附表一：己烷

(1)本品可使用於食油脂之萃取；殘留量為 0.1 ppm 以下。

(2)本品可使用於其他各類食品中；殘留量為 20 ppm 以下。

五、請說明什麼是 HPP？以及其在食品安全上需注意的事項。（20 分）
【106-2 年食品技師】

詳解：

(一)超高壓技術(High Pressure Processing, HPP)：

1. 定義：亦可稱為高靜水壓技術(High Hydrostatic Pressure, HHP)，係指將食品包裝於軟性密封容器中，以液體(通常為水)作為傳遞壓力的介質，使其存在於超高壓(100MPa 以上)環境下，同時搭配適當的時間與溫度(50℃以下)，進行食品的物理性處理。過程中引起食品成份中非共價鍵(氫鍵、離子鍵和疏水鍵等)的破壞或形成，並使得食品中的酵素失活、澱粉糊化、蛋白質凝膠性質改變、以及降低微生物數量，進而達到食品加工、保存及殺菌之目的。
2. 應用：

(1)常用於含有對熱敏感或因其黏度高造成熱傳不佳之食品中。
(2)因只破壞非共價鍵，所以處理後風味不變，可保有原味。
(3)目前用於海鮮(如生蠔)、肉品(如即食肉品)、蔬果加工品(如果醬)占大多數。

(二)食品安全上需注意的事項：

1. 為了達到超高壓技術應有的效果，選擇容器應軟性可密封材質(如塑膠)、不透水、材質穩定、耐壓。
2. 為了達到殺菌效果，壓力與時間應一併考量。
3. 各種微生物對高壓的耐受性不同，使用前需先研究主要殺死的微生物。
4. 最好配合其他食品因子，如 pH 值、水活性、鹽度、糖度等，才能達到長久保存效果。
5. 某些壓力下會促進孢子萌發，可能會導致食品中毒發生。
6. 雖然非常貴，但處理時還是需達到該有的壓力與時間才能確保食品安全。

106 年第二次專門職業及技術人員高考–食品技師

類科：食品技師　科目：食品工廠管理

一、生產管制是指對各生產階段的流程加以管制，以便能在預定的日期內，以最低的成本，製造合乎規格及預定數量的產品。生產管制其中一項是進度管制，有那些因素會造成生產進度落後？若發生進度落後的情況應該如何處理？（20 分）

【106-2 年食品技師】

詳解：

進度管制(expediting)又稱工作跟催(follow- up)，這是為了達到生產計畫或預計的目標，從事各種生產之跟催，對於延誤生產探求原因，並採取措施，使其回復正常生產狀態，或變更生產計畫以符合實際的工作情形。

(一)造成生產進度落後之原因：

1. 生產計畫不妥當或製程設計、日程編定安排錯誤。
2. 原料缺乏。
3. 機器發生故障。
4. 廢料過多。
5. 作業人員不足或缺勤、工具缺乏，影響生產之進行。
6. 特急訂單的加入，干擾已安排好之生產計畫，無法按計畫進行。
7. 產品設計中途變更。

(二)發生進度落後的情況處理方法：

1. 進度檢查：管制人員要經常根據生產預定表逐日、逐項檢查及登記其進度，以便掌握情況。
2. 工作糾正：管制人員如發現工人請假、機器故障、材料短缺等，導致生產進度落後時，應會同有關人員謀求解決，如其落後之進度無法在近期內用加班彌補，則應填寫過期通知單，送派工單位重新安排進度，並列為特別追查事件。
3. 催件：管制人員若發現生產進度緩慢，估計未能如期完成，則要緊急催件，會同有關人員商討對策，如以加班、增加臨時人員或機器等方式來進行不足產品之生產。
4. 困難解決：發生機器故障、工具損壞、設計修改及其他意外事故，而導致生產遲延或耽誤時，管制人員需協助共同解決困難。
5. 工作負荷查核：為了防止生產問題的發生，管制人員應會同生產部門人員研究機器及人員工作負荷，並做適當調整。對有空閒的機器或人員應連絡工作分派單位，加發工作命令；如工作負荷太重，則應通知工作分派單位，減發工作命令。

二、為使新產品的研究開發、試量產及正式上市販售更為順暢，研究發展部門與行銷部門及製造部門應該如何協調互動？（20 分）

【106-2 年食品技師】

詳解：

以甘特圖規劃新產品開發步驟：

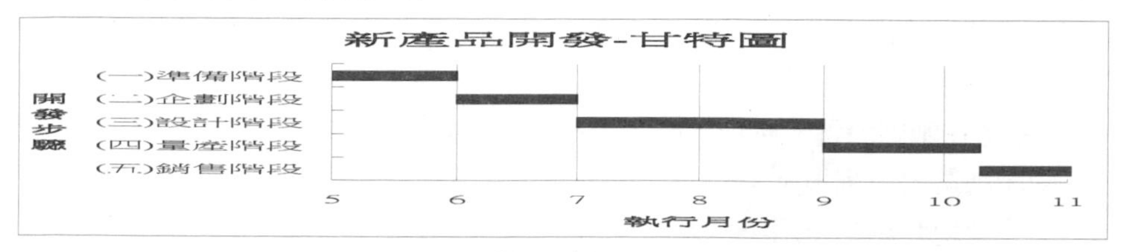

(2017 年)

(一)研究發展部門：

1. 準備階段(2017/5 ~ 2017/6)：

(1)明確產品的企劃組織：包括產品企劃委員會。

(2)制定產品企劃管理規則：新產品管理規定。

(3)決定公司的開發方針：定出新產品年度銷售額目標。

(4)構想產生與篩選：從顧客(市場調查)、業務人員及研發人員等人，取得創意及篩選。

(5)開發基準：公司產品能導入市場及發揮領導地位。

2. 企劃階段(2017/6 ~ 2017/7)

(1)產品概念發展測試：包括概念開發、具體化概念定位和測試概念是否適切。

(2)新產品行銷策略擬定：包括目標市場、行銷手段組合與長期目標。

(3)新產品商業分析：包括預估其營業額、費用及利益。

(4)二次方針的決定：包括新產品的開發計畫、企畫表、價格及消費族群等。

3. 設計階段(2017/7 ~ 2017/9)

(1)試作：須滿足主要特性、安全及預算費為內。

(2)試作之評價：包括產品功能測試及消費者測試。

(3)最終方針的決定：包括製品規格、價格及銷售方法等。

(4)市場試銷：決定是否上市，或修正產品，或放棄。

(二)製造部門：

4. 量產階段(2017/9 ~ 2017/10/10)

(1)量產設計：包括生產品管圖表設計和原料與產品規格。

(2)量產前檢討：包括設備標準、成本管制計畫及生產數量管制。

(3)教育訓練：對操作者實施教育訓練。

(三)行銷部門：

5. 銷售階段(2017/10/10)

(1)實際銷售：需注意導入時機、銷售對象、目標市場及推出方法。

(2)廣告：進行宣傳、廣告及促銷活動。

(3)情報回饋：包括市場調查及回饋消費者抱怨。

三、「食品良好衛生規範準則」對食品業者之場區及環境均要求應符合良好衛生管理基準中的規範，請說明食品業在廠區設置「廁所」及「作業場所洗手設施」時，應該分別符合那些規定？（20 分）

【106-2 年食品技師】

詳解：

參照「食品良好衛生規範準則」(103.11.7)附表一：食品業者之場區及環境良好衛生管理基準：

(一)食品業在廠區設置「廁所」時，應符合之規定：

五、廁所應符合下列規定：

（一）設置地點應防止污染水源。

（二）不得正面開向食品作業場所。但有緩衝設施及有效控制空氣流向防止污染者，不在此限。

（三）應保持整潔，避免有異味。

（四）應於明顯處標示「如廁後應洗手」之字樣。

(二)食品業在廠區設置「作業場所洗手設施」時，應符合之規定：

七、作業場所洗手設施應符合下列規定：

（一）於明顯之位置懸掛簡明易懂之洗手方法。

（二）洗手及乾手設備之設置地點應適當，數目足夠。

（三）應備有流動自來水、清潔劑、乾手器或擦手紙巾等設施；必要時，應設置適當之消毒設施。

（四）洗手消毒設施之設計，應能於使用時防止已清洗之手部再度遭受污染。

四、請說明中央廚房調理場所之作業區燈光、通風設備及垃圾處理，應符合那些衛生要求？（20 分）

【106-2 年食品技師】

詳解：

(一)作業區燈光應符合之衛生要求：

參照「食品良好衛生規範準則」(103.11.7)附表一：食品業者之場區及環境良好衛生管理基準：

二、建築及設施，應符合下列規定：

（五）照明光線應達到一百米燭光以上，工作或調理檯面，應保持二百米燭光以上；使用之光源，不得改變食品之顏色；照明設備應保持清潔。

(二)通風設備應符合之衛生要求：

參照「食品良好衛生規範準則」(103.11.7)附表一：食品業者之場區及環境良好衛生管理基準：

二、建築及設施，應符合下列規定：

（三）出入口、門窗、通風口及其他孔道應保持清潔，並應設置防止病媒侵入設施。

（六）通風良好，無不良氣味，通風口應保持清潔。

四、設有員工宿舍、餐廳、休息室、檢驗場所或研究室者，應符合下列規定：

（一）與食品作業場所隔離，且應有良好之通風、採光，並設置防止病媒侵入或有害微生物污染之設施。

(三)垃圾處理應符合之衛生要求：

參照「食品良好衛生規範準則」(103.11.7)附表二：食品業者良好衛生管理基準：

四、廢棄物處理應符合下列規定：

（一）食品作業場所內及其四周，不得任意堆置廢棄物，以防孳生病媒。

（二）廢棄物應依廢棄物清理法及其相關法規之規定清除及處理；廢棄物放置場所不得有異味或有害（毒）氣體溢出，防止病媒孳生，或造成人體危害。

（三）反覆使用盛裝廢棄物之容器，於丟棄廢棄物後，應立即清洗乾淨；處理廢棄物之機器設備，於停止運轉時，應立即清洗乾淨，防止病媒孳生。

（四）有危害人體及食品安全衛生之虞之化學藥品、放射性物質、有害微生物、腐敗物或過期回收產品等廢棄物，應設置專用貯存設施。

五、冰箱是餐廚業的重要設備，請說明使用冰箱儲放食物時的使用管理原則。（20 分）

【106-2 年食品技師】

詳解：

(一)參照「食品良好衛生規範準則」(103.11.7)附表一：食品業者之場區及環境良好衛生管理基準：

三、冷凍庫(櫃)、冷藏庫(櫃)，應符合下列規定：

（一）冷凍食品之品溫應保持在攝氏負十八度以下；冷藏食品之品溫應保持在攝氏七度以下凍結點以上；避免劇烈之溫度變動。

（二）冷凍（庫）櫃、冷藏（庫）櫃應定期除霜，並保持清潔。

（三）冷凍庫(櫃)、冷藏庫(櫃)，均應於明顯處設置溫度指示器，並設置自動記錄器或定時記錄。

(二)參照「食品良好衛生規範準則」(103.11.7)第六條：食品業者倉儲管制，應符合下列規定：

一、原材料、半成品及成品倉庫，應分別設置或予以適當區隔，並有足夠之空間，以供搬運。

二、倉庫內物品應分類貯放於棧板、貨架上或採取其他有效措施，不得直接放置地面(GMP (TQF)規定離牆離地 5 公分)，並保持整潔及良好通風。

三、倉儲作業應遵行先進先出之原則，並確實記錄。

四、倉儲過程中需管制溫度或濕度者，應建立管制方法及基準，並確實記錄。

五、倉儲過程中，應定期檢查，並確實記錄；有異狀時，應立即處理，確保原材料、半成品及成品之品質及衛生。

六、有污染原材料、半成品或成品之虞之物品或包裝材料，應有防止交叉污染之措施；其未能防止交叉污染者，不得與原材料、半成品或成品一起貯存。

(三)參照「食品良好衛生規範準則」(103.11.7)第十八條：食品販賣業有販賣、貯存冷凍或冷藏食品者，除依前條規定外，並應符合下列規定：

一、販賣業者不得改變製造業者原來設定之食品保存溫度。

二、冷凍食品應有完整密封之基本包裝；冷凍(藏)食品不得使用金屬材料釘封或橡皮圈等物固定；包裝破裂時，不得販售。

三、冷凍食品應與冷藏食品分開貯存及販賣。

四、冷凍（藏）食品貯存或陳列於冷凍（藏）櫃內時，不得超越最大裝載線。

107年第一次專門職業及技術人員高考-食品技師

類科：食品技師　科目：食品微生物學

一、培養微生物時需要提供微生物生長需要的碳源（carbon source）與氮源（nitrogen source），請說明微生物為何需要碳源與氮源？食品中那些成分可做為微生物的碳源或氮源？（20 分）

【107-1 年食品技師】

詳解：

(一)請說明微生物為何需要碳源與氮源？

1. 碳源：

(1)為微生物的能量來源，可維持生長。

(2)增加代謝產物。

2. 氮源：

(1)為微生物蛋白質及核酸合成用。

(2)影響微生物生長與複製。

◎碳氮比(C/N)：微生物培養取代謝產物需 C/N 高；取菌體需 C/N 低。

(二)食品中那些成分可做為微生物的碳源或氮源？

1. 碳源：

(1)醣類：如單醣類、雙醣類、寡醣類、多醣類等。

(2)酯類：如脂肪酸、單酸甘油酯、雙酸甘油酯、三酸甘油酯等。

(3)醇類：如乙醇、丙醇、丙三醇等。

(4)有機酸類：如乳酸、檸檬酸、蘋果酸等。

2. 氮源：

(1)胺基酸：如甲硫胺酸、離胺酸、苯丙胺酸等。

(2)胜肽：如黃豆少量的胜肽類、牛奶少量的胜太類等。

(3)蛋白質：如酪蛋白、肌紅蛋白、球蛋白等。

(4)其他：如尿素、氨類、含氮分子等。

◎複合培養基(complex medium; undefined medium)成分；

1. 蛋白腖(peptone)：是肉、酪蛋白、大豆粉、明膠、和其他蛋白質的部分水解產物，通常提供碳源和氮源。
2. 牛肉萃取物(Beef extract)：為瘦牛肉的水溶性萃取物，主要提供氮源。
3. 酵母萃取物(Yeast extract)：為啤酒酵母的水溶性萃取物，主要提供氮源與維生素 B 群。

二、生鮮蔬果類的表面可能會含有那些微生物？這些微生物的來源為何？有那些處理方法可降低這些微生物的含量？（20 分）

【107-1 年食品技師】

詳解：

(一)生鮮蔬果類的表面可能會含有那些微生物？

1.軟腐(soft rot)的微生物：

(1)根黴菌屬(*Rhizopus*spp.)。

(2)伊文氏桿菌屬(*Erwinia*spp.)：如 *Erwinia carotovora*。

2. 黴腐的微生物：

(1)變黑的黴腐：如 *Rhizopus*spp.、*Aspergillus niger*。

(2)變綠的黴腐：如 *Penicillium* spp.。

(3)變白的黴腐：如 *Aspergillus* spp.如 *A. oryzae*、*A. sojae*。

3. 食品中毒菌：

(1)大腸桿菌 O157：H7 (*Escherichia coli* O157:H7)。

(2)單核增生李斯特菌(*Listeria monocytogenes*)。

(3)金黃色葡萄球菌(*Staphylococcus aureus*)。

4. 乳酸菌：植物乳酸桿菌(*Lactobacillus plantarum*)。

5. 植物病原菌：如純黃絲衣菌(*Byssochlamys fulva*)。

(二)這些微生物的來源為何？

1. 土壤	土壤中之微生物常會擴散至植物，而污染食品
2. 水	食品接觸用水需使用殺菌劑，避免水中的微生物污染至食品
3. 空氣	食品工廠，常需用濾膜或正壓，使空氣中細菌或黴菌的孢子[還有少量微生物以氣膠(aerosol)方式存在]污染排除
4. 肥料	若植物肥料存在微生物，則微生物即可能污染
5. 植物本身	藉由土壤、水、飼料等，微生物進入植物內
6. 人	傷口有大量金黃色葡萄球菌，應避免接觸即食食材
7. 容器/器具	如植物收割過程，容器/器具為微生物之來源，應適當之消毒

(三)有那些處理方法可降低這些微生物的含量？

1. 高溫法	使蛋白質變性及破壞 DNA、RNA 及細胞膜造成死亡，如殺菁
2. 低溫法	造成微生物細胞膜傷害與酵素活性下降而死亡，如冷藏、冷凍
3. 乾燥法	移除微生物及酵素所需之水分，造成生長緩慢或死亡
4. 化學藥品	(1)食鹽、糖：降低水活性、提高滲透壓，使細胞水分外移 (2)有機酸：破壞細胞膜及未解離分子進入細胞內解離使蛋白質變性、抑制 ATP 形成而影響養分主動運輸(PMF 理論)、降低 pH 值至微生物無法生長範圍，如醋酸、苯甲酸、己二烯酸等
5. 照射	(1)游離輻射：使細胞分子或水分子離子化，而殺死微生物 (2)紫外線：最有效波長 260 nm，使細胞 DNA 形成胸腺嘧啶二聚物(T-T dimmer)，導致突變而死亡

三、以含有洋菜（agar）的培養基經由平板計數法（plate count method）檢測食品中微生物含量時，常用到傾注平板法（pour plate method）或塗布平板法（spread plate method），請說明這兩種方法的實驗步驟，並比較這兩種方法的優缺點。（20 分）

【107-1 年食品技師】

詳解：

(一)平板計數法(plate count method)實驗步驟：以傾注平板法與塗布平板法操作

1. 此方法稱為好氧性平板計數法(Aerobic plate count, APC)又稱標準平板培養(Standard plate count, SPC)也稱總生菌平板計數(Total plate count)或生菌數：
2. 操作步驟：

(1)樣品均質，特別是半固體或固體之樣品，例如取 10 g 之樣品加入 90 ml 之無菌水(可為 0.1 % peptone water、phosphate buffer pH7.2 或生理食鹽水等，為的都是盡量保持樣品中微生物之數目不變)，再以均質機(blender)或鐵胃(stomacher)均質。

(2)十倍序列稀釋(10 fold serial dilution)。

(3)傾注平板法(pour plate method)與塗布平板法(spread plate method)：

a. 傾注平板法：取 1ml 菌液倒入空的培養皿後，接續倒入熔融的培養基(約 45 ℃)，搖晃使均勻分散，放置冷卻。

b. 塗布平板法：取 0.1ml 的菌液入培養基上以三角玻棒平均塗抹。

(4)培養，一般細菌以 37 ℃普通培養箱倒置培養 24~ 48 小時。

(5)數菌(plate count)，數 25~ 250 菌落之培養基，因 25~ 250 菌落才具有意義。因菌落小於 25 有統計上的誤差，菌落大於 250 則計數較困難或兩菌重疊而低估菌落數。

(二)比較這兩種方法的優缺點：

方法	1. 傾注平板法(pour plate method)	2. 塗布平板法(spread plate method)
優點	(1)較 Spread plate 簡便、快速 (2)微嗜氧與耐氧厭氧菌長較好	(1)篩選、分離較容易 (2)好氧、兼性厭氧菌長比較好
缺點	(1)對熱敏感的菌不會長 (2)菌較不好分離	(1)菌會沾於玻棒上，較不準 (2)塗抹至表面乾燥較費時

四、釀造酒在進行酒精發酵的過程中，因為使用的原料及過程不同可分為單發酵（simple fermentation）、並行複發酵（multiple parallel fermentation）及單行複發酵（multiple sequential fermentation）等三種形式。請敘述這三種酒精發酵的過程並各舉出實例加以說明。(20 分)

【107-1 年食品技師】

詳解：

發酵型式	原料	(一)過程	(二)舉例
單發酵酒	糖質為主的原料(如水果)	1. 不需進行糖化，可直接進行酒精發酵 2. 酒精發酵：$C_6H_{12}O_6 \rightarrow 2C_2H_5OH + 2CO_2$	葡萄酒以葡萄榨汁後接種酵母菌進行酒精發酵
單行複發酵酒	澱粉為主的原料(如穀類)	1. 糖化：$(C_6H_{10}O_5)n + nH_2O \rightarrow nC_6H_{12}O_6$ 2. 酒精發酵：$C_6H_{12}O_6 \rightarrow 2C_2H_5OH + 2CO_2$ (糖化與酒精發酵分開進行)	啤酒以發芽之大麥麥芽澱粉酶行糖化作用，再接種酵母菌行酒精發酵
並行複發酵酒		1. 糖化：$(C_6H_{10}O_5)n + nH_20 \rightarrow nC_6H_{12}O_6$ 2. 酒精發酵：$C_6H_{12}O_6 \rightarrow 2C_2H_5OH + 2CO_2$ (糖化與酒精發酵同時進行)	清酒之米原料同時接種麴菌及酵母菌進行糖化作用及酒精發酵

五、食物中天然或經過污染而存在的微生物種類相當多，因為無法逐一進行檢測，因而藉由測定「指標微生物（Indicator Microorganisms）」的方式以代表食品微生物之品質。請說明在選擇某種或某類微生物作為「指標微生物」時，應該考慮那些因素？作為「指標微生物」需要有那些特性？（20 分）

【107-1 年食品技師】

詳解：

食品安全指標微生物(Indicator organisms)，以糞便汙染指標菌為例，用以替代檢驗病原菌的微生物，表示汙染來自於人類、其他溫血動物之糞便或其他途徑。指標菌常用於判定食品安全及衛生，而非食品品質，如大腸桿菌群、糞便大腸桿菌群、大腸桿菌可作為糞便汙染指標菌。不直接檢測病原菌的原因：

1. 病原菌於環境中容易死亡，檢驗時檢測不出來。
2. 病原菌太多且檢驗步驟繁瑣、耗時、複雜。測出來時早已吃下肚。
3. 直接檢驗病原菌可能對操作者有危險。

(一)請說明在選擇某種或某類微生物作為「指標微生物」時，應該考慮那些因素？

1. 是否容易檢測。
2. 是否容易與其他菌相分辨。
3. 是否與病原菌具相關性。
4. 與病原菌是否皆是腸道來源。
5. 環境抗性是否比病原菌佳。

(二)作為「指標微生物」需要有那些特性？

1. 容易被檢測出、生長速率快、營養需求簡單、生長溫度廣泛。
2. 容易與食品中其他菌相分辨。
3. 與病原菌具相關性：
   (1)與食品中病原菌之存在有恆定之相關性。
   (2)當食品中病原菌存在時，該指標菌亦要存在。
   (3)指標菌之菌數與病原菌之菌數有相關性。
4. 指標菌之生長需求與生長速率與病原菌最好相同。
5. 其致死速率最好與病原菌類似，且其存活最好較病原菌稍佳。

107 年第一次專門職業及技術人員高考－食品技師

類科：食品技師　科目：食品化學

一、請繪出水之三相圖，並據以說明冷凍乾燥原理，及在冷凍乾燥處理過程食品中水之相變化。（20 分）

【107-1 年食品技師】

詳解：

(一)水之三相圖：

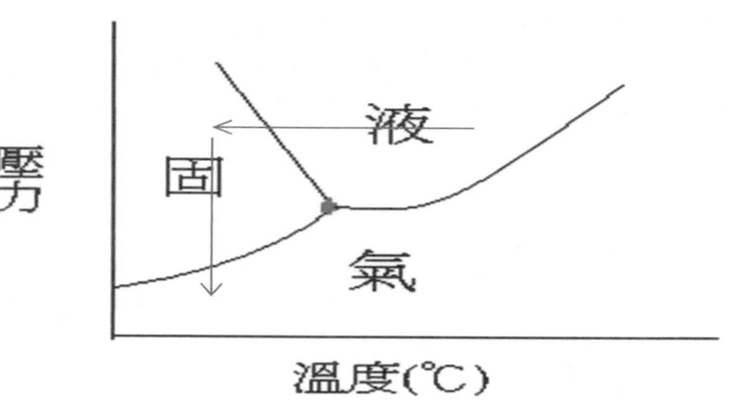

(二)冷凍乾燥原理：

1. 將含液態的水之食品至於冷凍機冷凍，使食品中的水變成固態的冰。
2. 將已結冰的食品至於冷凍乾燥機。
3. 冷凍乾燥機進行抽真空以降低壓力，部分機型會些許加熱來降低抽真空的程度。
4. 食品中固態的冰昇華成氣態的水蒸氣而離開食品，而部分水蒸氣會將高熱焓賦予食品的固態冰，使其更易昇華，以進行乾燥。
5. 水蒸氣經冷凝系統形成冰，後續恢復室溫形成水，以排出冷凍乾燥機外。

(三)冷凍乾燥處理過程食品中水之相變化：

1. 冷凍機：

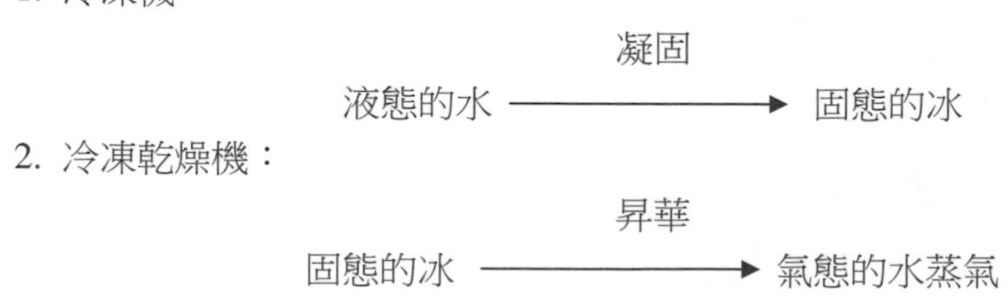

二、請敘述蛋白質之乳化特性及其影響因子。（20 分）
【107-1 年食品技師】

詳解：

(一)蛋白質之乳化特性：

1. 定義：

由液體(蛋白質溶液)和油脂所組成的二相膠體系統，其中蛋白質具有親水基與疏水基，其中親水基和水作用，疏水基(親油基)與油脂作用，而維持此兩系統穩固的界面活性劑(乳化劑)，稱為蛋白質的乳化作用。蛋白質具有優良的乳化性，故在食品加工上被廣泛使用。

2. 實例：蛋白質常因親水性較強，如常為食品中之水包油型(O/W 型)乳化系統：如牛乳中的酪蛋白膠粒(casein micelle)包覆脂肪穩定牛奶油脂的成分。

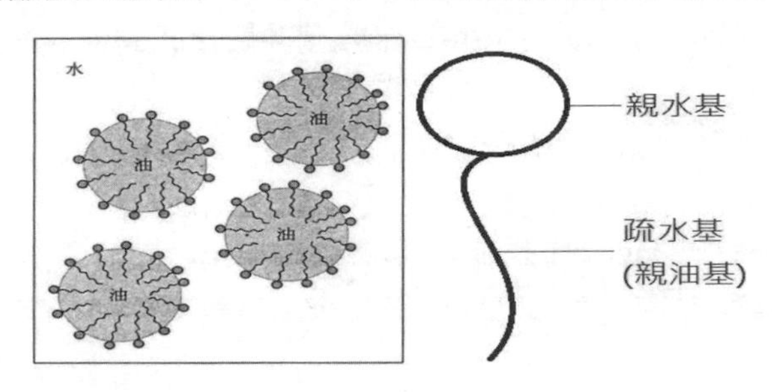

(二)影響因子：(探討溶解度↑，乳化性↑，穩定性↓)

1. pH 值	當蛋白質到達等電點(pI)時，無靜電排斥力，分散性低，溶解度降低，乳化性低，但形成乳化物後再調蛋白質到接近等電點時，會增加蛋白質膜的黏度及硬度，穩定性高
2. 溫度	不變性的溫度下加熱，溶解度增加，乳化性與起泡性高，但會減低蛋白質膜的黏度及硬度，穩定性低；變性的溫度下加熱，溶解度降低，乳化性與起泡性低，若已形成乳化物與泡沫的蛋白質發生變性，則會破壞穩定性
3. 鹽類	(1)加入鹽類使蛋白質鹽溶(salting in)，溶解度增加，乳化性高，但會減低蛋白質膜的黏度及硬度，穩定性低 (2)加入鹽類使蛋白質鹽析(salting out)，溶解度降低，乳化性低，但形成乳化物後再調蛋白質接近鹽析時，會增加蛋白質膜的黏度及硬度，穩定性高
4. 醣類	醣類加入會提高黏度，使溶解度降低，乳化性低，但會增加蛋白質膜的黏度及硬度，穩定性高
5. 低分子量界面活性劑	加入會增加可包覆油脂的成分，乳化性增加，但會與蛋白質一起包裹油脂，減低蛋白質膜的黏度及硬度，穩定性低。

三、請說明蒟蒻、洋菜、褐藻膠及果膠等膠質之化學組成與凝膠機制。（20 分）
【107-1 年食品技師】

詳解：

(一)蒟蒻：

1. 化學組成：蒟蒻所分離之多醣
主要由甘露糖與葡萄糖以 3：2 的比例所共聚而成。

2. 凝膠機制：
為黏稠狀液體，加入鹼(如石灰、碳酸鈉等)去乙醯基後，會形成很多氫鍵，將水保留於結構之中，形成蒟蒻凝膠，為熱不可逆的凝膠。

(二)洋菜：

1. 化學組成：石花菜及龍鬚菜等紅藻抽出之多醣，主要區分為：
(1)主要為 β-D-半乳糖及 3,6-脫水-α-L-半乳糖共聚合成的中性洋菜多醣(agarose)。
(2)六碳糖醛酸及瓊脂糖硫酸酯所聚合而成的酸性洋菜多醣(agropectin)。

2. 凝膠機制：
洋菜是在低濃度(1.5 %)即可形凝膠。加熱破壞洋菜的氫鍵，冷卻時，重新形成氫鍵，將水保留於結構之中，形成洋菜凝膠，為熱可逆的凝膠。

(三)褐藻膠：

1. 化學組成：馬尾藻及昆布等褐藻抽出之多醣
由 β-D-甘露糖醛酸及 α-L-古羅糖醛酸所形成之聚合物。

2. 凝膠機制：
加入鈣鹽後，鈣離子會與帶負電的褐藻多醣形成離子鍵，將水保留於結構之中，形成褐藻凝膠，為熱不可逆的凝膠。

(四)果膠：

1. 化學組成：植物細胞壁的中膠層內，作為黏合性及結構性物質
為半乳糖醛酸(galacturonic acid)以 α-1,4 醣苷鍵(glycosidic bond)鍵結及其甲基酯化衍生物所形成的共聚物(多醣體)。

2. 凝膠機制：
(1)高甲氧基果膠(HMP)：加糖(50%以上)、加酸(pH 約 2.8~ 3.5)，形成氫鍵，將水保留於結構之中，形成高甲氧基凝膠，為熱不可逆的凝膠。
(2)低甲氧基果膠(LMP)：加二價金屬離子，如鈣離子，形成離子鍵，將水保留於結構之中，形成低甲氧基凝膠，為熱可逆的凝膠。

四、請敘述油脂之同質多晶化（Polymorphism）、交酯化（Interesterification）及氫化反應（Hydrogenation），及上述反應改變食用油脂物化性質之原理。（20 分）

【107-1 年食品技師】

詳解：

(一)同質多晶化(Polymorphism)：

1. 定義：在不同的熱變化條件與溫度下，油脂會有不同的固態脂質產生，而此種固態油脂分子於空間中因不同排列情形(α、β'、β 式)，所造成熔點或凝固點的變異現象稱之。

2. 改變食用油脂物化性質之原理：以調溫將可可脂製成巧克力為例

將可可脂(cocoa butter)製成巧克力(chocolate)，就是應用可可脂的同質多晶化。可可脂有六種不同的多晶型狀態，只有第五種($β_2$-3 類型，熔點 33.8 ℃)有最適宜的性質(熔點範圍狹小，入口即化、只熔你口，不熔你手、滑潤口感與光澤產生)，利用調溫(tempering)將巧克力加熱成液態巧克力(使所有晶型狀態熔化)，然後冷卻時開始結晶成適宜的晶型($β_2$-3 類型)，之後再加熱至剛好適宜的晶體之熔點(33.8 ℃)以下而凝固，使不適合類型的晶體仍在熔化狀態而分離。

(二)交酯化(Interesterification)：

1. 定義：指三酸甘油酯上的三個醯基經人為方式，使其彼此置換或分子間醯基互換之情形，常應用於油脂構造與特性之修飾方法。可改良油脂結晶性、熔點及固態油脂比率等物性，增加其應用範圍。

2. 改變食用油脂物化性質之原理：以交酯化降低油脂不飽和度為例

將不飽和度高的油脂，藉由酵素法之定向交酯化或化學法之雜亂交酯化，與不飽和度低的油脂或脂肪酸，進行分子間的交酯化，以降低油脂不飽和度，以不飽和度高的油脂和不飽和度低的油脂，進行分子間的交酯化為例：

$$\begin{array}{l} CH_2O-COR_1 \\ | \\ CH\ O-COR_2 \\ | \\ CH_2O-COR_3 \end{array} \longleftrightarrow \begin{array}{l} CH_2O-COR_1 \\ | \\ CH\ O-COR_3 \\ | \\ CH_2O-COR_2 \end{array} \longleftrightarrow \begin{array}{l} CH_2O-COR_2 \\ | \\ CH\ O-COR_1 \\ | \\ CH_2O-COR_3 \end{array}$$

R_1：不飽和度高的碳鏈
R_2：不飽和度低的碳鏈

(三)氫化反應(Hydrogenation)：

1. 定義：降低油脂不飽和度、增加穩性、常溫成固態，適合於做油炸油、人造奶油與酥油。但氫化反應過程亦會進行異構化反應，產生反式脂肪酸，攝取會增加心血管疾病的風險。

2. 改變食用油脂物化性質之原理：將含有不飽合成分的脂肪與催化劑[如鎳(Ni)、銅(Cu)、鉻(Cr)、鉑(Pt)等]混合後通以氫氣，控制溫度、壓力、攪拌速率等條件，使氫分子選擇性地加到雙鍵上的兩個碳，而使其成飽合的單鍵。

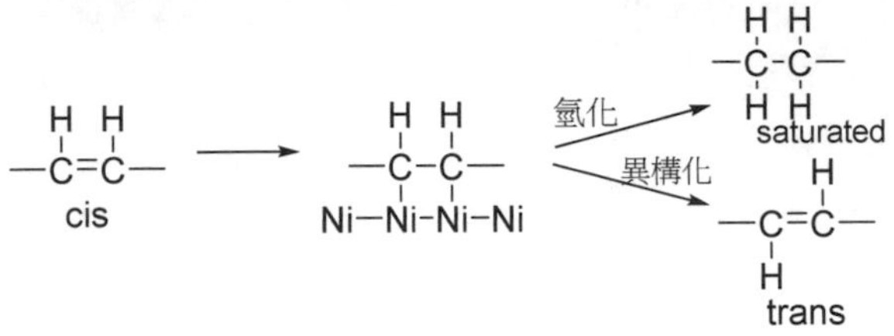

H H
—C=C—
cis
⟶
H H
—C–C—
Ni—Ni–Ni–Ni
氫化 → saturated
H H
—C–C—
H H
異構化 → trans
H
—C=C—
H

五、請說明 pH 值、熱及酵素等因素對於加工或儲存過程中，花青素與葉綠素顏色變化之影響。（20 分）

【107-1 年食品技師】

詳解：

(一)pH 值對花青素與葉綠素顏色變化之影響：

1. 花青素：

(1)pH 值大於 7 時，花青素以藍色的醌式存在。

(2)pH 介於 4~ 5 之間，花青素以無色的擬鹼式存在，並可互變成無色的查耳酮式，並有少量藍色的醌式與少量紅色的陽離子型存在，故呈紫色。

(3)pH 值小於 3 時，花青素以紅色的陽離子型存在。

2. 葉綠素：

(1)超低 pH 值會造成綠色的葉綠素脫鎂以產生棕橄欖色的脫鎂葉綠素。

(2)低 pH 值會造成綠色的葉綠酸脫鎂以產生棕橄欖色的脫鎂葉綠酸。

(二)熱對花青素與葉綠素顏色變化之影響：：

1. 花青素：

(1)酵素不變性的條件下，加熱或高溫儲藏，花青素將會加速進行酵素性褐變，而降解為褐色產物。

(2)酵素變性的條件下，加熱，多酚氧化酶變性失活，花青素不會進行酵素性褐變，但會降解為無色(淺色)產物。

2. 葉綠素：

(1)高熱會造成綠色的葉綠素脫鎂以產生棕橄欖色的脫鎂葉綠素。

(2)熱會造成綠色的葉綠酸脫鎂以產生棕橄欖色的脫鎂葉綠酸。

(三)酵素對花青素與葉綠素顏色變化之影響：：

1. 花青素：

(1)醣苷酶：主要引起花青素加速降解的酵素，會水解醣苷鍵，使花青素形成不穩定的配醣基(配質)。

(2)多酚氧化酶：直接或間接使花青素進行酵素性褐變，產生褐色產物。

2. 葉綠素：

(1)葉綠素酶會催化葉綠醇的酯鍵由綠色的葉綠素中水解，而產生綠色的葉綠酸，而綠色的葉綠酸更易發生脫鎂作用產生棕橄欖色的脫鎂葉綠酸。

(2)葉綠素酶會催化葉綠醇的酯鍵由棕橄欖色的脫鎂葉綠素中水解，而產生棕橄欖色的脫鎂葉綠酸。

107年第一次專門職業及技術人員高考-食品技師

類科：食品技師　科目：食品加工

請詳讀以下前言後，再回答下列一至三題：

根據調查，每年全球約有一半的食物在食品供應鏈階段被浪費掉。特別是在低所得的開發中國家，大部分的耗損是在**生產階段**發生；而在已開發國家，最多的浪費則發生在**消費食物階段**。因此，**回答以下問題時，應著重於如何降低食物浪費的影響**。

一、請依據前言，解釋下列名詞：(每小題10分，共50分)

(一) 冷鏈(cold chain)

(二) 調氣儲藏(control atmospheric storage)

(三) 加速劣變試驗(accelerated storage test)

(四) 輕度加工食品(minimum processed foods)

(五) 食物銀行(food bank)

【107-1年食品技師】

詳解：

(一)

冷鏈(cold chain)指在運輸、倉貯、販售及貯存期間均能維持在低溫，儘量讓過程中沒有所謂的溫差變化，當溫差有所變化時，食品產生耗損(如冷凍食品會有濃縮作用與冰晶的擠壓傷害等問題發生)，進而影響食品保藏，即食物浪費在生產階段(如魚體的蜂巢狀肉現象)。此外，因食品劣化(如水活性增加、微生物生長或組織潰散...等)加劇，亦會影響烹調後食物的口感與風味，此時的浪費則在消費食物階段(如解凍滴液較多，組織硬而較相對難吃)。為了降低類似問題，可先瞭解冷鏈過程中，溫度對食品的儲藏影響，必須熟知產品的時間、溫度及儲藏耐受性(time-temperature-tolerance, TTT)狀態，以推估可能的保存期限。

(二)

調氣儲藏(control atmospheric storage)指調整二氧化碳、氮氣和氧氣之間比例的包裝模式，於低溫冷藏可延長生鮮食品的保存期限。此方式減少的耗損與上述冷鏈類似，皆是減少儲存過程中食品之劣變，故生產階段與消費食物階段皆會影響。為了提高食品保藏性，對於不同生鮮產品包裝有不同考量：

魚類	1. 50%以上二氧化碳：可抑制需氧細菌、黴菌生長而又不會使魚肉滲出。 2. 10~15%氧氣：抑制厭氧細菌生長。
禽畜類	30~40%二氧化碳；60~70%氧氣混合，可保持肉原本紅色，又能抑制微生物生長。
蔬果	5%氧氣；5%二氧化碳；90%氮氣混合，在6℃~8℃有較長保鮮期。

(三)

加速劣變試驗(accelerated storage test)指食品保存期限的間接評估方法。食品廠通常採用"藥品安定性試驗基準"之加速試驗，進行快速測量食品保存期限，其中較常用的方法為加熱儲存，當溫度提高10℃，通常反應速率會增加兩倍(Q10)，相對的劣解(如目標微生物提高、組織變軟或有毒物質量增...等。)狀態也會加速。此為保存期限的間接評估，故生產階段與消費食物階段皆無關係，但可透過此評估來選擇適當儲存方式以減少浪費。試驗設計：

1. 批數：三批，應使用與實際生產相同之製造方法與程序。
2. 測試項目及標準：測試項目應選擇因儲存改變而對品質、安全性或有效性有影響之項目。
3. 儲存條件：40 ± 2℃；75 ± 5% RH；如有科學根據亦可採用其他儲存條件。

(四)

輕度加工食品(minimum processed foods)指只做簡單的處理，去除腐敗菌及不可食用部分，運輸時須冷藏，即食性高且營養高，但是保存期限較短，大約4~7天，最多21天。例如輕度加工蔬果：指蔬果初級產品經挑選、去皮、清洗、截切、消毒等處理後，用適當的包裝儲存技術保持新鮮狀態，提供立即食用或使用於烹調的加工技術。例如：水果去皮而後搾汁，未經低溫消毒的天然果汁；水果盤；沙拉。由於輕度加工食品採用加工較少，故食物浪費在消費食物階段。可維持冷盤冷處理(4~7℃以下)、熱盤熱處理(60~65℃以上)及迅速處理與食畢解決耗費問題，並鼓勵減少浪費。

(五)

食物銀行(food bank)指確保食物不會被浪費的相關組織，把即期食品或仍可食用的食物(如便當店超過七點半後的食物，還可以吃但沒人買。)經相關團體聯繫與分類處理後，再結合志工的運送，把這些物資送到社會上有需要的團體，如育幼院、老人院...等。此方式為減少消費食物階段的浪費；但相對而言，若處理過程中食物沒有保存好，亦會變成不可食而浪費，必須注意！故應鼓勵人民、企業與政府參與食物銀行的相關活動以減少食物的浪費。

二、請依據前言，回答下列問題：
(一) 畫一個從黃豆生產板豆腐的加工流程圖，選擇其中三個關鍵步驟，詳細說明其對於該製品的核心加工技術、操作參數及原理。(13 分)
(二) 在此流程中，選擇兩個會產出廢棄物的步驟，詳細說明這些廢棄物的組成特性；再以這些廢棄物為原料，設計新的衍生性產品，畫出並說明其加工流程，以證明這個原料的 100%加工應用。(12 分)

【107-1 年食品技師】

詳解：

(一)

1. 加工流程圖：

大豆→洗淨→加水浸漬(8~9 倍水，8~10 小時)→磨漿機磨碎→加消泡劑→加熱煮沸→過濾→去豆渣→豆漿→冷卻(至 70℃)→添加凝固劑→攪拌→靜置→倒入箱型模型→壓榨→去漿水→卸模→漂水→板豆腐

2. 三個關鍵步驟：

	核心加工技術	操作參數	原理
加熱	利用加熱去除豆漿的大豆臭味	100℃以上；30~60 分鐘	豆皮中含有脂質氧化酵素，可將豆中脂肪氧化，產生醛類等不快臭味。利用加熱使之失去活性。
添加凝固劑	利用凝固劑使大豆球蛋白凝固之製品	2%鹽滷或 5%硫酸鈣	大豆蛋白質溶液中添加二價金屬鹽類後，麩胺酸、天門冬胺酸，等帶負電荷殘基與 Ca^{2+}，或 Mg^{2+}等多價陽離子結合，致使蛋白質發生電荷中和產生離子鍵，失去親水性而凝膠形成為豆腐。(普通豆腐)
去漿水	利用壓榨使漿水去除以形成塊狀固體	壓榨 1 小時	為固體與液體分離的方法。豆漿凝固後並非看到的一塊一塊，而是碎散狀態，透過壓榨，空隙中水分可以被去除，使之形成一大塊的狀態。經切割後，即市售小塊豆腐。

3. 食物的浪費與減少：

(1) 生產階段：

a. 添加足量凝固劑：太少無法凝固，無法成為豆腐。

b. 去漿水要到豆腐內部空隙很少的狀態，不然會散開。

(2) 消費食物階段：

a. 生產時請確實加熱，以減少豆臭味產生。

b. 漂水：去除未凝固的蛋白質，使體積固定，並保持滑嫩口感。

(二)

1. 會產出廢棄物的步驟與組成特性：

(1) 去除豆渣：粗纖維、蛋白質、脂質、水分

(2) 去漿水：水溶性蛋白質、水溶性維生素、水分。

2. 衍生性產品：

(1) 豆渣：製成大豆分離蛋白，並可加工製成人造肉。

a. 豆渣→鹼萃取(溶解蛋白質)→離心→上清液→酸沉澱(達等電點沉澱)→沉澱物→噴霧乾燥→大豆分離蛋白

b. 利用擠壓機，大豆分離蛋白溶解於 pH9.0 以上的鹼液，從具很多小孔(孔徑 0.05~0.1mm)的紡嘴擠出於含有食鹽的醋酸溶液中，即凝固成為纖維狀。纖維狀蛋白以卵白、澱粉、膠等黏性物質黏結在一起，整形後，經著色、著香等處理，即製成類似畜肉的製品。

(2) 漿水：利用膜處理技術進行蛋白質回收，可製成蛋白質補充品。

a. 漿水→微孔膜過濾法(microporous membrane filtration, MF)→去除微粒子→超濾法(ultrafiltration, UF)→去除低分子物質與水分→噴霧乾燥→蛋白粉

b. 蛋白粉可添加巧克力或其他風味成分，可用於補充蛋白質食用。

3. 以上方法已是廢棄物利用，能夠減少食物的浪費，所以較沒有浪費問題。但做出來的產品，風味是否能夠受到消費者的喜愛則是會影響消費食物階段的浪費。

三、請依據前言，回答下列問題：
(一) 畫一個從吳郭魚生產冷凍魚片的加工流程圖，選擇其中三個關鍵步驟，詳細說明其對於該製品的核心加工技術、操作參數及原理。(13 分)
(二) 在此流程中，選擇兩個會產出廢棄物的步驟，詳細說明這些廢棄物的組成特性；再以這些廢棄物為原料，設計新的衍生性產品，畫出並說明其加工流程，以證明這個原料的 100% 加工應用。(12 分)

【107-1 年食品技師】

詳解：

(一)

1. 加工流程圖：

吳郭魚→去除不可食部分→採肉→切片→殺菌→分級→真空包裝→冷凍→冷凍魚片

2. 三個關鍵步驟：

	核心加工技術	操作參數	原理
去除不可食部分	放血：以低溫方式，可利用刀刃進行	4℃以下	利用低溫防止微生物於操作過程中生長，降低出始生菌數；且操作完畢後，可使魚肉較白，增加賣相。
	去頭、去尾及去內臟：以低溫方式，利用刀刃進行		
	去皮、去鱗及去骨：可用機械脫皮與去骨機進行		
殺菌	可利用臭氧或鹽水浸泡，降低微生物菌數	10 min	魚肉較容易出現裂解現象，尤其是微生物汙染產生之酵素的劣解。為確保食品安全與衛生，必須在包裝前進行。
冷凍	利用快速冷凍，使冷凍魚片快速通過最大冰晶生成帶，防止劣變	20 min 內通過-1~-5℃	冷凍過程中會有濃縮作用與冰晶的擠壓傷害而導致肉質組織崩壞，最常見到的就是解凍滴液的產生，而此狀態在最大冰晶生成帶(-1~-5℃)最常見到，故快速通過此區帶，便能減少因冷凍產生之劣變。

3. 食物的浪費與減少：

(1) 生產階段：

a. 去除不可食部分：操作人員技術不良，而使魚肉損失。

b. 殺菌不完全：使魚體解凍後，微生物快速生長而使食品劣變。

(2) 消費食物階段：未快速冷凍，解凍滴液較多且組織較鬆散，烹調後口感較差，可能有人不喜歡吃。

(二)

1. 會產出廢棄物的步驟與組成特性：

(1) 去除不可食部分-去魚鱗：膠原蛋白、油脂。

(2) 去除不可食部分-去魚骨：碳酸鈣。

2. 衍生性產品：

(1) 魚鱗：可製成膠原蛋白補充食品。

a. 魚鱗→清洗→脫水→蒸煮→離心→取液體→乾燥→膠原蛋白粉

b. 膠原蛋白為水溶性蛋白質，可利用蒸煮方式獲得。

(2) 魚骨：可製成保健食品(鈣片)。

a. 魚骨→清洗→脫水→粉碎→水洗(清除雜質) →磨粉→乾燥→裝錠→鈣片

b. 碳酸鈣吸收率不高，但是卻是最容易取得的型態。

3. 以上方法已是廢棄物利用，能夠減少食物的浪費，所以較沒有浪費問題。但做出來的產品，風味是否能夠受到消費者的喜愛則是會影響消費食物階段的浪費。

107 年第一次專門職業及技術人員高考-食品技師

類科：食品技師　科目：食品分析與檢驗

一、分別利用 Mohr 法和 Volhard 滴定法分析乳油和乾酪中的食鹽含量，並比較兩種方法原理的異同點。（20 分）

【107-1 年食品技師】

詳解：

(一)Mohr 法和 Volhard 滴定法分析乳油和乾酪中的食鹽含量：

1. Mohr 滴定法：

$$AgNO_3 + NaCl \rightarrow AgCl\downarrow(\text{白色}) + NaNO_3$$

$$2AgNO_3 + K_2CrO_4 \rightarrow Ag_2CrO_4\downarrow(\text{橙紅色}) + 2KNO_3$$

$$\boxed{\text{滴定剩餘的 } Ag^+ + CrO_4^{2-}(\text{指示劑}) \rightarrow Ag_2CrO_4\downarrow(\text{橙紅色})}$$

(1)將乳油和乾酪進行灰化。

(2)將灰化之樣品以熱蒸餾水洗入三角瓶，並定容至一定體積。

(3)加入少量鉻酸鉀(K_2CrO_4)指示劑至於三角瓶中。

(4)以硝酸銀($AgNO_3$)溶液滴定至橙紅色[鉻酸銀(Ag_2CrO_4)]沉澱為止。

(5)以滴定法計算食鹽含量。

2. Volhard 滴定法：

$$\text{過量 } AgNO_3 + NaCl \rightarrow AgCl\downarrow(\text{白色}) + NaNO_3$$

$$NH_4SCN + \text{剩餘 } AgNO_3 \rightarrow AgSCN\downarrow(\text{白色}) + KNO_3$$

$$NH_4SCN + (NH_4)Fe(SO_4)_2 \rightarrow FeSCN^{2+}(\text{紅色}) + 2NH_4^+ + 2SO_4^{2-}$$

$$\boxed{\text{滴定剩餘的 } SCN^- + Fe^{3+}(\text{指示劑}) \rightarrow FeSCN^{2+}(\text{紅色})}$$

(1)將乳油和乾酪進行灰化。

(2)將灰化之樣品以熱蒸餾水洗入三角瓶，並定容至一定體積。

(3)加入少量硝酸溶液進行酸化，再加入過量硝酸銀($AgNO_3$)溶液。

(4)洗滌及過濾掉產生的氯化銀($AgCl$)白色沉澱。

(5)濾液及洗液加入少量鐵明礬(硫酸鐵銨)[$(NH_4)Fe(SO_4)_2$]指示劑。

(6)以硫氰化銨(NH_4SCN)滴定至紅色[硫氰化鐵離子($FeSCN^{2+}$)]不再消失為止。

(7)以反滴定法計算食鹽含量。

(二)兩種方法原理的異同點：

1. 異：

(1)Mohr 滴定法：

a. 原理：利用硝酸銀($AgNO_3$)溶液滴定氯化鈉(NaCl)，以鉻酸鉀(K_2CrO_4)為指示劑，當氯化鈉耗盡時，硝酸銀會與鉻酸鉀反應，產生鉻酸銀(Ag_2CrO_4)橙紅色沉澱，達滴定終點。

b. 反應 pH 值：中性或鹼性。酸性(H^+)下指示劑之鉻酸根(CrO_4^{2-})會成形重鉻酸根($Cr_2O_7^{2-}$)。

c. 滴定終點判定：產生鉻酸銀(Ag_2CrO_4)橙紅色沉澱。

d. 計算：滴定法。

(2)Volhard 滴定法：

a. 原理：加入過量的硝酸銀($AgNO_3$)溶液與氯化鈉(NaCl)反應，剩餘的硝酸銀以硫氰化銨(NH_4SCN)滴定，以鐵明礬(硫酸鐵銨)[$(NH_4)Fe(SO_4)_2$]指示劑，當硝酸銀耗盡時，硫氰化銨即會與鐵明礬(硫酸鐵銨)指示劑反應產生紅色硫氰化鐵離子($FeSCN^{2+}$)，達滴定終點。

b. 反應 pH 值：酸性。鹼性(OH^-)下指示劑之鐵離子(Fe^{3+})會形成氫氧化鐵[$Fe(OH)_3$]沉澱。

c. 滴定終點判定：產生紅色硫氰化鐵離子($FeSCN^{2+}$)。

d. 計算：反滴定法：

2. 同：

(1)硝酸銀($AgNO_3$)溶液皆會氯化鈉(NaCl)反應，產生氯化銀白色沉澱與硝酸鈉($NaNO_3$)。

(2)利用顏色變化來判定滴定終點。

二、氫氧化鉀可同時用來分析油脂的酸價和皂化價，請問用這兩種方法檢測出來的數值所代表的意義為何？何者可以做為油脂氧化安定性的指標？其理由為何？（20 分）

【107-1 年食品技師】

詳解：

(一)酸價和皂化價數值所代表的意義：

1. 酸價：

(1)定義：中和 1g 油脂中所含游離脂肪酸所需 KOH 毫克數。

(2)意義：間接判定酸敗程度，酸價愈高，油脂氧化酸敗愈嚴重。

2. 皂化價：

(1)定義：完全皂化 1g 油脂所需 KOH 毫克數。

(2)意義：判定油脂中所含脂肪酸的平均分子量。皂化價高者代表含較多的短鏈和低分子量的油脂、及油脂是否摻假的指標。

(二)何者可以做為油脂氧化安定性的指標？

酸價(acid value, AV)。

(三)理由為何？

1. 酸價：

(1)原理：樣品中的油脂大部分以三酸甘油酯狀態存在，當儲存不當或油炸，會先進行氧化成氫過氧化物(ROOH)，再裂解產生游離脂肪酸等物質，以進行油脂氧化酸敗，以 KOH 之酒精溶液滴定中和之(以酚酞酒精溶液作指示劑)，所求得游離脂肪酸之含量，可做為油脂酸敗之指標。

(2)理由：酸價之低濃度氫氧化鉀及常溫下，可直接測定油脂氧化酸敗產生的游離脂肪酸，當游離脂肪酸產生越多代表油脂氧化酸敗越嚴重，酸價越高，油脂氧化安定性越低；而當游離脂肪酸產生越少代表油脂氧化酸敗越不嚴重，酸價越低，油脂氧化安定性越高。

2. 皂化價：

(1)原理：油脂在氫氧化鉀存在下加熱進行水解及反應，稱之為皂化反應。當油脂進行鹼(氫氧化鉀)水解產生甘油及脂肪酸，脂肪酸與氫氧化鉀作用形成皂腳。皂化價的測定係一種「反滴定(back titration)」，加過量的 KOH 酒精溶液與定量之油脂進行完全之皂化作用，剩餘之 KOH 再以標定過之 HCl 滴定之，求出皂化價。

(2)理由：因皂化價之高濃度氫氧化鉀及加熱下，可作用於油脂上之結合態脂肪酸，與油脂氧化酸敗產生的游離態脂肪酸兩者之總脂肪酸，所以皂化價高，並不能代表油脂氧化酸敗產生的游離態脂肪酸多，故皂化價無法作為油脂氧化安定性的指標。

三、請選擇合適的層析法（順相液相層析、逆相液相層析及親和層析），分析花青素、葉綠素及植物凝集素，並說明其理由。（20 分）

【107-1 年食品技師】

詳解：

(一)花青素：

1. 選擇合適的層析法：順相液相層析。
2. 理由：

(1)花青素為水溶性(極性大)。

(2)順相液相層析為極性的固定相及非極性的移動相，利用極性的固定相抓住極性的花青素，非極性移動相進行沖提，以進行不同花青素的分離。

(3)不同花青素中極性大的花青素對極性的固定相親和力大，滯留時間長，而極性小的花青素對極性的固定相親和力小，滯留時間短，再經由非極性的移動相沖提，可將不同花青素彼此分離。

(二)葉綠素：

1. 選擇合適的層析法：逆相液相層析。
2. 理由：

(1)葉綠素為脂溶性(非極性大)。

(2)逆相液相層析為非極性的固定相及極性的移動相，利用非極性的固定相抓住非極性的葉綠素，極性移動相進行沖提，以進行不同葉綠素的分離。

(3)不同葉綠素中非極性大的葉綠素對非極性的固定相親和力大，滯留時間長，而非極性小的葉綠素對非極性的固定相親和力小，滯留時間短，再經由極性的移動相沖提，可將不同葉綠素彼此分離。

(三)植物凝集素：

1. 選擇合適的層析法：親和層析。
2. 理由：

(1)植物凝集素為蛋白質。

(2)可利用具有單株抗體的免疫親和管，將植物中少量的植物凝集素與雜質進行分離。

(3)免疫親和管上具有不同的單株抗體，可利用抗體-抗原(植物凝集素)專一性，將植物少量不同的植物凝集素，跟不同單株抗體進行專一性的非共價鍵結合，而植物中的雜質不被結合而流出，最後再以適當的溶劑進行沖提，以分離純化植物中少量的植物凝集素。

四、進行原子吸光光譜分析時，容易出現那些干擾？又如何排除？（20 分）

【107-1 年食品技師】

詳解：

(一)原子吸光光譜分析時，容易出現那些干擾？

1. 檢測過程汙染來源的干擾。
2. 霧化器之霧化效果差的干擾。
3. 火焰式原子化器或石墨爐式原子化器，對金屬原子化效率低的干擾。
4. 中空陰極管之發射光不穩定的干擾。
5. 光電管接收穿透光不穩定的干擾。
6. 標準曲線製作之決定係數(R^2)低的干擾。

(二)排除方法：

1. 檢測過程汙染來源的干擾：

(1)標準溶液和試驗溶液等實驗試劑需保存於不溶出金屬的容器中，如聚乙烯瓶。

(2)灰化的坩鍋使用前，需確實於 10 %鹽酸(HCl)溶液中浸煮 2 小時後洗淨，洗淨後於 600 ℃灰化 4 小時，以去除汙染物。

(3)空白試驗、標準溶液、樣品試驗需溶於相同的溶劑中及使用相同的試劑，以便歸零與校正可以扣除汙染物。

(4)若可能，選擇分析的試劑時，選擇無金屬成分的試劑。

(5)分析時盛裝的容器及使用的器械需確實洗淨，且材質的選擇需不溶出金屬的材質。

(6)分析的儀器，於分析前需先行通入清洗溶劑，以確實洗去前批殘留的金屬。

(7)分析的儀器，需確實以分析的溶劑歸零，並以標準溶液校正。

2. 霧化器之霧化效果差的干擾：

可以更換新的霧化器以進行實驗或清洗霧化器。

3. 火焰式原子化器或石墨爐式原子化器，對金屬原子化效率低的干擾：

可以提高原子化的溫度或更換新的原子化器以排除。

4. 中空陰極管之發射光不穩定的干擾：

可以更換新的中空陰極管以進行實驗。

5. 光電管接收穿透光不穩定的干擾：

可以更換新的光電管以進行實驗。

6. 標準曲線製作之決定係數(R^2)低的干擾：

確實做好標準品的配置與連續稀釋，使決定係數(R^2)的數值接近 1.000。

五、我國自 107 年 7 月 1 日起禁用人工反式脂肪，請說明油炸薯條如何分析是否含反式脂肪酸？（20 分）

【107-1 年食品技師】

詳解：

利用氣相層析(GC)來分析油炸薯條是否含反式脂肪酸為例：

(一)氣相層析之原理：

樣品氣化後，藉著攜帶氣體(carrier gas，或稱移動相，如氦，氫，或氮)的帶動，氣相的攜帶氣體會帶動氣化的樣品往前移動，通過一個分離用的毛細管柱(或稱固定相)，氣化的樣品各成分在固定相與移動相的分配係數(親和力)不同，使移動速率不同，而達到分離的效果。

(二)氣相層析法檢測其產品之反式脂肪酸之定性與定量：

1. 粗脂肪之萃取：

   利用用索氏(Soxhlet)萃取裝置，將產品中的油脂萃出。

2. 檢液之調製：

(1)皂化與甲酯化：脂類萃取物再與氫氧化鈉、甲醇、三氟化硼(可用硫酸代替)和正庚烷混合後，回流蒸餾，生成反式脂肪酸甲酯，以提高脂肪酸之揮發性。

(2)萃取：取上層正庚烷溶液，用無水硫酸鈉乾燥，稀釋至 5～10 %濃度，接著以 GC 分析脂肪酸組成。

3. GC 定量脂肪酸含量：

檢測器：火焰離子偵測器（FID） H_2 流速 30 mL/ min。 Air 流速 300mL/ min。
攜帶氣體(移動相)：氦氣 (流速：3 mL/ min)
管柱(固定相)：0.53 mm × 30 m cp-Wax52CB 之毛細管柱
管柱溫度：以 3 ℃/ min 升溫，從 185 ℃升溫至 230 ℃。
注射器溫度：230 ℃
偵測器溫度：260 ℃

4. **定性**：藉各種甲酯化反式脂肪酸在層析圖上所出現波峰(peak)之滯留時間(retention time, RT)，並於同個分析條件下，注入標準品：不同反式脂肪酸之波峰滯留時間比較，波峰相同的滯留時間表示相同物質，由此可知樣品是否含有反式脂肪酸，或不同反式脂肪酸各為那個波峰。

5. **定量**：分別將標準品：不同反式脂肪酸配置不同濃度，於相同分析條件下注入GC，利用不同標準品各濃度之層析圖積分面積與濃度作圖，求得不同標準品層析圖積分面積與濃度之回歸方程式$y = ax + b$後，代入樣品之不同反式脂肪酸之層析圖積分面積，便可求得樣品不同反式脂肪酸之濃度，再乘上分析過程中之稀釋倍數，便可求得樣品中不同反式脂肪酸之含量。

107 年第一次專門職業及技術人員高考-食品技師

類科：食品技師　科目：食品衛生安全與法規

一、請解釋食品中毒與食品中毒事件之定義，並比較說明由動物及植物所引起食品中毒之異同。（20 分）

【107-1 年食品技師】

詳解：

(一)食品中毒與食品中毒事件之定義：

1. 食品中毒：所謂食品中毒係指因攝食污染有病原性之微生物、有毒化學物質或其他毒素之食品而引起之疾病，主要引起消化系統之不適之急性胃腸炎(acute gastroenteritis)，如嘔吐、腹痛、腹瀉等之症狀。
2. 食品中毒事件：

(1)二人或二人以上攝取相同的食品，發生相同的症狀，並且自可疑的食物檢體及患者糞便、嘔吐物、血液等人體檢體，或者其他有關環境檢體(如空氣、水、土壤)中分離出相同類型(如血清型、噬菌體型)的致病原因，則稱為一件(outbreak)「食品中毒」。**△若只有一人，則稱為一個個案(case)。**

(2)但如因攝食肉毒桿菌或急性中毒(如化學物質或天然物中毒)時，雖只有一人，也可視為一件「食品中毒」。

(3)經流行病學調查推論為攝食食品所造成，也視為一件「食品中毒」案件。

(二)比較說明由動物及植物所引起食品中毒之異同：

1. 異：

(1)動物所引起食品中毒：毒素產生原因大部分為外因性之食物鏈而來，大部分毒性較強，攝取少量就可能產生嚴重症狀：

a. 二枚貝、西施舌貝攝食有毒的渦鞭毛藻，產生的麻痺性貝毒(Paralytic Shellfish Poison, PSP)或蛤蚌毒素(Saxitoxin)，為強烈的神經毒素，少量攝取就會造成嚴重的麻木、呼吸麻痺、死亡等。

b. 河豚內臟的河豚毒(Tetrodotoxin)，亦為強烈的神經毒素，少量攝取就會造成嚴重的麻木、呼吸麻痺、死亡等。

(2)植物所引起食品中毒：毒素產生原因大部分為內因性之生合成產生，大部分毒性較弱，攝取大量才會產生嚴重症狀：

a. 發芽馬鈴薯產生的茄靈毒素(Solanine)，為弱的神經毒素，大量攝取會造成心跳不規則、暫時性低血壓。

b. 十字花科蔬菜(如高麗菜)的硫醣苷(Glucosinolates)，生食會分解成甲狀腺腫素，大量攝取會造成甲狀腺腫。

2. 同：攝取有毒的動物及植物，大部分會先作用於腸道，造成嘔吐、腹痛、腹瀉等之症狀，再經腸道吸收，經由血液到達特定受體，造成更嚴重的症狀。

二、請說明衛生福利部對米、麥、豆類中黃麴毒素訂定之限量標準，並說明黃麴毒素的危害、常見污染食物、產生之因子與預防方法。（20 分）

【107-1 年食品技師】

詳解：

(一)衛生福利部對米、麥、豆類中黃麴毒素訂定之限量標準：

參照「食品中污染物質及毒素衛生標準」(111.5.31)：

1. 米原料＜10 ppb(總黃麴毒素 B_1+B_2+G_1+G_2)。
2. 麥原料＜10 ppb(總黃麴毒素 B_1+B_2+G_1+G_2)。
3. 豆類原料＜15 ppb(總黃麴毒素 B_1+B_2+G_1+G_2)。

(二)黃麴毒素的危害：

攝取的黃麴毒素會與動物的肝細胞粒線體 DNA 結合使突變，對動物可引發肝癌，其中 B_1 為至今發現毒性最強之致癌物質(一級致癌物) (IARC 1)。其症狀為嘔吐、腹痛、腹瀉、黃疸、肝腫大、肝癌。

(三)常見污染食物：

1. 花生。
2. 穀類。
3. 黃豆。
4. 玉米。

(四)產生之因子：黃麴菌(*Aspergillus flavus*)、寄生麴菌(*Aspergillus parasiticus*)經由空氣中的孢子汙染食物，只要於此黴菌能生長的環境，就能生長而產生黃麴毒素：

1. 相對溼度：70 %以上。
2. 水分：13%以上(一般穀類含水量在 18~22%)或水活性 0.8 以上。
3. 溫度：0~60℃，越接近 25℃生長越好。
4. 空氣：絕對好氧。
5. 酸鹼度：在 pH2.2~9 可生長，但酸性環境下生長較好。
6. 食品受物理力損害的程度(養分外露)。

(五)預防方法：

1. 調食品水分含量＜13 % (Aw＜0.80)。
2. 調相對溼度＜70 %。
3. 冷藏、冷凍。
4. 厭氧、真空、充氮包裝。
5. 加抗黴防腐劑，如己二烯酸。
6. 減少穀物外殼(皮)破損。

三、何謂 3-單氯丙二醇（3-MCPD）？為何會出現在食品中？對人體健康會有那些可能影響？（20 分）

【107-1 年食品技師】

詳解：

(一)3-單氯丙二醇（3-MCPD）：

1. 結構：

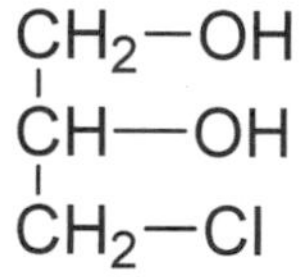

$$
\begin{array}{l}
CH_2-OH \\
\mid \\
CH-OH \\
\mid \\
CH_2-Cl
\end{array}
$$

2. 為生產化學醬油產生的有害物。

(二)為何會出現在食品中？

由於製作醬油時，為了降低成本，會於壓榨完純釀造的生醬油後，添加一定比例的化學醬油來調合。而化學醬油以鹽酸來水解脫脂大豆的蛋白質與澱粉，但脫脂大豆還是有少量油脂(三酸甘油酯)，這些油脂被鹽酸(HCl)水解為脂肪酸與甘油，而甘油在鹽酸水解過程中，最旁邊的碳上的 OH 基會被鹽酸 Cl 取代而形成 3-單氯丙二醇(3-MCPD)，如下圖：

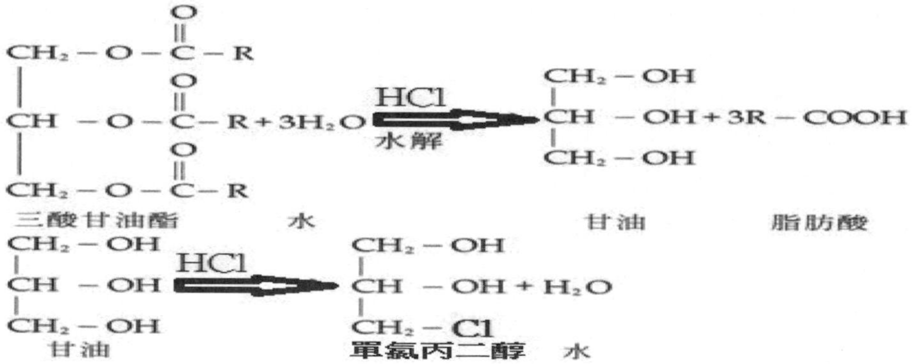

$$
\begin{array}{l}
CH_2-O-\overset{\overset{O}{\parallel}}{C}-R \\
\mid \\
CH-O-\overset{\overset{O}{\parallel}}{C}-R + 3H_2O \xrightarrow[\text{水解}]{HCl} \begin{array}{l} CH_2-OH \\ \mid \\ CH-OH \\ \mid \\ CH_2-OH \end{array} + 3R-COOH \\
\mid \\
CH_2-O-\overset{\overset{O}{\parallel}}{C}-R
\end{array}
$$

三酸甘油酯　水　甘油　脂肪酸

$$
\begin{array}{l} CH_2-OH \\ \mid \\ CH-OH \\ \mid \\ CH_2-OH \end{array} \xrightarrow{HCl} \begin{array}{l} CH_2-OH \\ \mid \\ CH-OH \\ \mid \\ CH_2-Cl \end{array} + H_2O
$$

甘油　單氯丙二醇　水

(三)對人體健康會有那些可能影響？

所以有添加化學醬油的市售醬油、醬油膏、及其製品中就含有 3-單氯丙二醇（3-MCPD）。3-MCPD動物試驗中會引起癌症(致突變、致畸胎、致癌) (IARC 2B)，食品中污染物質及毒素衛生標準(111.5.31)：醬油及以醬油為主調製而成之調味製品之 3-MCPD 限量為 0.3 ppm。

四、何謂基因改造食品？其安全性評估方式為何？（20 分）
【107-1 年食品技師】

詳解：

(一)基因改造食品：

1.「基因改造食品(Genetically modified foods, GMF)」之定義：利用『基因改造生物』所生產、製造之食品。

2.「基因改造生物(Genetically Modified Organism, GMO)」之定義：生物體基因之改變，係經下述『基因改造技術』所造成，而非由於天然之交配或天然的重組所產生。

3.「基因改造技術(Gene Modification Techniques)」之定義：「指使用基因工程或分子生物技術，將遺傳物質轉移或轉殖入活細胞或生物體，產生基因重組現象，使表現具外源基因特性或使自身特定基因無法表現之相關技術。但不包括傳統育種、同科物種之細胞及原生質體融合、雜交、誘變、體外受精、體細胞變異及染色體倍增等技術。」。

4. 舉例：

(1)抗除草劑黃豆製成的豆腐、豆奶、醬油。

(2)抗蟲玉米製成的玉米粒、玉米醬。

(二)安全性評估方式：

『基因改造食品』與『基因改造植物食品』的安全性評估

一、第一階段：『基本資料』之評估[利用實質等同(Substantial Equivalence)原則來評估]。第一階段評估結果顯示該基因改造食品或植物食品具潛在之毒性物質或過敏原，則須進行第二階段評估。

二、第二階段：『毒性物質』之評估、『過敏誘發性』之評估。

三、依上述第一、二階段資料仍無法判定該基因改造食品或植物食品的安全性時，則至少須再進行針對全食品設計之適當的動物試驗，以評估該基因改造食品之安全性。

◎動物試驗參考健康食品安全性評估方法(109.12.8)第三類：

第三類：指產品之原料非屬傳統食用者，其應檢具下列項目之安全評估試驗資料：

(1)基因毒性試驗。

(2)90 天餵食毒性試驗。(指亞慢性毒性試驗)

(3)致畸胎試驗。

五、請依據食品安全衛生管理法之相關規定，說明食品業者在食品製造之產銷鏈中，如何做好相關管理，以確保食品安全？（20 分）

【107-1 年食品技師】

詳解：

參照「食品安全衛生管理法」(108.6.12)：第七條至第十三條

(一)第七條：

食品業者應實施自主管理，訂定食品安全監測計畫，確保食品衛生安全。

食品業者應將其產品原材料、半成品或成品，自行或送交其他檢驗機關（構）、法人或團體檢驗。

上市、上櫃及其他經中央主管機關公告類別及規模之食品業者，應設置實驗室，從事前項自主檢驗。

第一項應訂定食品安全監測計畫之食品業者類別與規模，與第二項應辦理檢驗之食品業者類別與規模、最低檢驗週期，及其他相關事項，由中央主管機關公告。

食品業者於發現產品有危害衛生安全之虞時，應即主動停止製造、加工、販賣及辦理回收，並通報直轄市、縣（市）主管機關。

(二)第八條：

食品業者之從業人員、作業場所、設施衛生管理及其品保制度，均應符合食品之良好衛生規範準則。

經中央主管機關公告類別及規模之食品業，應符合食品安全管制系統準則之規定。

經中央主管機關公告類別及規模之食品業者，應向中央或直轄市、縣（市）主管機關申請登錄，始得營業。

第一項食品之良好衛生規範準則、第二項食品安全管制系統準則，及前項食品業者申請登錄之條件、程序、應登錄之事項與申請變更、登錄之廢止、撤銷及其他應遵行事項之辦法，由中央主管機關定之。

經中央主管機關公告類別及規模之食品業者，應取得衛生安全管理系統之驗證。

前項驗證，應由中央主管機關認證之驗證機構辦理；有關申請、撤銷與廢止認證之條件或事由，執行驗證之收費、程序、方式及其他相關事項之管理辦法，由中央主管機關定之。

(三)第九條：

食品業者應保存產品原材料、半成品及成品之來源相關文件。

經中央主管機關公告類別與規模之食品業者，應依其產業模式，建立產品原材料、半成品與成品供應來源及流向之追溯或追蹤系統。

中央主管機關為管理食品安全衛生及品質，確保食品追溯或追蹤系統資料之正確性，應就前項之業者，依溯源之必要性，分階段公告使用電子發票。

中央主管機關應建立第二項之追溯或追蹤系統，食品業者應以電子方式申報追溯或追蹤系統之資料，其電子申報方式及規格由中央主管機關定之。

第一項保存文件種類與期間及第二項追溯或追蹤系統之建立、應記錄之事項、查核及其他應遵行事項之辦法，由中央主管機關定之。

(四)第十條：

食品業者之設廠登記，應由工業主管機關會同主管機關辦理。

食品工廠之建築及設備，應符合設廠標準；其標準，由中央主管機關會同中央工業主管機關定之。

食品或食品添加物之工廠應單獨設立，不得於同一廠址及廠房同時從事非食品之製造、加工及調配。但經中央主管機關查核符合藥物優良製造準則之藥品製造業兼製食品者，不在此限。

本法中華民國一百零三年十一月十八日修正條文施行前，前項之工廠未單獨設立者，由中央主管機關於修正條文施行後六個月內公告，並應於公告後一年內完成辦理。

(五)第十一條：

經中央主管機關公告類別及規模之食品業者，應置衛生管理人員。

前項衛生管理人員之資格、訓練、職責及其他應遵行事項之辦法，由中央主管機關定之。

(六)第十二條：

經中央主管機關公告類別及規模之食品業者，應置一定比率，並領有專門職業或技術證照之食品、營養、餐飲等專業人員，辦理食品衛生安全管理事項。

前項應聘用專門職業或技術證照人員之設置、職責、業務之執行及管理辦法，由中央主管機關定之。

(七)第十三條：

經中央主管機關公告類別及規模之食品業者，應投保產品責任保險。

前項產品責任保險之保險金額及契約內容，由中央主管機關定之。

107年第一次專門職業及技術人員高考-食品技師

類科：食品技師　科目：食品工廠管理

一、請依據「食品工廠建築及設備設廠標準」，說明食品工廠在其建築中的廁所及更衣室需符合那些規定？（20分）

【107-1年食品技師】

詳解：

參照「食品工廠建築及設備設廠標準」(107.9.27)：

(一)廁所需符合的規定：第六條第二項第九款

九、廁所：

1. 廁所之設置地點應防止污染水源。
2. 廁所不得正面開向食品作業場所，但如有緩衝設施及有效控制空氣流向以防止污染者，不在此限。
3. 應有良好之通風、採光、防蟲、防鼠等設施，並備有流動自來水、清潔劑、烘手器或擦手紙巾等之洗手、乾手設施及垃圾桶。
4. 應有如廁後應洗手之標示。

(二)更衣室需符合的規定：第六條第二項第十款

十、更衣室：食品工廠視其需要得設置更衣室，更衣室應設於加工調理場旁適當位置並與食品作業場所隔離，不同性別之更衣室應分開，室內應備有更衣鏡、潔塵設備及數量足夠之個人用衣物櫃及鞋櫃等。

二、請說明人工三槽式餐具洗滌方式的主要步驟及詳細作業原則。（20 分）
【107-1 年食品技師】

詳解：

(一)人工三槽式餐具洗滌方式的主要步驟：

1. 法源依據：「食品良好衛生規範準則(GHP)」(103.11.7)：第二十二條餐飲業作業場所應符合下列規定：洗滌場所應有充足之流動自來水，並具有洗滌、沖洗及有效殺菌三項功能之餐具洗滌殺菌設施；水龍頭高度應高於水槽滿水位高度，防水逆流污染；無充足之流動自來水者，應提供用畢即行丟棄之餐具。
2. 主要步驟：(預洗)→洗滌→沖洗→有效殺菌→(風乾)

(1)第一槽：洗滌槽：以洗潔劑進行洗滌。

(2)第二槽：沖洗槽：以清水進行沖洗。

(3)第三槽：有效殺菌槽：

第二十三條餐飲業應使用下列方法之一，施行殺菌：

殺菌法	殺菌溫度	殺菌時間	
煮沸殺菌法	100 ℃沸水	毛巾、抹布	5 分鐘以上
		餐具	1 分鐘以上
蒸氣殺菌法	100 ℃蒸氣	毛巾、抹布	10 分鐘以上
		餐具	2 分鐘以上
熱水殺菌法	80℃以上熱水	餐具	2 分鐘以上
氯液殺菌法	有效氯 200 ppm 以下	餐具	2 分鐘以上
乾熱殺菌法	110 ℃以上乾熱	餐具	30 分鐘以上

(二)詳細作業原則：

1. 人工三槽式餐具洗滌方式：

(1)第一槽：洗滌槽：43～49℃熱水＋洗潔劑洗滌。

(2)第二槽：沖洗槽：25℃流動水沖洗，沖淨洗潔劑。

(3)第三槽：有效殺菌槽：先以 80℃以上熱水浸泡 2 分鐘；再以百萬分之二百以下有效氯水浸泡二分鐘，或 110℃以上乾熱 30 分鐘（在家庭可以烘碗機代替）。熱消毒櫃開機時間分為第一次與第二次：第一次為餐具洗滌完竣後開機，當溫度達 110℃後 30 分鐘關機；第二次為餐廳開始營業前一小時，開機 30 分鐘後關機，使消費者有安全衛生之餐具可使用。

2. 要有熱水供應設備：絕不可將三個瓦斯熱水爐並聯，以免發生爆炸。
3. 水龍頭(含塑膠水管)之高度不可超過水槽之溢水孔，以防污水逆流。
4. 應設於污染區，並避免交叉污染。
5. 正確的進行餐具消毒，清洗餐具前要先洗手。
6. 不同功能的不銹鋼水槽不可以混合使用，如因場地不足，則在使用前一定要清潔洗滌及消毒乾淨。三槽式不銹鋼槽不可用來洗手、洗食材等。

三、請說明 ISO 22000 與 HACCP 的關係及「重要管制點（CCP）判定樹」。（20 分）

【107-1 年食品技師】

詳解：

(一)ISO 22000 與 HACCP 的關係：

1. ISO 22000：

ISO 22000:2005 於 2005 年 9 月 1 日由國際標準組織(ISO)正式公佈，為技術委員會(TC34)所研擬，依照 HACCP 的原理及架構，強化食品安全管制，遵循 ISO 9001:2000 的系統模式加以修訂，使用 PDCA 循環方式以達成顧客滿意及持續改善的目的。

由此帶來的一個重要的好處是 ISO 22000 將使全世界的組織以統一的方法執行關於 HACCP(食品衛生的危害分析與關鍵控制點)系統更加容易，它不會因國家或涉及的食品不同而受到影響。

2. HACCP(Hazard Analysis Critical Control Point)：危害分析重要管制點

為食品生產之所有過程先找出可能發生之危害(分成生物性、物理性、化學性)以管制點管制，最重要的過程再以重要管制點有效防止或抑制其發生，其屬於全部製程管理，為事前預防之管理制度，以確保食品安全之自主衛生管理制度。

3. 關係：ISO 22000 = ISO 9001 + HACCP

ISO 22000 制度即融合了 ISO 9001 與 HACCP 的制度與文件，所開創的新的制度，此制度具有 ISO 9001 與 HACCP 的精神。

(二)重要管制點（CCP）判定樹：

在食品製造流程中任何一項步驟或是程序可以加以管制而導致食品安全的危害可以預防、排除或是減少到管制標準以下。製造過程之 CCP 之判定圖：

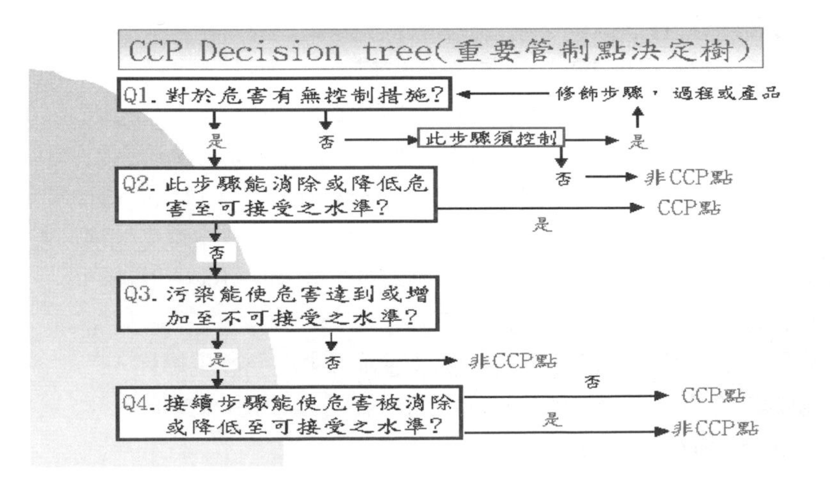

四、假設您是一個有 100 位員工的食品工廠負責人，請以簡圖表示您的工廠組織架構圖及說明在上述組織架構圖中，各部門的工作職掌。(20 分)

【107-1 年食品技師】

詳解：

(一)簡圖表示工廠組織架構圖：

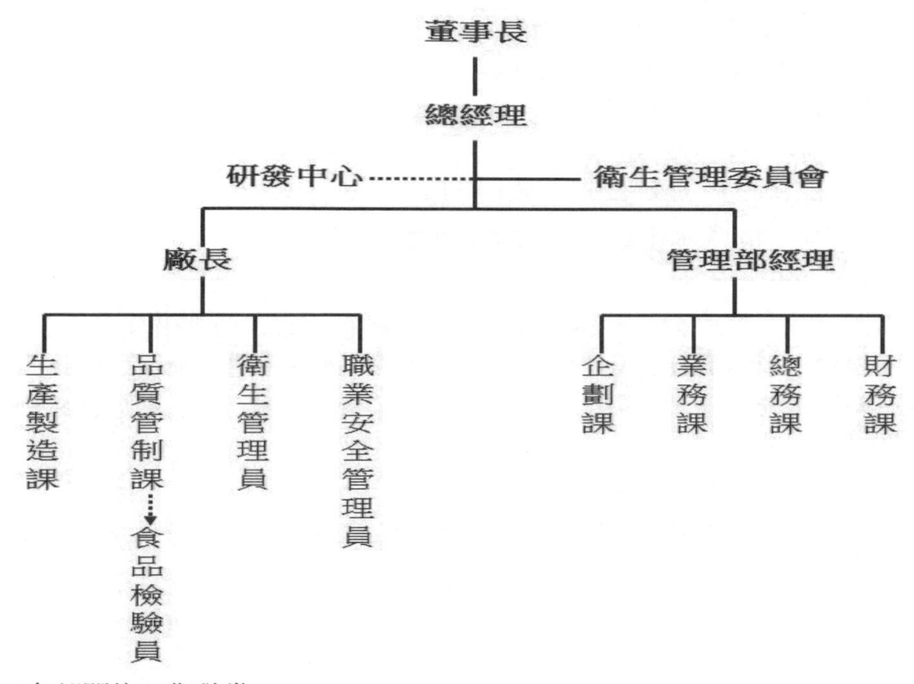

(二)各部門的工作職掌：

1. 生產製造課：專門掌管原料處理、加工製造及成品包裝工作。
2. 品質管制課：專門掌管原材料、加工及成品品質規格標準之制定與抽樣、檢驗及品質之追蹤管理等工作。負責人應有充分權限以執行品質管制任務，亦擁有停止生產或出貨的權限。
3. 食品檢驗員：負責食品一般品質與衛生品質之檢驗分析工作。
4. 衛生管理員：掌管廠內外環境及廠房設施衛生、人員衛生、製造及清洗等作業衛生及員工衛生教育訓練等工作。
5. 職業安全管理員：掌管工廠安全與防護等工作。
6. 企劃課：負責策略規劃與行銷促進等，如決定產品開發方針與產品構想。
7. 業務課：負責物流、客訴與行銷等，如產品行銷擬定、新產品試銷與廣告。
8. 總務課：負責人事、採構、管理及工務等。
9. 財務課：負責財務與會計等，如產品原物料成本、製造成本與銷售費用評估。

五、請依據「食品良好衛生規範準則」，說明：
(一)食品添加物製程之設備、器具、容器及包裝。（10 分）
(二)塑膠類食品器具、食品容器或包裝之衛生管理，應符合那些規定？（10 分）
【107-1 年食品技師】

詳解：

參照「食品良好衛生規範準則(GHP)」(103.11.7)：

(一)食品添加物製程之設備、器具、容器及包裝：

第三十一條：食品添加物製程之設備、器具、容器及包裝，應符合下列規定：

一、易於清洗、消毒及檢查。

二、符合食品器具容器包裝衛生標準之規定。

三、防止潤滑油、金屬碎屑、污水或其他可能造成污染之物質混入食品添加物。

(二)塑膠類食品器具、食品容器或包裝之衛生管理，應符合那些規定？

第四十四條：塑膠類食品器具、食品容器或包裝之衛生管理，應符合下列規定：

一、傳遞、包裝或運送之場所，應以有形之方式予以隔離，避免遭受其他物質或微生物之污染。

二、成品包裝時，應進行品質管制。

三、成品之標示、檢驗、下架、回收及回收後之處置與記錄，應符合本法及其相關法規之規定。

107 年第二次專門職業及技術人員高考-食品技師

類科：食品技師　科目：食品微生物學

一、請分別說明在動物、禽類及海鮮類食品中，其主要污染微生物存在於何部位以及該等微生物之種類為何？（20 分）

【107-2 年食品技師】

詳解：

(一)動物、禽類食品：

1. 污染微生物部位：健康禽畜動物的活體內，一般僅含少量的微生物在其組織內部，因為健康動物其入侵體內的微生物，會被其免疫系統消滅。禽畜肉污染微生物的部位，由外至內為毛髮、皮膚、淋巴結及腸道系統。禽畜肉的微生物分布種類與範圍，因肉品被進行不同的加工處理過程，將導致其原有的微生物呈現不同分布狀態的改變。
2. 微生物種類：

(1)動物外部毛髮、皮膚、腳蹄部位：通常含有大量微球菌屬(*Micrococcus*)、葡萄球菌屬(*Staphylococcus*)、鏈球菌屬(*Streptococcus*)。

(2)動物內部組織：

a. 動物呼吸道與外部皮膚組織相似，分布一樣以微球菌屬(*Micrococcus*)、葡萄球菌屬(*Staphylococcus*)、鏈球菌屬(*Streptococcus*)為主。

b. 腸胃消化道細菌之分布含革蘭氏陰性的腸道菌，如大腸桿菌屬(*Escherichia*)、沙門桿菌屬(*Salmonella*)及志賀桿菌屬(*Shigella*)等，以及假單胞菌屬(*Pseudomonas*)。革蘭氏陽性菌則以厭氧性且能產生內孢子的梭狀芽孢桿菌屬(*Clostridium*)、乳酸菌屬(如 *Streptococcus* 及 *Lactobacillus* 等)、及李斯特菌屬(*Listeria*)等在腸道系統中繁殖為主。

(二)海鮮類食品：以魚類為例

1. 污染微生物部位：新鮮水產品上的微生物來自水域中的微生物，魚類中微生物存在於外層黏液、腮及腸道中。海鮮動物生長之水域衛生狀況影響最終水產品之微生物品質，除了水源外，加工過程如去皮、剝殼、去除內臟、裹麵包屑等操作可能導致微生物的污染。
2. 微生物種類：淡水或溫帶水域魚類之細菌主要為中溫的革蘭氏陽性菌，而寒帶水域魚類主要由革蘭氏陰性菌組成。新鮮及腐敗魚最常見的細菌為假單胞菌屬(*Pseudomonas*)[如綠膿桿菌(*Pseudomonas aeruginosa*)、螢光假單孢桿菌(*Pseudomonas fluorescens*)]、弧菌屬(*Vibrio*)(海水魚類)[腸炎弧菌(*Vibrio parahaemolyticus*)、創傷弧菌(*Vibrio vulnificus*)]、和希瓦氏菌屬(*Shewanella*)等。

二、試述 pH 值對下述防腐劑：苯甲酸、己二烯酸、亞硫酸及丙酸在食品中抑菌作用之影響。(20 分)

【107-2 年食品技師】

詳解：

苯甲酸、己二烯酸、丙酸皆屬於有機酸(Organic acid)之弱酸，其定義為含有 COOH 基之酸類，其抑菌能力與未解離酸分子多寡有關，因此降低 pH 值能增加未解離酸之濃度，而增加抑菌效果。有機酸之弱酸的抑菌機制：

1. 未解離分子進入細胞內解離，對蛋白質(酵素)與 DNA 變性失活。
2. 未解離分子進入細胞內解離，抑制 ATP 形成而影響養分之主動運輸。
3. 降低 pH 值至微生物無法生長的範圍。
4. 對細胞膜傷害。

(一)苯甲酸：食品添加物之防腐劑

1. 低 pH 值：未解離酸分子多，抑菌作用最好。
2. 中 pH 值：大部分解離，抑菌作用差。
3. 高 pH 值：完全解離，抑菌作用最差。

(二)己二烯酸：食品添加物之防腐劑

1. 低 pH 值：未解離酸分子多，抑菌作用最好。
2. 中 pH 值：大部分解離，抑菌作用差。
3. 高 pH 值：完全解離，抑菌作用最差。

(三)亞硫酸：食品添加物之漂白劑及抗氧化劑，亦具有抑菌效果

亞硫酸及其鹽類在低 pH 值下，可以形成未解離態之二氧化硫，擴散通過細胞膜，在細胞內形成亞硫酸鹽，可將蛋白質雙硫鍵還原，使得蛋白質構型改變而變性，失去活性。

1. 低 pH 值：未解離之二氧化硫多，抑菌作用最好。
2. 中 pH 值：大部分解離，抑菌作用差。
3. 高 pH 值：完全解離，抑菌作用最差。

(四)丙酸：食品添加物之防腐劑

1. 低 pH 值：未解離酸分子多，抑菌作用最好。
2. 中 pH 值：大部分解離，抑菌作用差。
3. 高 pH 值：完全解離，抑菌作用最差。

三、試述如何進行食品中總好氧菌與總厭氧菌數之測定？（20 分）
【107-2 年食品技師】

詳解：

(一)總好氧菌數之測定：

1. 樣品均質，特別是半固體或固體之樣品，例如取 10 g 或 25 g 之樣品加入 90 mL 或 225 mL 之無菌水(可為 0.1 % peptone water、phosphate buffer pH7.2 或生理食鹽水等，為的都是盡量保持樣品中微生物之數目不變)，再以均質機(blender)或鐵胃(stomacher)均質。
2. 十倍序列稀釋(10 fold serial dilution)。
3. 將菌均勻散佈於生菌數培養基 PCA(Plate count agar)：
(1)塗抹平板法(Spread plate)：取 0.1 mL 的菌液入培養基上以三角玻棒平均塗抹。
(2)傾注平板法(Pour plate)：取 1 mL 菌液入空的培養皿，再倒入熔融的培養基，搖晃使均勻分散，開蓋冷卻凝固。
4. 培養，一般細菌以 37 ℃普通培養箱倒置培養 24~ 48 小時。
5. 數菌(plate count)，數 25~ 250 菌落之培養基，因 25~ 250 菌落才具有意義。因菌落小於 25 有統計上的誤差，菌落大於 250 則計數較困難或兩菌重疊而低估菌落數。

(二)總厭氧菌數之測定：

1. 樣品均質，特別是半固體或固體之樣品，例如取 10 g 或 25 g 之樣品加入 90 mL 或 225 mL 之厭氧稀釋液(anaerobic diluted buffer，為的都是盡量保持樣品中微生物之數目不變)，再以均質機(blender)或鐵胃(stomacher)均質。
2. 厭氧稀釋液十倍序列稀釋(10 fold serial dilution)。
3. 均勻散佈於厭氧菌培養基 TGA(Thioglycollate agar)：
(1)塗抹平板法(Spread plate)：取 0.1 mL 的菌液入培養基上以三角玻棒平均塗抹。
(2)最好使用傾注平板法(Pour plate)：取 1 mL 菌液入空的培養皿，再倒入熔融的培養基，搖晃使均勻分散，開蓋冷卻凝固。
4. 放入厭氧缸進行厭氧培養(Gas-Pak®系統)，一般厭氧細菌以 37 ℃普通培養箱倒置培養 24~ 48 小時。
5. 數菌(plate count)，數 25~ 250 菌落之培養基，因 25~ 250 菌落才具有意義。因菌落小於 25 有統計上的誤差，菌落大於 250 則計數較困難或兩菌重疊而低估菌落數。

四、試述食品生物技術之定義及其在確保食品品質、衛生安全與延長儲存期限之應用。（20 分）

【107-2年食品技師】

詳解：

(一)食品生物技術之定義：

利用生命現象的基本組成成分，如生物分子(如 DNA、RNA、蛋白質)、細胞或組織應用於食品領域來解決問題或製造出有用的產品，主要包括如下內容：

1. 基因工程(Gene engineering)：如微生物檢驗技術(PCR、DNA fingerprinting、DNA probe、Biochipor DNA chip)、基因改造技術。
2. 細胞工程(Cell engineering)：如細胞融合技術生產單株抗體(monoclonal antibody)應用於微生物檢驗。
3. 酵素工程(Enzyme engineering)：如微生物酵素的利用、微生物檢驗技術(ELISA)。
4. 發酵工程(Fermentation engineering)：如生產發酵食品(豆製品、酒類、食用醋、乳製品、代謝產物)、生產單細胞蛋白質(SCP)。

(二)確保食品品質之應用：

1. 利用基因工程之基因改造技術應用於微生物，生產牛生長激素，注射於乳牛上，提高乳牛之牛乳產量。
2. 利用基因工程之基因改造技術應用於稻米，生產富含 β 胡蘿蔔素的黃金米。
3. 利用酵素工程，以微生物生產酵素，以生產高濃度之高果糖糖漿。
4. 利用發酵工程，生產高濃度紅麴色素。

(三)確保衛生安全之應用：

1. 利用基因工程之微生物檢驗技術，如聚合酶鏈鎖反應(polymerase chain reaction, PCR)檢驗食品中的病原菌。
2. 利用基因工程之微生物檢驗技術，如 DNA 探針或稱核酸探針(DNA probe)檢驗食品中的病原菌。
3. 利用基因工程之微生物檢驗技術，如生物晶片(Biochipor DNA chip)檢驗食品中的病原菌。
4. 利用酵素工程之微生物檢驗技術，如酵素連結免疫吸附分析法(Enzyme-linked Immunosorbent Assay, ELISA)檢驗食品中的病原菌。

(四)延長儲存期限之應用：

1. 利用基因工程之基因改造技術應用於發酵的微生物，使其可產生抑菌物質。
2. 利用基因工程之基因改造技術應用於蔬果，減少蔬果軟化的果膠酶產生。
3. 利用基因工程之基因改造技術應用於番茄，生產延遲熟成的甜味番茄。
4. 利用酵素工程，以微生物生產溶菌酶，加入食品中減少食品中的菌量。

五、請試述下列名詞之意涵：D value、z value、F value 及 12-D concept。（20 分）【107-2 年食品技師】

詳解：

(一)D value：

1. 定義：致死速率曲線中減少一個對數值所需的分鐘數。
2. D value 亦為特定溫度下殺滅 90 %微生物所需之時間，以分鐘表示。
3. D value 又常稱之為九成滅菌時間(Decimal reduction time)。
4. D value 可反應營養細胞或孢子之相對抗熱性。D 值越大，抗熱性越大。
5. 代表菌體對熱之抵抗力，亦即在同一溫度之 D 值越大，表示該細菌的耐熱性越強。

(二)z value：

1. 定義：TDT curve 移動一個對數值所造成的溫度變化。
2. Z 值亦為 D 值改變 10 倍所需的溫度變化。
3. 代表細菌對不同致死溫度之相對抵抗力，(固定 D 值)Z 值越大，表示耐熱性越高，對熱越不敏感。
4. 以 Z 值決定 D 值之計算：$\frac{D_1}{D_2} = 10^{\frac{T_2-T_1}{Z}}$

(三)F value：

1. 定義：為一定溫度下(通常為 250 °F)，將一定數目之營養細胞或孢子殺滅所需時間。
2. F_0 = 250 °F的 F value，亦稱殺菌值。不同罐頭食品有不同的殺菌值，罐頭達殺菌值，即達其該有的商業滅菌之殺菌程度。
3. 假設加熱處理中容器裡所有點所受熱處理之總和以 F_0 表示，並假設容器中之微生物細胞或孢子之受熱及冷卻是立即的，則：

$$F_0 = Dr(\log a - \log b)$$

a：熱處理前菌數
b：熱處理後菌數

低酸性罐頭：$F_0 = 12Dr$

(四)12-D concept：

12D 觀念為低酸性罐頭殺菌要求之科學依據，又稱為肉毒桿菌烹煮(Botulinum cook)。因肉毒桿菌(*Clostridium botulinum*)具有強耐熱性孢子，可於低酸性罐頭(pH＞4.6；Aw＞0.85)中生長，產生毒素造成中毒，所以為了確保低酸性罐頭食品的安全性，至少必需減少 10^{12} 倍的肉毒桿菌(孢子)，即以 12D 的加熱方式。D 值為在一定溫度下，將微生物數目降低 1 個對數值，所以在 12D 的處理下，若初始菌數為 10^6，則經過 12D 處理後，菌數會變成 10^{-6}。不管罐頭食品工廠一批生產幾個低酸性罐頭，肉毒桿菌(孢子)於每個低酸性罐頭中，常見最多長到 10^6(最多長到約 10^8)，以 12D 的商業殺菌方式，皆可使肉毒桿菌(孢子)幾乎為零，以確保低酸性罐頭的安全性。

107年第二次專門職業及技術人員高考-食品技師

類科：食品技師　科目：食品化學

一、請說明影響脂質氧化和非酵素性褐變反應的水活性範圍及其理由。（20 分）
【107-2 年食品技師】

詳解：

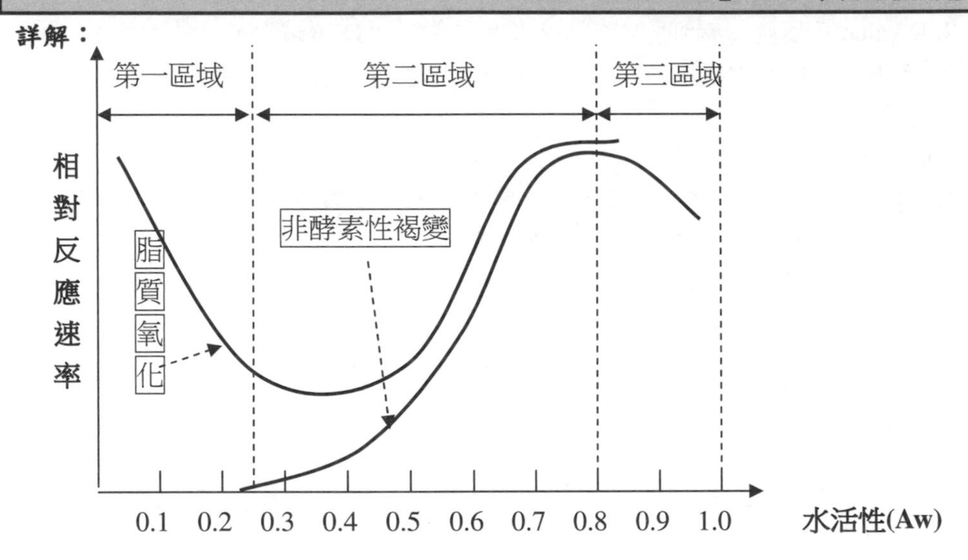

(一)脂質氧化水活性範圍及其理由：

1. 水活性範圍：Aw 值達 0.7~0.8 時氧化速率最大。當 Aw 降至 0.3 左右時，油脂之氧化速率最低，0.3 以下又反而升高。
2. 理由：

(1)於高 Aw 下(0.7~ 0.8)：氧化速率高，與油脂可浮於水面，水中溶氧高，氧氣進行油脂氧化反應作用有關。

(2)於低 Aw 下(約 0.3)：氧化速率最低，水分可與氫過氧化物(ROOH)結合抑制後續反應，且水可提供電子以抑制自由基生成抑制油脂氧化，及水可與金屬離子水合而減低金屬離子催化油脂氧化之反應。

(3)於極低 Aw 下(0.3 以下)：水分子幾乎不存在，原先水分子存在之空間形成多孔狀，增加脂質與氧氣接觸面積，金屬離子也更容易與油脂接觸而催化油脂氧化。

(二)非酵素性褐變反應(主要指梅納褐變反應)水活性範圍及其理由：

1. 水活性範圍：在 Aw 達 0.2 以上才具有活性，Aw 為 0.7 時反應最為快速。
2. 理由：

(1)於極高 Aw(超過 0.8)下，因水超多，羰基與胺基被稀釋更不容易接觸而反應。

(2)於高 Aw 下(約 0.7)，因水多羰基與胺基容易接觸而反應。

(3)於低 Aw 下，因水少羰基與胺基不容易接觸而反應。

二、蛋白質分子立體結構所呈現的安定性主要是由何種鍵結作用而達成？（20 分）

【107-2 年食品技師】

詳解：

(一)胜肽鍵(Peptide bond)：

為蛋白質內鍵能最強的共價鍵，主要為蛋白質內胺基酸殘基之羧基與另一個胺基酸殘基之胺基形成一個取代的醯胺鍵，這個鍵稱為胜肽鍵，如下圖所示：

(二)雙硫鍵(Disulfide bond)：

主要為蛋白質之間的共價鍵，如蛋白質中兩個半胱胺酸(Cysteine, Cys)殘基之間的 SH 基與 SH 基形成-S-S-，如下圖所示：

(三)氫鍵(Hydrogen bond)：

主要為蛋白質之間的非共價鍵，如兩個酪胺酸(Tyrosine, Tyr)殘基之間的 OH 基與 OH 基形成氫鍵，如下圖所示：

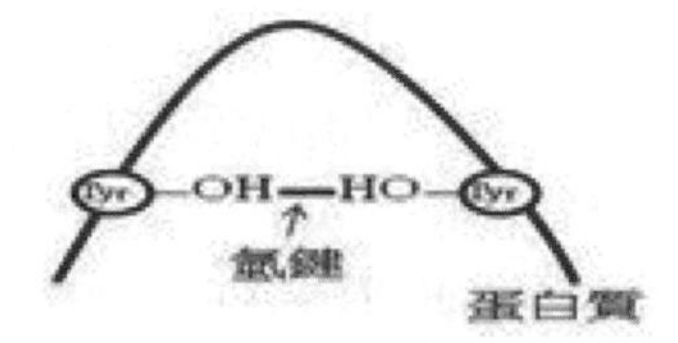

(四)離子鍵(Ionic bond)：

主要為蛋白質之間的非共價鍵，如酸性胺基酸之麩胺酸(Glutamic acid, Glu)殘基的 COO^-與鹼性胺基酸之離胺酸(Lysine, Lys)殘基的 NH_3^+形成，如下圖所示：

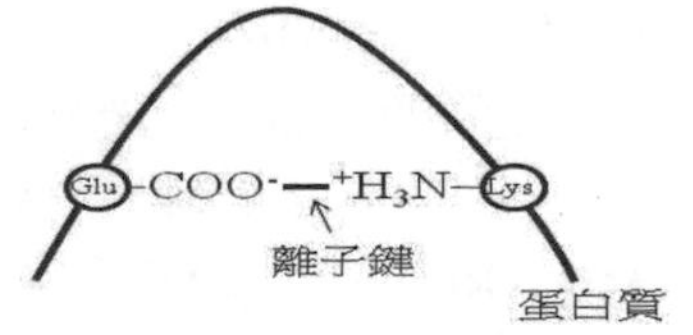

(五)疏水鍵(Hydrophobic bond)：

主要為蛋白質之間的非共價鍵，如疏水性胺基酸之苯丙胺酸(Phenylalanine, Phe)殘基之間碳鏈(R)的吸引力，如下圖所示：

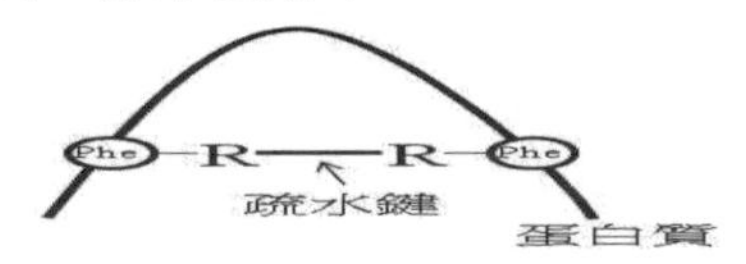

三、油脂氧化為一種自由基連鎖增殖反應，請以反應式說明；氧化反應初期若添加維生素 E 和檸檬酸，其抗氧化及協力作用機制各為何？（20 分）

【107-2 年食品技師】

詳解：

(一)油脂自氧化反應式(autoxidation)：油脂氧化生成自由基(free radical)，與空氣中的氧結合後生成順式氫過氧化物(peroxide)，而反應反覆進行。主要發生於不飽合脂肪酸或含不飽合脂肪酸的油脂，反應機制：

1. 起始期(initiation stage)：為反應決定步驟，從不飽合脂肪酸中移去一個氫原子，產生自由基(free radical)：(抗氧化劑於此期前加入效果最好)

$$RH \rightarrow R\cdot + H\cdot$$

2. 連鎖反應期(propagation stage)：生成的自由基與氧氣反應，並從其他不飽合脂肪酸中奪取氫原子，產生大量的過氧化物及自由基：

$$R\cdot + O_2 \rightarrow ROO\cdot$$

$$ROO\cdot + RH \rightarrow ROOH + R\cdot$$

3. 終止期(termination stage)：各種自由基互相作用，形成各種聚合物：

$R\cdot + R'\cdot \rightarrow RR'$ (低氧狀態)

$RO\cdot + R'O\cdot \rightarrow ROOR'$ (中氧狀態)

$ROO\cdot + R'OO\cdot \rightarrow ROOR' + O_2$ (高氧狀態)

(二)氧化反應初期若添加維生素 E 和檸檬酸，其抗氧化及協力作用機制：

1. 維生素 E (AH)抗氧化作用機制：可提供氫離子或為自由基的接受者：

氫離子提供者：

(1) $R\cdot + AH \rightarrow RH + A\cdot$

$RO\cdot + AH \rightarrow ROH + A\cdot$

$ROO\cdot + AH \rightarrow ROOH + A\cdot$

自由基接受者：

(2) $R\cdot + A\cdot \rightarrow RA$

$RO\cdot + A\cdot \rightarrow ROA$

$ROO\cdot + A\cdot \rightarrow ROOA$

2. 檸檬酸抗氧化作用機制：螯合金屬，抑制金屬催化下列油脂氧化反應：

(M^{n+}，如 Cu^{2+}、Fe^{2+})

(1)促進氫過氧化物分解：$M^{n+} + ROOH \rightarrow M^{(n+1)+} + OH^- + R\cdot$；$M^{n+} + ROOH \rightarrow M^{(n-1)+} + H^+ + ROO\cdot$

(2)直接與未氧化物質作用：$M^{n+} + RH \rightarrow M^{(n-1)+} + H^+ + R\cdot$

(3)使氧分子活化，產生單重態氧和過氧化氫自由基：

$$M^{n+} + {}^3O_2 \rightarrow M^{(n+1)+} + O_2^- \rightarrow {}^1O_2 \text{ 或 } HO_2\cdot$$

3. 維生素 E 和檸檬酸的協力作用機制：維生素 E 和檸檬酸共同使用之抗氧化力會比單獨使用來得強，此作用稱協力作用(synergism)，因檸檬酸可以抑制金屬催化油脂氧化產生自由基，而維生素 E 可以清除產生的自由基，達到抑制油脂氧化的雙重效果。

四、切洋蔥時，經常會掉眼淚、吃完大蒜後嘴巴會出現大蒜味，請說明相關刺激氣味成分的形成機制。（20 分）

【107-2 年食品技師】

詳解：

(一)切洋蔥時催淚物之刺激氣味成分的形成機制：硫代丙醛-S-氧化物形成

在洋蔥的植物組織受到破壞時，存在於洋蔥中的風味和香味化合物前體之 S-(1-丙烯基)-L-半胱胺酸亞碸[S-(1-propenyl)-L-cysteine sulfoxide)]被蒜苷酶(alliinase)迅速水解，產生丙烯基次磺酸中間體以及氨(ammonia)和丙酮酸(pyruvate)。丙烯基次磺酸中間體再重排為催淚物：硫代丙醛-S-氧化物(thiopropenyl-S-oxide)或稱為順式-丙硫醛-S-氧化物(syn-propanethial-S-oxide, SPSO)，而呈現出洋蔥風味。

$H_3C-CH=CH-S(=O)-CH_2-CH(NH_2)-COOH$
S-（1-丙烯基）-L-半胱胺酸亞碸

—蒜苷酶→ $[H_3C-CH=CH-S(\rightarrow O)-H]$ 丙烯基次磺酸 $+NH_3+H_3C-C(=O)-COOH$
氨　丙酮酸

丙烯基次磺酸 ↓ $H_3C-CH_2-CH=S=O$
硫代丙醛-S-氧化物

→ $R-S-S-S-R+R-SH+R-S-S-R$
三硫化物　硫醇　二硫化物
$+H_3C$-(噻吩)-CH_3
噻吩

(二)吃完大蒜後嘴巴會出現大蒜味之刺激氣味成分的形成機制：蒜素形成

在蒜頭的植物組織受到破壞時，存在於蒜頭中的風味和香味化合物前體之 S-(2-丙烯基)-L-半胱胺酸亞碸[S-(2-propenyl)-L-cysteine sulfoxide)][亦稱為蒜苷(alliin)]被蒜苷酶(alliinase)迅速水解，所產生的產物為二烯丙基硫代亞磺酸鹽(diallyl thiosulfinate)[亦稱為蒜素(allicin)]，使新鮮的的蒜頭呈現特有的蒜味，而不具有催淚作用。

蒜苷(alliin) —蒜苷酶(alliinase)→ 烯丙次磺酸 —兩分子歧化→ 烯丙亞磺酸 + 烯丙硫醇 —$-H_2O$→ 蒜素(allicin)

蒜苷(alliin) → 脫氫丙胺酸（$H_2C=C(NH_2)-COOH$）→ 丙酮酸 + 氨

五、我國法定食品保色劑有那四種、其保色機制如何顯現、添加與不添加時其對食品安全性的影響各為何？（20 分）

【107-2 年食品技師】

詳解：

(一)我國法定食品保色劑四種：

1. 硝酸鈉(Sodium nitrate; $NaNO_3$)。
2. 硝酸鉀(Potassium nitrate; KNO_3)。
3. 亞硝酸鈉(Sodium nitrite; $NaNO_2$)。
4. 亞硝酸鉀(Potassium nitrite; KNO_2)。

(二)保色機制如何顯現：

硝酸鹽或亞硝酸鹽要先還原成一氧化氮(NO)再與肌紅素(Mb)或變性肌紅素(MMb)作用成亮紅色的氧化氮肌紅素(NO-Mb)或變性肌紅素亞硝酸鹽(NOMMb)，而維生素 C 或某些乳酸菌或微球菌(*Micrococcus* spp.)存在下可以加速其還原，反應如下：

$$NO_3^- \text{ or } NO_2^- \xrightarrow{\text{還原}} NO$$

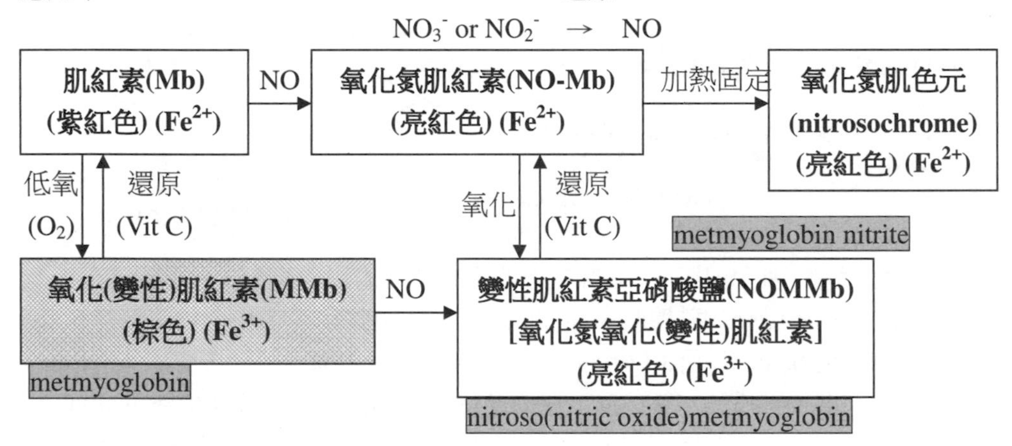

(三)添加與不添加時其對食品安全性的影響：危害利益分析

1. 危害：添加的硝酸鹽與亞硝酸鹽會間接和二級和三級胺會形成亞硝胺(Nitrosamine)，而亞硝胺被證實是致癌物(IARC 1)。
2. 利益：添加的硝酸鹽與亞硝酸鹽在肉品上貢獻了保色、抑制肉毒桿菌、防腐及風味等好處。
3. 分析：假如肉製品中完全不添加硝酸鹽與亞硝酸鹽，不但商品價值降低，亦有發生肉毒桿菌中毒之虞。根據「食品添加物使用範圍及限量暨規格標準」規定，肉製品中硝酸鹽與亞硝酸鹽添加量只要低於 0.07 g/ kg (70 ppm)(以 NO_2 計)，造成致癌的可能機率相當低，於是我們得到一個結論：肉製品中仍可添加硝酸鹽與亞硝酸鹽，但使用量不得超過標準。

107 年第二次專門職業及技術人員高考–食品技師

類科：食品技師　科目：食品加工

一、目前食品業界填充飲料的加工方式，主要可分為熱充填及無菌冷充填，請分別說明填充方法及應用。(20 分)

【107-2年食品技師】

詳解：

1. 熱充填：

(1) 充填方法：將加熱殺菌或調理後之食品直接充填於容器中，再進行密封。

A. 趁熱倒置：利用食品餘溫及本身的酸度進行殺菌，或抑制微生物生長。

B. 封口處再加熱：為減少封口交接處殘留食品之腐敗而影響內容物儲存，可導致後放入淺盤熱水再次殺菌。

(2) 應用：

A. 飲料須為酸性食品(pH ≦ 4.6)，如番茄汁。利用柵欄技術，兩種或以上方法，降低微生物生長，防止製品於儲存時因初始菌數過高而導致食品劣化。

B. 因是趁熱充填，故容器通常為馬口鐵罐或玻璃。

C. 熱充填後密封食品，於冷卻後有較高的真空度(氣體熱膨脹係數較大，可趕走較多空氣)，雖屬於較厭氧狀態，但本身的酸度即可防止肉毒桿菌及其他雜菌生長，但還是要注意密封條件不良或是罐頭物理性破壞而導致的汙染。

2. 無菌冷充填：

(1) 充填方法：食品先經超高溫殺菌(150℃，1~2 秒)後，馬上使之冷卻，再於無菌的環境中充填入已經殺菌完成的容器內，並於無菌環境下進行脫氣與密封。

(2) 應用：

A. 適合低酸性飲料，如乳品。因本身無其他較強烈之柵欄因子，食品容易因微生物導致劣化，故較酸性食品所需的殺菌熱力強度較高(如利用 UHT 加熱)。

B. 因是冷充填，故容器應用範圍較廣(不需使用耐熱性包裝材料)，唯容器須事先進行殺菌，須注意容器殺菌方法會不會影響到食品組成。

C. 適合高品質飲品，如果汁。因食品與容器為分開殺菌，故食品本身承受之熱較少，不需考量罐身之熱穿透特性。

D. 常用包裝：利樂包(Tetra Pak)；普利包(Pure Pak)。

二、請比較噴霧乾燥、滾筒乾燥及真空冷凍乾燥三種方法之原理、優缺點及應用。(20分)

【107-2年食品技師】

詳解：

1. 噴霧乾燥：

(1) 原理：將液體轉變成微細的液滴，增加蒸發的表面積，再令其飛散於熱風中，以達到迅速乾燥的目的。

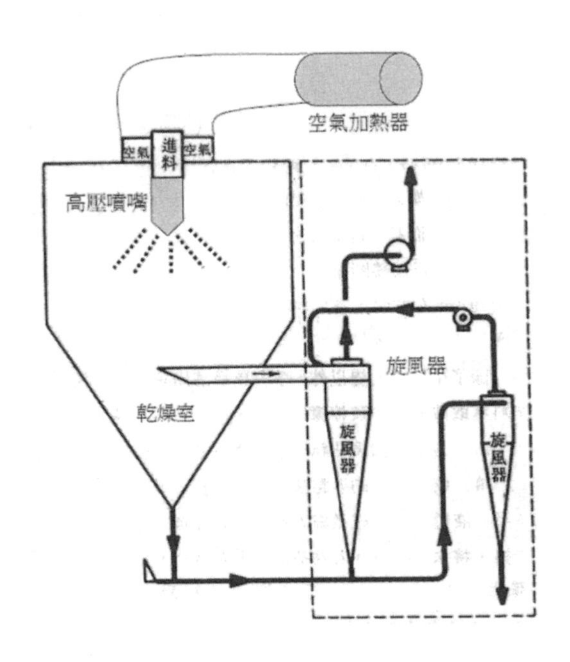

(2) 優點：乾燥時間短；能連續製造所需程度之一定密度、粒徑的粉體；乾燥物的品溫低。

(3) 缺點：高黏度的食品須稀釋；維護費用高；揮發性成分易喪失。

(4) 應用：植物性奶精粉、乳粉、果汁、香辛料萃取液、柑橘類精油、合成香料、油脂、醬油、豆漿、咖啡、卵製品以及各種液體調理料等液體食品的粉末化。

2.滾筒乾燥：

(1) 原理：將液體或是含有均一固形物的液體(糊狀或泥狀)食品塗敷在加熱轉筒表面而形成薄層，以擴大蒸發表面積，並於金屬轉筒間進行熱交換，促進乾燥作用，同時隨著轉筒的迴轉，乾燥物能自動地由轉筒上剝離下來，完成乾燥。

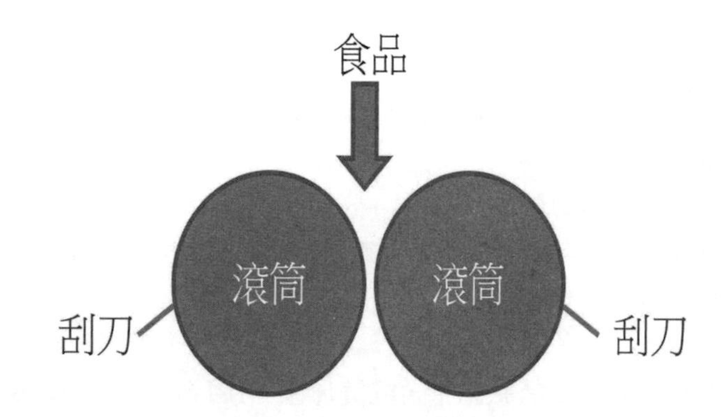

(2) 優點：適用於無法使用噴霧乾燥的高鹽度或固形膠產品。

(3) 缺點：溫度高，易產生加熱臭且溫度不易控制。

(4) 應用：糯米紙、乾燥馬鈴薯泥、以糊化澱粉為主體的各種速食食品及嬰兒食品、即食薏仁粉。

3.真空冷凍乾燥：

(1) 原理：食品材料急速冷凍，然後置於高真空下利用冰結晶昇華的乾燥方法。

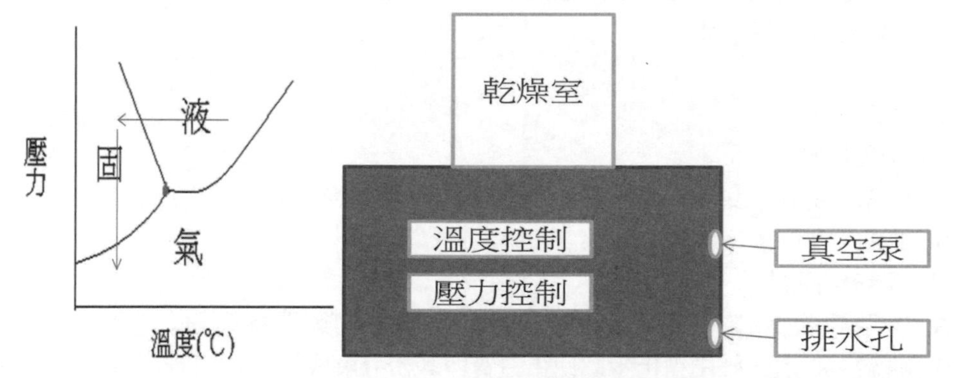

(2) 優點：形態的收縮變形很少；成分幾乎無變化，可保持色、味及營養成分；製品的質地具多孔性，復原快；具有良好的貯藏性和運輸性。

(3) 缺點：易吸濕；脂質容易氧化；容易脆碎；成本高。

(4) 應用：優格粉、蝦肉、洋菇、咖啡等高價或特殊的食品。

三、請說明包裝食用醋的釀造方法及其優缺點。(20分)

【107-2年食品技師】

詳解：

1. 釀造醋汁釀造方法：

(1) 釀造分類：

A. 糖質原料：如果醋製程：

果汁→殺菌→冷卻→加入酵母菌→酒精發酵→過濾→加入醋酸菌→醋酸發酵→過濾→包裝→成品。

B. 澱粉質原料：如米醋製程：

米→蒸煮→冷卻→糖化→加入酵母菌→酒精發酵→過濾→加入醋酸菌→醋酸發酵→過濾→包裝→成品。

(2) 主要原理：

A. 酒精發酵：葡萄糖於厭氧狀態下，經酵母菌(可用 *Saccharomyces cereviciae*)發酵產生酒精與二氧化碳。

B. 醋酸發酵：酒精於氧氣存在下，經醋酸菌(可用 *Acetobacter aceti*)發酵產生醋酸與水。

(3) 適合製醋用菌之條件：

A. 醋酸之生成量多。

B. 發酵速度快。

C. 生成醋酸外，會生成有機酸及芳香酯類為佳。

D. 耐酒精及耐酸性強並於生產醋酸後，不易被分解。

E. 菌體特性不易改變。

2. 優缺點：

(1) 糖質原料：

A. 優點：劣質水果可利用；釀造步驟簡單(雜質及影響因子較少)。

B. 缺點：醋酸產率較低。

(2) 澱粉質原料：

A. 優點：醋酸產率較高；風味會依原料組成差異可製得特殊風味產品。

B. 缺點：必須先經由糖化步驟使蛋白質與澱粉分解成為生物可利用基質；釀造步驟較複雜(雜質及影響因子較多)。

四、近期爆發液蛋遭受污染的風波，為了減少蛋的污染，請說明常用蛋殼清洗殺菌的方法、優缺點，以及大氣電漿應用於蛋殼殺菌的特點。(20分)

【107-2年食品技師】

詳解：

1. 目前常用蛋殼清洗殺菌的方法：

(1) 水洗法：蛋在輸送帶上，以水噴洗並利用旋轉刷毛將蛋殼清洗乾淨。

A. 水溫可提高至35℃，加速雜質溶解，以利快速去除，並可同時去除外部附著物質。

B. 可加入次氯酸溶液，同時進行殺菌。

C. 利用柔軟刷毛，防止蛋殼破裂；並可刷除雞屎及砂石，降低物理性危害及生物性危害(如沙門氏菌(Salmonella))。

(2) 加熱殺菌：溫度可控制在60℃，防止蛋白質凝固。

2. 大氣電漿應用於蛋殼殺菌的特點：

(1) 電漿為物質有別於固態、液態和氣態的第四種型態，其為一群帶正或負電荷的粒子或離子及電子、不帶電但具有化學活性的中性原子或分子。

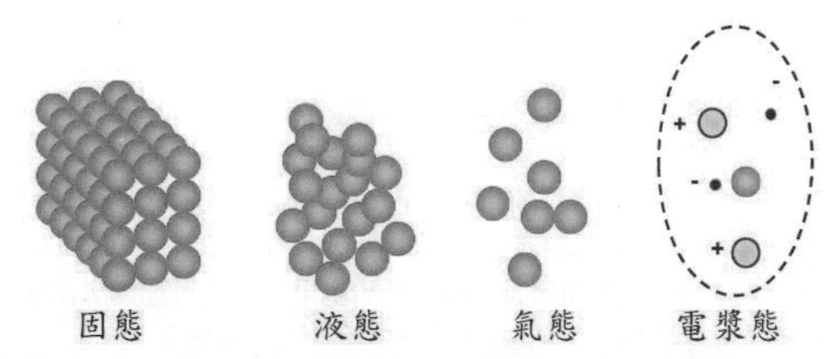

(2) 電漿產生的方式，有數種不同原理的電漿源方式，常見的方式為利用高電壓促使不同的氣體或化合物形成電漿，利用電漿中帶正或負電荷的粒子或離子及電子、不帶電但具有化學活性的中性原子或分子與微生物(如細菌)的細胞膜、酵素蛋白質、DNA/RNA作用而受到破壞，達到殺菌的效果。

五、請說明葡萄果汁的製作過程、可能發生劣化的情形及解決方法。(20分)
【107-2年食品技師】

詳解：

1. 製作過程：

葡萄→前處理→破碎→榨汁→篩濾→澄清操作→調整成分→真空脫氣→均質→加熱殺菌→冷卻→去酒石→充填→密封→冷卻→成品。

(1) 前處理：

A. 選果：

a. 去除未熟果、腐敗果、損傷果。

b. 白葡萄果汁選擇綠色系葡萄；紅葡萄果汁選擇紅色系或黑色系葡萄。

B. 去梗：葡萄果梗含有酸、單寧及苦味物質，有害香味，故須先去除。葡萄壓碎前，可加偏重亞硫酸鉀($K_2S_2O_5$)，以防止微生物繁殖及減少褐變反應。

C 清洗：水中搖動法或噴洗法(必要時使用殘氯 20~50 ppm 的氯水殺菌)。

D. 榨汁：白葡萄果汁直接壓榨法獲得果汁；紅葡萄果汁可用加溫榨汁使色素溶出。

(2) 篩濾：去除果汁中的種子、果皮碎片或其它粗固形物，並為顧及果汁品質及色香味。

(3) 澄清操作：

A. 加熱過濾法：將果汁加熱至 70~80℃，放置一定時間，使果汁中蛋白質凝固後，再過濾去除。

B. 酵素澄清法：將果汁加熱至 40~50℃，然後添加果膠分解酵素，放置一定時間後過濾，得到澄清果汁。

C. 超濾澄清法(UF 法)：不加熱而可得到高品質果汁；且可添加酵素或利用助濾劑(filter aid；如：酸性白土)來縮短澄清工程；可連續操作。

(4) 真空脫氣：防止好氧微生物生長與繁殖；防止內容物成分氧化；防止果肉等懸浮物浮於表面；防止罐內壁氧化腐蝕。

(5) 均質：可避免儲存時發生凝聚現象。

(6) 可加入無菌巨量儲存步驟：將殺菌處理完畢之果汁儲存於預先殺菌的大筒中，並將此大筒以無菌蓋封起，可使果汁於無菌且安定的狀態下貯存，並可減少果汁受污染敗變之機會，且可使成品均勻化。

2. 可能發生劣化的情形及解決方法：

(1) 果汁混濁：蛋白質、果膠、細微果肉碎片以膠體狀浮游於果汁中，可利用澄清操作減少此劣化反應。

(2) 酒石析出：葡萄果汁因含有酒石酸，容易在低溫儲藏下析出成為白色顆粒狀，影響外觀而使消費者以為壞掉了，故可以先將果汁濃縮至 60%，並於 0℃儲藏 4~5 個月；或在濃縮加工時急速冷凍至－2℃靜置一夜。待酒石析出後，再過濾去除。

(3) 多酚物質與蛋白質結合而沉澱：可利用澄清工程處理。

107 年第二次專門職業及技術人員高考-食品技師

類科：食品技師　科目：食品分析與檢驗

一、請舉例詳細說明外標準品校正法（external standard standardization）與內標準品校正法（internal standard standardization）之區別及使用之時機。（20 分）

【107-2 年食品技師】

詳解：

(一)外標準品校正法(external standard standardization)：以層析法定量為例

1. 區別：

(1)作法：

a. 將不同濃度(Cstd)或溶質量(Mstd)樣品標準品，注入 HPLC 分析，利用積分面積(Astd)(y 軸)與濃度或溶質量(x 軸)作成的校正曲線，該曲線可獲得校正因子(Calibration factor, CF) (斜率)。

b. 再將未知濃度或溶質量樣品，注入 HPLC，獲得積分面積(Asample)，利用以下公式，便可以計算求出樣品成分的實際濃度(Csample)或溶質量(Msample)。

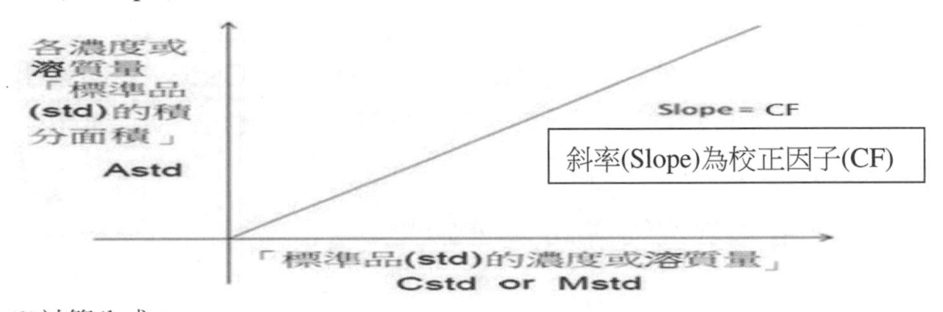

(2)計算公式：

$$CF = \frac{Astd}{Mstd} \text{ or } \frac{Astd}{Cstd}$$ 求出 CF 值後，再以

$$CF = \frac{Asample}{Msample} \text{ or } \frac{Asample}{Csample}$$ 求出樣品(sample)濃度或溶質量

$$Msample = \frac{Asample}{CF} \text{ or } Csample = \frac{Asample}{CF}$$

2. 使用之時機：

(1)最常用的定量法之一。

(2)想要操作簡單、計算方便的定量法。

(3)操作或貯存過程中，沒有汙染或儀器不準確造成的誤差。

(4)沒有適當的內部標準品時使用的定量法。

(二)內標準品校正法(internal standard standardization)：

1. 區別：

(1)作法：

a. 將不同濃度或溶質量樣品標準品與內部標準品混合後，注入 HPLC 同時分析，利用積分面積比值(y 軸)與濃度或溶質量比值(x 軸)及作成的校正曲線，該曲線可獲得 R_f 值或稱感應因子(Response factor, RF)或稱相對感應因子(RRF) (斜率)。

b. 再將樣品與固定濃度或溶質量內部標準品混合後，注入 HPLC，獲得積分面積比與濃度比或溶質量比，利用以下公式，便可以計算求出樣品成分的實際濃度或溶質量。

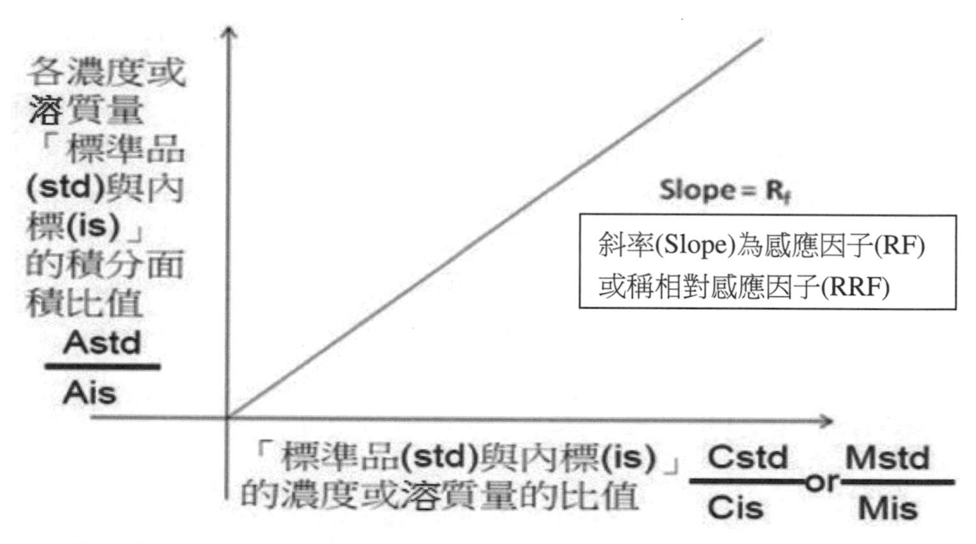

(2)計算公式：

$$R_f=\frac{Astd/Ais}{Cstd/Cis}\ \text{or}\ R_f=\frac{Astd/Ais}{Mstd/Mis}$$ 求出 Rf 值後，再以

$$R_f=\frac{Asample/Ais}{Csample/Cis}\ \text{or}\ R_f=\frac{Asample/Ais}{Msample/Mis}$$ 求出樣品(sample)濃度或溶質量

$$Csample=\frac{Asample/Ais}{R_f/Cis}\ \text{or}\ Msample=\frac{Asample/Ais}{R_f/Mis}$$

2. 使用之時機：

(1)想得到精密度較高的結果。

(2)想得到準確度較高的結果。

(3)內部標準法是用來校正「操作或貯存過程中，可能造成的誤差」，其重點在於「互相比值」之作法，而無關於人為造成的誤差。

(4)有適當的內部標準品時使用的定量法。

二、關於油脂之碘價（iodine value），請說明其定義為何？測定碘價常使用威治氏法（Wijs method）之原理為何？及此項滴定以澱粉為指示劑，其加入之時機為何？為什麼？（20 分）

【107-2 年食品技師】

詳解：

(一)碘價（iodine value, IV）定義：

100 克油脂所能吸收氯化碘(ICl)(Wijs method)或溴化碘(IBr)(Hanus method)而換算成碘的克數稱為碘價($IV = I_2$ g / 100 g fat)。測定油脂之碘價，以檢知油脂之不飽和度(和 IV 成正比)及油脂種類判斷的指標(是否摻假)(因天然油脂 IV 為一個範圍，若超出此範圍，即表示油脂有摻假)。

(二)碘價常使用威治氏法（Wijs method）之原理：

利用氯化碘(iodine monochloride, ICl)能與碳氫化合物之不飽和雙鍵作用，即每個不飽和雙鍵，可以反應一個碘原子與一個氯原子(相當於二個碘原子)，計算求得油脂不飽程度的實驗理論值。油脂碘價之測定係一種反滴定(Back titration)，加過量之氯化碘(ICl)於油脂中進行反應，剩餘的氯化碘(ICl)加入碘化鉀(KI)反應成碘(I_2)，碘(I_2)再以 $Na_2S_2O_3$ 滴定之，以求出油脂所消耗之氯化碘(ICl)，推算出每 100 g 油脂相當於消耗的碘(I_2)，作為油脂不飽和脂肪酸之指標。

$$-C-C=C-C- + ICl\ (\text{過量}) \rightarrow -C-C(I)-C(Cl)-C- + \text{過剩 } ICl$$

*雙鍵被打開

$$\boxed{1}\ ICl\ (\text{過剩}) + KI \rightarrow KCl + \boxed{1}\ I_2$$

$$\boxed{1}\ I_2 + \boxed{2}\ Na_2S_2O_3 \xrightarrow{\text{starch solution}} 2NaI + Na_2S_4O_6$$

i=2

當量數=1:1

(三)澱粉為指示劑，其加入之時機與原因：

1. 時機：

以 $Na_2S_2O_3$ 標準溶液滴定，待滴定顏色由深棕色轉為淺黃色時，再加入 1~2 mL 澱粉指示劑，此時容易轉為墨水的深藍色。滴定時顏色變化如下：

深棕色(I_2 多)→淺黃色(I_2 少)→深藍色(加澱粉指示劑)→無色。

2. 原因：

若太早添加澱粉指示劑(溶液呈現深棕色時添加澱粉指示劑)，大量的 I_2 和澱粉指示劑形成複合物結合力強(溶液呈現深藍色)，很難再和 $Na_2S_2O_3$ 反應，會導致無法滴定至無色而無法達到滴定終點。

三、請詳述高效能液相層析-質譜儀（HPLC-MS）中，電噴灑游離法（electrospray ionization, ESI）及大氣壓力化學游離法（atmosphericpressure chemical ionization, APCI）離子化之機制（mechanism）。此兩種游離法何者適用於大分子化合物（如蛋白質）之分析？為什麼？（20 分）

【107-2 年食品技師】

詳解：

(一)電噴灑游離法(ESI)離子化之機制：

主要是利用將所欲分析的樣品溶液，由一個前端施以高電壓的毛細管噴灑而出，由於流經毛細管出口時受到電場作用，噴出的液滴會攜帶電荷。帶電荷液滴最終形成帶正電荷的氣相離子，便可送至質譜儀的質量分析系統加以偵測。

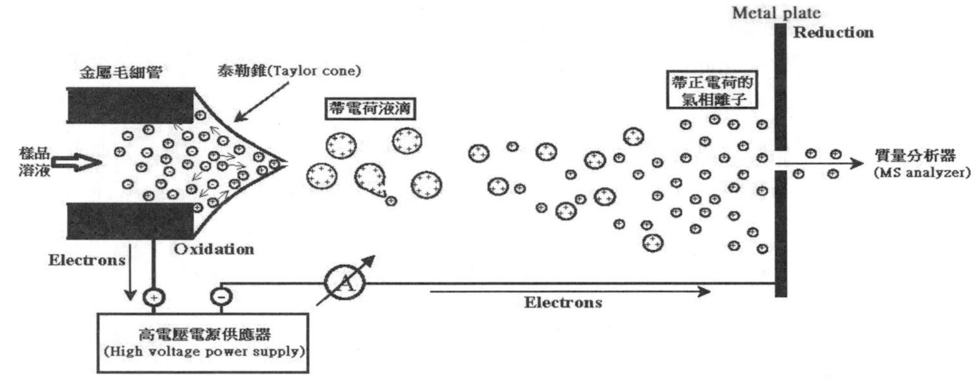

(二)大氣壓力化學游離法(APCI)離子化之機制：

主要是利用將所欲分析的樣品溶液，以霧化器氮氣(N_2)氣體噴霧成細小液滴，再以加熱器加熱至 400 ℃以上成為氣膠(Aerosol)狀態，最後經電暈放電電極(Corona discharge electrode)之高能電漿產生帶正電荷的氣相離子，便可送至質譜儀的質量分析系統加以偵測。其優點為允許 HPLC 大流量之移動相+待測樣品進行離子化，無需進行流量分離(split)。

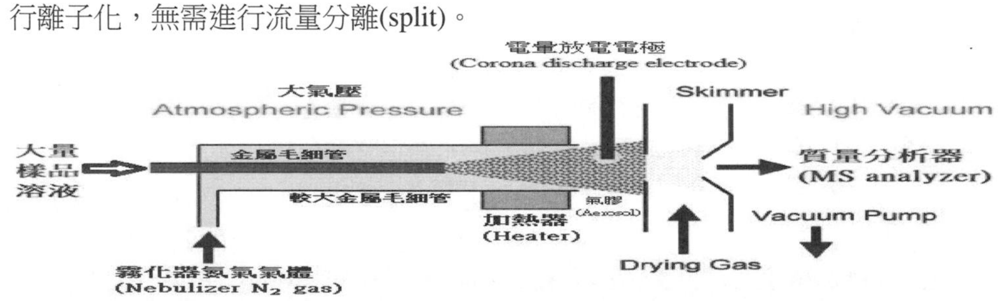

(三)適用於大分子化合物（如蛋白質）的游離法之分析及原因：

1. 適用於大分子化合物（如蛋白質）的游離法之分析：電噴灑游離法(ESI)。
2. 原因：電噴灑游離法最終可使同一分析物在氣相離子化的過程中接上不同數目的質子，而攜帶不同的正電荷，經由質譜儀進一步的分析，便可得到一系列有關該分子質荷比(m/z)的圖譜，雖然這使得電噴灑游離法的圖譜變得較為複雜，但相對的提供了更多的質譜峰資訊，有助於經由資料庫比對圖譜，使蛋白質鑑定的工作變得較為容易。

四、某食品分析技師以紫外光-可見光分光光度計（UV-Visible spectrometer）測定蜜餞樣品中苯甲酸（benzoic acid）之含量，取 10.0 g 樣品經二次蒸餾獲得 15 mL 之蒸餾液，置入 50 mL 定量瓶（volumetric flask）中，以 0.01 M NaOH 溶液稀釋至刻度，再以分光光度計於 225 nm 處測得其吸光度（absorbance）為 0.37，並以類似之方法測得空白試液之吸光度為 0.01。另外以每 1 mL 分別含有 2.0、4.0、6.0、8.0 和 10.0 μg 苯甲酸之標準溶液測得其檢量線（calibration curve）之方程式為 y=0.05x+0.01，其中 y 為吸光度；x 為濃度（μg/mL）。請計算每公斤蜜餞樣品中所含苯甲酸之毫克（mg）數。（20 分）

【107-2 年食品技師】

詳解：

(一)假設 10 g 蜜餞樣品含苯甲酸 X mg，經二次蒸餾(假設苯甲酸無損失)獲得 15 mL 之蒸餾液亦含苯甲酸 X mg。

(二)15 mL 之蒸餾液(含苯甲酸 X mg)，置入 50 mL 定量瓶以 0.01 M NaOH 溶液稀釋至刻度，再取 1 mL 以分光光度計測吸光度，只取含苯甲酸$\frac{1}{50}$ X mg 測吸光度。

(三)計算 1 mL 稀釋液苯甲酸濃度：

1. 樣品吸光度：0.37 – 0.01 = 0.36。
2. 代入回歸方程式：y=0.05x+0.01，0.36=0.05x+0.01，x=7 (μg/mL)。

(四)計算 50 mL 稀釋液苯甲酸含量(mg) = 15 mL 之蒸餾液 = 10 g 蜜餞樣品：

7 (μg/mL) × 50 (mL) = 350 (μg)。

350 (μg) ÷ 1000 = 0.35 (mg)。

(五)計算每公斤蜜餞樣品中所含苯甲酸之毫克(mg)數：

$\frac{0.35\text{mg}}{10\text{ g}} = \frac{0.35\text{mg}}{\frac{10}{1000}\text{kg}}$ = 35 (mg/ kg)。

答：每公斤蜜餞樣品中所含苯甲酸 35 毫克(mg)。

五、下圖所示為某化合物之紅外線光譜圖。已知此化合物之分子式為 C_7H_8O，請解析此化合物之結構式。（請務必寫出此結構式之解析過程，而非只畫出此化合物之結構式）（20 分）

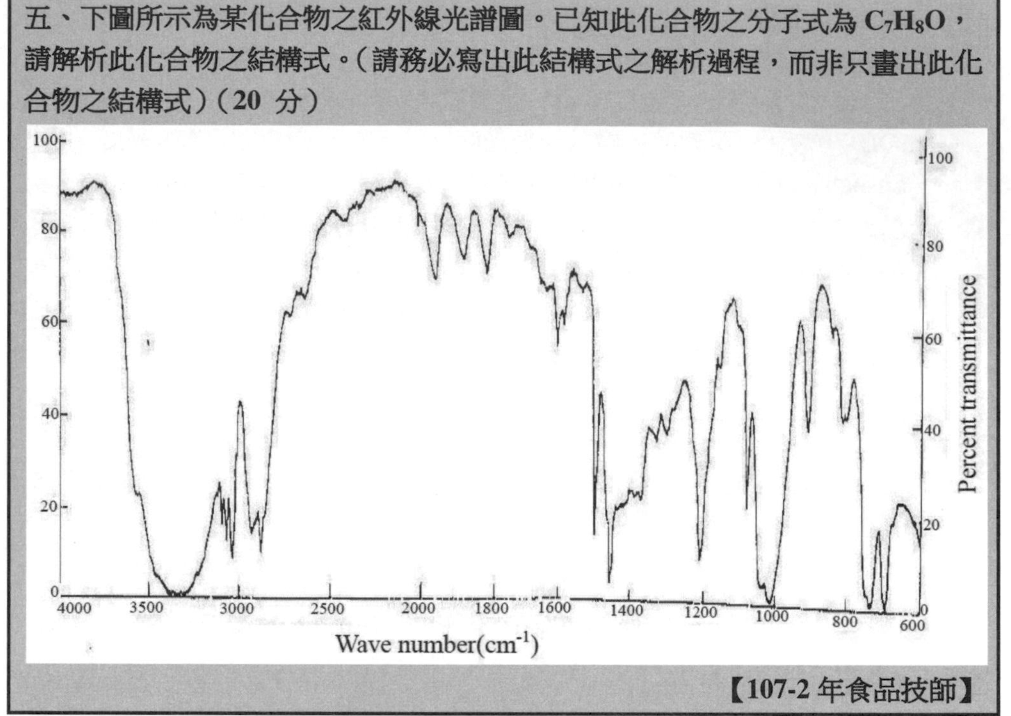

【107-2 年食品技師】

詳解：

資料來源：SDBS 化學物質資料庫

☆感謝成大材料所高分子實驗室博士班同學：小方，熱心提供詳解☆

1. 先算 C_7H_8O 的不飽和度(算此分子的結構式的雙鍵加環的總數目)：(7×2+2-8)/2=4，可能有 1 個環和 3 個 double bond(研判可能為苯環)。
2. 3000-3500 cm^{-1}(broad)為-OH Stretching。
3. 以 3000cm^{-1} 為基準 3000cm^{-1} 以上有 peak sp2 C-H stretching (苯環上的 C-H)，3000cm^{-1} 以下有 peak sp3 C-H stretching (-CH_2-OH)。
4. 1500 和 1600cm^{-1} 為苯環上的 C=C stretching，為苯環訊號。
5. 1000-1050cm^{-1} (broad)為 1 級醇之 C-OH 的 C-O stretching。
6. 綜合以上，推斷結構為苯甲醇(benzyl alcohol)：

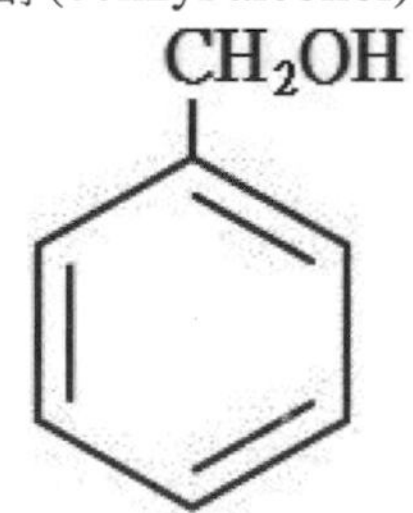

107 年第二次專門職業及技術人員高考-食品技師

類科：食品技師　科目：食品衛生安全與法規

一、市面上有許多玻璃瓶裝罐頭食品可供消費者選購。請依據我國玻璃瓶裝罐頭食品應符合的衛生標準，試論針對該類產品檢驗生菌數（Standard Plate Count，或稱 Aerobic Plate Count）的意義。（20 分）

【107-2 年食品技師】

詳解：

(一)我國玻璃瓶裝罐頭食品應符合的衛生標準：

參照「食品中微生物衛生標準」(109.10.6)：罐頭食品[1]：保溫試驗(37℃，10 天)檢查合格：沒有因微生物繁殖而導致產品膨罐、變形或 pH 值異常改變等情形。

◎[1] 符合食品良好衛生規範準則中針對罐頭食品及商業滅菌處理要求者。

(二)該類產品檢驗生菌數(Standard Plate Count，或稱 Aerobic Plate Count)意義：

1. 玻璃瓶裝罐頭食品製程：

(1)罐頭類食品的製程，一般經過脫氣→密封→殺菌→冷卻。

(2)此殺菌為商業滅菌(Commercial sterilization)，必須達到商業無菌性(Commercial Sterility)，是以 100℃以上加熱將大部分有害微生物殺死，但部份嗜高溫菌及孢子仍未殺死，其在室溫下無法生長而不會造成食品之劣變，經適當培養後仍可養出微生物，此類食品如罐頭，大多於室溫下保存。

(3)若為低酸性罐頭食品($pH > 4.6$、$Aw > 0.85$)，還需經過肉毒桿菌烹煮(Botulinum cook)，以 12 D 的方式進行商業滅菌，因肉毒桿菌(*Clostridium botulinum*)具有強耐熱性孢子，可於低酸性罐頭($pH > 4.6$、$Aw > 0.85$)中生長，產生毒素造成中毒，所以為了確保低酸性罐頭食品的安全性，至少必需減少 10^{12} 倍的肉毒桿菌孢子，即以 12D 的加熱方式。D 值為在一定溫度下，將微生物數目降低 1 個對數值，所以在 12D 的處理下，若於低酸性罐頭中初始菌數為 10^{6}，則經過 12D 處理後，菌數會變成 10^{-6} $(0.000001 \fallingdotseq 0)$幾乎為零，又於食品中，常常微生物的數目可能只有 10^{3}，所以經 12D 處理後，幾乎不可能還有 *C. botulinum* 之存在。

2. 該類產品檢驗生菌數意義：

(1)依照「食品中微生物衛生標準」(109.10.6)：罐頭食品，並無生菌數之菌數的規定，但罐頭食品規定的意義為生菌數應為陰性或不得檢出。

(2)若玻璃瓶裝罐頭食品驗出生菌數，即代表違反此法之罐頭食品，故檢驗生菌數可了解：

a. 殺菌是否不完全：是否達罐頭應有的商業滅菌程度。

b. 密封是否漏罐：在玻璃瓶封蓋時或玻璃瓶是否有漏罐。

二、某媒體擬報導食安議題，派出調查員到傳統市場購買一條牛腱肉後，送到某民間實驗室檢驗萊克多巴胺，一週後收到檢驗報告中敘述該檢體以公告檢驗方法檢出萊克多巴胺 0.002 ppm。請說明何謂萊克多巴胺以及依據我國目前對萊克多巴胺的管理規定，該媒體調查員應如何據此檢驗報告來撰寫其報導特稿？（20 分）

【107-2 年食品技師】

詳解：

(一)萊克多巴胺：為一種瘦肉精，乙型受體素(β-agonist)的一種，具有類似腎上腺素(Epinephrine)與正腎上腺素(Epinornephrine)功能，是屬於類交感神經興奮劑。可提高禽畜類(牛、豬、火雞)中瘦肉比例，減少脂肪堆積，尚可降低飼料餵食量，縮短禽畜類上市期間(Turn-over rate)。攝取萊克多巴胺過量時，會有嘔吐、腹痛、腹瀉、心悸、心臟麻痺或死亡狀況發生。

(二)我國目前對萊克多巴胺的管理規定：

1. 法規規定：牛腱肉檢出萊克多巴胺 0.002 ppm 符合法規規定

(1)參照「動物用藥殘留標準」(111.5.11)：

學名	中文名稱	殘留部位	畜禽種類	容許量
Ractopamine	萊克多巴胺	肌肉	牛	0.01 ppm (10ppb)
		肌肉、脂(含皮)	豬	0.01 ppm (10ppb)
		肝		0.04 ppm (40ppb)
		腎		0.04 ppm (40ppb)
		其他可供食用部位		0.01 ppm (10ppb)

(2)參照「食品安全衛生管理法」(108.6.12)第十五條第一項第五款：

食品或食品添加物有下列情形之一者，不得製造、加工、調配、包裝、運送、貯存、販賣、輸入、輸出、作為贈品或公開陳列：

五、殘留農藥或動物用藥含量超過安全容許量。

2. 萊克多巴胺管理方式：

(1)邊境輸入(逐批查驗)：輸入食品管理。

(2)三管五卡：普因蛋白(prion)管理包括萊克多巴胺的檢驗。

(3)市售牛肉、豬肉與豬可食部位標示與抽驗：

a. 標示：食品標示，強制標示牛肉、豬肉與豬可食部位原產地(國)。

b. 抽驗：牛肌肉中萊克多巴胺殘留容許量為 10 ppb。

(三)據此檢驗報告來撰寫其報導特稿：

1. 公告的檢驗方法：食品中動物用藥殘留量檢驗方法－乙型受體素類多重殘留分析(110.5.27)(LC/MS/MS)。

2. 檢驗單位：某民間實驗室。

3. 結果判讀依據：牛腱肉驗出萊克多巴胺，其牛肉來源應為美國。

(1)牛腱肉檢出萊克多巴胺 0.002 ppm 符合法規規定之殘留容許量 0.01 ppm。

(2)政府對萊克多巴胺的管理確實，消費者可安心購買市售牛腱肉食用。

三、我國衛生福利部於 107 年 5 月 1 日訂定公告「罐頭食品工廠應符合食品安全管制系統準則之規定」。請說明罐頭食品的定義、依據 pH 值及水活性的分類、以及生產罐頭食品所實施商業滅菌的意義。(20 分)

【107-2 年食品技師】

詳解：

參照「罐頭食品工廠應符合食品安全管制系統準則之規定」(107.5.1)：

或參照「食品良好衛生規範準則」(103.11.7)第三十三條之附表四：

(一)罐頭食品的定義：

指將食品封裝於密閉容器內，於封裝前或封裝後，施行商業滅菌而可於室溫下長期保存者。

(二)依據 pH 值及水活性的分類：

1. 低酸性罐頭食品：指其內容物之平衡酸鹼值(pH 值)大於四點六，且水活性大於零點八五，並包裝於密封容器，於包裝前或包裝後施行商業滅菌處理保存者。
2. 酸化罐頭食品：指以低酸性或酸性食品為原料，添加酸化劑或酸性食品調節其 pH 值，使其最終平衡酸鹼值(pH 值)小於或等於四點六，水活性大於零點八五之罐頭食品。

(三)生產罐頭食品所實施商業滅菌的意義：

指其殺菌程度應使殺菌處理後之罐頭食品，於正常商業貯運及無冷藏條件下，不得有微生物繁殖，且無有害活性微生物及其孢子之存在。

四、有關食用油脂，何謂 PHOs？請寫出其英文全名及中文譯名、成因及定義，以及我國衛生福利部對其公告的使用限制暨違規時的處分規定。（20 分）

【107-2 年食品技師】

詳解：

(一)PHOs：

1. 英文全名：Partially hydrogenated oils。
2. 中文譯名：不完全氫化油或稱部分氫化油。

(二)成因：主要為油脂氫化處理

將含有不飽合成分的脂肪與催化劑[如鎳(Ni)、銅(Cu)、鉻(Cr)、鉑(Pt)等]混合後通以氫氣，控制溫度、壓力、攪拌速率等條件，使氫分子選擇性地加到雙鍵上的兩個碳，而使其成飽合的單鍵，以改善油脂的功能特性。但氫化過程會異構化產生反式脂肪酸，攝取後會導致低密度脂蛋白膽固醇(LDL-c)的濃度增加，且會降低血液中高密度脂蛋白膽固醇(HDL-c)的濃度，攝食會使罹患心血管疾病的風險增加。

(三)定義：參照「食用氫化油之使用限制」(105.4.22)

不完全氫化油，指經氫化處理，但未達完全飽和，碘價大於四之油脂，不得使用於食品。

(四)公告的使用限制暨違規時的處分規定：

1. 使用限制規定：參照「食品安全衛生管理法」(108.6.12)第十五條之一：

中央主管機關對於可供食品使用之原料，得限制其製造、加工、調配之方式或條件、食用部位、使用量、可製成之產品型態或其他事項。

前項應限制之原料品項及其限制事項，由中央主管機關公告之。

訂定「食用氫化油之使用限制」(105.4.22)依食安法第 15 條之一第二項

一、食用氫化油包括完全氫化油(Fully hydrogenated oils，FHOs)及不完全氫化油(或稱部分氫化油，Partially hydrogenated oils，PHOs)。完全氫化油，指經氫化處理，達完全飽和或接近完全飽和，碘價小於或等於四之油脂，得使用於食品

二、不完全氫化油，指經氫化處理，但未達完全飽和，碘價大於四之油脂，不得使用於食品

三、實施日期：自中華民國一百零七年七月一日施行(以製造日期為準)

2. 違規時的處分規定：參照「食品安全衛生管理法」(108.6.12)第四十八條第一項第十二款：

有下列行為之一者，經命限期改正，屆期不改正者，處新臺幣三萬元以上三百萬元以下罰鍰；情節重大者，並得命其歇業、停業一定期間、廢止其公司、商業、工廠之全部或部分登記事項，或食品業者之登錄；經廢止登錄者，一年內不得再申請重新登錄：

十二、違反中央主管機關依第十五條之一第二項公告之限制事項。

五、請寫出 FSMA 的英文全名及中文譯名，並說明其管理重心與以往法案不同之處以及其在食品安全管理上的五項重要任務。(20 分)

【107-2 年食品技師】

詳解：

(一)FSMA：

1. 英文全名：Food Safety Modernization Act。
2. 中文譯名：美國「食品安全現代化法」。

(二)管理重心與以往法案不同之處：

FSMA於2011年1月由美國歐巴馬總統簽署生效(Public Law No: 111-353)，此法案擴大授權美國衛生部下轄之 FDA 提升食品安全管控能力，在整個食品供應鏈建立全面性、以科學方法為基礎（science-based）之預防性控管機制，並幫助FDA在發生食品安全問題時能更迅速地反應與控制危害。美國國會通過本法，係針對已經實施 70 多年之美國《聯邦食品、藥品與化妝品法》(Federal Food, Drug, and Cosmetic Act)，進行因應時代與科技進步之「現代化」變革，對於生產製造食品在美國消費之廠商與進口商實施更嚴格之註冊、檢測及追蹤措施。

(三)食品安全管理上的五項重要任務：

FSMA 賦予 FDA 之主要授權與任務可分為五大架構：

1. 預防性控管（Preventive Controls）。
2. 檢查和遵守（Inspection and Compliance）。
3. 應對（Response）。
4. 進口食品安全（Imported Food Safety）。
5. 強化夥伴關係（Enhanced Partnerships）。

法案同時適用美國國產與進口食品，且不改變原來美國 FDA 與農業部等其他部門之食品安全監管職責分工。

◎資料來源：行政院農業委員會全球資訊網

首頁>統計與出版品>農業出版品>農政與農情> 104 年(第 271 期-第 282 期) > 104 年 6 月(第 276 期) >美國食品安全現代化法執行法規推動現況

107年第二次專門職業及技術人員高考-食品技師

類科：食品技師　科目：食品工廠管理

一、企業應加強成本管理，其中降低成本在成本管理上具有重要的意義。請試述在食品工廠中，有那些降低成本的執行方式？（20 分）
【107-2年食品技師】

詳解：

(一)降低成本並非不擇手段將成本削減，需依照下列原則：

1. 健全的計畫。
2. 完善的會計制度。
3. 充分利用人力、物力並使貨物暢通。

(二)降低成本可朝下列方向來努力：

1. 降低材料費：

(1)降低材料單價：如改善採購方針、採購單價的決定方式、採購方法。

(2)降低材料用量：如製造方式的再檢討、效率的提高及不良率的降低。

(3)降低材料管理費：如驗收檢查的合理化及管理業務的改善。

2. 降低外包加工費：

(1)降低外包單價：如估價方式之改善、重新檢討配方及防止衛星工廠漲價等。

(2)改為自行生產。

(3)降低外包管理費。

3. 降低設計費：

(1)縮短設計工數。

(2)降低人加工費率。

(3)降低設計部門的管理費。

4. 降低廠內加工費：

(1)降低人事費：

a. 降低每人人事費：提高生產力及減少加班費。

b. 實施少人化：如以機器自動化與採用機器人等。

(2)降低設備加工費：

a. 廉價購買高性能設備來使用。

b. 在耐用年數內加長使用壽命。

c. 引進全面維護保養制度。

5. 降低共通費：

(1)降低共通費中的人事費：如檢討組織、裁減人員或推行人員的業務效率化。

(2)降低生產協助部門的費用：如檢討協助部門的機能或促進協助部門的效率。

二、研究發展對於企業來說，是極為重要的事，請試述企業可從事的研究發展活動有那些？（20 分）

【107-2 年食品技師】

詳解：

在食品企業，所謂研究(research)是指將企業開發作為目的，藉著自然科學的方法，來追求新的事物；所謂發展(development)，是將企業利潤作為目的，利用研究結果或原有的知識，組合發展，已製造新產品，並且創造新的方式。通常食品企業間使用如下的分類，其關係如圖(研究與發展關係圖)：

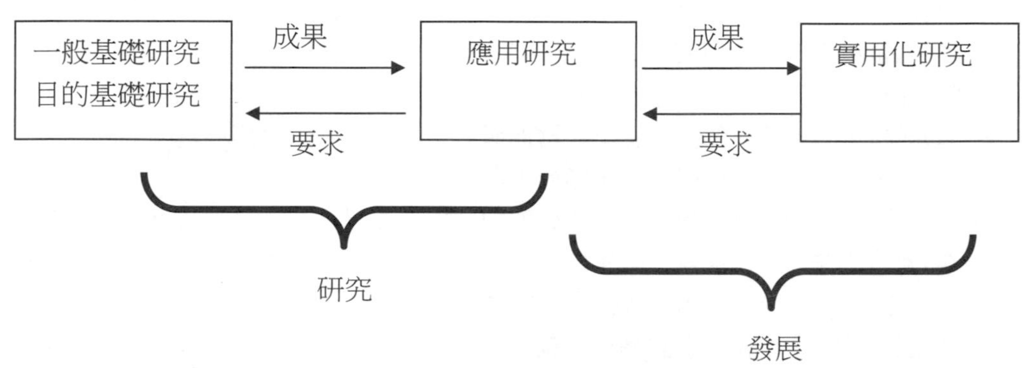

(一)一般基礎研究(純基礎研究)：特定的應用，與用途無關，將純學術性的新知識的探求作為目的的研究，亦稱為純研究、學術研究等。由於不考慮商業價值，且投資龐大，因此企業界較少從事，而以大學、研究機構、各級政府機構從事較多，但企業界不該忽視此係研究，應隨時注意與自己產品有關的外界研究機構的研究報告，以便妥為利用。如研究乳酸菌的最適生長條件之營養素與培養環境。

(二)目的基礎研究：為了特定的應用及用途，對所需的新知識進行計畫性的探索研究，如企業界所實行的基礎研究，大部分是屬於這個。如研究特定乳酸菌的最適生長條件之營養素與培養環境。

(三)應用研究：應用基礎研究所得之知識，為了新產品或新方法的開發所作的研究，或是為了新用途的開發所作之研究，其研究目的在於實際應用，或在於解決問題，因此企業界常用於設計一些具有商業價值的產品或生產程序，以增進企業的獲利能力。如以特定乳酸菌發酵牛奶，並額外添加營養素與配合培養環境，探討最適生長條件的組合，以使特定乳酸菌的菌量最大化。

(四)實用化研究：利用及組合基礎研究、應用研究的結果，或是原有之知識，以開發新產品、新方式。如以特定乳酸菌發酵牛奶，並額外添加最適營養素與配合最適培養環境，使特定乳酸菌的菌量最大化，來生產超高乳酸菌菌量之優酪乳新產品。

三、請說明品管圈的意義與目的，另請自行擬定一個品管圈的活動計畫，並加以說明。（20 分）

【107-2 年食品技師】

詳解：

(一)品管圈(Quality Control Circle, QCC)的意義與目的：

1. 意義：

是以工廠內的領班、班長、圈長為核心，把工作性質相似的工作人員 3~10 人為一組，組織起來，教以簡單的品質管制方法、工作改善原理等各項品管訓練以從事品管的活動，藉以提高產品品質，降低不良率、提高產量、降低生產成本，進而培養員工能自動自發的去發掘問題、解決問題。

2. 目的：

(1)提高產品水準、降低不良率、增加產能、降低成本，以提高產品的利潤。

(2)創造理想的工作環境，使全體員工身心愉快，情緒高昂。

(3)使第一線的管制人員，發揮統御能力、操作高昂。

(4)創造快樂的工作環境，加強員工互助、提高員工工作情緒、增加工廠內蓬勃之活力，以達成企業欣欣向榮之目標。

(5)協助品管單位推行全面品質管制工作。

(6)考核各品管圈營運績效，並且對績效優良的品管圈酌量發給獎金，以鼓舞各品管圈之士氣，使工作效率因而提高。

(7)品管圈配合著目標管理，能使經營目標由總經理延伸至基層幹部與操作者(品管圈圈員)，而達成全員經營之經營體系。

(8)品管圈與目標管理一起進行，可使全面品質管制之實施容易成功。

(二)品管圈的活動計畫：**計畫(Plan)→實施(Do)→查核(Check)→行動(Action)**

P
1. 品管圈組成：圈員組成、選圈長、決定圈長、討論並決定工作內容。
2. 設定改善目標：如將不良率從 4 %降至 1.5 %。
3. 列出產品的製作流程。

D
4. 以柏拉圖分析造成產品不良率的不良項目，並找出最大的 2~3 項重要項目。
5. 以特性要因圖分析導致最重要項目發生的原因。
6. 改善項目及對策探討：以特性要因圖(魚骨圖)分析不良項目發生原因的解決辦法。
7. 不良項目改善前後之比較：如以改善前後之損失金額、發生次數、發生案作比較。

C
8. 確認效果：損失金額效果之確認、不良項目發生率是否達到預定目標。

A
9. 未來努力目標：依改善方法之確認效果設定標準化，再擬訂下次之改善目標並實施。

10. 為使品管圈運作成功，須充分運用品管手法、參與力、提案制度以激發圈員的思考能力及參與力。公司上級單位亦應重視品管圈活動，如設立提案改善獎金、成果發表等獎勵措施，才能使品管圈活動不流放形式。

四、請依據「台灣優良食品管理技術規範通則」，說明半成品、最終半成品、成品三個名詞之定義。（20 分）

【107-2 年食品技師】

詳解：

參照「台灣優良食品技術規範其他食品專則 2.1」(2020.2)：

(一)半成品：指任何成品製造過程中所得之產品，此產品經隨後之製造過程，可製成成品者。

(二)最終半成品：指經過完整的製造過程但未包裝標示完成之產品。

(三)成品：指經過完整的製造過程並包裝標示完成之產品。

◎台灣優良食品技術規範其他食品專則 2.2(2021.6)刪除最終半成品，改重工品：

3.4.2 重工品：指離開正常生產線，並需要對其採取措施才能被販售，且適合於製造過程中再次使用之原料、半成品或成品。

五、請依據「食品良好衛生規範準則」，說明餐飲業作業場所應符合那些規定？（20 分）

【107-2 年食品技師】

詳解：

參照「食品良好衛生規範準則」(103.11.7)第二十二條及第二十三條：

(一)第二十二條餐飲業作業場所應符合下列規定：

一、洗滌場所應有充足之流動自來水，並具有洗滌、沖洗及有效殺菌三項功能之餐具洗滌殺菌設施；水龍頭高度應高於水槽滿水位高度，防水逆流污染；無充足之流動自來水者，應提供用畢即行丟棄之餐具。

二、廚房之截油設施，應經常清理乾淨。

三、油煙應有適當之處理措施，避免油煙污染。

四、廚房應有維持適當空氣壓力及室溫之措施。

五、餐飲業未設座者，其販賣櫃台應與調理、加工及操作場所有效區隔。

◎三槽式餐具洗滌殺菌設施：(預洗)→洗滌→沖洗→有效殺菌→(風乾)

1. 第一槽：洗滌槽：以洗潔劑進行洗滌。
2. 第二槽：沖洗槽：以清水進行沖洗。
3. 第三槽：有效殺菌槽。設備清洗消毒之方法：

殺菌法	殺菌溫度	殺菌時間	
煮沸殺菌法	100 ℃沸水	毛巾、抹布	5 分鐘以上
		餐具	1 分鐘以上
蒸氣殺菌法	100 ℃蒸氣	毛巾、抹布	10 分鐘以上
		餐具	2 分鐘以上
熱水殺菌法	80 ℃以上熱水	餐具	2 分鐘以上
氯液殺菌法	有效氯 200 ppm 以下	餐具	2 分鐘以上
乾熱殺菌法	110 ℃以上乾熱	餐具	30 分鐘以上

108 年第一次專門職業及技術人員高考-食品技師

類科：食品技師　科目：食品微生物學

一、請比較冰箱中貯存的整片肝臟及大塊牛肉之腐敗菌相及腐敗機制之差異，並解釋其原因。（20 分）

【108-1 年食品技師】

詳解：

(一)冰箱中貯存的整片肝臟之腐敗菌相及腐敗機制之差異，並解釋其原因：

1. 腐敗菌相及腐敗機制：

(1)*Enterococcus*spp.等乳酸菌產酸使肉品變酸(souring)：因微生物產生乳酸(lactic acid)、醋酸(acetic acid)。

(2)*Pseudomonas* spp.、*Enterococcus* spp.等乳酸菌之污染肉品使表面變黏(surface slime)：肉品儲藏於好氣環境，因微生物生長，於肉品表面產生胞外多醣(Exopolysaccharide, EPS)所致。

(3)*Pseudomonas*spp.、*Acrobacter*spp.使脂質含量改變：因微生物之脂解酶(lipase)水解脂質成脂肪酸，而造成酸敗味。

(4)*Pseudomonas* spp.分解蛋白質產生硫化氫(H_2S)、氨(NH_3)造成腐敗臭味。

2. 原因：冰箱貯存的整片肝臟為有氧的環境，整片肝臟水分多適合低溫有氧下可生長的細菌生長。

(1)碳水化合物含量高適合乳酸菌生長，進行發酵性腐敗，使 pH 值下降。

(2)低溫的環境適合低溫菌(Psychrotrophs)生長。

(二)冰箱貯存的大塊牛肉之腐敗菌相及腐敗機制之差異，並解釋其原因：

1. 腐敗菌相及腐敗機制：

(1)*Pseudomonas* spp.污染肉品使表面變黏(surface slime)：肉品儲藏於好氣環境，因微生物生長，於肉品表面產生胞外多醣(Exopolysaccharide, EPS)所致。

(2)*Pseudomonas* spp.分解蛋白質產生硫化氫(H_2S)、氨(NH_3)造成腐敗臭味。

(3)*Rhizopus*spp.、*Aspergillus* spp.、*Penicillium* spp.汙染肉品使產生黴腐斑點：因肉品低溫環境貯存至後期，水分蒸散使表面太乾反而適合黴菌生長產生黑色、白色、青色黴腐。

(4)*Candida* spp.、*Torulopsis* spp.、*Pichia* spp.汙染肉品使產生白膜：因肉品低溫環境貯存至後期，水分蒸散使表面太乾反而適合酵母菌生長產生白膜。

2. 原因：冰箱貯存的大塊牛肉為有氧的環境，大塊牛肉水分多、碳水化合物含量低(本身肝醣已乳酸發酵完)且低溫與有氧的環境適合低溫菌及真菌(黴菌與酵母菌)生長。

二、食品常需檢測大腸桿菌群含量。請定義大腸桿菌群，並說明為何食品需檢測大腸桿菌群含量，以及食品大腸桿菌群含量的檢測方法。(20 分)

【108-1 年食品技師】

詳解：

(一)請定義大腸桿菌群：

大腸桿菌群(Coliforms)為一群革蘭氏陰性菌，無芽孢的桿菌，生長於恆溫動物腸道中的微生物，可在 35 ℃培養 24~ 48 hr 分解乳糖產酸與氣體之好氣性或兼性厭氧菌。包括四屬：

1. *Escherichia* spp.如大腸桿菌(*Escherichiacoli*)。
2. *Citrobacter* spp.。
3. *Klebsiella* spp.。
4. *Enterobacter* spp.。

(二)說明為何食品需檢測大腸桿菌群含量：

1. 目的：評估產品殺菌程度與是否受糞便污染。
2. 指標意義：

(1)大腸桿菌群不耐熱，如果產品被檢出有大腸桿菌群，代表產品殺菌不充分以及殺菌後可能被污染。

(2)大腸桿菌群天然存在恆溫動物的腸道中，如果產品被檢出有大腸桿菌群，代表產品可能受糞便污染。但適合性較低。

(三)食品大腸桿菌群含量的檢測方法：參照 CNS 10984

1.[推定試驗]：

樣品取 1 mL 稀釋 10, 100, 1000 倍→以 Lauryl Sulfate Trypotose(LST) broth 三管式 MPN35℃培養 24~48hr→產氣 or 不產氣

2.[確定試驗]←產氣：

每根產氣試管→以 Brilliant Green Lactose Bile (BGLB) Broth 35℃培養 24~48 hr→產氣 or 不產氣，產氣者為大腸桿菌群

原理：35℃培養使乳糖發酵產氣

3.最確切數(Most Probable Number, MPN)：

(1)判定為大腸桿菌群者→由 BGLB broth 產氣試管數推算 LST broth MPN 產氣的試管數。

(2)若產氣試管在稀釋倍數 10, 100, 1000 倍有 3-1-1 根，則查 MPN 表，可得知最確切數為 75 MPN/mL。

三、釀酒常分前發酵（又稱第一次發酵或主發酵）及後發酵（又稱第二次發酵或熟成），請以啤酒為例，分別說明啤酒前發酵與後發酵的作用或功能，並請明確寫出決定啤酒後發酵完成與否的指標物質及原因。(20 分)

【108-1 年食品技師】

詳解：

(一)啤酒前發酵的作用或功能：

1. 作用：以啤酒酵母(*Saccharomyces cerevisiae*)無氧下進行酒精發酵：

   葡萄糖($C_6H_{12}O_6$)→ 2 酒精(C_2H_5OH) + 2 二氧化碳(CO_2)

2. 功能：添加麥汁量約 0.5 %之啤酒酵母(*Saccharomyces cerevisiae*)於無氧下以 15~ 20 ℃進行主發酵(酒精發酵)一天，發酵開始後，糖及可溶性物質逐漸減少，並產生酒精與二氧化碳。發酵後初期品溫保持在 8 ℃以下約 24~ 48 小時，再慢慢降至 5 ℃維持 8~ 12 天，此時麥芽汁中的可溶性物質被消耗 50~ 60 %，完成主發酵。完成主發酵的啤酒稱為新啤酒(young beer)。

(二)啤酒後發酵的作用或功能：

1. 作用：將奶油味之雙乙醯(diacetyl)還原分解以降低異味、使二氧化碳充分溶解、酸與醇進行酯化反應產生香氣成分：

   雙乙醯(diacetyl) →乙醯甲基甲醇(Acetoin)

2. 功能：過濾除去已沉澱的酵母(已死亡的酵母)後，移入後發酵槽中，保持 0~ 2 ℃，1.5~ 2 個月進行熟成，使剛作好的啤酒中所特有的異味物質之雙乙醯(diacetyl)(奶油味)還原分解、降低硫化氫與乙醛含量、二氧化碳充分溶解、酸與醇進行酯化反應產生香氣成分。在後發酵階段，可促進蛋白質等固形物之澄清，更因其中的可溶性物質受到分解而提高酒精濃度及二氧化碳濃度，致使啤酒風味更佳。

(三)決定啤酒後發酵完成與否的指標物質及原因：

雙乙醯的降低在熟成中是主要的限速性步驟，因其具有啤酒不可接受的奶油味之異味。後發酵(熟成)目的在於將雙乙醯、硫化氫、乙醛的含量降低到理想的含量、二氧化碳充分溶解、酸與醇進行酯化反應產生香氣成分。熟成通常是採用 0~ 2 ℃，1.5~ 2 個月的方法，所以熟成這一過程就會增加了時間和成本。其中降低這一段時間所採用的改進技術包括：

1. 利用高密度的固定化細胞(啤酒酵母)，將主發酵完後的啤酒通入，使雙乙醯迅速還原分解。
2. 於啤酒中充填入二氧化碳。

四、人們可藉由增加食品貯存環境中二氧化碳濃度來延長食品保存期限。請說明二氧化碳抑菌機制，並說明食物的酸鹼值、以及貯存環境的溫度與氣壓對二氧化碳抑菌活性的影響。(20分)

【108-1年食品技師】

詳解：

調氣包裝(Modified atmosphere packaging, MAP)為將配好的空氣(通常增加二氧化碳的濃度而降低氧氣的濃度)通入裝有對氣體有阻隔性的包裝袋內，使袋內環境氣體經過改變或調整，即一直保持在包裝容器中之氣調法，用於延長保存期限及延緩蔬果後熟、抑制微生物生長。

(一)二氧化碳抑菌機制：

對於二氧化碳抑制微生物機制方面，有二個解釋被提出：

1. 造成對酵素性去羧化反應之影響：

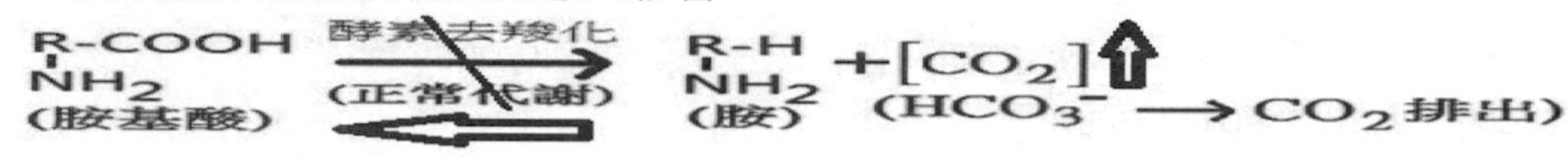

2. 影響細胞膜之通透性。

(二)食物的酸鹼值對二氧化碳抑菌活性的影響：

1. 低pH值：會增加碳酸濃度而增加二氧化碳濃度，以下列反應式依照勒沙特列原理(Le Chatelier principle)，$[CO_2]$濃度上升，反應會向左，更能增加抑制微生物的酵素性去羧化反應：

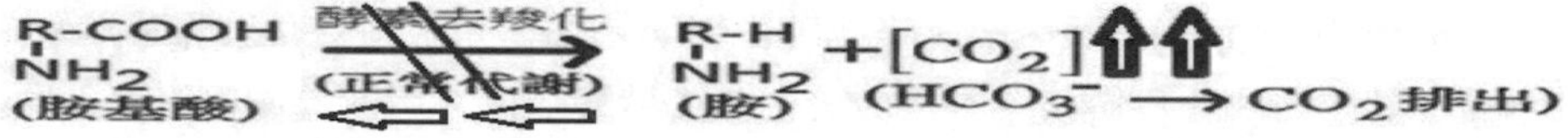

2. 高pH值：會減少碳酸濃度而減少二氧化碳濃度，以下列反應式依照勒沙特列原理，會促使酵素性去羧化反應過度進行反而抑制微生物生長：

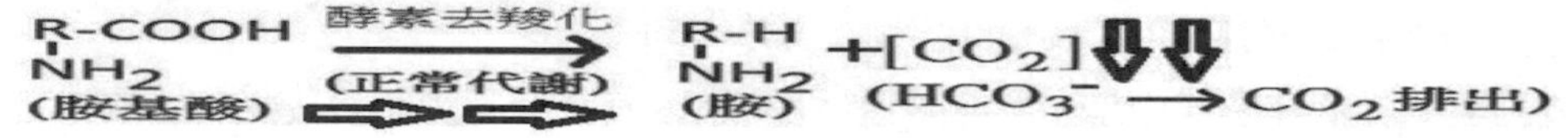

(三)貯存環境的溫度對二氧化碳抑菌活性的影響：

1. 低溫：二氧化碳抑制微生物作用隨著溫度下降而增加，主要為低溫下可增加二氧化碳之溶解度，反應式依照勒沙特列原理，$[CO_2]$濃度上升，反應會向左，更能增加抑制微生物的酵素性去羧化反應。
2. 高溫：降低二氧化碳的溶解度，反應式依照勒沙特列原理，$[CO_2]$濃度稍微下降，無法增加抑制(稍微促進)微生物的酵素性去羧化反應，所以對微生物影響不大。

(四)貯存環境的氣壓對二氧化碳抑菌活性的影響：

1. 高壓：會增加二氧化碳溶解度，反應式依照勒沙特列原理，$[CO_2]$濃度上升，反應會向左，更能增加抑制微生物的酵素性去羧化反應。
2. 低壓：會減少二氧化碳溶解度，反應式依照勒沙特列原理，$[CO_2]$濃度稍微下降，無法增加抑制(稍微促進)微生物的酵素性去羧化反應，所以對微生物影響不大。

五、請試述下列名詞之意涵：（每小題5分，共20分）
(一)Lactic antagonism
(二)Sweet curdling
(三)Cold sterilization
(四)Flat sour spoilage

【108-1年食品技師】

詳解：

(一)Lactic antagonism：乳酸菌拮抗作用

乳酸菌生長會產生乳酸菌拮抗作用(Lactic antagonism)可抑制或殺死混合培養中食品中毒或食品腐敗之微生物現象稱之。其因子包括抗生素(Antibiotics)、殺細菌素(Bacteriocins)、類殺細菌素(Bacteriocinlike factors)、過氧化氫(Hydrogen peroxide)、雙乙醯(Diacetyl)、乳酸(Lactic acid)等。如牛乳與大白菜為了增加保存性，會營造適合乳酸菌生長的環境使其大量生長，來抑制腐敗菌之腐敗。

(二)Sweet curdling：無酸凝結

為 *Bacillus* spp.、低溫為 *Pseudomonas* spp.、厭氧為 *Clostridium* spp.污染牛乳產生蛋白酶(蛋白水解酶與凝乳酶)進行蛋白質水解作用產生苦味物質[苦味胜肽(bitter peptide)]與牛乳無酸凝結(Sweet curdling)，主要是牛乳中的酪蛋白受微生物酵素水解 κ 酪蛋白部分胜肽包括親水性的醣類，使酪蛋白不具親水基而沉澱凝乳，而非微生物產酸達酪蛋白等電點 4.6 而凝乳。

(三)Cold sterilization：冷殺菌

指殺菌或除菌過程不會產生大量的熱之殺菌方式稱為冷殺菌(Cold sterilization)，舉例如下：

1. γ-射線(γ-ray)：使細胞分子離子化、水分子和氧氣產生活性氧與自由基攻擊細胞、DNA 分子吸收後，氫被去除，造成 DNA 分子斷裂，最後使微生物死亡。
2. 高液壓(High Hydrostatic Pressure)：使細胞內液泡會破裂、細胞膜及細胞壁分離、蛋白質酵素變性失活、破壞氫鍵而影響 DNA 分子，最後使微生物死亡。
3. 膜過濾法(Membrane filter)：將液體食品經通過 0.45 μm 的濾膜(Membrane filter)而過濾黴菌、酵母菌、大部分細菌，使液體食品達到無菌狀態。

(四)Flat sour spoilage：平酸罐腐敗

1. 成因：可能因殺菌不完全、冷卻不足、捲封漏罐、殺菌前已腐敗、殺菌後高溫貯放，使耐熱性的微生物存於罐頭內，並生長產生酸，但不產生氣體使罐頭膨罐稱為平酸罐腐敗(Flat sour spoilage)。
2. 原因菌：

(1)pH≤4.6：*Bacillus coagulans*。

(2)pH>4.6：*Bacillus stearothermophilus*。

108 年第一次專門職業及技術人員高考-食品技師

類科：食品技師　科目：食品化學

一、何謂「自由水（free water）」？何謂「結合水（bound water）」？自由水與結合水各有那些種類或形式？自由水與結合水對食品品質有何影響？（20 分）

【108-1 年食品技師】

詳解：

(一)自由水（free water）：吸附在最外層，為食品中被毛細現象保持之游離水分。

(二)結合水（bound water）：或稱為束縛水、固定水、不凍水、水合水(hydrated water)，吸附在最內層，被官能基強烈束縛，通常是指存在於溶質或其他非水組成分附近的水(化合水如結晶水)、與溶質分子之間透過化學鍵結合(靜電交互作用或氫鍵結合)的該部分水(單層水)。

(三)自由水與結合水各有那些種類或形式？

1. 自由水：

(1)吸附在最外層的水，容易去除亦有溶媒作用的水。

(2)在冷凍條件下可被凍結的水。

(3)為熱力學上可自由移動的水。

(4)為微生物能利用的水。

2. 結合水：

(1)吸附在最內層的水，會結合形成穩定狀態，不易去除亦無溶媒作用的水。

(2)在冷凍條件下不被凍結，故又稱不凍水。

(3)為熱力學上不可自由移動的水。

(4)為微生物不能利用的水。

(四)自由水與結合水對食品品質有何影響：

1. 自由水：

(1)微生物生長：微生物所能利用的水為自由水，自由水越多，微生物越能利用食品中的水分造成腐敗。

(2)化學與生化活性：自由水是一切化學反應的介質(溶劑)，自由水越多油脂氧化、非酵素性褐變、酵素性褐變越容易進行，而導致食品品質劣變。

(3)物理特性：自由水越多的食品質地常較多汁、鮮嫩，自由水降低時，具較堅硬、乾澀的感覺，自由水同時也影響粉粒體的移動、成塊性質。

2. 結合水：結合水對食品的味道、風味與質地產生重大影響，當食品的結合水強制被去除時，食品的味道、風味與質地就會產生重大的改變，使食品品質極差。

二、澱粉（starch）、纖維素（cellulose）及幾丁質（chitin）都是常見重要的多醣類，請分別說明三者的化學結構及重要的理化特性。（20 分）

【108-1 年食品技師】

詳解：

(一)澱粉（starch）：

1. 化學結構：

(1)直鏈澱粉(Amylose)：葡萄糖(Glucose)為單體以 α-1,4 醣苷鍵、極少 α-1,6 醣苷鍵鍵結的多醣類，具極少分支。

(2)支鏈澱粉(Amylopectin)：葡萄糖(Glucose)為單體以 α-1,4 醣苷鍵、α-1,6 醣苷鍵鍵結的多醣類，具分支。

直鏈澱粉(Amylose)	支鏈澱粉(Amylopectin)
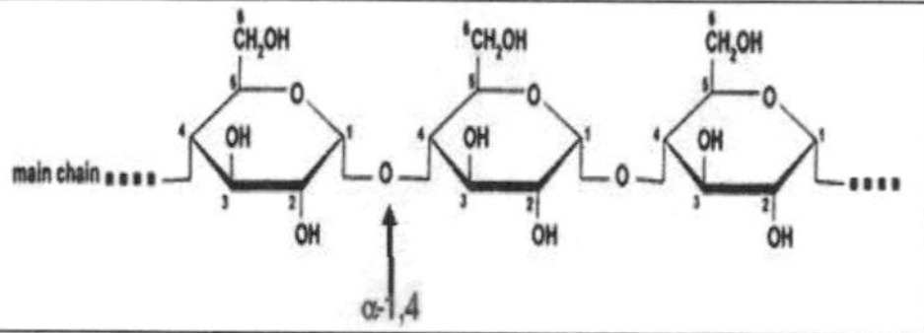	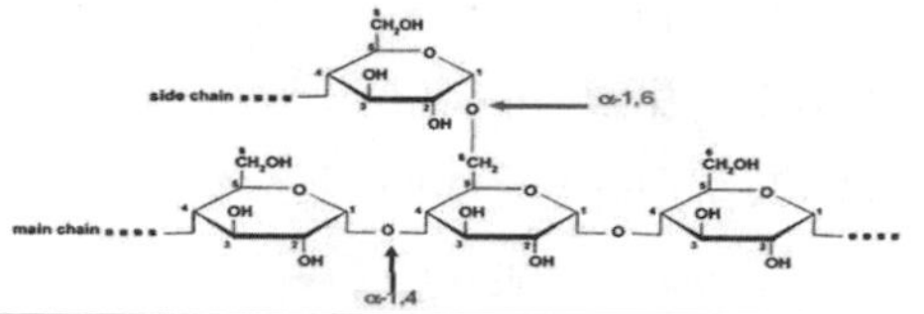

2. 理化特性：

(1)直鏈澱粉(Amylose)：可溶於水、碘反應產生藍色複合物、有熱量(4 Kcal/g)、內部氫鍵多、較難糊化、糊化後黏度低、凝膠佳、易離水、易老化。

(2)支鏈澱粉(Amylopectin)：較難溶於水、碘反應產生紫紅色複合物、有熱量(4 Kcal/g)、內部氫鍵少、較易糊化、糊化後黏度高、凝膠差、不易離水、不易老化。

(二)纖維素（cellulose）：

1. 化學結構：葡萄糖(Glucose)為單體以 β-1,4 醣苷鍵鍵結的多醣類，不具分支。

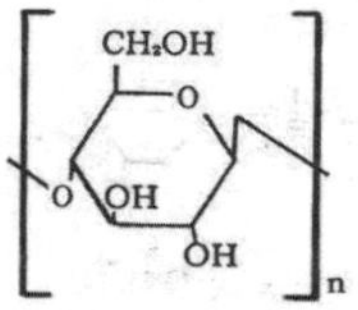

2. 理化特性：不溶於水、口感差、與碘無反應、無熱量。

(三)幾丁質（chitin）：

1. 化學結構：由 N-乙醯-β-D-葡萄糖胺(N-acetyl-β-D-glucosamine)以 β-1,4 醣苷鍵鍵結的多醣類。

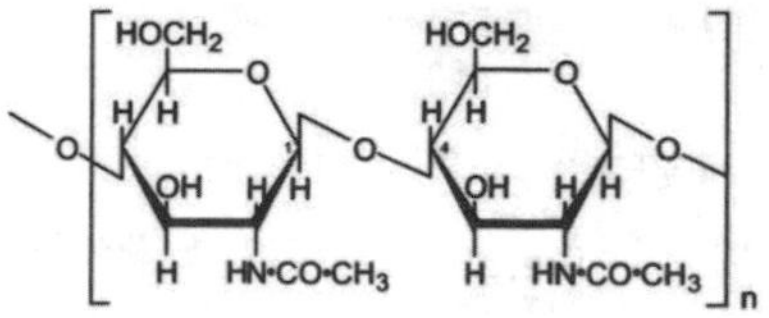

2. 理化特性：難溶於水，可溶在稀酸水溶液、具高溫安定性、具生理功能(增強免疫力、當螯合劑可抗菌、降低膽固醇與脂質吸收)。

三、麵筋（gluten）主要由麥醇溶蛋白（gliadin）和麥穀蛋白（glutenin）所組成，請說明此兩種蛋白質的基本特性及對麵糰（dough）性質之影響。（20 分）

【108-1 年食品技師】

詳解：

麵筋(gluten)的組成主要由醇溶性的麥醇溶蛋白或稱穀膠蛋白(gliadin)及鹼溶性的麥穀蛋白或稱小麥穀蛋白(glutenin)組成，佔麵筋 80 %，其次為水溶性的白蛋白(albumin)、鹽溶性的球蛋白(globulin)構成。

(一)麥醇溶蛋白（gliadin）：又稱穀膠蛋白

1. 蛋白質的基本特性：

(1)為醇溶性蛋白質，不溶於純水，可溶於乙醇溶液。

(2)延展性佳。

(3)彈性弱。

(4)鍵結主要是分子內的雙硫鍵。

2. 對麵糰（dough）性質之影響：

是製作餅乾和麵條的重要特性，因其製作過程皆需桿平，且形成很薄的麵糰而不易斷裂，皆需分子內的雙硫鍵形成而達成，且雙硫鍵的形成可使成品具有咀嚼感，並可使烘焙時可產生梅納褐變反應，貢獻顏色與香氣。。

(二)麥穀蛋白（glutenin）：又稱小麥穀蛋白

1. 蛋白質的基本特性：

(1)為鹼溶性蛋白質，不溶於純水，可溶於酸、鹼溶液。

(2)延展性弱。

(3)彈性佳。

(4)鍵結主要是分子間的雙硫鍵。

2. 對麵糰（dough）性質之影響：

是製作麵包的重要特性，因麵包需能保水、保氣使體積增大皆需分子間的雙硫鍵形成而達成，且雙硫鍵的形成可使成品具有咀嚼感，並可使烘焙時可產生梅納褐變反應，貢獻顏色與香氣。

(三)麵粉的熟成(aging)與麵糰的醒麵(resting)：

為使麵粉中所含蛋白質的硫氫基(-SH 基)氧化變為雙硫鍵(-S-S-型)，促進麵筋網狀構造，提高彈性，使麵粉於加工時麵糰不致太黏，麵包體積可增大；麵粉中的類胡蘿蔔素氧化異構化而脫色、漂白。

四、何謂「乳化作用（emulsification）」？如何維持乳化系統的安定性？（20 分）

【108-1 年食品技師】

詳解：

(一)乳化作用（emulsification）：

1. 定義：由液體(蛋白質溶液)和油脂所組成的二相膠體系統，其中蛋白質具有親水基與疏水基，其中親水基和水作用，疏水基(親油基)與油脂作用，而維持此兩系統穩固的界面活性劑(乳化劑)，稱為蛋白質的乳化作用。蛋白質具有優良的乳化性，故在食品加工上被廣泛使用。
2. 實例：蛋白質常因親水性較強，如常為食品中之水包油型(O/W 型)乳化系統：如牛乳中的酪蛋白膠粒(casein micelle)包覆脂肪穩定牛奶油脂的成分。

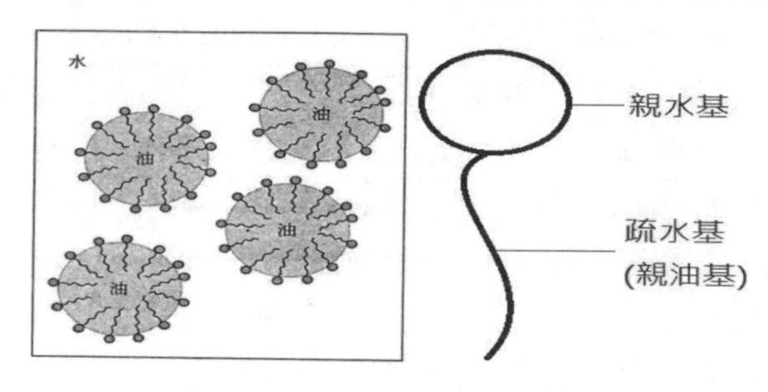

(二)如何維持乳化系統的安定性？(探討穩定性)

1. pH 值：

形成乳化物後再調蛋白質 pH 值接近等電點(pI)時，溶解度降低，但會增加蛋白質膜的黏度及硬度，穩定性高。但在等電點時的蛋白質也無法穩定油滴表面電荷(正電)使穩定性稍微降低。

2. 溫度：

在蛋白質於不結冰的低溫下，溶解度低，但會增加蛋白質膜的黏度及硬度，穩定性高。

3. 鹽類：

形成乳化物後再調蛋白質接近鹽析(salt out)，溶解度低，但會增加蛋白質膜的黏度及硬度，穩定性高。鈣離子會與蛋白質羧基進行架橋鍵結，而使穩定性提高。

4. 醣類：

形成乳化物後再加醣類，會提高黏度，溶解度降低，但會增加蛋白質膜的黏度及硬度，穩定性高。

5. 低分子量的介面活性劑：

不要加入，就不會減低蛋白質膜的黏度及硬度，穩定性高。

6. 不要使蛋白質變性。

五、「更性水果（climacteric fruit）」與「非更性水果（non-climacteric fruit）」有何不同？乙烯為一種植物荷爾蒙，請說明乙烯對蔬果的品質有何影響？（20 分）

【108-1 年食品技師】

詳解：

(一)「更性水果（climacteric fruit）」與「非更性水果（non-climacteric fruit）」有何不同：主要依呼吸型態來分類

呼吸型態	說明	例子
(1)更性水果 (climacteric fruits)	採收後的呼吸速率由高逐漸下降，但在後熟階段會有急遽上升的現象，然後再下降，此類水果的特徵是在後熟階段會有大量乙烯(ethylene)產生	蘋果、香蕉、番石榴、芒果及洋香瓜
(2)非更性水果	採收後的呼吸速率由高逐漸下降，且無再上升現象，此類水果稱為非更性水果	葡萄、柑橘、鳳梨、櫻桃及枇杷。

(二)乙烯為一種植物荷爾蒙，請說明乙烯對蔬果的品質有何影響？

就植物學的觀點，乙烯是植物本身生成的氣體分子，為一種植物荷爾蒙，能影響植物的生長、發育及老化。

1. 非更性水果其產生乙烯量較更性水果來的低。
2. 乙烯之生合成屬於自催化反應(autocatalytic reaction)，若有微量外來乙烯之存在，就會迅速引發。故農民可將水果還未完熟(ripening)時摘下來，防止水果因表面太軟而碰傷，之後於適當時機用乙烯催熟，便可以保持好的外觀。
3. 乙烯對更性及非更性水果之呼吸速率之影響：

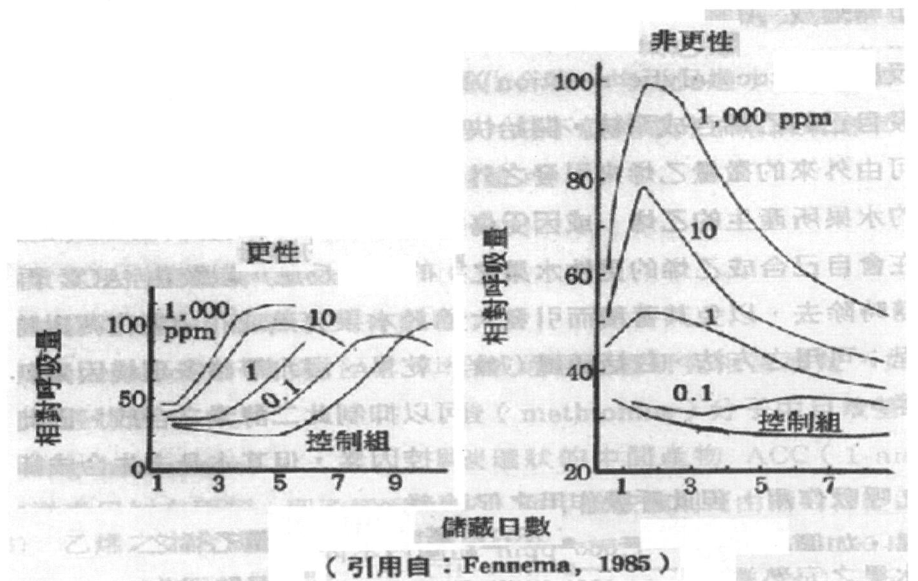

（引用自：Fennema，1985）

108 年第一次專門職業及技術人員高考-食品技師

類科：食品技師　科目：食品加工

一、食品冷凍儲藏期間，水分子的再結晶是影響食品品質的主要因素之一。請說明何謂水分子的再結晶及常見的再結晶型態，並且說明儲藏期間溫度波動對食品品質造成的影響。(20 分)

【108-1年食品技師】

詳解：

1. 水分子的再結晶：冰晶體積隨時間增加而增加的過程。結冰初期，小冰晶先生成，由於熱力學不穩定(具有較高的表面/體積比，因此有過量的表面自由能)，為了平衡自由能，結果是小冰晶的數量減少，但體積增加。

2. 常見的再結晶型態：
(1) 依結晶型狀可分為針狀、板狀、棒狀與各種不同形狀，會因為食品內部組織構造與溶質濃度不同而有所差異。
(2) 依冰晶大小可分為：
A. 大冰晶：數目少且分布不均。慢速冷凍過程，通過最大冰晶生成帶(-1~-5℃)較慢容易發生，解凍後食品易產生較多的游離水分。
B. 小冰晶：數目多且分布均勻。快速冷凍過程，通過最大冰晶生成帶(-1~-5℃)較快發生，解凍後食品產生較少的游離水分。

3. 儲藏期間溫度波動對食品品質造成的影響：
(1) 濃縮作用：水結成冰會造成溶質濃度之提高而改變pH值，增加離子強度，促使蛋白質變性或膠體狀食品產生脫水現象。
(2) 冰晶擠壓傷害：水結冰後體積會膨脹約8~9%，對組織造成局部性的擠壓作用；另外，若緩慢凍結形成細胞外大冰晶，並使細胞脫水，因而使細胞壁崩潰損壞組織性；同時，過度脫水也比較容易使蛋白質變性。
(3) 解凍滴液(Drip loss)：冷凍肉片解凍時，體液相繼流出，稱為滴落液。是由凍結分離的水不能如原狀被吸著或被吸引而流出體外。溫度變動會使大冰晶增多，進而擠壓組織，使後續烹調時解凍滴液增多。
(4) 再結晶明顯，使得大冰晶形成較多，造成以上三點更明顯。
(5) 解凍後，自由水增加，提高化學反應速率，食品易腐敗。

二、家用冰箱及食品工廠常用的冷藏(凍)都屬於機械式冷藏(凍)設備。請說明機械式冷藏(凍)機的降溫原理及組成必要元件，並且說明冷媒所扮演的角色。(20分)

【108-1年食品技師】

詳解：

1. 原理及組成必要元件：

利用機械方法，藉使冷媒產生低溫，以排除食品周圍或食品本身的熱量，以降低其溫度，而達貯藏的目的。以下為一般常用之蒸氣壓縮式冷凍機作用元件及原理：

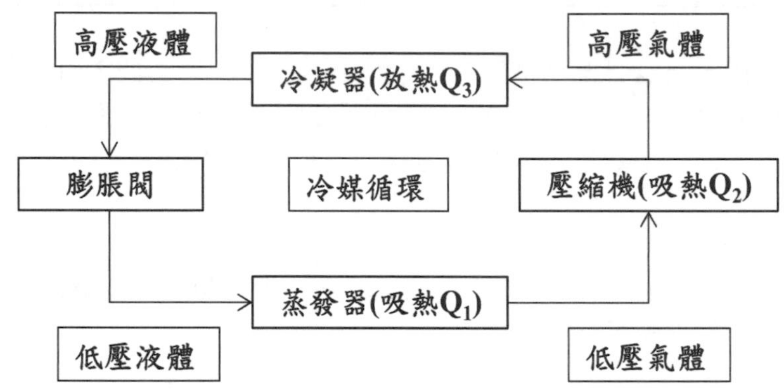

(1) 冷凝器(condenser)：將含高熱量的冷媒冷卻，使其放熱(Q3)，在通過此點(A點)的冷媒，將由高壓氣體冷凝為高壓液體。

(2) 膨脹閥：又稱調節閥，使高壓液態冷媒壓力銳減，發生膨脹；通過此點(B點)的冷媒，將有部分高壓液態冷媒，因壓力降低而變為低壓液體。

(3) 蒸發器(evaporator)：冷媒吸收來自於食物的熱量(Q1)，也就是將食物降溫，進行冷凍；通過此點(C點)的冷媒，由於吸收熱的關係，全部轉變為低壓氣體。

(4) 壓縮機(compressor)：將蒸發的低壓氣態冷媒藉由機械作功，並產生部分熱量(Q2)，使其壓縮成高壓氣態冷媒;通過此點(D點)的冷媒回復為原來的高壓氣體。

(5) 根據能量不滅定律，可得知：冷凝器所放出熱量(Q3)=蒸發器吸收熱量(Q1)+壓縮機壓縮工作熱量(Q2)。

2. 冷媒所扮演的角色：

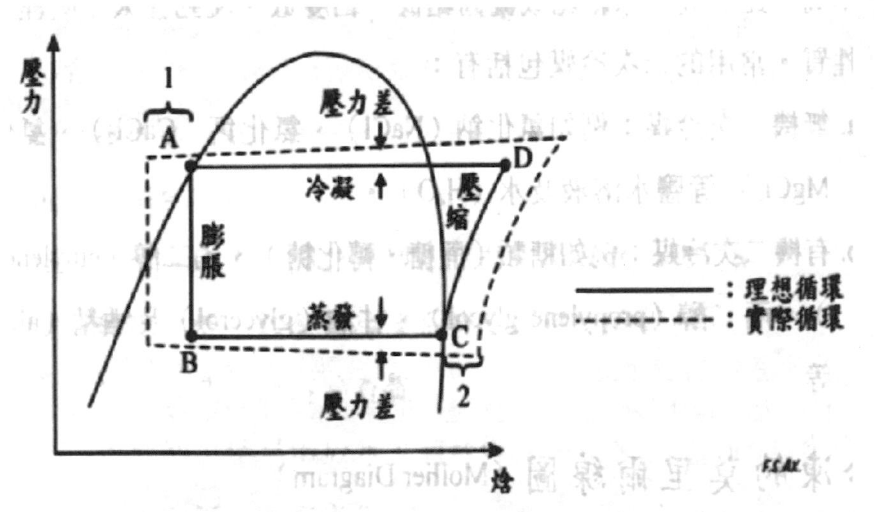

藉自身之相變化在密閉管路中經蒸發器由液相蒸發為氣相，吸收冷凍空間裡的熱能；至冷凝器時又由氣相冷凝為液相，放出熱量。此液相冷媒再繼續經密閉管路至蒸發器中蒸發吸熱。如此不斷循環，把熱能從低溫的冷凍循環空間移至溫度較高的室外空間，而達成「製冷」的作用。特色：在液體狀態時極容易吸熱蒸發成氣體，在氣體狀態時又極容易放熱冷凝為液體之物質。

三、食品輻射照射(Food Irradiation)係對特定的食品進行照射以達防治蟲害、殺菌、抑制發芽及延長儲存期限的目的。請說明輻射殺菌之原理及比較三種常用的食品輻射照射源的差異，並說明吸收劑量之單位。(20分)
【108-1年食品技師】

詳解：

1. 原理：輻射照射是利用高能射線或電子束，使受輻射物質之分子結構因吸收能量而起變化。減低微生物數量，增加儲藏性。

(1) 直接效應：高能射線直接撞擊活細胞，產生物理性傷害，致失去生殖能力或死亡。

(2) 間接效應：為化學性傷害，破壞力量大。主要為水分子之共價鍵被破壞而形成自由基，這些自由基彼此間相互反應，也會和水中溶氧結合，或其他存溶於水中的物質反應而產生嚴重變化。

2.三種常用的食品輻射照射源：

(1) β-射線：由放射線物質射出的電子束。同陰極射線。

(2) γ-射線：由激發元素如 ^{60}Co 及 ^{137}Cs 原子發出的電磁輻射。

(3) X-射線：由高速電子(陰極射線)在真空管中撞擊重金屬產生。同 γ-射線。

3. 吸收劑量之單位：依據食品輻射照射處理標準(102.08.20)，照射劑量單位以SI制的格雷(Gray; Gy)表示之，1 Gy代表1 Kg的質量吸收一焦耳的輻射能量。

四、說明食品之無菌加工製罐(Aseptic Canning)的生產過程，以及那些步驟應該在無菌區(Aseptic Zone)完成，並且說明該區域之無菌狀況該如何維持？(20分)

【108-1年食品技師】

詳解：

1. 無菌加工製罐(Aseptic Canning)：食品與包材分開殺菌，食品先經超高溫殺菌後，馬上使之冷卻；再於無菌區(Aseptic Zone)充填入已經殺菌完成的容器內，再於無菌區(Aseptic Zone)進行密封。例如：保久乳之一般製程：

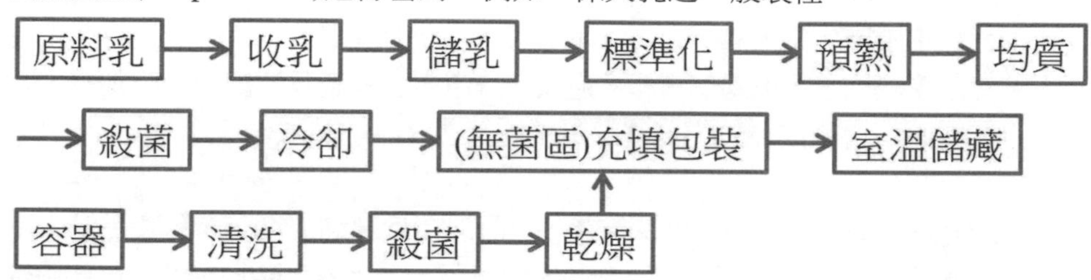

此法由於對食品的加熱時間短且溫度較低，不致於破壞食品中的營養素及品質，故為製造較高品質罐頭食品的製法。目前只應用於果汁、牛乳或飲料等液體食品。

2. 無菌狀況該如何維持：

(1) 機械管路使用可定位清洗(Clean-in place, CIP)之機械：在設計密閉具循環性的設備上，管路或幫浦不必拆卸，只需由管路的起點依序以清水、清潔劑、熱水通入以清洗管路，必要時，可於熱水清洗前以氯液做消毒與殺菌。因不需要拆卸，可減少微生物交叉汙染。

(2) 環境清潔可使用放射線照射：利用高能射線或電子束，使受輻射物質之分子結構因吸收能量而起變化。減低微生物數量，增加儲藏性。

(3) 無菌區須完全隔離：流程進行時，人員禁止進入；必要進入時需通過緩衝室並穿上無菌衣。

(4) 氣流與水流方向必須控制：無菌區至汙染區。

五、請試述下列食品加工學名詞之意涵：(每小題5分，共20分)
(一)Ohmic Heating
(二)包冰(Glazing)
(三)Retort Pouch
(四)架儲期(Shelf life)

【108-1年食品技師】

詳解：

(一) 歐姆加熱(Ohmic Heating)：利用交流電加熱食品的技術。因食品內有水可導電，則通過電擊時，電流會受阻力，而發熱，且流體(固體)與液體通過時間差異不大，使之受熱均勻。用兩個電極，通以交流電，使固體及液體能同時加熱，因有電阻存在而不會造成加熱梯度情況下所進行之食品加熱法。

(二) 包冰(glazing)：食品在預備凍結後，在品溫接近凍結溫度時，將食品浸入冷水中或以水噴霧，再進行凍結，使食品表面覆蓋一層冰衣(glaze)。可防止食品發生以下反應：

凍燒 (freezer burn)	冷凍肉由於乾燥和褐變變為燒焦現象。冷凍肉的冰結晶昇華部分即形成孔洞，與空氣接觸擴大，結果變為多孔質，由於乾燥引起脂肪氧化而褐變。凍燒部分，水分減少 10~15%，加水也無法復原，風味變劣。
油燒 (Rusting)	脂肪含量多之製品，儲存期間由於油脂和蛋白質的變質，引起變味，有時產生酸敗臭味而成黃棕色的現象。

(三) 殺菌軟袋(retort pouch)：俗稱軟罐頭，以耐熱塑膠膜或與金屬膜之積層材料，製成袋狀或其他形狀之容器，用以包裝食品，以熱熔融封口後，再經加壓殺菌所製成。

1. 包材特性：
(1) 外層PET：耐高溫、耐摩擦、高抗張力及優良的印刷性。
(2) 中層鋁箔：具有良好的水分、氣體、光線遮斷性。
(3) 內層PP：提供良好的熱封作業性及可承受劇烈殺菌的熱封強度。
2. 產品特性差異：重量輕，體積小，儲運費用低，攜帶方便；開啟及廢袋處理容易，佔用空間小；多使用於含固形物之食品。

(四) 架儲期(Shelf life)：在一定儲藏條件下，容器或內容物質可保持商品價值的期限。又稱保存期限；貨架期；商品生命；品質保證期限。例如：鮮乳，運輸時須冷藏，即食性高且營養高，但是架儲期較短，大約4~7天。

108年第一次專門職業及技術人員高考－食品技師

類科：食品技師　科目：食品分析與檢驗

一、擬分析市售寡糖飲料和奶粉的水分含量，請由下列二者選擇合適的分析方法：卡爾費休（Karl-Fischer）滴定法和折射計法，並且說明選擇此方法的理由及其檢測原理。(20分)

【108-1年食品技師】

詳解：

(一)擬分析市售寡糖飲料和奶粉的水分含量，選擇合適的分析方法：

1. 市售寡糖飲料：折射計法。
2. 市售奶粉：卡爾費休（Karl-Fischer）滴定法。

(二)選擇此方法的理由及其檢測原理：

1. 理由：

(1)市售寡糖飲料使用折射計法：

a. 寡糖飲料為水分多的樣品，無法以卡爾費休法進行滴定，若進行卡爾費休法滴定法，則一管滴定管的卡爾費休試劑滴定無法達滴定終點。

b. 寡糖飲料屬於均勻的水溶液樣品，可測得其折射率來計算寡糖的水分含量。

(2)市售奶粉使用卡爾費休（Karl-Fischer）滴定法：

a. 奶粉為乾的粉末，無法以折射計法測量水分。

b. 奶粉屬於高糖高蛋白低水分的樣品，且對加熱或真空狀態易產生梅納褐變反應與焦糖化反應而損失香氣成分的樣品，以卡爾費休滴定法不用加熱可快速準確的測量奶粉的水分含量。

2. 檢測原理：

(1)市售寡糖飲料使用折射計法：當一光束先後通過兩密度不同的介質時(空氣與寡糖飲料)時，光束會被彎曲或折射，此光線彎曲的程度與不同介質、溫度、壓力下的入射角和折射角之正弦函數有關，因此該函數值為一常數。折射率(RI)可由以下公式獲得：折射率(RI)= sin 入射角/sin 折射角。

所有化合物都有一定的折射率指標，以折射計測得折射率(RI)後，即可得知寡糖飲料的糖含量，與純水比較後，即可得知寡糖飲料的水分含量。

(2)市售奶粉使用卡爾費休（Karl-Fischer）滴定法：卡爾費休滴定法乃利用卡爾費休(Karl Fisher, KF)試劑(碘、無水亞硫酸、吡啶、甲醇混合液)，可與水分子產生氧化還原反應，再以白金電極測得其電位差判斷滴定終點，或由碘之黃褐色不再消失為止。樣品之水分含量可由卡爾費休試劑滴定體積乘以卡爾費休試劑的水當量(水力價)計算求出。

二、在市面上查扣疑似遭受黴菌毒素污染的 10 袋 50 公斤重咖啡豆，擬利用高效液相層析串聯質譜儀進行黴菌毒素之分析，請說明在樣品上機前，應如何進行樣品的製備及管控其品質之穩定？（20 分）

【108-1 年食品技師】

詳解：

(一)樣品的製備：

1. 採樣方法：採樣的方法須能代表欲分析之物質，故以統計的方法，使採樣具代表性，可用簡單隨機抽樣、分層隨機抽樣、整群抽樣、系統抽樣等。
2. 採樣方式：顆粒狀樣品(如咖啡豆)：應從某個角落，依上、中、下各取一部分然後混合，再以四分法得平均樣品。
3. 樣品製備：黴菌毒素安定，但為了減少黴菌於檢測前繼續生長，而增加黴菌毒素，故採樣至實驗室分析，及於實驗室製備成可檢測的樣品前需要特別抑制黴菌生長：

(1)保存於低溫環境中抑制黴菌生長。

(2)保存於氮氣、其他惰性氣體中或抽真空抑制黴菌生長。

(3)以冷凍方式、烘乾方式、熱處理方式、化學防腐劑的添加控制黴菌的增長。

(二)管控其品質之穩定：分離純化黴菌毒素再檢驗

1. 一般黴菌毒素前處理：

(1)樣品經萃取、過濾、稀釋後，注入含有單株抗體之免疫親和管柱。此單株抗體對赭麴黴毒素(Ochratoxin)具有專一性。

(2)樣品中赭麴黴毒素經分離、純化且濃縮於免疫親和管柱上，再以甲醇將赭麴黴毒素自免疫親和管中洗下並收集純化液。

2. 參照「食品中黴菌毒素檢驗方法－多重毒素之檢驗」(106.9.6)之檢疫之調製：將檢體磨碎混勻，取約 5 g，精確稱定，置於離心管中，加入磷酸鹽溶液 5 mL，混合均勻，再加入含 70%乙腈之甲醇溶液 20 mL，振盪 30 分鐘，以 4300 ×g 離心 5 分鐘，取上清液 5 mL，於 50℃以氮氣吹乾，殘留物以 20%乙腈溶液溶解並定容至 1 mL，經濾膜過濾，供作檢液。

三、市售營養保健食品膠囊宣稱其葉黃素的含量為10mg/顆，請說明葉黃素的分析步驟（包括萃取、皂化、分離、乾燥及高效液相層析），並且說明如何確認其葉黃素的含量符合宣稱？（20分）

【108-1年食品技師】

詳解：

參照「膠囊錠狀食品中葉黃素及玉米黃素之檢驗方法」(105.4.14)：

(一)葉黃素的分析步驟：本實驗全程需避光

1. 萃取：將檢體磨碎混勻後，取油狀檢體約100 mg，粉狀檢體約200 mg，精確稱定，置於50 mL離心管中，加入含2% BHT之乙醇：乙酸乙酯(1:1,v/v)溶液2 mL、丙酮8 mL及去離子水4 mL，旋渦混合均勻，以水平振盪器振盪30分鐘。
2. 皂化：加入40%氫氧化鉀之甲醇溶液8 mL，旋渦混合均勻，於70℃水浴中皂化30分鐘，旋渦混合均勻，再皂化30分鐘。
3. 分離：迅速冷卻至室溫，以丙酮定容至25 mL，混合均勻，取2 mL置於15 mL離心管中，加入含0.2% BHT之乙酸乙酯：乙醚(1:1, v/v)溶液3 mL，旋渦混合20秒，靜置分層，收集上層液，下層液再加入含0.2% BHT之乙酸乙酯：乙醚(1:1, v/v)溶液3 mL，重複上述步驟2次。
4. 乾燥：合併上層液，以0.2% BHT之乙酸乙酯：乙醚(1:1, v/v)溶液定容至10 mL，取5 mL並以氮氣吹乾，殘留物以含2% BHT之乙醇：乙酸乙酯(1:1, v/v)溶液溶解並定容至1 mL，經濾膜過濾後，作為檢液。

(二)高效液相層析：

1. 液相層析條件(逆相層析)：

層析管柱	Ascentis RP-Amide，5 μm，內徑4.6 mm x 15 cm，或同級品
移動相	乙腈、甲醇、乙酸乙酯進行梯度分析
流速	0.6 mL/ min
檢測器	光二極體陣列檢出器(Photodiode-array detector)設定波長450 nm

2. 定性：將製備好的葉黃素樣品5 μL注入HPLC，得知樣品之滯留時間與波峰面積，比較樣品標準品(葉黃素)之滯留時間，相同滯留時間表示相同物質。
3. 定量：欲得知待測成分(葉黃素)之濃度，配置該樣品標準品(葉黃素)不同濃度，注入HPLC獲得不同濃度樣品標準品之滯留時間與波峰面積，並繪製波峰面積與濃度之標準曲線(外部標準法)，比對樣品標準品之濃度與波峰面積之標準曲線而得知待測物(葉黃素)濃度。

(三)如何確認其葉黃素的含量符合宣稱？

若檢測出葉黃素的含量接近標示的含量(10mg/顆)，則含量符合宣稱；若檢測出葉黃素的含量與標示的含量(10mg/顆)差異很大，則含量不符合宣稱。

四、擬利用氣相層析法分析市售雞蛋戴奧辛含量、魚油脂肪酸組成及大蒜精含硫化合物含量，請配對選擇下列合適的偵測器：火焰離子化偵測器（FID）、火焰光度偵測器（FPD）及電子捕獲偵測器（ECD），並說明此三種偵測器之偵測原理。（20分）

【108-1年食品技師】

詳解：

(一)配對選擇合適的偵測器：

1. 雞蛋戴奧辛含量：電子捕獲偵測器（ECD）。
2. 魚油脂肪酸組成：火焰離子化偵測器（FID）。
3. 大蒜精含硫化合物含量：火焰光度偵測器（FPD）。

(二)三種偵測器之偵測原理：

1.電子捕獲偵測器（ECD）：待分析成分於管柱分離後，分別先後到達ECD偵測器，放射性箔條(Ni^{63})衰變會產生電子，發射至+電極會產生電流，而待分析成分會捕捉Ni^{63}衰變產生的電子而降低基準電流。待分析成分濃度大，電流降低程度大，波峰訊號強；待分析成分濃度小，電流降低程度小，波峰訊號弱，因此獲得層析圖譜，以定性、定量。

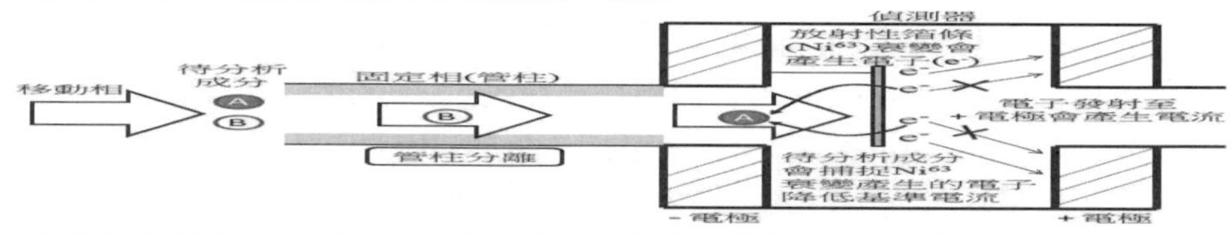

2.火焰離子化偵測器（FID）：待分析成分於管柱分離後，分別先後到達FID偵測器，再以氫火焰燃燒使離子化產生正、負離子，因導電特性產生電流訊號，偵測電流訊號。待分析成分濃度大，電流訊號大，波峰訊號強；待分析成分濃度小，電流訊號小，波峰訊號弱，因此獲得層析圖譜，以定性、定量。

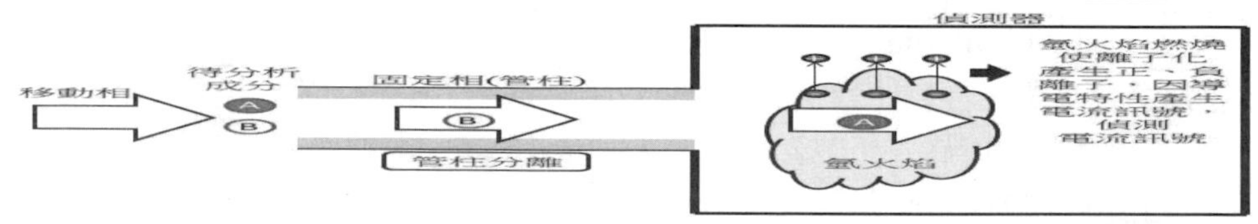

3.火焰光度偵測器（FPD）：待分析成分於管柱分離後，分別先後到達FPD偵測器，含硫化合物、磷化合物、或錫、硼、砷與鉻等金屬，以氫火焰燃燒會產生特定波長的光，以濾光片過濾其他波長的光，經光增倍管偵測特定波長光的強度。待分析成分濃度大，特定波長光強度大，波峰訊號強；待分析成分濃度小，特定波長光強度小，波峰訊號弱，因此獲得層析圖譜，以定性、定量。

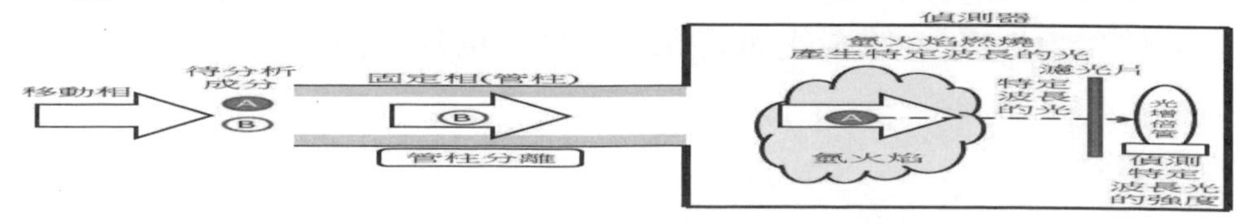

五、請試述下列名詞之意涵：(每小題 5 分，共 20 分)
(一)標準偏差
(二)變異係數
(三)靈敏度
(四)偵測極限

【108-1 年食品技師】

詳解：

(一)標準偏差：

在機率統計中最常使用作為統計分佈程度(statistical dispersion)上的測量。標準偏差定義為變異數的算術平方根，反映組內個體間的離散程度。測量到分佈程度的結果，原則上具有兩種性質：為非負數值、與測量資料具有相同單位。

計算公式如下：假設有一組數值 $X_1, X_2, \cdots, X_N$(皆為實數)，其平均值為：

$\mu = \frac{1}{N}\sum_{i=1}^{N} x_i$.此組數值的標準差為： $\sigma = \sqrt{\frac{1}{N}\sum_{i=1}^{N}(x_i - \mu)^2}$.

(二)變異係數：

變異係數是量測相對(於期望值)分散程度的量數，表示標準差佔期望值的百分比，通常小於 1。一般而言，欲比較具有不同的標準差與平均數的資料之離散程度時，變異係數(CV)是一個有用的統計量。變異係數小代表精密度高，當 CV 小於 5 %，這組實驗數據的精密度可以接受。變異係數(CV)公式如下：

$CV = \frac{SD}{\overline{X}} \times 100\ \%$；SD：標準偏差；$\overline{X}$：平均值

(三)靈敏度：

指此儀器之偵測系統最小可測得的訊號大小，儀器靈敏度越高，相對儀器偵測極限越低，表示儀器可偵測到的最低濃度越低，越可適用於微量分析。舉例如下：

1. 蛋白質檢測方法中，福林酚法(Lowry method)的靈敏度極高。
2. 光度測定法中，螢光法比比色法的靈敏度高。

(四)偵測極限：

1. 定義：分析方法或儀器，可偵測到(正確定性)，分析物的最小濃度或含量(可與空白訊號作區別)。
2. 指以系列濃度漸低的目標物溶液，逐一測定直到最低可測出(正確定性)的目標物濃度或含量，即為本方法此目標物的偵測極限(IDL)，但無法正確的定量出樣品的濃度。可以區分為儀器偵測極限(Instrument detection limit, IDL)及方法偵測極限(Method detection limit, MDL)。
3. 一般檢測報告中，低於偵測極限係指方法偵測極限(MDL)而言，常以「ND(not detected)」或「<方法偵測極限值」或「未檢出」或「陰性」表示。

108年第一次專門職業及技術人員高考-食品技師

類科：食品技師　科目：食品衛生安全與法規

一、我國衛生福利部食品藥物管理署於107年5月8日發布訂定食品中污染物質及毒素衛生標準，請說明何謂污染物質？並請寫出此衛生標準所包括的三大類毒素名稱及屬於其中細項之一且曾於75年1月間引起重大食品中毒案件的PSP毒素的中英文名稱及其導致中毒的原因。（20分）

【108-1年食品技師】

詳解：

(一)污染物質：

參照「食品中污染物質及毒素衛生標準」(111.5.31)：

第二條第一項：本標準所稱之污染物質，係指食品於製造、加工、調配、包裝、運送、貯存、販賣中產生或污染者，或因環境之污染，非有意添加而存在於食品者，但不包括蟲體碎片、毛髮或其他外來異物。

(二)此衛生標準所包括的三大類毒素名稱：

參照「食品中污染物質及毒素衛生標準」(111.5.31)：

第二條第二項：本標準所稱之毒素，包括真菌毒素、海洋生物毒素及植物天然毒素。

(三)屬於其中細項之一且曾於75年1月間引起重大食品中毒案件的PSP毒素的中英文名稱及其導致中毒的原因：

1. PSP毒素的中英文名稱：

麻痺性貝毒(Paralytic Shellfish Poisoning)中的蛤蚌毒素(Saxitoxin)。

2. 導致中毒的原因：

(1)毒素產生：由屬於渦鞭毛藻的膝溝鞭毛藻(*Gonyaulax catenella*)、*Alexandrium spp.*和*Pyrodinium spp.*所產生，這種單細胞海藻微生物是浮游生物中主要成員之一，在某種狀況下，會群集生長，造成所謂紅潮(Red Tides)。貽貝、帆玄貝、立蛤、西施舌等雙殼綱軟體動物的貝類攝食有毒的渦鞭毛藻，使毒素累積於貝類的消化管道中(貝類本身不會中毒，原因不詳)，一旦動物攝食了這種毒貝，便造成中毒。

(2)中毒機制：毒素高度專一地結合在神經細胞的鈉離子管道而抑制神經細胞鈉離子傳遞，阻礙神經訊息的傳遞。到目前為止，此毒素仍無解毒劑可醫治。若能拖過12小時，通常可漸漸恢復正常。

(3)症狀：

a. 輕微：口、唇、舌、臉麻木，具燒熱感，並蔓延至脖子、身體及四肢漸呈麻痺狀態。

b. 嚴重：肌肉運動失調、頭痛、嘔吐、語言困難，最後引起呼吸麻痺而死亡。

二、農政機關於今（108）年 2 月間驗出中部某蛋雞場的三件雞蛋檢體芬普尼含量超過法定殘留容許量 0.01ppm。請說明本案發生後政府為何要以跨部會應變機制來處理以及雞蛋中芬普尼殘留容許量制定為 0.01ppm 究竟考慮那些因素？（20 分）

【108-1 年食品技師】

詳解：

(一)請說明本案發生後政府為何要以跨部會應變機制來處理：

1. 原因：因為雞蛋的產銷鏈長與發生原因廣泛，無法以單一機關來完成全部的處理，故由隸屬於行政院的食品安全辦公室統籌衛生、農業、環保機關來進行跨部會應變機制來處理。
2. 跨部會應變機制處理方式：

(1)衛生機關之食品藥物管理署：市售蛋品之芬普尼參照「動物產品中農藥殘留容許量標準」(111.4.19)之殘留容許量為 0.01 ppm。違反「食品安全衛生管理法」(108.6.12)第十五條第一項第五款，並進行相關處置。

(2)農業機關之農業發展委員會：上市前蛋品之芬普尼參照「動物產品中農藥殘留容許量標準」(111.4.19)之殘留容許量為 0.01 ppm 並依照「動物用藥品管理法」(105.11.9)，經檢出不合格蛋品的蛋雞場，政府採行措施全面管控，避免有疑慮蛋品流出。

(3)環保機關之環境保護署：芬普尼為合法環境用藥，濃度低為一般環境用藥，濃度高為特殊環境用藥，特殊環境用藥需病媒法治業依「環境用藥管理法」(105.12.7)，此次事件為農民使用芬普尼之特殊環境用藥，違法進行相關處置。

(二)雞蛋中芬普尼殘留容許量制定為 0.01ppm 究竟考慮那些因素？

食品的藥物殘留一直是民眾關切的重要議題，民以食為天，如果我們每天吃下肚的食物含有藥物，不管其含量多少都會造成消費者的恐慌。但是世界上並沒有絕對的「零風險」，在我們日常生活中會充滿了各式各樣的風險。「零風險」既然不存在，那麼就需要進行評估來研訂出「可接受的風險」(acceptable risk)，因此衛生福利部在此原則下，訂出動物產品中農藥殘留容許量標準(Maximum Residue Limit, MRL)係用來作為管制動物產品農藥殘留的標準，該標準的訂定：

1. 以農藥動物試驗中，長期每日餵食也不會產生與劑量相關之無作用量(NOEL)為基本依據，再考慮人與動物之差異及人與人之間的差異，除以 100 到 1000 之安全係數，作為每人“每日容許攝取量” (Acceptable Daily Intake, ADI)。
2. 再依國民一般每日各種農產品之平均攝食量之風險評估(Risk assessment)之暴露評估。
3. 估算達目的用量。

以上述三個方法統合來估算訂定攝食某動物產品農藥殘留容許量，做為行政上的管制點。

三、根據我國對健康食品的管理規定，請比較說明食品業者申請所謂一軌、二軌的查驗登記時，其提交資料、功效項目、繳交費用、審查時間、許可字號等有何差異？（20分）

【108-1年食品技師】

詳解：

(一)食品業者申請第一軌：

1. 提交資料：

一.申請書表
二.產品原料成分規格含量表
三.產品之安全評估報告
四.產品之保健功效評估報告
五.保健功效成分鑑定報告及其檢驗方法
六.保健功效安定性試驗報告
七.產品製程概要
八.良好作業規範之證明資料
九.產品衛生檢驗規格及其檢驗報告
十.一般營養成分分析報告
十一.相關研究報告文獻資料
十二.產品包裝標籤及說明書
十三.申請者營利事業登記證影本
十四.完整樣品及審查費

2. 功效項目：

調節血脂功能	抗疲勞	牙齒保健
調節血糖功能	骨質保健	輔助調節血壓
輔助調整過敏體質功能	延緩衰老	促進鐵可利用率
免疫調節功能	腸胃功能改善	
不易形成體脂肪	護肝	

3. 繳交費用：審查費用250,000元整(初審80,000元整，複審170,000萬元整，不含領證費及檢驗費)。
4. 審查時間：複審：180天(長)、補件二審：260天。
5. 許可字號：衛部健食字第(後面有A)。

(二)食品業者申請第二軌：

1. 提交資料：

一.申請書表
二.產品原料成分規格含量表
三.成分規格檢驗報告
四.保健功效安定性試驗報告
五.產品製程概要
七.產品衛生檢驗規格及其檢驗報告
八.一般營養成分分析報告
九.產品包裝標籤及說明書
十.申請者營利事業登記證影本
十一.完整樣品及審查費

2. 功效項目：魚油健康食品規格標準、紅麴健康食品規格標準。
3. 繳交費用：審查費用80,000元整(不含領證費及檢驗費)。
4. 審查時間：120天(短)。
5. 許可字號：衛部健食規字第(後面無A)。

第一軌：衛部健食字第 (後面有A)	第二軌：衛部健食規字第 (後面無A)
健康食品 衛部健食字第A00000號	健康食品 衛部健食規字第00000號

四、請寫出我國衛生福利部目前最新公告訂定應符合食品安全管制系統準則的 5 類食品工廠與加工食品業，以及其實施食品安全管制系統時必須成立的管制小組應如何組成？（20 分）

【108-1 年食品技師】

詳解：

(一)應符合食品安全管制系統準則的 5 類食品工廠與加工食品業：

須符合「食品安全管制系統準則」(107.5.1)之食品業者：

1. 肉類加工食品業(需追溯追蹤)：食品技師、畜牧技師或獸醫師。
2. 乳品加工食品業(需追溯追蹤)：食品技師、畜牧技師或獸醫師。
3. 水產加工食品業(需追溯追蹤)：食品技師或水產養殖技師。
4. 餐盒食品工廠(需追溯追蹤)：食品技師或營養師。
5. 旅館業附設餐廳：食品技師或營養師。
6. 供應鐵路運輸旅客餐盒之食品業：食品技師或營養師。
7. 食用油脂工廠(需追溯追蹤)：食品技師。
8. 罐頭食品工廠：食品技師。
9. 蛋製品工廠(需追溯追蹤)：食品技師、畜牧技師或獸醫師。

(二)施食品安全管制系統時必須成立的管制小組應如何組成？

參照「食品安全管制系統準則」(107.5.1)：

第三條：

中央主管機關依本法第八條第二項公告之食品業者(以下簡稱食品業者)，應成立管制小組，統籌辦理前條第二項第二款至第八款事項。

管制小組成員，由食品業者之負責人或其指定人員，及專門職業人員、品質管制人員、生產部(線)幹部、衛生管理人員或其他幹部人員組成，至少三人，其中負責人或其指定人員為必要之成員。

五、請以我國衛生福利部以及國外 ISO 對認證(Accreditation)的定義說明食品業者對外宣稱其產品獲得認證的合宜性。(20 分)

【108-1 年食品技師】

詳解：

(一)我國衛生福利部對認證(Accreditation)的定義：

1. 參照「食品衛生安全管理系統驗證機構認證及驗證管理辦法」(108.6.4)：

第 2 條：本辦法用詞，定義如下：

一、認證：指中央主管機關對有能力辦理本法第八條第五項衛生安全管理系統驗證者予以認定之程序。(可辦二級品管單位的認證：穀研所、食工所)

二、驗證：指驗證機構對食品業者查核證明其符合本法衛生安全管理系統所進行之程序。

三、驗證機構：指經認證得執行驗證之機關(構)。

2. 參照「食品安全衛生管理法」(108.6.12)第八條第五項：經中央主管機關公告類別及規模之食品業者，應取得衛生安全管理系統之驗證。

(二)國外 ISO 對認證(Accreditation)的定義：

依據 ISO/IEC 17000:2004 的定義，認證為主管機構對某人或某機構給予正式認可，以證明其有能力執行特定工作的能力。認證機構可能為具有政府部門之公權力的機構，或是指派非營利機構(如法人)擔任認證組織。

(三)食品業者對外宣稱其產品獲得認證的合宜性：

1. (應該要考經衛福部認證單位驗證合格的食品業者，對外宣稱其產品獲得驗證的合宜性，出題老師傻傻分不清楚認證與驗證的差異)：

(1)依衛福部下之認證，係為對有能力辦理食品業者驗證之機構進行認定之程序，故尚不涉及食品業者對外宣稱其產品之事宜，然而對於業者執行衛生安全管理系統驗證後之產品宣傳有相關管理。

(2)衛福部之衛生安全管理系統之驗證(二級品管)，驗證內容為食品良好衛生規範準則(GHP)及食品安全管制系統準則(HACCP)，對於業者製造廠區之製造管理做系統性之驗證，且不對於產品進行抽驗，依「食品衛生安全管理系統驗證機構認證及驗證管理辦法」(108.6.4)第 18 條規定：食品業者不得於產品容器或外包裝上，標示其取得驗證意旨之文字、圖片或條碼。

(3)國際上常見之 ISO 體系與食品相關之制度：ISO 22000 亦為廠區系統性驗證，也不對於單一產品執行驗證，並不鼓勵業者將通過驗證之相關資訊呈現於產品包裝上。

(4)綜合上述，對於系統性驗證之方案，對於在產品上宣傳驗證之事宜，較不適切，然而對於整個廠區宣傳驗證事宜，卻是有較多彈性空間。

2. 食品業者文宣中有宣稱參與並獲得認證(驗證)，就應提出認證證明佐證，另特定期限內終止或使用期間屆滿後，相關廣告文宣亦不得再提及圖示或文字標註，以避免有虛偽不實及引人錯誤之表示，違反公平交易法。

108 年第一次專門職業及技術人員高考-食品技師

類科：食品技師　科目：食品工廠管理

一、食品安全事件常常起因於誤用違法食品添加物，請說明食品工廠為避免誤用違法食品添加物之食品安全事件再度發生，針對下列兩件事應有那些制度及管理事項？

(一)原物料的採購過程。(10 分)

(二)原物料的驗收過程。(15 分)

【108-1 年食品技師】

詳解：

(一)原物料的採購過程：物料經過良好的採購過程後，進料應有嚴謹的驗收方式才可確保供應好品質的物料。於驗收之前準備事項如下：

1. 預定交貨驗收時間。
2. 預定交貨之品質。
3. 依合約書內所指定之地點交貨。
4. 依合約書上所訂的數量來點收。
5. 凡不符合規定之貨品，一律拒收。
6. 採購人員於貨品收到驗收後，應給予供應商驗收證明書。

(二)原物料的驗收過程：驗收時，主要工作為倉儲部門進行數量的點收，品管部門執行品質的檢驗的事項，與應注意的事項如下：

1. 數量點收：應注意送來的貨品數量、大小、重量是否合於所求，若有誤，應連絡供應商要求訂正或作退貨之洽商。
2. 品質檢驗：對於品質之要求應事先將檢驗步驟、方法裝訂成冊，依手冊所訂標準對貨品或商品進行檢驗，避免買到不合格貨品，生產線無法正常生產或生產出的成品無法出貨，造成企業重大損失。檢驗的項目依貨品而異，主要的有外觀、大小、規格、包裝及品質等。規格是指貨品的品種、品牌、廠牌、數量、個數、內容物淨重、形狀、稠度、甜度、部位等物理特性或化學成分；依貨品種類、項目，可制定不同的規格以作採買依據。
3. 核對契約：交貨檢查應根據契約中貨品之規格，依契約，確定無誤後才予以收貨。
4. 檢查方式：高價位、季節性、容易檢查者，或容易破損，或有不良品混入者，則全數檢查；交貨數量很大者，或沒有不良品混入者，則抽樣檢查。
5. 驗收時應將貨品分類整理。
6. 避免送來貨品在驗收前損傷、遺失或被竊。
7. 無法自行檢驗的項目，可不定時委託企業外部的檢驗機構檢驗，亦可要求供應商提供自行委託檢驗機構檢驗的檢驗報告，或請其對貨品做品質保證。

二、開發新產品以提升市場競爭力是食品工廠永續經營的重要條件之一，請說明食品企業可從事的研發活動有那些？（25 分）

【108-1 年食品技師】

詳解：

在食品企業，所謂研究(research)是指將企業開發作為目的，藉著自然科學的方法，來追求新的事物；所謂發展(development)，是將企業利潤作為目的，利用研究結果或原有的知識，組合發展，已製造新產品，並且創造新的方式。通常食品企業間使用如下的分類，其關係如圖(研究與發展關係圖)：

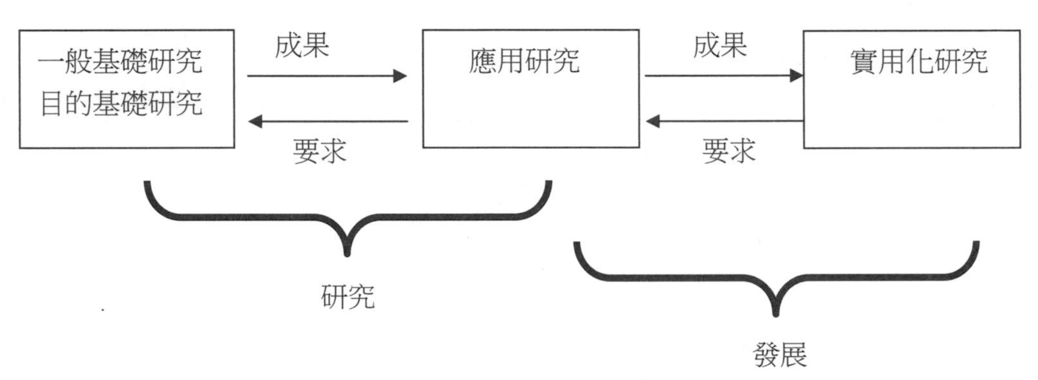

(一)一般基礎研究(純基礎研究)：特定的應用，與用途無關，將純學術性的新知識的探求作為目的的研究，亦稱為純研究、學術研究等。由於不考慮商業價值，且投資龐大，因此企業界較少從事，而以大學、研究機構、各級政府機構從事較多，但企業界不該忽視此係研究，應隨時注意與自己產品有關的外界研究機構的研究報告，以便妥為利用。如研究乳酸菌的最適生長條件之營養素與培養環境。

(二)目的基礎研究：為了特定的應用及用途，對所需的新知識進行計畫性的探索研究，如企業界所實行的基礎研究，大部分是屬於這個。如研究特定乳酸菌的最適生長條件之營養素與培養環境。

(三)應用研究：應用基礎研究所得之知識，為了新產品或新方法的開發所作的研究，或是為了新用途的開發所作之研究，其研究目的在於實際應用，或在於解決問題，因此企業界常用於設計一些具有商業價值的產品或生產程序，以增進企業的獲利能力。如以特定乳酸菌發酵牛奶，並額外添加營養素與配合培養環境，探討最適生長條件的組合，以使特定乳酸菌的菌量最大化。

(四)實用化研究：利用及組合基礎研究、應用研究的結果，或是原有之知識，以開發新產品、新方式。如以特定乳酸菌發酵牛奶，並額外添加最適營養素與配合最適培養環境，使特定乳酸菌的菌量最大化，來生產超高乳酸菌菌量之優酪乳新產品。

三、請依據「食品良好衛生規範準則」，說明食品添加物業針對食品添加物的進貨及貯存管理應符合那些規定？（25 分）

【108-1 年食品技師】

詳解：

參照「食品良好衛生規範準則」(103.11.7)：

(一)食品添加物業針對食品添加物的進貨及貯存管理應符合的規定：

第二十九條：食品添加物之進貨及貯存管理，應符合下列規定：

一、建立食品添加物或原料進貨之驗收作業及追溯、追蹤制度，記錄進貨來源、內容物成分、數量等資料。

二、依原材料、半成品或成品，貯存於不同場所，必要時，貯存於冷凍（藏）庫，並與其他非供食品用途之原料或物品以有形方式予以隔離。

三、倉儲管理，應依先進先出原則。

(二)食品添加物的貯存管理：

1. 第六條：食品業者倉儲管制，應符合下列規定：

一、原材料、半成品及成品倉庫，應分別設置或予以適當區隔，並有足夠之空間，以供搬運。

二、倉庫內物品應分類貯放於棧板、貨架上或採取其他有效措施，不得直接放置地面(GMP (TQF)規定離牆離地 5 公分)，並保持整潔及良好通風。

三、倉儲作業應遵行先進先出之原則，並確實記錄。

四、倉儲過程中需管制溫度或濕度者，應建立管制方法及基準，並確實記錄。

五、倉儲過程中，應定期檢查，並確實記錄；有異狀時，應立即處理，確保原材料、半成品及成品之品質及衛生。

六、有污染原材料、半成品或成品之虞之物品或包裝材料，應有防止交叉污染之措施；其未能防止交叉污染者，不得與原材料、半成品或成品一起貯存。

2. 第九條：食品製造業製程管理及品質管制，應符合附表三製程管理及品質管制基準之規定。

附表三：食品製造業者製程管理及品質管制基準

一、使用之原材料，應符合本法及其相關法令之規定，並有可追溯來源之相關資料或紀錄。

二、原材料進貨時，應經驗收程序，驗收不合格者，應明確標示，並適當處理，免遭誤用。

三、原材料之暫存，應避免製程中之半成品或成品產生污染；需溫溼度管制者，應建立管制方法及基準，並作成紀錄。冷凍原料解凍時，應防止品質劣化。

四、原材料使用，應依先進先出之原則，並在保存期限內使用。

五、原材料有農藥、重金屬或其他毒素等污染之虞時，應確認其安全性或含量符合本法及相關法令規定。

六、食品添加物應設專櫃貯放，由專人負責管理，並以專冊登錄使用之種類、食品添加物許可字號、進貨量、使用量及存量。

四、請依據「TQF即食餐食工廠專則」，說明：
(一)即食餐食工廠之作業場所的照明設施應符合那些規定？（10分）
(二)即食餐食工廠之各作業區（清潔作業區、準清潔作業區、一般作業區）的落菌數控制標準及落菌數的測定方法。（15分）

【108-1年食品技師】

詳解：

參照「台灣優良食品技術規範即食餐食專則2.2」(2021.12)：

(一)即食餐食工廠之作業場所的照明設施應符合的規定：

1.廠內各處應裝設適當的採光及（或）照明設施，且照明設備應保持清潔，以避免污染食品。照明設備以不安裝在食品加工線上有食品暴露之直接上空為原則，否則應有防止照明設備破裂或掉落而污染食品之措施。

2.一般作業區域之作業面應保持 110 米燭光以上，管制作業區之作業面應保持 220 米燭光以上，檢查作業檯面則應保持 540 米燭光以上之光度，而所使用之光源應不致於改變食品之顏色。

(二)即食餐食工廠之各作業區（清潔作業區、準清潔作業區、一般作業區）的落菌數控制標準及落菌數的測定方法：

1. 落菌數控制標準：各作業區之落菌數控制標準如下：

作業區	落菌數
清潔作業區	30個以下
準清潔作業區	50個以下
一般作業區	500個以下

2. 落菌數的測定方法：

此為將盛有標準洋菜培養基的直徑9公分培養皿，在作業中平放打開5分鐘後，於35℃培養48±2小時之菌落數（2-3皿之平均值）。

108 年第二次專門職業及技術人員高考-食品技師

類科：食品技師　科目：食品微生物學

一、關於亞洲國家的傳統發酵食物，如臺灣的紅麴、日本的納豆及印尼的天貝，皆具有不同的保健功效。請比較這三種傳統發酵食品的製作及食用方法、發酵菌種及其特殊的保健功效。（30 分）

【108-2 年食品技師】

詳解：

(一)臺灣的紅麴(紅麴米)：

1. 製作：

白米→浸漬→蒸熟→冷卻→接種紅麴菌→培養→翻麴→補水→烘乾→紅麴米

2. 食用方法：製作紅糟肉、紅麴豆腐乳、紅麴色素、紅麴餅乾、紅麴葡萄酒及紅露酒、紅麴保健食品等食用。
3. 發酵菌種：*Monascus anka*(*Monascus purpureus*)、*Monascus ruber* 或 *Monascus pilosus*。
4. 特殊的保健功效：莫那可林 K(Monacolin K)降膽固醇、γ-胺基丁酸(GABA)降血壓、SOD 抗氧化。

(二)日本的納豆：

1. 製作：

大豆→浸漬→烹煮→冷卻→接種納豆菌→發酵→納豆

2. 食用方法：直接配飯吃、加入佐料配飯吃、製作創意料理，如納豆美乃滋、納豆義大利麵、納豆咖哩飯、納豆吐司、納豆玉米濃湯、納豆冰淇淋、納豆優格等食用。
3. 發酵菌種：*Bacillus natto* (*Bacillus subtilis*)。
4. 特殊的保健功效：納豆激酶(Nattokinase)溶解血栓、SOD 抗氧化。

(三)印尼的天貝：

1. 製作：

大豆→浸漬→去皮→烹煮→冷卻→接種天貝菌→發酵容器→發酵→天貝

2. 食用方法：切片直接吃、加入佐料拌一拌吃、加入調味料炒一炒吃、當烹調料理吃。
3. 發酵菌種：*Lactobacillus plantarum*、*Rhizopus oligosporus*。
4. 特殊的保健功效：高蛋白質的肉類代替品、高維生素 B_{12} 含量[研究由天貝裡的非病原性之肺炎克萊桿菌(*Klebsiella pneumoniae*)合成]。

二、試比較同型發酵與異型發酵之作用，並舉出實例。（25 分）

【108-2 年食品技師】

詳解：

(一)同型(乳酸)(Homolactic)發酵	1. 原因	具有六碳醣異構酶(hexose isomerase)與醛縮酶(aldolase)而缺磷酸酮酶(phosphoketolase)，所以代謝走醣解路徑(EMP)
	2. 定義	可利用葡萄糖產生乳酸的乳酸菌
	3. 實例菌種	如 *Lactococcus*、*Streptococcus*、*Pediococcus*、部分 *Lactobacillus*
(二)異型(乳酸)(Heterolactic)發酵	1. 原因	缺六碳醣異構酶(hexose isomerase)與醛縮酶(aldolase)而具有磷酸酮酶(phosphoketolase)，代謝走六碳醣單磷酸路徑(HMP)
	2. 定義	可利用葡萄糖產生乳酸、醋酸、酒精及二氧化碳的乳酸菌
	3. 實例菌種	如 *Leuconostoc* 及部分 *Lactobacillus*
(三)雙叉桿菌(*Bifidobacterium*)發酵	1. 原因	缺醛縮酶(aldolase)及葡萄糖六磷酸去氫酶(glucose-6-phosphate dehydrogenase, G6PD)，代謝走 Bifidus 路徑
	2. 定義	可利用葡萄糖主要產生乳酸和醋酸的乳酸菌
	3. 實例菌種	如 *Bifidobacterium*

◎異型乳酸發酵之乳酸菌可產生較多的香氣成分，如雙乙醯、乙醛等。

三、關於細菌細胞壁的脂多醣體 lipopolysaccharide（LPS）：何謂脂多醣體？其於格蘭氏染色法中所扮演的角色為何？並敘述格蘭氏染色過程、機制與關鍵步驟。另外，LPS 與食物中毒的關係為何？又與細菌分類之相關性為何？（25 分）

【108-2 年食品技師】

詳解：

(一)脂多醣體：

脂多醣體(Lipopolysaccharide, LPS)為格蘭氏陰性菌[G(-)]細胞壁外膜的結構成分，可細分兩種成分：

1. O 型多醣(O polysaccharide)：為 O 抗原(O antigen)所在。
2. A 型脂質(Lipid A)：為內毒素(Endotoxin)所在。

(二)於格蘭氏染色法中所扮演的角色：決定染色後的顏色來區分 G(+)或 G(-)菌

在進行格蘭氏染色時，結晶紫(Crystal violet)與碘液(iodine)形成的複合物(CV-I complex)會染上肽聚醣(peptidoglycan)，由於 G(+)菌細胞壁肽聚醣厚，所以 G(+)菌染上多，而 G(-)菌細胞壁肽聚醣薄，所以 G(-)菌染上少，然後再進行 95 %酒精脫色，會使得 G(-)菌外膜的脂多醣體溶解，而使 CV-I complex 釋出，最後以番紅(Safranin)進行複染色時，只染上 G(-)菌，而 G(+)菌未染上。

(三)格蘭氏染色過程、機制與關鍵步驟：

1. 過程：結晶紫→碘液→95%酒精→番紅→顯微鏡觀察。
2. 機制：

(1)結晶紫和碘液：染上細菌細胞壁肽聚醣，並形成結晶紫-碘液複合物。

(2)95%酒精：將 G(-)菌外膜的脂多醣體溶解，而使結晶紫-碘液複合物釋出。

(3)番紅：染上細胞壁肽聚醣脫色的 G(-)菌細胞壁肽聚醣。

3. 關鍵步驟：95%酒精脫色

(1)G(+)菌呈紫色，因 95%酒精未脫去結晶紫與碘複合物的紫色，故以番紅進行複染後染不上仍為紫色。

(2)G(-)菌呈紅色，因 95%酒精脫色時會脫去結晶紫與碘複合物的紫色，使番紅複染時可以染上，而呈紅色

(四)LPS 與食物中毒的關係：

LPS 的 A 型脂質(Lipid A)為內毒素(Endotoxin)所在，當它存在於宿主的血流或胃腸道時，具有毒性，他會引起發燒和休克，如 *Vibrio parahaemolyticus* 食品中毒，因其具有內毒素，故會引起發燒。

(五)與細菌分類之相關性：

LPS 的 O 型多醣(O polysaccharide)為 O 抗原所在，多醣可充當抗原，可利用抗體-抗原專一性作血清型分類來區分 G(-)菌菌種的依據，如 *Escherichia coli* O157：H7 之 O157。

四、試比較 sterilization、commercial sterilization 及 pasteurization 的加熱條件、目的及如何應用各方法於食品工廠的生產與品管。（20 分）
【108-2 年食品技師】

詳解：

(一)滅菌(sterilization)：

1. 加熱條件：

(1)溼熱滅菌：需 121℃，15 分鐘。

(2)乾熱滅菌：需 170℃，1 小時。

2. 目的：將食品中全部微生物殺死，無法再經培養而培養出微生物，殺菌程度最高。以具耐熱性且會產生孢子之 *Bacillus stearothermophilus* 為滅菌指標(*B. subtilis* 亦可)。

3. 應用於食品工廠的生產與品管：食品工廠於檢測空氣落菌數、食品生菌數、食品大腸桿菌群與大腸桿菌，需將實驗器皿與培養基進行滅菌，才能檢測。

(二)商業滅菌(commercial sterilization)：

1. 加熱條件：

(1)超高溫瞬間殺菌法(Ultra high temperature short time method, UHT)：131~142℃，加熱 2~5 秒。如保久乳之殺菌。

(2)罐頭之殺菌。依不同的 pH 值與罐型所需之溫度與時間皆不同。

2. 目的：其殺菌程度低於滅菌高於巴氏殺菌，而必須達到商業無菌性(Commercial Sterility)，即常溫貯放不會腐敗。以 100℃以上加熱將大部分有害微生物殺死，但部份嗜高溫菌及孢子仍未殺死，其在室溫下無法生長而不會造成食品之劣變，經適當培養後仍可養出微生物，此類食品如罐頭，大多於室溫下保存。殺菌程度依不同食品而異。

3. 應用於食品工廠的生產與品管：食品工廠於生產罐頭食品、利樂包飲料食品、泡麵中的料理包等，皆需以商業滅菌進行殺菌，才能於常溫貯放而不腐敗。

(三)巴斯德殺菌(pasteurization)：

1. 加熱條件：

(1)低溫長時(Low temperature long time, LTLT)：62~65℃，加熱 30 分鐘。

(2)高溫短時(High temperature short time, HTST)：72~75℃，加熱 15 秒。

2. 目的：以 100℃以下加熱將大部分中溫菌及低溫菌殺死，但最主要為病原菌(包括部分腐敗菌)，加熱程度最低，經培養仍可培養出微生物，本來是用在製酒的殺菌，目前用來殺菌牛奶，殺死牛奶中致病性微生物(*Mycobacterium bovis*、*Coxiella burnetii*、*Salmonella* 及 *Brucella*)，仍需以低溫保存。

3. 應用於食品工廠的生產與品管：食品工廠於生產紙盒包裝冷藏供應的牛奶、水果酒、保留牛奶熱敏感成分之乳鐵蛋白、用於發酵牛奶等的殺菌。

108 年第二次專門職業及技術人員高考-食品技師

類科：食品技師　科目：食品化學

一、在特定溫度下，某食品的水分含量（以每公斤乾物中所含水量表示）與該食品的水活性之間的關係圖稱為等溫吸濕曲線（moisture sorption isotherms），依據水活性範圍的不同，等溫吸濕曲線可分為三個區域，請說明此三個區域中水分的特性。（20 分）

【108-2 年食品技師】

詳解：

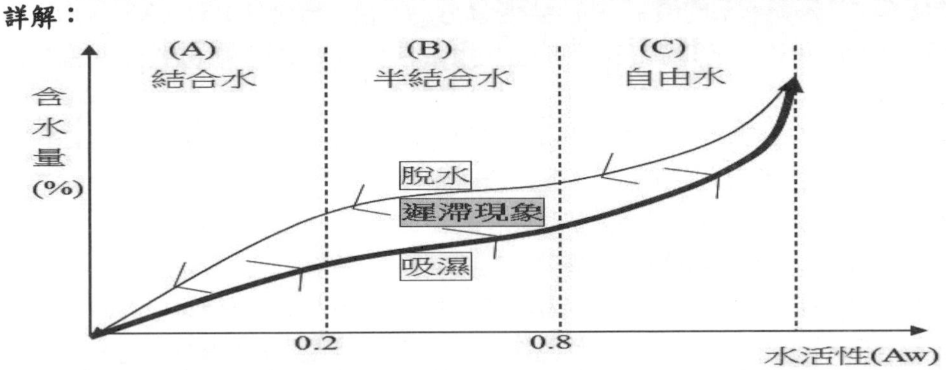

以含水量(%)為縱軸，水活性(Aw)為橫軸，將含多量水分食品經脫水後所獲得之曲線，稱為脫水曲線(desorption isotherm)；將乾燥食品吸濕後所獲得之曲線，稱為吸濕曲線(adsorption isotherm)予以繪圖，即為該食品在該溫度下之等溫吸濕曲線(Moisture Sorption isotherm, MSI)。脫水與吸濕曲線不相符，稱為遲後現象。

(一)第一區域：結合水(bound water)

1. 定義：吸附在最內層，被官能基強烈束縛，通常是指存在於溶質或其他非水組成分附近的水(化合水如結晶水)、與溶質分子之間透過化學鍵結合(靜電交互作用或氫鍵結合)的該部分水(單層水)。

2. 特性：	(1)溶媒作用	(2)凍結能力	(3)熱力學移動	(4)微生物利用
	無	無	無	無

(二)第二區域：多層水(multiplayer water)

1. 定義：為吸附在結合水與自由水間的水分，性質介於結合水與自由水之間。

2 特性：	(1)溶媒作用	(2)凍結能力	(3)熱力學移動	(4)微生物利用
	不太有	不太有	不太有	不太有

(三)第三區域：自由水(free water)

1. 定義：吸附在最外層，為食品中被毛細現象保持之。

2. 特性：	(1)溶媒作用	(2)凍結能力	(3)熱力學移動	(4)微生物利用
	有	有	有	有

二、何謂「抗性澱粉（resistant starch）」？抗性澱粉有那些種類？抗性澱粉有那些功能特性？（20 分）

【108-2 年食品技師】

詳解：

(一)抗性澱粉（resistant starch, RS）：非水溶性膳食纖維

為天然存在某些食品中(如豆類)之非水溶性(insoluble)澱粉，此澱粉能經過健康狀態的小腸而不被消化吸收，可完整地到達大腸，部分可經腸內益生菌發酵產生醋酸鹽、丙酸、丁酸等而降低腸道 pH 值，是一種有利於益生菌生長的澱粉[益生質(prebiotics)]。

(二)抗性澱粉種類：

依據其防治澱粉水解的機制將抗性澱粉區分為五種，分別為 RS1、RS2、RS3、RS4、RS5，RS1 和 RS2 存在天然的植物組織內，RS3、RS4、RS5 則是經由加工獲得的。

RS1	為消化酵素完全無法消化吸收的澱粉類物質(physically trappedStarch)，存在於種子類、豆莢類及未加工全穀類等天然食物中
RS2	主要是澱粉顆粒中完全無法糊化的物質(resistant starch granules)，存在於未經烹調的馬鈴薯、青香蕉、某些莢豆類及富含直鏈澱粉之玉米澱粉
RS3	主要是澱粉經由糊化、回凝所產生的老化澱粉(retrograded starch)。可由澱粉加工產品中獲得，如麵包、烘焙產品、熟麵食及饅頭老化獲得
RS4	非自然界存在物質，係於實驗室中經由物理或化學方法將老化澱粉中 α-1,4-D-醣苷鍵結聚合物純化出來的物質(chemically modified starch)
RS5	為烹煮中，直鏈澱粉與脂肪酸結合的直鏈澱粉-脂肪複合物(amylose-lipid complex)，如氧化酸敗油脂的冷卻炒飯含有

(三)抗性澱粉功能特性：

1. 因保水能力不佳，所以利用此特性應用於中低水分食品中，可使麵類具耐煮性，使早餐穀類食品耐沖泡且具咀嚼感。
2. 生理活性：

(1)降低熱量攝取與脂肪貯存。

(2)降低血糖攝取，控制或預防糖尿病。

(3)促進腸道健康，預防便秘及直腸癌。

(4)降低膽固醇。

三、果膠酯酶（pectin esterase）、聚半乳糖醛酸酶（polygalacturonase）及果膠裂解酶（pectinlyase）是三種主要的果膠酶（pectic enzymes），請說明此三種果膠酶作用於果膠的反應機制。（20 分）

【108-2 年食品技師】

詳解：

(一)果膠酯酶（pectin esterase）：PE 又稱果膠甲基酯酶(pectin methylesterase, PE)

1. 來源：果膠酯酶(PE)存在植物的根、莖、葉、果實組織及許多微生物中。通常會與植物體內不溶於水之細胞形成大分子結合在一起。
2. 作用：將果膠質分子上結合在半乳糖醛酸上的甲氧基水解除去，而產生羧基和游離甲醇，因而降低果膠質的酯化度(DE)，變成低甲氧基果膠或果膠酸。

PE

果膠(pectin)(水溶性) + H_2O ⟶ 果膠酸(pectic acid)(水溶性) +甲醇(methanol)

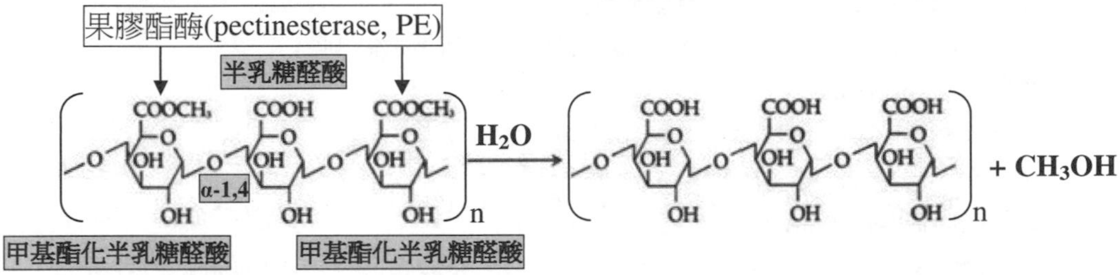

(二)聚半乳糖醛酸酶（polygalacturonase）：PG 又稱果膠分解酶(pectinase)

1. 來源：廣泛存在細菌、真菌及高等植物中。
2. 作用：將果膠質、果膠酸加水分解 α-1,4 醣苷鍵，成為低分子量的聚半乳糖醛酸，最終產物為半乳糖醛酸。

PG

果膠酸(pectic acid)(水溶性) + H_2O ⟶ 半乳糖醛酸

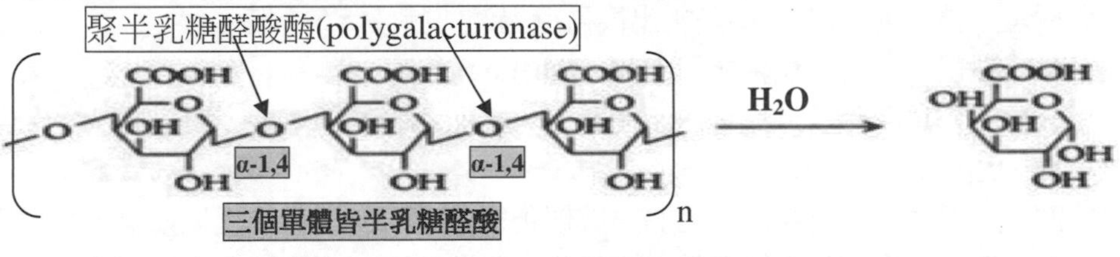

(三)果膠裂解酶（pectinlyase）：PL 又稱果膠轉消酶(pectin transelimonase)

1. 來源：存在於微生物中。
2. 作用：作用於高甲氧基果膠分子上鄰近甲酯基旁的 α-1,4 醣苷鍵，C4 與 C5 間經 β-脫去(β-elimination)反應，在斷裂的醣苷鍵旁產生一雙鍵。

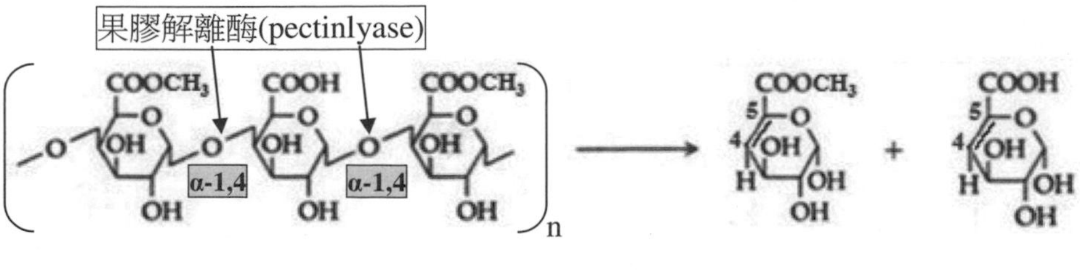

四、從食用油脂原料提取所得到的粗油，通常需要再經過脫膠（degumming）、脫酸（deacidification）、脫色（bleaching）、脫臭（deodorization）等精製（refining）的步驟，請說明在各精製步驟中可去除那些物質，並闡述其原理。（20 分）

【108-2 年食品技師】

詳解：

油脂之純化與精製(refining)：以大豆油為例

(一)脫膠(degumming)：

1. 去除物質：移去膠質以磷脂質為主，而卵磷脂佔大多數。
2. 原理：油與 3 %水或水蒸汽混合，於 60℃下攪拌 20 分鐘，再離心或靜置。

(二)脫酸(deacidification)：

1. 去除物質：脫去油中之游離脂肪酸。
2. 原理：以氫氧化鈉加熱攪拌油脂，靜置分離沉澱物(皂腳)。

(三)脫色(decolorization)：

1. 去除物質：除去油脂中的色素如葉綠素或β-胡蘿蔔素。
2. 原理：常用活性碳或酸性白土去除色素。

(四)脫臭(deorderization)：

1. 去除物質：除去加工過程中產生之醛與酮等臭味(油耗味)或植物特有臭味(油雜味)。
2. 原理：常用真空抽氣，以熱蒸氣加熱油脂使低沸點臭味物質揮發經真空抽氣裝置抽除。

(五)冬化(winterization)：

1. 去除物質：去除蠟質(長鏈飽合脂肪酸)與高熔點的甘油酯。
2. 原理：降溫至 5 ℃，結晶析出後再行過濾，持續 5.5 小時。

(六)以前製程可能會經氫化作用(Hydrogenation)：

1. 去除物質：可減少油脂中的不飽和度，增加油脂的穩定性，較不易產生聚合物，適合做為油炸油。
2. 原理：將含有不飽和成分的脂肪與催化劑[如鎳(Ni)混合後通以氫氣，控制溫度、壓力、攪拌速率等條件，使氫分子選擇性地加到雙鍵上的兩個碳，而使其成飽和的單鍵。

五、膠原蛋白（collagen）是肉品中結締組織（connective tissue）的主要成分之一，請說明膠原蛋白的化學組成及特性，並請說明膠原蛋白對肉品質地（texture）的影響。（20 分）

【108-2 年食品技師】

詳解：

(一)化學組成：

1.結構：膠原蛋白長約 280 nm，由三條多胜肽鏈之 β-轉角(β-turn)的特殊三股螺旋之多胜肽鏈(polypeptide chains)互相纏繞而成，每條胜肽鏈都是左旋，每轉一圈有 3.3 個殘基，三個大螺旋綁在一起，為右旋性的大螺旋，需靠氫鍵安定構型。

2. 組成：

(1)甘胺酸(glycine, Gly)為膠原蛋白中最豐富的胺基酸，約佔全部胺基酸總量的三分之一，因在形成三股螺旋(three-chained coiled helix)結構中，甘胺酸為所有胺基酸中，具最小支鏈者(僅為一氫原子)，適合填入螺旋結構之內側，且較不佔空間。

(2)脯胺酸(proline, Pro)(適合填入螺旋內側)與羥脯胺酸(hydroxyproline, Hyp)佔另外的三分之一(羥輔胺酸佔全部胺基酸約 13~ 14 %)，兩者為了形成足夠的氫鍵。

(3)其他胺基酸佔最後的三分之一。

(4)羥脯胺酸(多)(Hydroxyproline, Hyp)和羥離胺酸(少)(Hydroxylysine, Hyl)是構成膠原蛋白的重要成分，此二種胺基酸以脯胺酸和離胺酸的型式合成多胜肽後再經羥化(Hydroxylation)修飾而來，需要維生素 C 作為輔酶。

(3)重要反應：Proline(脯胺酸) $\xrightarrow[\text{羥化}]{\text{維生素 C}}$ Hyp(羥脯胺酸) Lysine(離胺酸) → Hyl(羥離胺酸)

(5)這些胺基酸一般以甘胺酸-脯胺酸-羥脯胺酸(Gly-Pro-Hyp)三聯交替出現的順序排列。

(二)特性：

1. 為醣蛋白的一種，含少量的半乳糖與葡萄糖及大量的胺基酸，具膨潤性，為強韌的水不溶性纖維。

2. 為動物體內最豐富的蛋白質之一(佔動物體蛋白質 20~ 25 %)。

(三)對肉品質地（texture）的影響：

膠原蛋白愈多的肉品，在煮的過程中使其膠原蛋白變性為明膠，冷卻後形成溫水可溶，冷水不溶之明膠(gelatin)凝膠狀態，使肉品 Q 軟，如雞腳凍或豬腳凍。

108年第二次專門職業及技術人員高考-食品技師

類科：食品技師　科目：食品加工

一、政府擬推動雞蛋全面洗蛋的政策，雞蛋業者卻說「雞蛋不能洗，洗了更容易壞」針對這兩種近乎矛盾的說法，請詳細說明其矛盾之所在、正確洗蛋流程的關鍵技術步驟及採取這些步驟的理由。(25分)

【108-2年食品技師】

詳解：

1. 矛盾所在：

(1) 政策：104年禽流感問題爆發後，意識到蛋雞場的生物安全很重要，為了兼顧食品安全與防疫，從105年開始，規畫雞蛋洗選政策。蛋導致污染原因：

A. 生物性之結構：外層有蛋殼，蛋殼中有膜，此兩者為防止微生物進入蛋殼造成腐敗最主要之屏障。

B. 營養價值高，適合微生物利用，一旦微生物進入即會造成污染。

C. 為在雞的腸道末端生出，可能會被如 *Salmonella* 等微生物污染。

(2) 業者：

A. 消費者目前偏好未洗選的蛋(保存期限較長)：95 %以上的蛋(蛋內)在剛出生時為無菌。剛出生之雞蛋上會有許多蛋孔，同時雞會分泌角層黏液，堵住這些小孔，使得微生物不會進入蛋中(蛋殼粗糙)。經選洗過程，因水溫與濕度關係，使角層黏液減少(蛋殼光滑)，增加微生物進入蛋內機率。

B. 選洗設備昂貴且人力成本高：目前先進國家之選蛋作業均採用自動選別機，可將蛋洗淨、乾燥、照蛋檢查、重量選別分類等操作。

C. 冷鏈之冷藏設備不足：選洗蛋操作流程雖可避免沙門氏桿菌之食品中毒，但使雞蛋於室溫下易腐敗，需於冷藏貯藏。

(3) 當前解決方式：國內八成以上雞蛋業者皆屬於傳統產業，短期要達到全面洗選有困難，因此宣布政策暫緩。優先推動「雞蛋逐顆噴印」追溯履歷，即每顆雞蛋必須雷射印上畜牧場編號、生產日期等資訊。

2. 正確洗蛋流程：選蛋→洗淨→風乾→油蠟處理→照蛋→分級→包裝→儲藏。

3. 關鍵步驟及其理由：

(1) 選蛋：以外觀檢查除去外形異常蛋。

(2) 洗蛋：過程使用水溫30~45℃，包含噴水→刷洗→沖洗。先以清水濕潤蛋殼並去除部分髒污，再以200 ppm氯液刷洗，最後以清水沖洗髒污及清潔劑。

(3) 風乾及油臘處理：去除多餘水分，使食用臘容易附著，防止外界因子污染。

(4) 照蛋級分級：檢查除去內容物異常蛋，並依重量分類。

(5) 儲藏：1~7℃儲藏，防止蛋品劣化及微生物生長。

二、下表是由食品工業發展研究所執行瓶裝產品的熱穿透測試結果，請依此表內容回答下列問題：(每小題5分，共25分)

熱穿透測試結果如下：

產品名稱	罐　型	形態	最高裝罐量(g)	最低內容量(g)	初溫(℃)	滅菌溫度(℃)	升溫時間(min)	滅菌時間(min)	最小滅菌值 F_0 (min)	測定時成份比
特級燕窩	37/50x79mm (玻璃瓶)	不規則條狀	2.0	70	25	121	10	16	5.5	水：92.2%、冰糖：4.9%、(乾)燕窩：2.9%(2.0g)、碎片率：5.0%、可溶性固形物：5.0°Brix

備註：1.使用 ∅97cm × 120cm 靜置式熱水噴霧臥式高壓殺菌釜
2.升溫時間：10 分

(一) 何謂「熱穿透測試」？
(二) 何謂「升溫時間(min) = 10」？
(三) 何謂「最小滅菌值 F0(min) = 5.5」？
(四) 可以從那些數據得知該產品滿足低酸性罐頭食品 12D 商業滅菌要求？
(五) 使用玻璃瓶與馬口鐵罐頭兩種不同容器進行商業滅菌時，在殺菌釜的操作上的差異性為何？

【108-2年食品技師】

詳解：

(一)

1. 須先了解罐頭熱分布狀態(即冷點)，指罐頭受熱時，熱能由外而內傳輸，其中受熱最慢，溫度上升最慢的一點。設備型態(靜置式熱水噴霧臥式高壓殺菌釜)、排列方式(不規則條狀)及罐型(玻璃罐)皆會影響。
2. 再了解產品型態、配方及內容物(測定時成分比，尤其是固形物含量及黏度)，皆會影響熱穿透速率。
3. 最後透過了解初溫(25℃)、滅菌溫度(121℃)、升溫時間(10 min)及最小滅菌值(5.5 min)之間關係，計算目標微生物死滅而達到商業滅菌狀態，即長期在室溫儲藏不會變壞的狀態，增加商品價值。

(二) 指初溫(25℃)至滅菌溫度(121℃)為 10 分鐘。因殺菌過程，中心溫度為連續變化，故以此表示。

(三) 指滅菌的最低要求在 121℃下為 5.5 分鐘，可將目標微生物數量殺死至達商業滅菌標準。

(四) 燕窩屬於低酸性食品(pH > 4.6)，目標微生物為肉毒桿菌，需以 12D 殺菌。因題目並無給足數據(初始菌數、殺菌後菌數、維持溫度時間、最終溫度)，故只能依題目推測最小滅菌值(5.5 min)即 12D 商業滅菌要求。

(五) 殺菌釜操作差異為，玻璃要特別注意熱震(溫差大而導致破裂)。加熱殺菌後冷卻之溫差不可太大，否則玻璃會破碎；此外，玻璃因無同心圓及連續溝紋，故無法承受強大內壓(質易碎)，需注意頂空(head space)的空氣含量。

三、在產品研發階段，為確認產品安全性，研究人員常會採用「微生物挑戰試驗(microbial challenge test)」，請詳述下列問題：
(一) 何謂「微生物挑戰試驗(microbial challenge test)」？(5 分)
(二) 若試驗時不允許使用高致病風險的病原菌(例如肉毒桿菌或李斯特菌)，此挑戰試驗將如何進行？(5 分)
(三) 以殺菌(sterilization)與抑菌(growth inhibition)為目的的挑戰試驗，它們在實驗設計上有何不同？(5 分)
(四) 當挑戰試驗的目的是要證明該產品保存期限是否可以達 2 年時，這個試驗將如何合理地進行？(10 分)
【108-2年食品技師】

詳解：

(一)

食品為許多成分組成，當自由水足夠下，容易因製程或保存階段導致微生物生長，使食品變敗。透過微生物挑戰試驗，選擇適當的病原菌或目標微生物，接種不同比例於食品中，測試不同殺菌條件下，冷點位置菌體死滅狀態，用以判定是否能達商業標準。期間，可獲得病原菌或目標微生物之 D 值、Z 值及 F 值。此外，亦可改變食品組成(如添加防腐劑或抑菌物質)，進行微生物挑戰試驗，以了解組成改變對微生物的影響。

(二) 使用方便的替代細菌：需有較目標微生物耐熱及對食品較低致病風險特性，如 *Clostridium sporogenes* (PA3679)較 *Clostridium botulinum* 耐熱性高及毒素低，因此於罐頭殺菌過程中，PA3679 死亡時，代表相同殺菌條件下肉毒桿菌亦會死滅。

(三)

1. 殺菌：主要測試殺菌過程，食品組成(pH 值與內含抑制物)及殺菌條件(溫度與時間)對於菌體的存活狀態試驗，是否能夠達到商業標準。
2. 抑菌：主要測試外來添加物(如防腐劑)，即修改配方，在儲存過程中菌體生長狀態是否還可達商業標準。

(四) 挑戰試驗後進行加速劣變試驗，產品提高溫度於 45℃儲存以加速劣變，六個月後以目標微生物檢測及感官品評進行判定。因溫度上升 10℃，反應速率應增加兩倍，與常溫 25℃比較約為四倍，故產品於 45℃儲存六個月即可測試是否劣變到不可接受狀態，即可推估是否能以 2 年當作保存期限。

有效日期評估之步驟：參照「市售包裝食品有效日期評估指引」(102.4.24)：

步驟 1：分析食品劣變的因子。
步驟 2：選擇評估產品品質或安全性的方法。
步驟 3：擬定有效日期的評估計畫。
步驟 4：執行有效日期的評估計畫。
步驟 5：決定有效日期。
步驟 6：監控有效日期。

四、「Beyond Meat」這個品牌的「人造漢堡」屬於重組植物蛋白質類型的產品，請說明並比較其與「重組牛排(restructured steak)」、「魚糕(kamaboko)」、「試管肉(lab meat或 cultured meat)」及「加工起司(processed cheese)」在加工原理、組成分、關鍵加工步驟、品質指標及食品安全等特性之差異。(25分)

【108-2年食品技師】

詳解：

	人造漢堡	重組牛排	魚糕	試管肉	加工起司
加工原理	利用植物性蛋白質，經組合技術製得	利用牛之加工碎肉，經組合技術製得	利用魚漿，經組合技術製得	利用生物工程培養動物的肌肉細胞製得	利用兩種或以上起司，經組合技術製得
組成分	植物性分離蛋白、食品添加物	牛肉、食品添加物	魚漿、食品添加物	牛肉最貴，目前皆培養牛肉為主	牛奶、食品添加物
關鍵加工步驟	1. 擠壓加工技術(分離蛋白溶解於pH9.0的鹼液，由紡嘴擠出於含有食鹽的醋酸溶液中，即凝固成為纖維狀。) 2. 基因工程酵母(製造大豆豆類血紅蛋白)，使其在切肉時像肉一樣會流血的關鍵成分	組合技術(磷酸鹽充當黏著劑；鹽萃取鹽溶性蛋白質充當乳化劑)，可達到黏著與保水作用	1. 食鹽擂潰(鹽萃取鹽溶性蛋白質以提高凝膠特性) 2. 加熱(蛋白質變性伸直形成共價鍵結與非共價鍵結)	生物工程培養技術(從動物體內抽取幹細胞，再放進培養皿上讓其分裂生長，產生肌肉組織)	組合技術(磷酸鹽提高黏性與保水性；鹽萃取鹽溶性蛋白質充當乳化劑)
品質指標	口感、風味能否達到與肉製品相同	口感、風味能否達到與肉製品相同	是否能成為具有彈性口感	是否能夠成型	口感、風味是否達消費者要求
食品安全	大豆豆類血紅蛋白過去並無在人類食品供應	1. 多孔性增加，需煮熟 2. 需標示組合肉品	是否符合一般食品標準	是否為基因改造議題	微生物生長較快

108年第二次專門職業及技術人員高考-食品技師

類科：食品技師　科目：食品分析與檢驗

一、請說明抽驗瓶裝醬油、醋或醬類加工食品時，需檢驗項目及檢體需要數量各為何？（15分）

【108-2年食品技師】

詳解：

參照「食品衛生檢驗項目暨抽樣數量表」(100.6.16)(112.3.8 廢止)：加工食品

(一)檢驗項目：

1. 一般檢驗：包括標示檢查、外觀檢查、衛生指標微生物、著色劑、防腐劑、人工甘味劑及重金屬。
2. 特別項目檢驗：成分分析、氰化物、農藥、食因性病原微生物、真菌毒素、異物或其他。

(二)檢體需要數量：

1. 一般檢驗：

(1)醬油、醋、醬類：單位包裝內容量在300毫升(含)以下者，需4瓶(罐、袋或包)。

(2)單位包裝內容量在300毫升以上者，需3瓶(罐、袋或包)。

(3)其他固體狀調味品，依農、畜禽、水產品取量。

2. 若需檢驗特別項目，其中：

(1)農藥：300公克以上。

(2)氰化物：50公克以上。

(3)食因性病原微生物：200-450公克。

(4)真菌毒素：200公克以上。

3. 其他則視情況取量。

二、檢驗傳統市場零售魚丸和麵條時，在什麼情況下可判定過氧化氫為陽性？（15 分）

【108-2 年食品技師】

詳解：

(一)硫酸鈦法(Titanium Sulfate Method) (定性)：

將魚丸和麵條切半，滴入硫酸鈦溶液後，若魚丸有過氧化氫(H_2O_2)殘留，則過氧化氫會與硫酸鈦反應形成黃色之硫酸氧化鈦複合物，其反應式如下：

$$Ti^{4+} + H_2O_2 + 2SO_4^{2-} \rightarrow \left[Ti\langle{}^{O}_{O}|\,(SO_4)_2 \right]^{2-} + 2H^+$$

(二)硫酸釩法(Vanadium Sulfate Method) (定性)：

將魚丸和麵條切半，滴入硫酸釩溶液後，若魚丸有過氧化氫(H_2O_2)殘留，則過氧化氫會與硫酸及五氧化二釩反應形成淡黃褐色至紅褐色之硫酸氧化釩複合物，其反應式如下：

$$V_2O_5 + 3H_2SO_4 + 2H_2O_2 \rightarrow (V\langle{}^{O}_{O})_2(SO_4)_3 + 5H_2O$$

(三)碘化鉀法(Potassium Iodide Method) (定性)：

將魚丸和麵條切半，滴入碘化鉀溶液後，若魚丸有過氧化氫(H_2O_2)殘留，則過氧化氫會與碘化鉀反應形成深褐色之碘(I_2)，其反應式如下：

$$H_2O_2 + 2KI + H_2SO_4 \rightarrow I_2 + K_2SO_4 + 2H_2O$$

◎定量之方法：

取一定量的魚丸和麵條，加入適量的水後進行均質，利用魚丸中的 H_2O_2 氧化加入的碘化鉀(KI)成碘(I_2)，再加入澱粉液為指示劑，以硫代硫酸鈉($Na_2S_2O_3$)滴定至藍色消失為止，計算 $Na_2S_2O_3$ 所消耗量，即可推出 H_2O_2 的量。其反應式如下；

$$H_2O_2 + 2KI + H_2SO_4 \rightarrow I_2 + K_2SO_4 + 2H_2O$$

$$I_2 + 2Na_2S_2O_3 \rightarrow 2NaI + Na_2S_4O_6$$

三、請說明下列測定膳食纖維方法中，各步驟的目的：(一)加熱樣品，並用澱粉葡萄醣苷酶處理；(二)用水解蛋白酶處理樣品；(三)上述處理過樣品中，加入 4 倍體積的 95%酒精溶液；(四)將過濾洗滌乾燥及秤重的殘留物分成兩份，一份加熱至 525℃灰化，測定灰分，另一份作蛋白質分析。（20 分）

【108-2 年食品技師】

詳解：

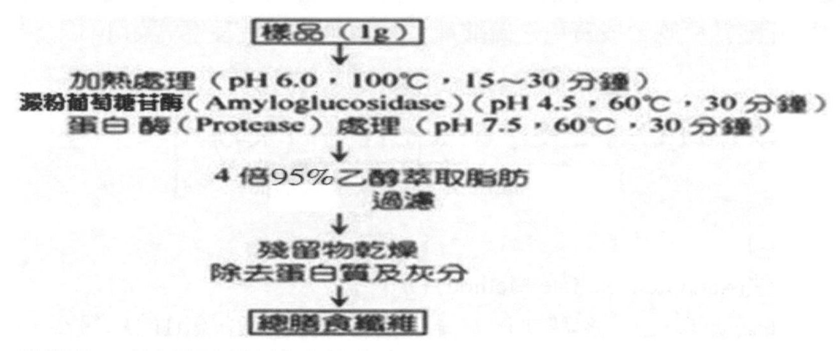

(一)加熱樣品，並用澱粉葡萄醣苷酶處理：

1. 加熱樣品：加水加熱使可溶性小分子物質溶解後去除，如小分子醣類、小分子蛋白質、胜肽、胺基酸、部分灰分溶解後倒除，並使樣品澱粉糊化、蛋白質變性，以利於酵素作用。
2. 澱粉葡萄醣苷酶處理：澱粉葡萄醣糖苷酶(amyloglucosidase)分解澱粉成小分子易溶的醣類後倒除。

(二)用水解蛋白酶處理樣品：

水解蛋白酶(protease)分解可被此酵素分解的蛋白質成小分子易溶的蛋白質、胜肽、胺基酸後倒除。

(三)上述處理過樣品中，加入 4 倍體積的 95%酒精溶液：

1. 使大分子總膳食纖維、大分子未被分解的蛋白質沉澱。
2. 使脂肪溶解於 95%酒精溶液後倒除。

(四)將過濾洗滌乾燥及秤重的殘留物分成兩份，一份加熱至 525℃灰化，測定灰分，另一份作蛋白質分析：

1. 過濾洗滌乾燥及秤重：過濾以收集總膳食纖維，洗滌去除非膳食纖維之不純物，乾燥以去除水分，秤重以獲得總膳食纖維、大分子未被分解的蛋白質與灰分。
2. 一份加熱至 525℃灰化，測定灰分：因為上述處理無法除去全部的灰分，故最後測剩餘的灰分重，以扣除。
3. 另一份作蛋白質分析：因為上述處理無法除去全部的蛋白質，故最後測剩餘的蛋白質重，以扣除。

四、有 3 桶 25 L 精緻食用油脂在搬運過程中，標籤不慎掉落，只知其分別為棕櫚油（主要脂肪酸組成 C16:0 45.3%，C18:1 38.8%，C18:2 6.5%），葵花籽油（主要脂肪酸組成 C18:2 74.2%，C18:1 14.5%，C18:0 8.5%）及沙丁魚油（主要脂肪酸組成 C16:0 21.6%，C18:1 16.7%，C20:5 15.8%，C22:6 8.4%），請說明如何利用碘價及皂化價的測定鑑別，又在相同儲存條件下其過氧化價的高低順序為何？（同時必須說明碘價、皂化價及過氧化價的測定原理）（30 分）

【108-2 年食品技師】

詳解：

(三種油脂脂肪酸%相加皆未達 100%，%當參考，以正常邏輯判斷)	棕櫚油 C16:0 45.3%， C18:1 38.8%， C18:2 6.5% (90.6%)	葵花籽油 C18:2 74.2%， C18:1 14.5%， C18:0 8.5% (97.2%)	沙丁魚油 C16:0 21.6%， C18:1 16.7%， C20:5 15.8%， C22:6 8.4% (62.5%)
碘價	低	中	高
皂化價	高	中	低
過氧化價	低	中	高

(一)碘價(Iodine Value, IV)：

1.測定鑑別：

(1)秤取溶解的油脂(不乾性油 1.8~1 g，半乾性油 0.3~0.4 g，乾性油 0.15~0.18 g)(Ws)，放於 500 mL 三角錐瓶中，加入 20 mL $CHCl_3$ 溶解。

(2)以定量吸管取 25 mL 威氏溶液(Wijs iodine solution)於 500 mL 三角錐瓶中混合均勻。

(3)蓋上鋁箔，儲放於暗處(不乾性油 30 分鐘，半乾性油 1 小時，乾性油 2 小時)，反應時間長，時時加以搖動以使充分反應。

(4)取出後加入 20 mL15% KI 溶液，激烈搖動。

(5)以新近煮沸放冷之蒸餾水 100 mL 洗瓶蓋及壁上殘留之碘。

(6)以 0.1 N 的 $Na_2S_2O_3$ 標準溶液滴定，待滴定顏色由深棕色轉為淺黃色時，再加入 1~2 mL 澱粉指示劑，此時容易轉為墨水的深藍色。

(7)繼續用 0.1 N 的 $Na_2S_2O_3$ 標準溶液滴定至藍色消失(0.1 N $Na_2S_2O_3$ 消耗體積為 a mL)。

(8)另作空白試驗(0.1 N $Na_2S_2O_3$ 消耗體積為 b mL)。

(9)計算每 100g 的油脂所能作用之碘(I_2)克數(g)即為碘價，符合如上表格。

2. 原理：

利用過量的氯化碘(ICl)(Wijs 法)能與碳氫化合物之不飽和雙鍵作用，過剩的氯化碘(ICl)加入碘化鉀(KI)產生碘(I_2)，再以硫代硫酸鈉($Na_2S_2O_3$)反滴定之，以求出油脂所消耗之碘。

(二)皂化價(Saponificaltion Value, SV)：

1. 測定鑑別：

(1)取油脂樣品約 5 g(Ws)放入 250 mL 三角錐瓶。

(2)加入 50 mL 0.5 N KOH 之乙醇溶液。

(3)在迴流裝置下加熱沸水浴 1 小時(時間長)，加熱期間需不時搖動三角錐瓶，使皂化反應充分反應。

(4)冷卻，在三角錐瓶內之反應物未凝結成膠狀物(肥皂，呈混濁狀)之前，加入 2 滴酚酞溶液為指示劑(紅色)。

(5)以標定好的 0.5 N HCl 溶液滴定，至紅色消失維持 30 秒，滴定消耗體積為 a mL。

(6)另作空白試驗，滴定消耗體積為 b mL。

(7)計算皂化 1g 油脂所需 KOH 之毫克(mg)數即為皂化價，符合如上表格。

2. 原理：

油脂加過量高濃度的 KOH 酒精溶液加熱進行完全皂化作用(與游離態脂肪酸及結合態脂肪酸反應)，剩餘之 KOH 再以標定過之 HCl 滴定之。

(三)相同儲存條件下其過氧化價的高低順序：

1. 過氧化價(Peroxide Value, POV)高低順序：

沙丁魚油＞ 葵花籽油＞ 棕櫚油。

因油脂雙鍵越多，越易氧化產生氫過氧化物(ROOH)，使過氧化價越高。

2. 原理：

不飽和脂肪酸在常溫下會被氧氣氧化，其氧化作用發生於不飽和雙鍵，生成氫過氧化物(peroxides) (初級產物)(ROOH)，當油脂試樣加入過量碘化鉀(KI)時，油中氫過氧化物將其氧化成碘分子(I_2)，再利用硫代硫酸鈉($Na_2S_2O_3$)滴定之。過氧化價的定義：1kg 油脂中所含之過氧化物(ROOH)之毫克當量(meq)數

五、請說明下列有關食品質地分析名詞的意義。（每小題 5 分，共 20 分）
(一)附著力（Adhesiveness）
(二)膠質性（Gumminess）
(三)硬度（Hardness）
(四)彈性（Springiness）

【108-2 年食品技師】

詳解：

全質構分析或稱質地剖面分析測試(Texture Profile Analysis, TPA)：是針對食品質地口感所發展的方法，獨特的兩次下壓動作模式，模擬人類口腔的咬合型式，經過圖型分析工具的解析，能夠一次提供測試人員多種重要的質地參數。經過長時間的發展(1960s ~)，已經有非常多的應用領域使用。相關的領域包括：烘培製品、乳製品、凝膠、肉類加工品等。

(一)附著力（Adhesiveness）：
樣品經過加壓變形之後，樣品表面若有黏性，會產生負向的力量。為克服樣品表面與探頭間的吸引力所需作功。當探頭上有部份樣品殘留時，黏性大於內聚性。在食品領域可以解釋為黏牙性口感。

(二)膠質性（Gumminess）：
又稱膠著性，定義為硬度 × 凝聚力。為咀嚼半固體食品至吞嚥狀態時所需的力量，半固體食品的一個特點就是具有低硬度，高凝聚力。因此這項指標應該用於描述半固體食品的口感所使用。

(三)硬度（Hardness）：
第一次壓縮，樣品產生的最大力量。最直接反應口感的一項指標，在質地剖面分析中，直接影響咀嚼性 (Chewiness)、膠著性(Chewiness)及凝聚性(Cohesiveness)。

(四)彈性（Springiness）：
為除去變形力之後樣品從壓縮變形恢復到變形前的條件下高度或體積比率。為食物在第一咬結束與第二口開始之間可以恢復的高度。可用第二次壓縮產生的反作用力和第一次壓縮產生的反作用力比值計算求得。

108 年第二次專門職業及技術人員高考-食品技師

類科：食品技師　科目：食品衛生安全與法規

一、108 年 3 月間，某直轄市教育局接獲轄區內某國小通報，多名師生食用營養午餐後陸續出現噁心、腹痛及嘔吐等不適症狀，教育局隨即向衛生局通報並會同調查案情，最後衛生局確認其為一食品中毒案件。請詳述我國衛生機關認定屬於食品中毒案件的情況有那幾種？（20 分）

【108-2 年食品技師】

詳解：

(一)二人或二人以上攝取相同的食品，發生相同的症狀，並且自可疑的食物檢體及患者糞便、嘔吐物、血液等人體檢體，或者其他有關環境檢體(如空氣、水、土壤)中分離出相同類型(如血清型、噬菌體型)的致病原因，則稱為一件(outbreak)「食品中毒」。

(二)因攝食肉毒桿菌或急性中毒(如化學物質或天然物中毒)時，雖只有一人，也可視為一件「食品中毒」。

(三)經流行病學調查推論為攝食食品所造成，也視為一件食品中毒案件。

◎廣義食品中毒(Food poisoning)：

係指因攝食污染有病原性之微生物、有毒化學物質或其他毒素之食品而引起之疾病，主要引起消化系統之不適之急性胃腸炎(acute gastroenteritis)，如嘔吐、腹痛、腹瀉等之症狀。

◎台灣地區食物中毒案件檢討：

1. 季節：	以五至十月較高，尤其是夏季，因為高溫多濕
2. 病因物質：	細菌性食物中毒佔約 95%，第一名為腸炎弧菌位居首位，第二名是金黃色葡萄球菌，第三名是仙人掌桿菌
3. 原因食品：	複合調理食品(含盒餐)居首位，水產品佔第二位(腸炎弧菌關係)，肉類及其加工品佔第三位
4. 攝食場所：	供膳營業場所佔第一位，學校佔第二位，自宅佔第三位

二、依據蔬果農藥殘留檢驗案件的統計資料顯示，通常其違規的主要原因是農民使用合法但屬未登記使用的藥劑，請說明為何會有此現象以及政府主管機關已採取的改進措施。(20 分)

【108-2 年食品技師】

詳解：

(一)此現象發生的原因：

1. 我國的農藥使用很特別，採正面表列的規定，即特定農藥只能用在特定作物，主要是用來防治特定的病菌與蟲害(害物)。

   甲農藥→登記於甲作物(只能用於甲作物)，用於防治 A 和 B 之主要病蟲害

2. 農民使用政府未登記於該作物上的農藥是蔬果農藥殘留最常見的根本原因，依我國農藥管理法規定，農藥在上市前都要先取得使用登記，必須先透過使用登記程序，農民用藥才有使用「規範」與「準則」，亦即由使用登記才能確知上市農藥之防治作物、防治對象及使用方法。根據農業藥物毒物試驗所分析調查，作物中農藥殘留不符規定之原因，有 7 成以上為殘留未核准登記使用於該項作物之藥劑。

3. 政府衛生單位抽驗上市農產品，常有「使用未登記的藥劑」之違規案件發生，分析其原因，在於廠商登記基於市場考量，僅登記大宗作物或具經濟意義之作物，對主要作物上之次要害物及次要作物上之主要害物等「少量使用」之作物及害物均未登記使用。另一方面，生產者為確保農產品品質及害物無登記使用藥劑可用情形下，迫使他們採用「未登記使用藥劑」進行防治，在這些因素下，使得「少量使用」無登記使用藥劑的問題不斷出現。

(二)政府主管機關已採取的改進措施：

1. 政府教育與宣導：藥毒所網站之「植物保護手冊」或動植物防疫檢疫局之「農藥資訊服務網」，相關網頁都會詳列作物發生何種病蟲害可使用之農藥種類、施用方法及安全採收期等項資料並及時更新。

2. 2014 年底通過「農藥管理法」修正案，2016 年開始要求農藥行得登記農友購買的農藥數量和用在哪些作物與病蟲害上，藉此管控農藥流向。

3. 農委會透過「延伸使用」擴大合法用藥範圍，「像某種農藥被登記用在芒果的炭疽病上，就能延伸使用在其他作物防治炭疽病上」。2009 至 2018 年農委會已經通過九千多項延伸使用。

4. 農友若是有使用需求，可以向地方試驗所或農政單位提出延伸使用的申請，審核程序大約要一年內才完成。倘若遇上緊急病蟲害，恐大規模影響農產，農委會也有即時核准用藥的機制。

5. 作物採收前農政單位都會進行田間抽驗；作物進入通路後，衛福部也會定期抽檢市售蔬果的農藥殘留，「農民前端沒照規定噴藥，但後端還有殘留檢測，把關農藥殘留量。而且田間抽檢合格率都在九六、九七%」。

6. 農委會主打「植物醫師制度」，2017 年也開始推動實習植醫計畫，透過有專業植物病理知識背景的醫師，在田間協助農友改變用藥行為。

三、108 年 6 月 12 日食品安全衛生管理法針對散播有關食品安全的謠言或不實訊息而足生損害於公眾或他人增訂處罰條文，請說明如何認定是「散播謠言或不實訊息」以及違反時將受到何種處分？（20 分）

【108-2 年食品技師】

詳解：

(一)散播謠言或不實訊息：

散播係指散布、傳播於眾之意，而所謂「謠言」或「不實訊息」，係指該「捏造之語」或「虛構之事」，其內容出於故意虛捏者而言，倘有合理之懷疑，致誤認有此事實而為傳播或散布時，即欠缺違法之故意（參照最高法院九十七年度台上字第六七二七號刑事判決）。因此，關於「散播謠言或不實訊息」，係以散布、傳播「捏造或虛構事實」為其構成要件（參照最高法院一〇六年度台上字第九六號刑事判決），行為人將自己或他人捏造、扭曲、纂改或虛構全部或部分可證明為不實的訊息（包括資訊、消息、資料、數據、廣告、報導、民調、事件等各種媒介形式或內容），故意甚至是惡意地藉由媒體、網路或以其他使公眾得知之方法，以口語、文字或影音之形式傳播或散布於眾，引人陷入錯誤，甚至因而造成公眾或損害個人，即具有法律問責之必要性。

食品安全與否乃涉及民生議題之重要資訊，其正確性與民眾生活息息相關，若有謠言或不實訊息之散播，除將影響交易價格及業者營業信譽外，亦將引起民眾恐慌，進而危害公眾安全，「食品安全衛生管理法」(108.6.12)爰增訂第四十六條之一刑事處罰規定。

(二)違反時將受到的處分：參照「食品安全衛生管理法」(108.6.12)：

第四十六條之一散播有關食品安全之謠言或不實訊息，足生損害於公眾或他人者，處三年以下有期徒刑、拘役或新臺幣一百萬元以下罰金。

四、106 年 4 月間彰化地區蛋雞場的雞蛋被檢驗出戴奧辛含量超標，引起民眾關切。請說明戴奧辛依化學結構的差異可分為那三大類化合物？並分析說明食物中為何做不到戴奧辛零檢出？（20 分）

【108-2 年食品技師】

詳解：

(一)戴奧辛依化學結構的差異可分為三大類化合物：

1. 聚氯二苯對戴奧辛(polychlorodibenzo-*p*-dioxine, PCDD)：

兩個苯環以兩個氧原子架橋所成的二苯對戴奧辛結構的 8 個氫原子部分或全部被氯原子所取代。其中毒性最大的是 2,3,7,8-四氯二苯對戴奧辛(2,3,7,8-tetrachlorodibenzo-p-dioxin, 2,3,7,8-TCDD)。

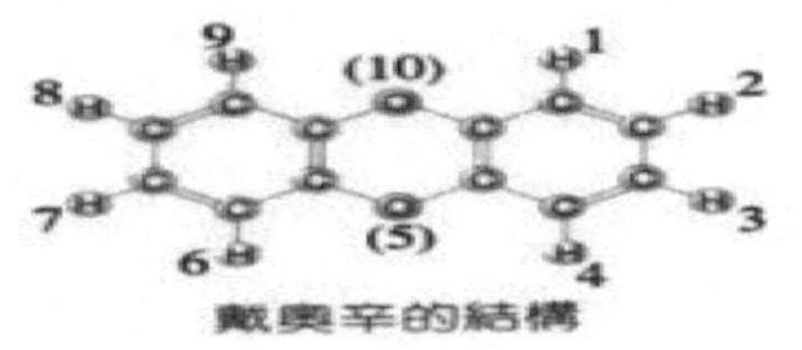

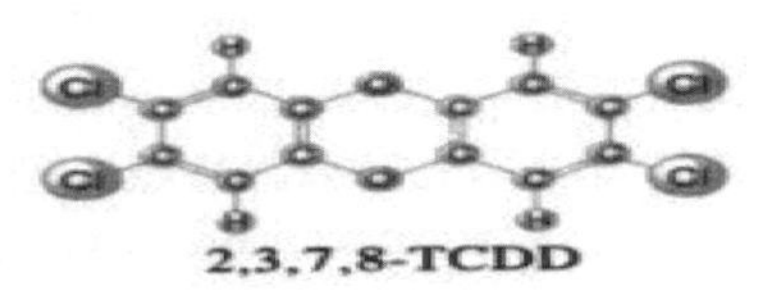

2. 聚氯二苯呋喃(polychlorodibenzofuran, PCDF)：

兩個苯環以一個氧的呋喃環連結而外側的 8 個氫原子被數個氯原子所取代。主要為 2,3,7,8-四氯二苯呋喃(2,3,7,8-tetrachlorodibenzofuran, 2,3,7,8-TCDF)。

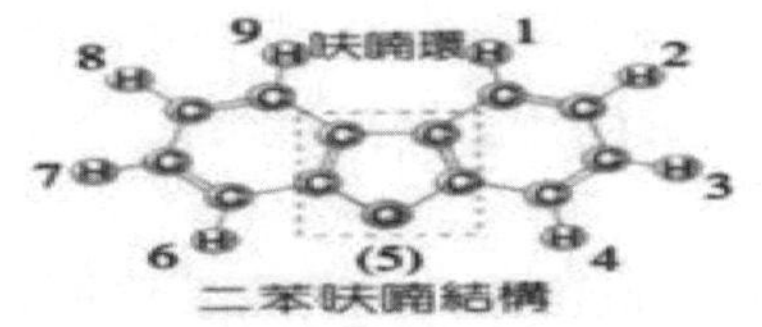

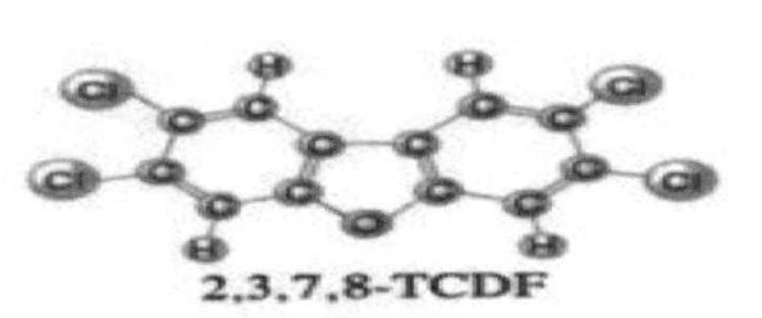

3. 同面多氯聯苯(coplanar polychlorobiphenyl, Co-PCB)：

多氯聯苯中構成的原子都在同一平面上，如 3,3',4,4',5-多氯聯苯(3,3',4,4',5-polychlorobiphenyl, 3,3',4,4',5-PCB)。

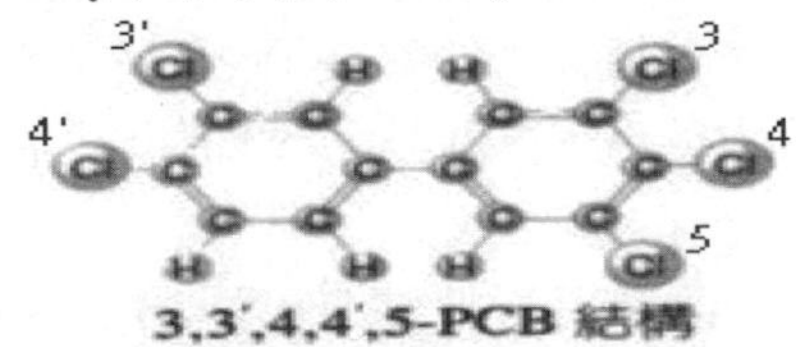

(二)分析說明食物中為何做不到戴奧辛零檢出？

1. 只要含有氯的物質燃燒就會產生戴奧辛：如冶鍊金屬、製造水泥、火力發電廠、或露天燃燒廢電纜、廢五金、汽機車引擎燃燒等。
2. 戴奧辛主要以空氣污染食品：

(1)動物經由呼吸進入體內或再經由食物鏈生物濃縮作用而污染動物性食品。

(2)植物經由沉降於表面或土壤再經由吸收而污染植物性食品。

3. 戴奧辛於大氣中不斷增加，地球生物在大氣中不斷攝入戴奧辛，故地球的食物或多或少一定含有戴奧辛，由於戴奧辛為脂溶性，故脂類食物含量高。

五、請說明世界食品安全日（world food safety day）的由來、決議以及我國主管機關響應配合的做法。(20 分)

【108-2 年食品技師】

詳解：

(一)由來：

2015 年 12 月 15 日在阿姆斯特丹舉辦的全球食源性疾病負擔座談會（ the Symposium on the Global burden of Food borne diseases）上，當時 Codex 的主席 Awilo Ochieng Pernet 建議應該要有一個世界食品安全日。而在此期間，哥斯大黎加也根據她的想法提出了具體的提案，因此在 2016 年第 39 屆國際食品法典委員會會議一致同意推動「世界食品安全日」，聯合國糧食及農業組織以及世界衛生組織也表示支持這個提案。

(二)決議：

2018 年 12 月 20 日聯合國大會通過決議，宣佈 2019 年開始，每年的 6 月 7 日為「世界食品安全日（World Food Safety Day）」，安全、營養的食品對於我們來說是日常中的必需品，食品從生產製造到供應販售，每個環節都扮演了重要的角色，「食品安全」即是每個人的責任！

(三)我國主管機關響應配合的做法：

為響應世界食品安全日創立元年，衛生福利部邀集經濟部、教育部、行政院農業委員會及環境保護署共同辦理跨部會記者會，強調從農場到餐桌守護食品安全的決心。

消費者日常必需之食品，其生產過程，從環境永續、糧食安全、產製加工、國際貿易到末端之消費者教育，各個食物鏈環節均有其重要性。

1. 為提升食品安全管理，政府於 2016 年 6 月推動「食安五環」政策，各部會齊心為食安努力，例如行政院環境保護署成立「毒物及化學物質局」，從源頭管控具食安風險疑慮毒性化學物質；行政院農業委員會推動植物醫師制度，客製化輔導農友病蟲害管理，提供農民精準的用藥建議，輔導吉園圃升級為產銷履歷，強化溯源管理。
2. 衛生福利部亦推動食品業者登錄機制，掌握全台 45 萬家次業者之基本資料及分布動態，並全面強化稽查量能，提高查驗強度，逐年提升市售進口及國產食品之抽驗合格率；經濟部協助食品製造業者導入食品防護計畫，建立可減少蓄意汙染及非蓄意汙染風險之防護機制，並協助國內業者接軌國際食品安全管理體系；教育部鼓勵學校午餐採用國產可追溯之生鮮農漁畜產品標章[簡稱「四章一 Q」(2019 年 6 月 15 日 GAP 退場，改成「三章一 Q」)]食材，目前全國 22 個縣市全面推動，受益學生約 160 萬人。

108年第二次專門職業及技術人員高考-食品技師

類科：食品技師　科目：食品工廠管理

一、有一規模中等，營運正常的果汁工廠，如果由你來接任廠長職務，試問先要查清楚那些廠內事項，並且立即進行那些提升銷售量措施，才能使工廠生產運作維持順暢，且使產品銷售量逐步上升？（20 分）

【108-2年食品技師】

詳解：

(一)先要查清楚那些廠內事項，才能使工廠生產運作維持順暢？

產品品質有差異導致生產運作無法維持順暢歸因於產品的製程管理，構成製程的要素有五，稱為5M，及人(man)、設備(machine)、原材料(material)、操作方法(method)和測定(measurement)，也就是要將人管理得好、設備要夠水準、原材料要穩定、操作方法要標準和測定要正確。5M的管理能做好，再配合製程管理體系的轉動，則製程必然穩定，將能排除產品品質有差異的問題。製程的構成要素如下圖：

製程 = 人 + 設備 + 原材料
(man) (machine) (material)
操作法測定
(method) (measurement)

(二)立即進行那些提升銷售量措施，才能使產品銷售量逐步上升？

使用行銷組合4P來提升銷售量：

1. 產品(Product)：	包括品質、外形、品牌、風格、規格與包裝等
即發展、設計適合企業提供給目標市場的產品或服務，如開發色香味俱全的產品，在包裝上良好設計，使消費者滿意	
2. 價格(Price)：	包括定價、折扣、付款期與信用條件等
訂定適當價格(零售價、批發價、折扣等)以迎合消費者，如開發的產品比同類型產品便宜，並能刷卡消費	
3. 通路(Place)：	包括販售通路、地點與存貨等
運用不同的配銷通路，將產品或服務送達目標市場，如開發的產品，除了全省便利商店均上架，使發費者容易購買外，並使用網路宅配通路，使消費者不用出門，就可以購買產品	
4. 促銷(Promotion)：	包括廣告、促銷活動與直銷等
利用各種廣告、人員銷售等促銷技巧，宣導產品的優點，增加產品或服務於目標市場的銷售量，如開發的產品使用電視廣告、報章雜誌大量曝光，並推出半年的買一送一優惠活動	

二、要推出公司的新產品，選擇合適的方式很重要。選擇得當，適合企業本身，就能少承擔風險，比較容易成功。試討論
(一)企業為何要推出新產品？（10 分）
(二)若要推出「公司的新產品」，一般有那幾種策略可以應用？（10 分）
【108-2 年食品技師】

詳解：

(一)企業重視產品開發以推新產品的原因：

根據調查顯示，企業重視產品研究發展(Research and development, R & D)的原因如下：

1. 避免淘汰：因產品上市皆有其生命週期。
2. 提高利潤：可提高企業在同業間的領導地位；開發新產品，公司才有利潤。
3. 適應顧客：因顧客的需求型態如嗜好、知識、水準皆會因外在因素改變。
4. 降低成本：可增強產品競爭力，才可增加利潤。

根據研究報告指出，不少企業其目前營業收入和利潤的大部分來自於五年前尚未生產的產品，研究與發展可以說是維繫企業生存和社會進步的動力。有專家預測，進入二十一世紀後，企業的目標營業額中，將有 30~ 40 %是靠新產品來達成。因此新產品是企業永續經營的不二法寶。

(二)若要推出「公司的新產品」，一般有那幾種策略可以應用？

1980年哈佛大學商學院麥克．波特教授提出一般性的競爭策略，可分為整體成本領導策略、差異化策略、集中化策略等三種類型。以下對此三種策略之特色進行說明：

1. 整體成本領導策略：所謂成本領導策略簡單的說，指的是：利用提供相同的產品價值給顧客，但價格比競爭對手更低。簡單來說為以成本最低的策略，以便與其他企業競爭。如賣鮮奶產品比競爭對少五元販售。
2. 差異化策略：所謂差異化策略，指的是企業選擇一種或數種對顧客有價值的需求，以自己優勢的資源能力，「單獨」去滿足這些需求，因而造成其產品／服務與其他對手在顧客的認知上產生差異化，使顧客願意付出更高的價格來購買或因此產生忠誠度，使得企業獲取超額利潤。簡單來說為利用各種方式，讓消費者感覺到產品與眾不同，無法接受替代品而產生忠誠度，進而使得企業產生競爭力。如林鳳營鮮奶，濃、純、香。
3. 集中化策略：所謂集中化策略，係指企業將競爭重點集中在滿足某一特定的市場區隔或利基的需求。這個特殊的市場利基可能以地理、顧客的型態或產品線的區隔來定義。簡單來說為鎖定特定目標來提供服務或產品，以便增加利益。其又可分為集中低成本策略(如國中生買牛奶打八折)與集中差異化策略(如老人專用養生奶粉)。

三、根據衛生福利部食品藥物管理署所推行的管理措施，請說明何謂食品三級品管制度，並論此與食品業者自主管理體系的關係？（20 分）
【108-2 年食品技師】

詳解：

(一)三級品管制度：

1. 目的：建構業者強制自主檢驗法制化、公正第三方獨立機構驗證及政府稽查抽驗管理之食品三級品管制度。
2. 具體內容：

(1)一級品管：業者自主品管(依照食安法第 7 條第 1、2、3、5 項所訂)。

a. 第 7 條第 1 項：業者應訂定食品安全監測計畫：參照「應訂定食品安全監測計畫與應辦理檢驗之食品業者、最低檢驗週期及其他相關事項修正規定」(111.1.5)。

b. 第 7 條第 2 項：業者應強制檢驗：參照「應訂定食品安全監測計畫與應辦理檢驗之食品業者、最低檢驗週期及其他相關事項修正規定」(111.1.5)。

c. 第 7 條第 3 項：業者應設置實驗室：上市、上櫃之食品業者；凡領有工廠登記且資本額一億元以上之食用油脂、肉類加工、乳品加工、水產品食品、麵粉、澱粉、食鹽、糖、醬油及茶葉飲料等 10 類製造、加工、調配業者。

d. 第 7 條第 5 項：食品業者於發現產品有危害衛生安全之虞時，應即主動停止製造、加工、販賣及辦理回收，並通報直轄市、縣（市）主管機關。

(2)二級品管：第三方驗證(依照食安法第 8 條第 5 項所訂)。

結合公正第三方(目前為穀研所與食工所)之驗證量能，強化食品衛生安全之監督管理，建構更為周延之食品安全保護制度。實施業別參照「應取得衛生安全管理系統驗證之食品業者」(108.1.2)

(3)三級品管：強化政府稽查抽驗量能(依照食安法第 41 條所訂)。

a. 強化中央與地方合作機制如例行稽查、年度專案稽查、聯合稽查與取締小組，市售產品之監測，擬訂計畫爭取擴大編制，增加中央稽查人力，由源頭生產地或產製工廠進行稽查與檢驗

b. 成立食藥稽查戰隊：捍衛食安為己命、杜絕黑心不法為目標，透過中央與地方合作機制，強化稽查量能，全面加強稽查。

(二)此與食品業者自主管理體系的關係？

食品業者自主管理體系即一級品管，依照食安法第七條第 1、2、3、5 項所訂依照「食品安全衛生管理法」(108.6.12)第七條(一級品管：業者自主品管)

1. 第一項：食品業者應實施自主管理，訂定食品安全監測計畫，確保食品衛生安全。
2. 第二項：食品業者應將其產品原材料、半成品或成品，自行或送交其他檢驗機關（構）、法人或團體檢驗。
3. 第三項：上市、上櫃及其他經中央主管機關公告類別及規模之食品業者，應

設置實驗室，從事前項自主檢驗。

4. 第五項：食品業者於發現產品有危害衛生安全之虞時，應即主動停止製造、加工、販賣及辦理回收，並通報直轄市、縣（市）主管機關。

四、依據衛生福利部所頒布的「食品安全衛生管理法」，食品或食品添加物有那些情形之一者，不得製造、加工、調配、包裝、貯存、販賣等？試說明之。（20 分）

【108-2 年食品技師】

詳解：

依照「食品安全衛生管理法」(108.6.12)第十五條：

食品或食品添加物有下列情形之一者，不得製造、加工、調配、包裝、運送、貯存、販賣、輸入、輸出、作為贈品或公開陳列：

一、變質或腐敗。

二、未成熟而有害人體健康。

三、有毒或含有害人體健康之物質或異物。

四、染有病原性生物，或經流行病學調查認定屬造成食品中毒之病因。

五、殘留農藥或動物用藥含量超過安全容許量。

六、受原子塵或放射能污染，其含量超過安全容許量。

七、攙偽或假冒。

八、逾有效日期。

九、從未於國內供作飲食且未經證明為無害人體健康。

十、添加未經中央主管機關許可之添加物。

前項第五款、第六款殘留農藥或動物用藥安全容許量及食品中原子塵或放射能污染安全容許量之標準，由中央主管機關會商相關機關定之。

(99.1.27 修訂)(因應狂牛病疫區之美國牛肉進口)

第一項第三款有害人體健康之物質，包括雖非疫區而近十年內有發生牛海綿狀腦病或新型庫賈氏症病例之國家或地區牛隻之頭骨、腦、眼睛、脊髓、絞肉、內臟及其他相關產製品。

(101.8.8 修訂)(瘦肉精美國牛進口)

國內外之肉品及其他相關產製品，除依中央主管機關根據國人膳食習慣為風險評估所訂定安全容許標準者外，不得檢出乙型受體素。

國內外如發生因食用安全容許殘留乙型受體素肉品導致中毒案例時，應立即停止含乙型受體素之肉品進口；國內經確認有因食用致中毒之個案，政府應負照護責任，並協助向廠商請求損害賠償。

五、有一家餐廳，原本生意興隆，如今來客數大不如前，如果由你來接任經理的職務，試問你將如何去分析客人減少的原因？（20 分）

【108-2 年食品技師】

詳解：

5W1H(who, why, what, where, when 及 how)方法之食品消費特性分析：

what：消費者至餐廳購買何物 (進而規劃產品)	購買美味、健康、質優、便宜的餐點
why：消費者購買的理由 (進而了解消費動機)	消費者有肌餓的生理需要，且有欲望購買的餐點需符合美味、健康、質優、便宜
who：消費者扮演何種角色 (了解誰是決策者、購買者、使用者)	通常為具有經濟收入的父母帶著一家大小、老公帶著老婆或男朋友帶著女朋友來餐廳購買餐點
when：消費者何時購買 (了解尖峰、離峰時段、淡季、旺季)	通常為用餐時間或假日來餐廳購買餐點
where：消費者到那裏購買 (了解消費地點)	鬧市、夜市、百貨公司美食街是消費者理想購買餐點用餐的地方
how：消費者如何購買 (了解消費者個性、社會階級屬性、產品特色等購買模式)	通常以整份餐點為單位購買，且至少一人份為餐點購買形式，並需以美化的方式擺盤

109年第一次專門職業及技術人員高考-食品技師

類科：食品技師　科目：食品微生物學

一、請說明細菌及黴菌的產孢過程（sporulation）及孢子的存在對食品的影響。並列舉一種產孢細菌的菌種（學名）及黴菌各類孢子的名稱加以說明。（20分）

【109-1年食品技師】

詳解：

(一)細菌及黴菌的產孢過程（sporulation）：

1. 細菌產孢過程：細菌於惡劣條件下由一個營養細胞產生一個孢子(spore)，再於最適條件下，發芽形成一個營養細胞，產孢作用為了生存。
2. 黴菌產孢過程：黴菌於生長條件下主要由菌絲產生很多孢子(spore)，每一孢子再發芽形成新的菌絲，產孢作用為了繁殖。

(1)若由兩不同菌絲相互結合而產生的孢子，稱為有性孢子，若只由一種菌絲，直接產生孢子，則稱為無性孢子。

(2)一般黴菌可分別產生有性與無性孢子，可同時進行有性生殖與無性生殖，以繁衍子代。

(二)孢子的存在對食品的影響：不管是細菌或黴菌的孢子，於可發芽的條件下萌發繁殖，生長至一定數量時會造成食品腐敗，或攝取該食品造成食品中毒。

(三)列舉一種產孢細菌的菌種（學名）：如仙人掌桿菌(*Bacillus cereus*)。

(四)黴菌各類孢子的名稱加以說明：

1. 無性生殖法(asexual reprodction)：

(1)孢子囊孢子(sporangiospore)：營養菌絲伸出孢子囊柄(sporangiophore)，為一種生殖菌絲，其頂端逐漸膨大，形成孢子囊(sporangiophore)，其內產生許多孢子。

(2)厚膜孢子(chlamydospore)：當環境不適合菌絲生長時，常見在營養菌絲的頂端或中間任何部位，會逐漸膨大，然後成熟為具有厚膜包住的孢子，最後脫離菌絲而存在，當環境適合時，再發芽產生新的菌絲。

(3)關節孢子(arthrospore)：營養菌絲可斷為許多小片段，每一片段再成熟為單獨的孢子。

(4)分生孢子(conidospore)：由營養菌絲伸出柄狀構造，稱為分生孢子柄(conidiophore)，其頂端再發育為特殊的構造，內可形成許多孢子，稱為小分生孢子(macroconidia)，大型多細胞之分生孢子，則稱為大分生孢子(macroconidia)。每種黴菌所產生的分生孢子，其數目、大小、形狀與顏色有很大的差異，是分類上很重要的根據。

(5)芽生孢子(blastospore)：利用出芽生殖(budding)，產生的子細胞。

2. 有性生殖法(sexual reproduction)：

(1)接合孢子(zygospore)：兩不同性別的菌絲(一般以+與－表示)，相互結合，由細胞質的融合促進接觸部位的膨大，外有厚壁保護，再經由核的融合然後發育為成熟的接合孢子，由接合孢子萌發產生的菌絲，帶有兩親代的特性。

(2)卵孢子(oospore)：不同性別的菌絲，會形成具生殖作用的特殊構造，其中產生雄性配子的構造，稱為藏精器(antheridium)，製造具運動性之精子。產生卵細胞的構造為藏卵器(oogonium)。藏精器的精子，可進入藏卵器內與卵細胞結合，完成受精的作用，由受精卵發育的孢子。

(3)子囊孢子(ascospore)：兩不同性別的菌絲接合後，細胞質相融合，形成囊狀的構造稱為子囊(ascus)，之後進行核的融合，以及減數分裂，再加上有絲分裂最後形成八個核而子囊也隨之不斷擴大並伸長，其內孢子逐漸成熟，囊隨之破裂並將其內孢子釋出。

(4)擔孢子(basidiospore)：擔孢子形成過程與子囊孢子類似，但不形成子囊而以棒狀構造稱擔子(basidium)取代，細胞融合後，核也一樣進行減數分裂但成熟的擔孢子常附在擔子上且有一短的柄連接，當柄斷裂，則擔孢子自然脫落，遇環境適合可發育為新的菌絲。

二、請說明新鮮牛乳中常見既有的抗菌物質及可能發生不同類型的腐敗與主要作用菌種。（20 分）

【109-1 年食品技師】

詳解：

(一)新鮮牛乳中常見既有的抗菌物質：

1. 溶菌酶(lysozyme)：會水解 G(+)菌之細胞壁之肽聚醣(peptidoglycan)，造成殺菌作用。
2. 乳過氧化酶系統(lactoperoxidase system)：

(1)必要三成份：乳過氧化酶(lactoperoxidase)、硫氰酸鹽[thiocyanate(SCN^-)]及過氧化氫(hydrogen peroxide)。為存在乳汁中的天然成分。

(2)抗菌機制：thiocyanate 於 lactoperoxidase 存在下經 hydrogen peroxide 氧化成次硫氰酸鹽[hypothiocyanate($OSCN^-$)]，hypothiocyanate 會氧化微生物細胞膜上蛋白質硫氫基(-SH)使變性，導致細胞膜系統功能之變化使微生物之發育停滯或死滅。

3. 凝集素(agglutinins)：使微生物凝集在一起，抑制微生物生長。
4. 乳鐵蛋白(lactoferrin)：可抑制病毒、細菌、黴菌。抑制細菌的主要機制為結合 G(-)菌細胞壁的脂多糖(Lipopolysaccharide, LPS)和乳鐵蛋白的氧化鐵部分可氧化細菌細胞膜脂質形成過氧化物，影響細菌細胞膜通透性甚至導致細菌裂解。

(二)可能發生不同類型的腐敗與主要作用菌種：

1. 產酸	如乳酸菌產酸，使 pH 值達酪蛋白等電點(4.6)而沉澱分層
2. 產氣	如異型乳酸菌產生二氧化碳，而產生氣泡
3. 蛋白質水解	如 *Bacillus* spp.、低溫菌為 *Pseudomonas* spp.、厭氧為 *Clostridium* spp.產生蛋白酶(蛋白水解酶與凝乳酶)，水解酪蛋白，使疏水性基團外露，產生苦味胜肽(bitter peptide)；水解 κ 酪蛋白而沉澱凝乳，產生無酸凝結(Sweet curdling)
4. 黏稠	微生物(如乳酸菌與低溫為假單孢桿菌屬)產生多醣體如聚葡糖(dextran)，使得牛乳變得黏稠
5. 乳脂變化	微生物(如低溫為假單孢桿菌屬)產生脂解酵素(lipase)，水解脂肪產生甘油及脂肪酸
6. 風味改變	微生物(如 *Bacillus* 屬、厭氧為 *Clostridium* 屬、低溫為 *Pseudomonas* 屬)水解蛋白質產生臭味的氨氣(NH_3)與苦味胜肽；如乳酸菌產生酸而呈現酸味

三、請分別就食品的 pH、Aw 及溫度等影響因子，說明一般細菌及黴菌的適當生長範圍及個別因子對生長的影響。並說明在特定食品中調控此三種因子的相互作用對微生物生長的影響狀況。（20 分）

【109-1 年食品技師】

詳解：

(一)食品的 pH、Aw 及溫度等影響因子，說明一般細菌及黴菌的適當生長範圍：

	細菌	黴菌
1. pH	4~ 9(窄)(最適 6.5~ 7.5)	0~11(廣)
2. Aw	0.9 以上	0.80 以上
3. 溫度	35 ℃	25 ℃

(二)pH、Aw 及溫度對生長的影響：

1. pH：非適當的 pH 會抑制微生物生長，其機制如下：

(1)對酵素之功能：

a. 微生物的酵素反應有最適 pH 值，當於不適的 pH 值，酵素可能活性減弱或變性。

b. 微生物需耗能產生足以中和環境 pH 值成中性的代謝物，而影響必要物質合成之酵素的活性。

(2)對營養物質輸送進入細胞：

a. 環境中不適 pH 值之氫離子(H^+)或氫氧根離子(OH^-)會對細胞膜上運輸營養物質的蛋白質[如轉運蛋白(carrier protein)或稱滲酶(permease)]造成活性減弱或變性失活，導致環境中的營養物質無法被微生物吸收利用。

b. 由於環境中不適 pH 值導致酸或鹼進入細胞內解離成氫離子(H^+)或氫氧根離子(OH^-)，微生物為了維持體內中性的 pH 值，而消耗能量將氫離子(H^+)或氫氧根離子(OH^-)運輸出體內，導致耗能吸收營養物質的主動運輸無法進行。

2. Aw：非適當的 Aw 會抑制微生物生長，其機制如下：

水(自由水)是一切化學反應的介質，也就是說微生物體內進行任何化學反應皆需要水(自由水)的存在。微生物所能利用的水為自由水，而水活性(water activity, Aw)為描述食品中自由水的多寡，其值太低會影響微生物利用水分的能力而抑制其生長。

3. 溫度：非適當的溫度會抑制微生物生長，其機制如下：

微生物體內酵素皆有適當溫度，當遠離適當溫度時，會使微生物體內酵素活性減弱或變性失活而抑制微生物生長。

(三)在特定食品中調控此三種因子的相互作用對微生物生長的影響狀況：

1. 如放室溫的生肉，此三種因子若於該微生物的適當範圍，則會促進其生長。
2. 如冷藏水果蜜餞，此三種因子若於該微生物的非適當範圍，則會抑制微生物生長，而結合多種抑菌因子來抑制微生物生長稱為柵欄效應(Hurdle effect)。

四、請說明下列微生物可存在食品的主要類別、存在意義及可能對人體造成不良的影響。（每小題 5 分，共 20 分）

(一)*Aspergillus parasiticus*

(二)*Penicillium expansum*

(三)*Campylobacter jejuni*

(四)Enterobacteriaceae

【109-1 年食品技師】

詳解：

(一)*Aspergillus parasiticus*：寄生麴菌

1. 可存在食品的主要類別：花生、穀類、黃豆、玉米。
2. 存在意義：此黴菌生長會產生黃麴毒素(aflatoxin) B_1、B_2、G_1、G_2。
3. 可能對人體造成不良的影響：嘔吐、腹痛、腹瀉、精神不濟、黃疸、肝腫大、肝癌(IARC 1)。

(二)*Penicillium expansum*：廣闊青黴菌

1. 可存在食品的主要類別：常存在腐爛的蘋果上。
2. 存在意義：此黴菌生長會產生棒麴毒素(Patulin)。
3. 可能對人體造成不良的影響：會致癌。

(三)*Campylobacter jejuni*：空腸彎曲桿菌

1. 可存在食品的主要類別：生牛乳與生禽肉。
2. 存在意義：若食用受此菌汙染的食品，未全熟食用，會造成食品中毒。
3. 可能對人體造成不良的影響：嘔吐、腹痛、腹瀉、發燒。

(四)Enterobacteriaceae：腸科細菌

1. 可存在食品的主要類別：受糞便汙染的食品。
2. 存在意義：
 (1)腸科細菌如大腸桿菌群或大腸桿菌可作為食品安全指標菌，可用來替代檢驗病原菌，若該微生物於食品中檢出，可能該食品存在病原菌。
 (2)腸科細菌如沙門氏桿菌屬、志賀桿菌屬、耶爾辛氏菌屬等，若食用受此菌汙染的食品，未全熟食用，會造成食品中毒。
3. 可能對人體造成不良的影響：嘔吐、腹痛、腹瀉、發燒等。

五、以太空包培養食用菇類產製子實體（fruiting body）時，請說明培養基組成分（包括使用木屑為主原料的前處理、其他組成分及各組成分對菇類生長的影響）、如何設定太空包內培養基的物理因子及培養期間環境條件的管理。（20 分）

【109-1 年食品技師】

詳解：

(一)培養基組成分：太空包製作之成份主要以木屑為主，添加合適輔料，一般木屑與輔料比例為 4：1～5：1。

1. 使用木屑為主原料的前處理：材料過篩

一般鋸木屑常會夾帶小木塊與較堅硬之木絲等雜物，製包過程中，常會刺破塑膠袋，使雜菌汙染機會增加。製包前將木屑進行過篩，去除雜物。臺灣氣候高濕，許多輔料米糠、粉頭等，容易因潮濕結塊，使混料無法均勻，過篩動作也可避免，此些結塊輔料影響材料混合均勻度。

2. 其他組成分：木屑 79%、輔料[含米糠、粉頭(小麥加工副產物)、玉米粉等] 20%、碳酸鈣 1%，含水量 55～60% 為基礎一般製包廠會將木屑與輔料等先混合均勻，再添加水分，至合理含水量，將混合好之材料送入壓包機內製包。

3. 各組成分對菇類生長的影響：

(1)木屑：提供碳素源等，以利生長。

(2)輔料：提供氮素源等，以利生長。

(3)碳酸鈣：調節酸鹼值至香菇最適生長 pH 值範圍為 4.5～5.5，以利生長。

(二)如何設定太空包內培養基的物理因子：接種完成之太空包移入培養室培養，近年來由於氣候暖化，只需注意培養期間環境溫度，一般建議溫度不可高過於 30℃，如氣溫高於 30℃，可將太空包單顆排放於地面上，以一坪約 160 包方式排放，增加包間空隙，避免包溫過高，使得菌絲生長受抑制。氣溫過低，可將太空包橫排疊放，藉以增加包溫，當菌絲走滿約 1/3 包長時，要放回筐中，直立培養，以避免包內溫度快速增加，影響菌絲之生長。

(三)培養期間環境條件的管理：

1. 首期出菇處理：香菇太空包再經約 110～150 天後，進行出菇處理，香菇品系有差異，應視使用品系而修改，以香菇外層菌膜是否完全轉色，作為開包與否關鍵，香菇太空包轉色後，將太空包袋口割除，對環境進行加濕處理，讓濕度控制在 85～90%，經 1～2 天，可見到小菇蕾產生，避免太空包積水，易使太空包感染雜菌，控制環境濕度在 80～85%，澆水後注意通風，約在經 10～140 天即可採收。

2. 再次出菇處理：一般香菇太空包可採收 4～6 次，首次出菇完成後，應使太空包靜置 20～30 天，以使其自然回菌，當回菌完成後，可以噴霧方式使包口有水膜，讓環境濕度控制在 80～85%，約經兩天後，再進行扣包，期間並保持土壤之溼度，約經 1~2 天後，在將包口翻正，即可依首次出菇處理並進行採收。

109 年第一次專門職業及技術人員高考-食品技師

類科：食品技師　科目：食品化學

一、請以化學反應說明 Karl Fischer titration 測定水分含量的原理，並說明此測定方法在食品水分含量檢測上的限制。（15 分）

【109-1 年食品技師】

詳解：

(一)請以化學反應說明 Karl Fischer titration 測定水分含量的原理：

卡爾費雪法乃利用卡爾費雪(Karl Fischer, KF)試劑(碘、無水亞硫酸、吡啶、甲醇混合液)，可與水分子產生氧化還原反應，再以白金電極測得其電位差判斷滴定終點，或由碘之黃褐色不再消失為止。樣品之水分含量可由卡爾費雪試劑滴定體積乘以卡爾費雪試劑的水力價計算求出。其反應式如下：

$$I_2 + SO_2 + 3C_5H_5N + CH_3OH + H_2O \rightarrow 2C_5H_5N \cdot HI + C_5H_5N \cdot HSO_4 \cdot CH_3$$

(二)說明此測定方法在食品水分含量檢測上的限制：

1. 每次實驗前要先檢定卡爾費雪試劑的活性。
2. 不溶於卡爾費雪試劑的樣品，需先泡無水酒精以溶出水分。
3. 少部份的有機化合物會影響水分測定的準確性，如維生素 C 與硫化物會還原卡爾費雪試劑，故測定結果包含維生素 C 與硫化物；醛基與酮基之有機化合物，會與甲醇反應，而產生水，故測定結果較原樣品多水分。
4. 某些無機物，如金屬氧化物、氫氧化物等會與卡爾費雪試劑反應，影響水分測定結果。

二、穀物類的植物蛋白可依照其溶解程度差異將蛋白質分為四類，即所謂的 Osborne classification，請說明此四類蛋白質的溶解特性，並且藉此比較並說明小麥蛋白與黃豆蛋白本質上的差異。（20 分）

【109-1 年食品技師】

詳解：

(一)請說明此四類蛋白質的溶解特性：

1. 水溶性蛋白質：

(1)又稱白蛋白(albumin)，可溶於水或稀的中性緩衝溶液中。

(2)如豆蛋白(legumelin)、篦麻毒蛋白(ricin)及小麥蛋白(triticine)。

2. 鹽溶性蛋白質：

(1)又稱球蛋白(globulin)，不溶於水，但可溶於鹽溶液(0.4M NaCl)。

(2)如花生球蛋白(arachin)、豇豆球蛋白(vignin)、大豆球蛋白(glycinin)。

3. 鹼溶性蛋白質：

(1)又稱穀蛋白(glutelin)，不溶於水，但可溶於稀的鹼或酸溶液。

(2)如小麥穀蛋白(glutenin)、米穀蛋白(oryzenin)、大麥蛋白(hordein)及玉米蛋白(zeanin)。

4. 醇溶性蛋白質：

(1)可溶於 70~ 90 %的乙醇溶液，但不溶於純水。

(2)如玉米膠蛋白(zein)、大麥蛋白及穀膠蛋白(gliadin)。

(二)比較並說明小麥蛋白與黃豆蛋白本質上的差異：

1. 小麥蛋白：主要為鹼溶性小麥穀蛋白(glutenin)與醇溶性穀膠蛋白(gliadin)為主，佔麵筋 80 %，其次為水溶性的白蛋白(albumin)、鹽溶性的球蛋白(globulin)構成。

(1)小麥穀蛋白(glutenin)：鹼溶性蛋白質	(2)穀膠蛋白(gliadin)：醇溶性蛋白質
a. 延展性弱	a. 延展性佳
b. 彈性佳	b. 彈性弱
c. 鍵結主要是分子間的雙硫鍵	c. 鍵結主要是分子內的雙硫鍵
d. 是製作麵包的重要特性	d. 是製作餅乾和麵條的重要特性

2. 黃豆蛋白：主要為鹽溶性大豆球蛋白(glycinin)與水溶性的白蛋白(albumin)為主。

(1)傳統豆腐：靠大豆球蛋白(glycinin)分子表面極具負電性，添加正電荷之鈣、鎂離子產生平衡，形成離子鍵將水分子保留於結構之中而形成凝膠。

(2)嫩豆腐：為添加葡萄糖酸-δ-內酯加熱水解成葡萄糖酸，使 pH 值達大豆球蛋白(glycinin)等電點，在彼此形成共價鍵與非共價鍵將水分子保留於結構之中而形成凝膠。

三、請說明新鮮肉在存放過程中肌紅素（Myoglobin）、氧合肌紅素（Oxymyoglobin）、氧化肌紅素（Metmyoglobin）之間的變化及其對肉色的影響。（20 分）

【109-1 年食品技師】

詳解：

(一)新鮮肉在存放過程中肌紅素（Myoglobin）、氧合肌紅素（Oxymyoglobin）、氧化肌紅素（Metmyoglobin）之間的變化：

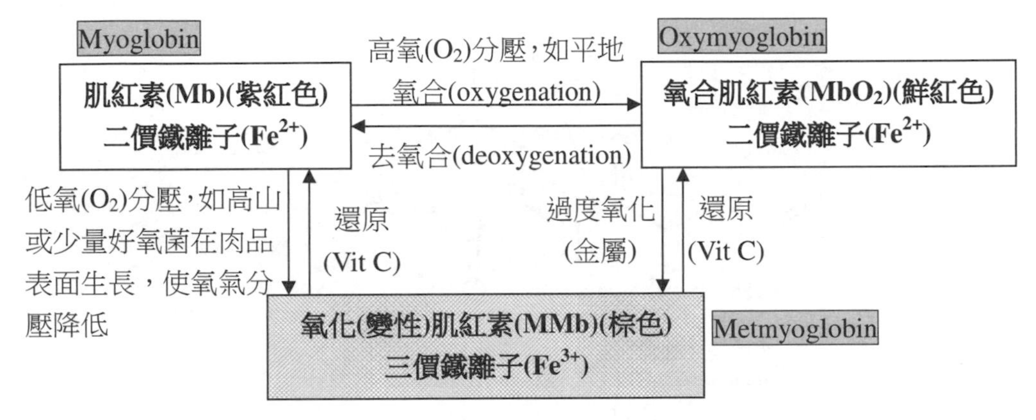

1. 動物屠宰後肌肉的肌紅素（Myoglobin）暴露於平地之高氧分壓下，會進行氧合，產生氧合肌紅素（Oxymyoglobin）。
2. 氧合肌紅素（Oxymyoglobin）於平地之高氧分壓下，放置過久，會過度氧化成氧化肌紅素（Metmyoglobin），而某些金屬可以促進其過度氧化的進行。
3. 動物屠宰後肌肉的肌紅素（Myoglobin）若暴露於高山之低氧分壓下或少量好氧菌在肉品表面生長，使氧氣分壓降低時，則會直接產生氧化肌紅素（Metmyoglobin）。

(二)對肉色的影響：

1. 肌紅素（Myoglobin）：為紫紅色。
2. 氧合肌紅素（Oxymyoglobin）：為鮮紅色。
3. 氧化肌紅素（Metmyoglobin）：為棕色。

四、請繪出阿斯巴甜（Aspartame）的化學結構式，並以甜味理論說明為何阿斯巴甜具有甜味。（15 分）

【109-1 年食品技師】

詳解：

(一)阿斯巴甜（Aspartame）的化學結構式：

它是天門冬胺酸(L-Aspartic Acid)和苯丙胺酸(L-Phenylalanine)以及一個甲基酯化而成。

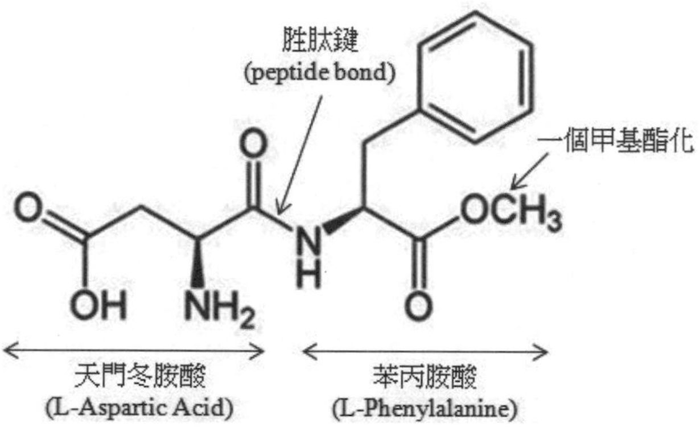

(二)以甜味理論說明為何阿斯巴甜具有甜味：

1. AH-B 理論：甜味的呈現主要是甜味物質的 AH 基、B 基與味蕾上接收位置上的 B'基與 AH'基以氫鍵相對應，彼此距離 3 Å (0.3 nm)而產生甜味。

(1)AH 基為質子的供給者，AH 基有羥基(-OH)、胺基($-NH_2$)、亞胺基(=NH)等基團。

(2)B 基則為陰電性強的基團，B 基則有氧(O)、氮(N)等基團，如羧基($-COO^-$)、羰基(C=O)[醛基(-CHO)、酮基(C=O)]等。

2. AH-B-X 理論：甜味物質除了 AH 基與 B 基，還有一個疏水性基團，稱為 X 基(如$-CH_2-$、$-CH_3$、$-C_6H_5$ 等)，以疏水性作用力與味蕾上疏水性受體結合成三角形接觸面，其中 AH 基與 B 基相距 0.3 nm，X 基相距 AH 基 0.314 nm，X 基相距 B 基 0.525 nm，而形成甜味。

五、請繪出 Lys-Ser 之化學結構式，並繪出在酸性條件下利用鹼滴定的酸鹼滴定曲線，請標示出雙肽結構中每一潛在可解離氫離子的 pKa 值。（20 分）【109-1 年食品技師】

詳解：

(一)請繪出 Lys-Ser 之化學結構式：

由 Lys 的羧基(COOH)與 Ser 的胺基(NH_2)脫去一分子水形成胜肽鍵。

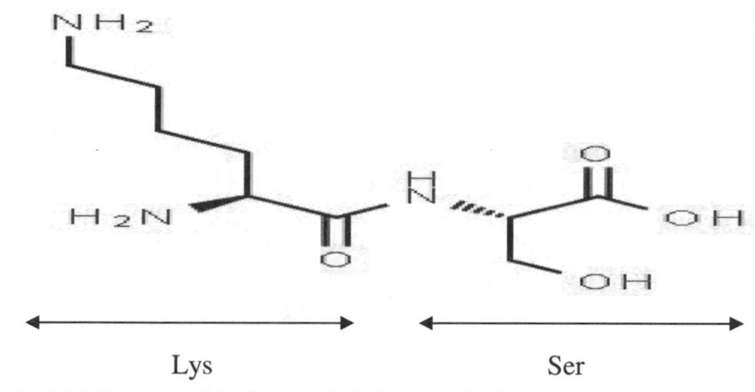

(二)繪出在酸性條件下利用鹼滴定的酸鹼滴定曲線：

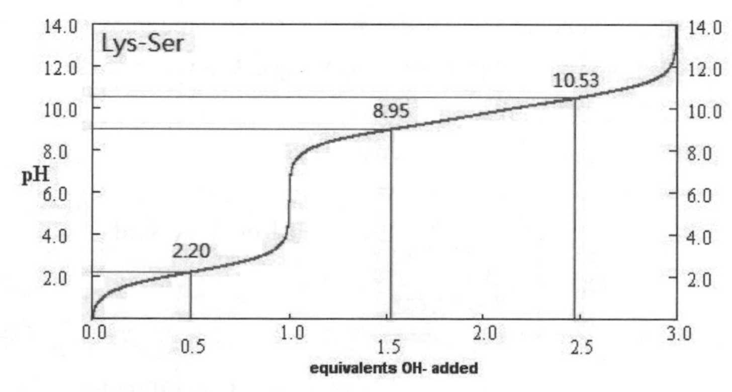

(三)請標示出雙肽結構中每一潛在可解離氫離子的 pKa 值：

N^+H_3

Lys的NH_2之pKa3 = 10.53

Ser的COOH之pKa1 = 2.20

H_3^+N

Lys的NH_2之pKa2 = 8.95

六、cis-3-Hexenal 為油脂存放過程常產生的揮發性物質，請繪出其化學結構並說明其可能的生成機制。（10 分）

【109-1 年食品技師】

詳解：

(一)請繪出其化學結構：

6 5 4 3 2 1

CH_3-CH_2-CH=CH-CH_2-CHO　順式-3-己烯醛(cis-3-Hexenal)

cis

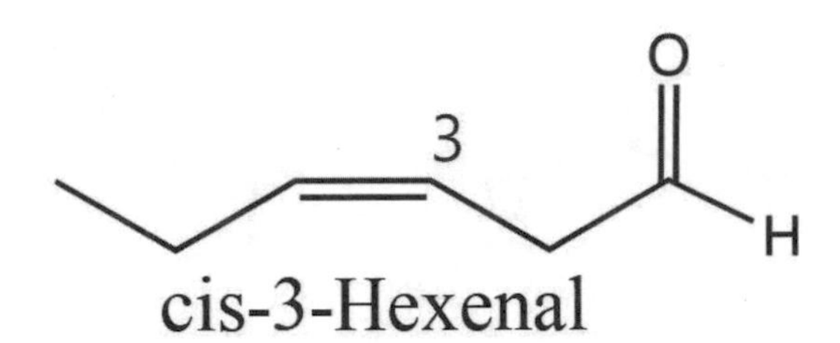

(二)說明其可能的生成機制：(天然較易經由酵素性氧化再裂解產生)

1. α-次亞麻油酸(α-Linolenic acid)經過酵素性氧化(enzymatic oxidation)產生 13 號碳氫過氧化物 α-次亞麻油酸(13-Hydroperoxy α-Linolenic acid)。
2. 然後在較低溫度進行裂解。
3. 最後產生順式-3-己烯醛(cis-3-Hexenal)。

COOH
α-Linolenic acid
Lipoxygenase
O_2
HOO
較低溫度的裂解
13
COOH
13-Hydroperoxy α-Linolenic acid
O
3
H
+
COOH
cis-3-Hexenal

109年第一次專門職業及技術人員高考-食品技師

類科：食品技師　科目：食品加工

Sous Vide 是1970年由法國人發明的「真空低溫烹調」方法，國人稱：舒肥法。其典型的加工流程如下：

食材+配料→前處理→冷卻→真空包裝→低溫烹調(水浴)→冷卻(冰水浴)→冷藏→(復熱→食用)

現有一食品加工廠，依上述流程生產「**冷藏舒肥調理雞胸肉**」，產品描述如下：
內容物：雞胸肉片(**最厚處約4公分**)、**胡椒粒**、**鹽**(<1%)。
產品特性：**pH 6.3-6.7**、**Aw > 0.98**、**不含任何食品添加物**。
產能：每批次生產500包(200 g/包)。注意：不是家庭式小量生產
低溫烹調條件：**水溫65℃/60 分鐘**
保存條件與期限：**3℃以下14 天**
包材：聚丙烯(PP)
下表為在此類產品中，可能被關切之病原菌與其生長的限制條件

病原菌	最低 Aw	pH 範圍	溫度範圍（℃）	氧氣需求
仙人掌桿菌	.92	4.3-9.3	4-55	兼性厭氧
產氣莢膜桿菌	.93	5.0-9.0	10-52	厭氧
蛋白質分解性肉毒桿菌	.935	4.6-9.0	10-48	厭氧
非蛋白質分解性肉毒桿菌	.97	5.0-9.0	3.3-52	厭氧
李斯特菌	.92	4.4-9.4	0-45	兼性厭氧
沙門氏菌	.94	3.7-9.5	5-46	兼性厭氧
金黃色葡萄球菌	.85	4.0-9.8	10-48	兼性厭氧

根據以上資料，回答下列問題：

一、它是個典型輕度加工(minimum processed)與依賴欄柵技術(hurdletechnology)的加工產品。請詳細說明何謂欄柵技術、指出在此產品中可能的欄柵因子、以及它們各扮演了何種角色？(15分)

【109-1年食品技師】

詳解：

輕度加工食品主要透過簡單的處理，去除腐敗菌及不可食用部分，運輸時須冷藏，即食性高且營養高，但是保存期限較短，大約4~7天，最多21天。快速烹調後即可食用，或做為節省烹煮時間的前處理。搭配欄柵技術後可延長保存期限，達到減少微生物生長的機會。

1. 欄柵技術：

利用兩種或以上方法降低微生物之生長；在食品保藏時，將幾個處理系統組合，則可避免單一處理條件較劇烈而傷害到製品的品質。例如：酸類之添加如果考慮到適口性，可能無法達到殺滅所有微生物之目的，因此需配合加熱殺菌，或是加鹽、糖、防腐劑等來提高對微生物的抑制效果。種類多元，可分為物理性欄柵(溫度；照射；電磁能；超音波；壓力；氣調包裝；活性包裝；包裝材質)、物理化學欄柵(水活性；pH值；氧化還原電位；煙燻；氣體；保藏劑、微生物欄柵(有益的優勢菌；保護性培養基)、其他欄柵(游離脂肪酸；幾丁聚醣；氯化物)等。

2. 此產品各步驟可能的欄柵因子及其各扮演角色：

(1) 前處理：依據題目，胡椒粒及食鹽加入應為前處理過程加入，量雖然較少，但胡椒鹼與氯離子對微生物具有毒性，可作為化學性欄柵；另濃度效應會有提高滲透壓作用，故可做為物理性欄柵。此步驟效果有限，只能減少初菌數及其生長。

(2) 前冷卻：降低溫度，減少初菌數增加機率，亦能減少酵素反應，可以作為物理性欄柵。

(3) 真空包裝：降低氧濃度，減少好氧微生物生長，此外可降低酵素作用及氧化反應進行。此外，氧氣減少亦能減少後面加熱步驟的熱傳導速率降低問題(空氣為熱的不良導體)，減少殺菌不完全的狀態發生。另外，密封狀態則可以減少外界微生物的入侵，更是延長保存期限的最主要操作。屬於物理性欄柵。

(4) 低溫烹調(水浴)：加熱處理為常用的物理性柵欄步驟，目的為達到微生物熱致死狀態，依題目為低溫烹調，屬於巴士德殺菌方式，可將病原菌殺死並使酵素失活。

(5) 冷卻(冰水浴)：作用與上述(2)相同，唯此步驟為加熱後的冷卻步驟，依據阿瑞尼爾斯方程式解釋，可以降低營養素劣化的量，故可提高保存期限。

(6) 冷藏：屬於物理性柵欄，角色與上述同，可提高貨架期。

二、在加熱與冷卻的步驟，說明並比較家庭式1包/次與量產式500包/批，有那些操作參數會影響數量增加時的誤差，應如何避免？(15分)

【109-1年食品技師】

詳解：

1. 家庭式與量產式生產差異為，量產式需要一次性加熱與冷卻時之溫度及時間管控，必須讓冷點達到所設定之溫度，才可以確保可殺菌狀態及後續儲存時，不會因為溫度差異而影響內容物化學變化與酵素作用。故影響參數可參考下列兩項原理表達：

(1) 傅立葉定率：在傳熱固體介質兩側溫度不同時，所發生的傳熱量Q與傳熱面積(A)、傳熱歷時(θ)、兩側溫度差(△T)成正比，與介質厚度(X)成反比。Q/θ= K×(A×△T)/X；K為熱傳導度。

(2) 普蘭克方程式：這種數學模型假設內部是穩態傳熱，冷點完全冷凍所需要的時間(tf)。tf = (△Q×ρf/△T)×[(X2/8Kf)+(X/2hs)]；ρf為密度；△Q為溶化潛熱；Tf為冷凍初溫度；Tm為冷凍終溫；Kf為冷凍品之熱傳；hs為對流熱傳系數；X為被冷凍物之直徑。

依上述及題目判斷之影響參數：雞胸肉厚度、內容物成分、溫度、時間、真空度、包材厚度及批量擺放位置。

2. 應如何避免上述參數之誤差：

(1) 雞胸肉厚度：雖然限定最厚處約 4 公分，但厚度不均皆會影響受熱均勻性，即冷點位置。故應於前處理時，嚴格管控雞胸肉厚度。

(2) 內容物成分：雖有固定，但未標示量，故影響密度、黏度與對流熱傳系數。故可限制內容物成分比例。

(3) 溫度：影響熱傳速率。

A. 加熱溫度設定 65℃，量產應會提高以縮短製程時間，提高產量。故應該確定產品之升溫時間，以達冷點受熱。

B. 冷藏溫度為 3℃以下，應會在冷卻時用更低的溫度來縮短製程時間，提高產量。故應該確定產品之降溫時間，以達冷點降低至所需溫度。

(4) 時間：烹調溫度設定 60 分鐘，量產應會縮短；冷卻溫度沒有給參數，故量產應會希望盡量縮短。

(5) 真空度：真空度越高，空氣越少，受熱越平均。

(6) 包材(聚丙烯)厚度越薄，熱傳速度越快。但是需考慮包材適合性。

(7) 批量擺放位置：影響冷點範圍，重疊會延長加熱與冷卻時間。故可用中間隔板，減少重疊。

三、若消費者食用此產品後發生食品中毒，經確認致病因子為李斯特菌。你認為可能是有那些原因所造成，詳細說明你的理由。(15分)

【109-1年食品技師】

詳解：

1. 交叉汙染：

(1) 食材或/與配料汙染了李斯特菌，如得李斯特菌病的雞切成雞胸肉。

(2) 操作人員將李斯特菌汙染至食材或/與配料。

2. 加熱不完全：

(1) 中心溫度未達45℃以上。

(2) 加工流程之低溫烹調(水浴)未將李斯特菌完全殺死。

3. 冷卻溫度不夠：

(1) 因保藏為3℃冷藏，高於0℃，可能有未殺菌完全的李斯特菌殘存。

(2) 李斯特菌為低溫病原菌，加工流程之冷卻(冰水浴)與冷藏過久促使其可以大量生長而不被抑制。

4. 破包：真空包裝破損，外界李斯特菌混入。

5. 保存溫度未使用冷鏈，致使殘存之李斯特菌生長。

6. 最後於加工流程復熱時未達到殺死李斯特菌的程度。

7. 消費者食用此產品後發生食品中毒，導致嘔吐、腹痛、腹瀉、腦膜炎、懷孕者流產與死胎。

四、詳細說明在此產品加工流程中，有兩個可以有效排除或控制生物性危害的CCP點，它們的管制界線應是多少、應該如何監控、以及應該如何進行CCP之驗效(validation)？(15分)

【109-1年食品技師】

詳解：

1. 依題目為管控生物性危害，故先進行CCP點判讀：

加工步驟	Q1 對所確認的危害有無適當的預防措施？ No=不是CCP Yes=跳到下一個問題	Q2 此步驟可以排除可能危害之發生或降低到可容許水準？ No=跳到下一個問題 Yes=CCP	Q3 污染能使危害超過容許水準或演變至不可接受之水準？ No=不是CCP Yes=跳到下一個問題	Q4 在後續步驟可以把確認的危害完全排除或減低到可容許水準？ No=CCP Yes=非CCP	CCP
前處理	Yes	No	Yes	Yes	
冷卻	Yes	No	Yes	Yes	
真空包裝	Yes	No	Yes	Yes	
低溫烹調	Yes	Yes			CCP
冷卻	Yes	No	Yes	Yes	
冷藏	Yes	Yes			CCP

2. 管制界線：依題目之可能被關切之病原菌與其生長的限制條件判讀

低溫烹調	生長限制之溫度最高值為仙人掌桿菌的55℃，低於低溫烹調溫度(65℃)，故可用65℃、60分鐘作為管制界線。
冷藏	生長限制之溫度最低值為李斯特菌之0℃，故可用-1℃、14天作為管制界線。

3. 管制步驟監控：

(1) 溫度計量測記錄表(每批一次)

(2) 計時器量測記錄表(每批一次)

4. 驗效：

(1) 量測之溫度計定期校正：外校一年一次；內校以外校溫度計每半年校正一次，且衛生管理人員必須確定每一次測量有效性。

(2) 以管制病原菌測量零為標準。

(3) 檢測以符合「一般食品衛生標準」。

(4) 每年12月辦理管理審查制度，確認HACCP的有效性。

五、在不變更內容物的前提下，若想將此產品保存期限延長到12個月，舉出兩種可行的加工方式，寫出加工流程並詳細說明為何它們可以達到長期保存的目的。(20分)

【109-1年食品技師】

詳解：

由於內容物不變，所以只能在溫度與時間上改變流程，故採用以下兩種方式：

1. 商業滅菌流程與達長期保存原因：

(1) 流程：食材+配料→前處理→冷卻→真空包裝→商業滅菌→冷卻(冰水浴)→冷藏→(復熱→食用)

(2) 商業滅菌可將食品中病原菌完全消滅並抑制腐敗菌活性，使其在正常運輸狀況之下，既不會生長，也不會產生毒素。此法可使食品品質保持在一定的可接受程度上，但沒有辦法保證孢子會完全被殺滅。

(3) 採用溫度為100℃以上，如121℃或是130~140℃。

(4) 需注意選用適當之F值，以減少病原菌及腐敗菌生長。故時間需瞭解目標微生物(因為低酸性食品，可參考肉毒桿菌)之D值(固定溫度下，微生物死滅90%所需的時間)與Z值(D值改變10倍時，溫度的變化)。

(3) 由於希望達到舒肥法的肉質狀態，故要控制加熱時間，不可太長。

(4) 縮短冷卻，依據阿瑞尼爾斯方程式($k=Ae^{(-Ea/RT)}$)，快速冷卻可以減少營養物質因加熱而劣解的量。

2. 冷凍儲藏流程與達長期保存原因：：

(1) 流程：食材+配料→前處理→冷卻→真空包裝→低溫烹調(水浴)→冷卻(冰水浴)→冷凍儲藏→(復熱→食用)

(2) 冷凍儲藏為在-18℃以下的溫度進行儲藏；此溫度幾乎可以抑制所有微生物的生長以及化學反應；一般凍藏溫度為-10 ~ -30℃。

(3) 由於希望達到舒肥法的肉質狀態，可利用急速冷凍法，使食品能夠在短時間內(30分鐘內降至-20℃)通過最大冰晶生成帶(-1~-5℃)，使食品內生成的冰晶為小且分布均勻，食品凍結後可保持優良品質。

(4) 需維持均溫狀態，防止解凍後，再冷凍產生的再結晶現象。

六、若要將產品改為「蔬果精力湯」(內容物有黃豆、紅蘿蔔、番茄、玉米粒、檸檬汁、核桃與葡萄乾，經高速攪拌；pH 4.0)，列舉兩種已經商品化之非熱加工技術(non-thermal process)可以達到相同的3℃冷藏保存期限，寫出加工流程並詳細說明它們的原理與優缺點。(20分)

【109-1年食品技師】

詳解：

1. 高壓加工技術：

(1) 流程：食材+配料→前處理→冷卻→真空包裝→高壓殺菌→冷卻(冰水浴)→冷藏→(復熱→食用)

(2) 原理：利用液壓或靜水壓的機械力，可說是壓力位能的利用，而非如殺菌釜等之間接壓力利用法。食品試料因受到所有方向均等之壓縮，可於釋壓後，回復原有型態，且可達到殺菌效果。

(3) 優點：使蛋白質變性、酵素失活、營養素不破壞。

(4) 缺點：無加熱香氣、無色澤形成、成本高、不一定可以殺滅肉毒桿菌。

2. 高脈衝電場：

(1) 流程：食材+配料→前處理→冷卻→真空包裝→高壓殺菌→冷卻(冰水浴)→冷藏→(復熱→食用)

(2) 原理：

A. 物理效應：微生物的細胞膜外層具有一定的電位差，當有外部電場加到細胞兩端時，會使細胞膜的內外電位差增大而引起細胞膜的通透性劇增；另一方面，膜內外表面的相反電荷相互吸引而產生擠壓作用，會使細胞產生穿孔。

B. 化學效應：由於強磁場作用與電解離作用，會使一些離子團和原子形成激發態。通過細胞膜後會與蛋白質結合而變性，另外產生之臭氧分子，本身就具有較強的殺菌作用。

(3) 優點：使蛋白質變性、酵素失活、營養素不破壞。

(4) 缺點：目前多用於流體食品、無加熱香氣、無色澤形成、單一容量的高壓開關價格昂貴。

109年第一次專門職業及技術人員高考-食品技師

類科：食品技師　科目：食品分析與檢驗

一、現用25 mL、0.1mol/L 之NaOH 溶液滴定20 mL 純果汁樣品，如果所測的果汁分別為(1)柳橙汁、(2)葡萄汁及(3)蘋果汁，請計算3 種果汁的百分酸度分別為多少？（3 種果汁中之主要有機酸如下：柳橙汁為檸檬酸〔克當量64.04〕；葡萄汁為酒石酸及蘋果酸，其比例為酒石酸〔克當量75.05〕：蘋果酸〔克當量67.05〕= 3：2；蘋果汁為蘋果酸）。（15 分）

【109-1年食品技師】

詳解：

$$酸度(\%)=\frac{有機酸重(g)}{樣品重(g)或體積(ml)}\times 100\%$$

$$=\frac{有機酸當量數\times 有機酸克當量}{W_s}\times 100\%$$

$$=\frac{0.1N\ NaOH溶液當量數\times 有機酸克當量}{W_s}\times 100\%$$

$$=\frac{0.1N\times 力價\times 滴定體積V(ml)\times 10^{-3}\times 有機酸克當量}{W_s}\times 100\%$$

(1)柳橙汁的百分酸度：以檸檬酸〔克當量64.04〕計

$$\frac{0.1\ (mol/L)\ \times\ 1\ \times 25\ (mL)\times\ 10^{-3}\ \times 64.04}{20\ (mL)}\times 100\% = 0.80\%$$

(2)葡萄汁的百分酸度：以酒石酸及蘋果酸，其比例為酒石酸〔克當量75.05〕：蘋果酸〔克當量67.05〕= 3：2計

$$\frac{0.1\ (mol/L)\ \times\ 1\ \times 25\ (mL)\times\ 10^{-3}\ \times (75.05\ \times\ \frac{3}{5}+\ 67.05\ \times\ \frac{2}{5})}{20\ (mL)}\times 100\%$$

$$= 0.90\%$$

(3)蘋果汁的百分酸度：以蘋果酸〔克當量67.05〕計

$$\frac{0.1\ (mol/L)\ \times\ 1\ \times 25\ (mL)\times\ 10^{-3}\ \times 67.05}{20\ (mL)}\times 100\% = 0.84\%$$

二、某縣政府衛生主管機關稽核人員無預警突檢一小型油炸米果工廠，發現正在鍋裡油炸的油炸油顏色深、具油耗味、泡沫多，請敘述油炸油品質稽核管理的 4 項指標，並說明油炸油必須全部更新的指標及說明油炸油內酸價和極性物質含量的檢測原理及操作步驟。（30 分）

【109-1 年食品技師】

詳解：

(一)請敘述油炸油品質稽核管理的 4 項指標，並說明油炸油必須全部更新的指標：

◎餐飲業油炸油稽查管理原則(98 年 7 月 17 日)說明如下：

當油炸油品質達到下列四項指標之一時，即可認定不符食品良好衛生規範第八點（七）衛生安全原則之規定(舊 GHP)。

1. 發煙點溫度低於 170 ℃時（亦即油炸油於低溫時即已冒煙）。
2. 油炸油色深且又粘漬，具油耗味，泡沫多、大有顯著異味且泡沫面積超過油炸鍋二分之一以上者。
3. 酸價超過 2.0（mgKOH/g）。
4. 油炸油內之極性物質含量達 25%以上者(103.11.7GHP 標準)。

(二)說明油炸油內酸價的檢測原理及操作步驟：

1. 檢測原理：當儲存不當或油炸，酸敗(水解)情形發生時會有脂肪酸游離出來，以 KOH 之酒精溶液滴定中和之(以酚酞酒精溶液作指示劑)，所求得游離脂肪酸之含量，可做為油脂酸敗之指標。
2. 操作步驟：

(1)取一定量的油脂，加入有機溶劑溶解。

(2)加入酚酞指示劑。

(3)以 KOH 之酒精溶液滴定之。

(4)計算每克油脂中和游離脂肪酸所需 KOH 毫克數。

(三)說明油炸油內極性物質含量的檢測原理及操作步驟：

1. 檢測原理：新鮮油脂含有 96~98 %的三酸甘油酯，剩下的 2~4 %被認為是極性物質(polar material)，當油炸用油產生氧化裂解現象時，三酸甘油酯將會裂解產生小分子的醛、酮、醇、酸等極性物質，而使總極性物質(TPM)將會增加，以食用炸油品質監測儀(快速檢測儀)檢測。
2. 操作步驟：

(1)取一定量的油脂。

(2)插入食用炸油品質監測儀(快速檢測儀)。

(3)按檢測按鈕。

(4)極性物質含量呈現於液晶螢幕上。

三、食品容器擬進行著色劑的溶出試驗，請說明不同用途類別容器檢測時的溶出用溶劑及溶出條件。（15 分）

【109-1 年食品技師】

詳解：

參考「食品器具、容器、包裝檢驗方法－塑膠類之檢驗」(107.10.4)：

表四、著色劑溶出試驗之溶出條件：

用途別	溶出用溶劑	溶出條件
pH 5 以上之食品用器具、容器、包裝	水	60℃，30 分鐘 [a]
		95℃，30 分鐘 [b]
pH 5 以下(含 pH 5)之食品用器具、容器、包裝	4%醋酸溶液	60℃，30 分鐘 [a]
		95℃，30 分鐘 [b]
油脂及脂肪性食品用器具、容器、包裝	正庚烷	25℃，1 小時
酒類用器具、容器、包裝	20%乙醇溶液	60℃，30 分鐘

a 食品製造加工或調理等過程中之使用溫度為 100℃以下者。

b 食品製造加工或調理等過程中之使用溫度為 100℃以上者。

四、購入市售玉米薄片及白吐司麵包利用酚-硫酸法測定總碳水化合物含量，請說明其分析原理及操作步驟為何？又何者的總碳水化合物含量較高？（20 分）

【109-1 年食品技師】

詳解：

(一)酚-硫酸法測定總碳水化合物之分析原理及操作步驟：

1. 分析原理：單醣、寡醣、多醣類及其衍生物(主要為有熱量的醣類)，與酚及濃硫酸作用[濃硫酸水解醣類成單糖再脫水成羥甲基呋喃醛(Hydroxymethylfurfural, HMF)，再與酚作用]會生成穩定的橙黃色物質，再以 490 nm 測得吸光值，比對標準曲線(以葡萄糖為標準品)，即可得樣品中總碳水化合物含量。
2. 操作步驟：

(1)取適當量乾燥粉末化的樣品溶於水中，取 1 mL。

(2)加入 5 % 酚溶液 1 mL。

(3)再加入 5 mL 濃硫酸混合均勻，靜置 10 分鐘。

(4)放入 25 ℃水浴 15 分鐘。

(5)以分光光度計 490 nm 測得吸光值，比對標準曲線得知總碳水化合物含量。

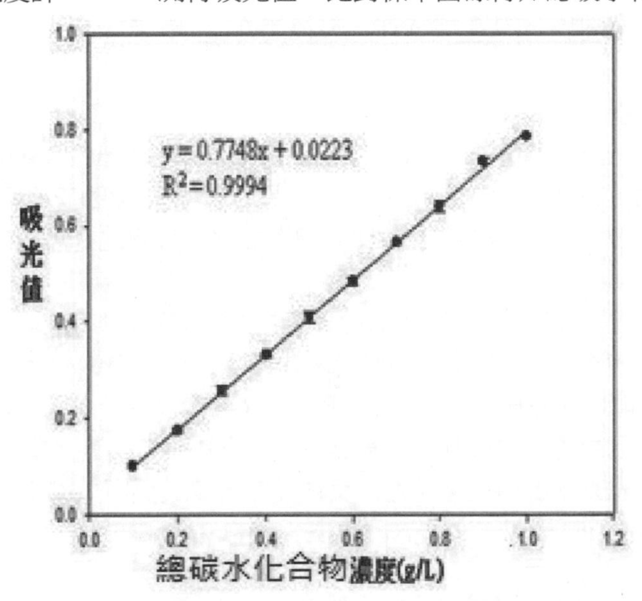

(二)何者的總碳水化合物含量較高：玉米薄片。(查食藥署：食品營養成份資料庫)

五、請說明下列配對名詞之間的相關性：（每小題 5 分，共 20 分）
(一)水活性-微生物繁殖
(二)保色劑-肉毒桿菌毒素
(三)蛋白質含量-勞里法（Lowry’ s method）
(四)貝類中的諾羅病毒-反轉錄聚合酶鏈反應（RT-PCR）
【109-1 年食品技師】

詳解：

(一)水活性-微生物繁殖：

微生物所能利用的水為自由水，而水活性(water activity, Aw)為描述食品中自由水的多寡，其值高低影響微生物生長之影響如下：

1. Aw 越高，表示食品自由水越多，微生物越能利用食品中的水分，而生長。
2. Aw 越低，表示食品自由水越少，微生物能利用食品中的水分少，而抑制微生物的生長。

(二)保色劑-肉毒桿菌毒素：

硝酸鈉、硝酸鉀、亞硝酸鈉、亞硝酸鉀之保色劑對厭氧的芽孢桿菌屬(*Clostridium*)具有很好的抑菌作用，如肉毒桿菌(*Clostridium botulinum*)，可干擾厭氧菌的鐵硫酵素作用，如鐵氧化還原蛋白(Ferredoxin)，使厭氧的電子傳遞鏈(原核生物於細胞膜進行)進行受阻，無法生成 ATP，最後使肉毒桿菌無法生長而無法產生肉毒桿菌毒素。

(三)蛋白質含量-勞里法（Lowry’ s method）：

蛋白質中的色胺酸、酪胺酸會與福林酚試劑(Folin-Ciocalteu’s Reagent)反應，生成藍色複合物，在 750 nm(低蛋白質濃度，具有高度敏感度)或 500 nm(高蛋白質濃度，具有低敏感度)，檢測吸光值比對標準曲線，計算之。可用於蛋白質的定性與定量。

(四)貝類中的諾羅病毒-反轉錄聚合酶鏈反應（RT-PCR）：

貝類中的諾羅病毒之遺傳物質為單股 RNA，其造成台灣 104~110 年食品中毒第一名，症狀有嘔吐、腹痛、嚴重腹瀉、脫水、四肢無力等，主要為攝食未全熟的海鮮造成的食品中毒。在檢測諾羅病毒時，需將其遺傳物質之單股 RNA 反轉錄成 cDNA 才能檢測，此時就需要進行反轉錄聚合酶鏈反應（RT-PCR）。

109 年第一次專門職業及技術人員高考-食品技師

類科：食品技師　科目：食品衛生安全與法規

一、李斯特菌在歐美國家皆為重要的食品中毒病原菌，請說明該菌的重要特性、引發食品中毒的症狀、以及消費者於攝取食物時為預防李斯特菌症所應注意的事項。(20 分)

【109-1 年食品技師】

詳解：

(一)該菌的重要特性：

1. G(+)、桿菌、無芽孢、好氧或兼性厭氧、具鞭毛。
2. 此菌在低溫下生長良好，屬低溫菌，亦為冷藏的病原菌。此菌為兼性胞內寄生菌，可在巨噬細胞(macrophage)、表皮細胞及纖維母細胞中生長。

(二)引發食品中毒的症狀：造成李斯特菌病(listeriosis)為感染單核增生李斯特菌(*Listeria monocytogenes*)產生的症狀，初期的症狀都很溫和，可能類似流行性感冒或甚至沒有症狀出現，潛伏期由三到七十天，但平均是三星期到一個月左右。一年四季都可能是流行期，其症狀如下：

1. 嘔吐、腹痛、腹瀉。
2. 年長者、免疫力低下的族群及新生兒感染後，可能引發敗血症或腦膜炎等嚴重疾病，甚至死亡，致死率可達 2 至 3 成。
3. 孕婦感染後可能會導致流產、死胎、早產，或於分娩時經產道傳染胎兒，造成新生兒敗血症或腦膜炎。

(三)消費者於攝取食物時為預防李斯特菌症所應注意的事項：

1.保持個人及飲食衛生，避免進食高風險的食品及飲品。

(1)加強洗手，進食前、如廁後保持個人衛生。

(2)生吃的蔬菜、水果要徹底洗淨。

(3)肉類務必煮熟，避免進食未經煮熟之生肉。

(4)不要進食未經殺菌處理的牛奶及乳製品、以及來路不明的牛奶及乳製品。

(5)避免進食存放在冰箱超過一天以上的即食食品。

(6)徹底復熱經冷藏的食品。

(7)生鮮和熟食所使用之容器、刀具及砧板應分開，勿混合使用，並且分開冷藏。

2.懷孕婦女應有充分的知識了解其危險性，包括對胎兒的危險性。

3.不要碰觸流產的動物屍體，因為它們有可能已被感染。

4.飼養動物者、獸醫及畜牧業者應加強環境清潔消毒，定期監測動物的健康狀況，並於接觸過動物後要加強洗手。

5.食品與食品處理器具之製造者應了解此病特性，工廠和設備設計應有利清洗和消毒以降低可能之污染。

二、我國衛生福利部食品藥物管理署於 109 年 1 月 1 日起施行液蛋衛生標準，請解釋其規定破殼蛋不得作為液蛋原料蛋使用以及殺菌液蛋不得檢出沙門氏菌的科學基礎。（20 分）

【109-1 年食品技師】

詳解：

(一)破殼蛋不得作為液蛋原料蛋使用的科學基礎：

1. 蛋殼及蛋殼內的膜是雞蛋防止微生物入侵大量生長的主要屏障，屬於微生物生長內在因子之生物性構造，雞蛋有完整的蛋殼，就能使微生物無法入侵大量生長。
2. 一旦雞蛋的蛋殼破裂，成為破殼蛋，這層阻礙微生物入侵大量生長的生物性構造將會失去作用，而使得微生物可以入侵大量生長而造成食品腐敗或食品中毒。
3. 一些微生物於蛋殼內生長，可能會產生一些耐熱的毒素，如黴菌於大殼內生長會產生耐熱的黴菌毒素(Mycotoxins)，將此破殼蛋製成液蛋，即便經過加熱烹調也無法破壞黴菌毒素。
4. 而金黃色葡萄球菌於蛋殼內生長會產生耐熱的金黃色葡萄球菌腸毒素(Enterotoxin)，將此破殼蛋製成液蛋，即便經過加熱烹調也無法破壞此腸毒素。
5. 最後用這種破殼蛋作為液蛋原料蛋使用，可能會造成消費者攝食該食品發生食品中毒。

(二)殺菌液蛋不得檢出沙門氏菌的科學基礎：

1. 沙門氏菌(*Salmonella* spp.)常存在溫血動物腸道，而雞腸特別多，然而雞生蛋與排便於同一個開口，均經過泄殖腔，故蛋殼常存在沙門氏菌，會於打蛋過程使液蛋汙染到沙門氏菌。
2. 若使用選洗蛋為液蛋原料，在清洗過程可以將沙門氏菌去除，使後續製成的殺菌液蛋較不容易檢出沙門氏菌。
3. 液蛋經過低溫殺菌，也可以殺死沙門氏菌，使殺菌液蛋較不容易檢出沙門氏菌。
4. 若非使用選洗蛋為液蛋原料或液蛋未經過低溫殺菌，則液蛋會存在沙門氏菌，若於室溫下儲放一段時間，使沙門氏菌大量生長，再於食用前未徹底煮熟而攝食，將會造成食品中毒的發生。
5. 然而沙門氏菌造成的食品中毒症狀有嘔吐、腹痛、腹瀉、發燒，甚至傷寒與副傷寒症狀的發生。

◎液蛋衛生標準於 110 年 6 月 30 日廢止，參照「食品中微生物衛生標準」(109.10.6)：之 7. 液蛋類[11]：7.1 殺菌液蛋(冷藏或冷凍)沙門氏菌限量為陰性。

[11] 供為液蛋之原料蛋來源，應符合食品安全衛生管理法之規定，且符合以下條件之一：(1)其蛋殼應完整無裂痕。(2)蛋殼受損但蛋殼膜仍完整，無外在污垢黏附，且內容物無洩漏。

三、開啟廣口玻璃瓶裝罐頭食品的金屬瓶蓋時，會明顯聽到「啵」的一聲。請說明出現此聲音的原因以及其在食品安全上的意義。(20 分)

【109-1 年食品技師】

詳解：

(一)請說明出現此聲音的原因：

1. 罐頭食品加工製程，會經過脫氣、密封、殺菌、冷卻等過程，而經過脫氣過程，會使罐頭內部呈現真空狀態。
2. 當開啟該罐頭的瞬間，環境的空氣會大量快速地進入罐頭內，達到壓力平衡，此時瞬間就會明顯聽到「啵」的一聲。

(二)在食品安全上的意義：

1. 達到真空包裝可以保證完全隔離環境的微生物汙染。
2. 達到真空包裝可以抑制好氧性微生物於罐頭內生長。
3. 故達到真空包裝，可以抑制好氧性有害微生物汙染與於罐頭內生長，將可以防止好氧性有害微生物之食品中毒的發生。
4. 然而其他厭氧性有害微生物則需殺菌來殺死。
5. 若罐頭開啟沒有明顯聽到「啵」的一聲，則代表該罐頭沒有達到完全密封，或罐頭內有微生物生長造成膨罐的發生，攝食該罐頭可能會造成食品中毒。

四、非酒精飲料工廠聘用的食品技師，除依食品安全衛生管理法參與廠內食品安全管制系統的規劃與執行外，請寫出其尚需承擔的他項專業工作。（20 分）

【109-1 年食品技師】

詳解：

參照「食品業者專門職業或技術證照人員設置及管理辦法」(109.11.6)第七條：

第四條專門職業人員，其職責如下：

(一)食品安全管制系統之規劃及執行。

(二)食品追溯或追蹤系統之規劃及執行。

(三)食品衛生安全事件緊急應變措施之規劃及執行。

(四)食品原材料衛生安全之管理。

(五)食品品質管制之建立及驗效。

(六)食品衛生安全風險之評估、管控及與機關、消費者之溝通。

(七)實驗室品質保證之建立及管控。

(八)食品衛生安全教育訓練之規劃及執行。

(九)國內外食品相關法規之研析。

(十)其他經中央主管機關指定之事項。

五、請寫出 JECFA 的英文全名並解釋其意義，同時亦說明其在食品安全上所擔負的重要功能。（20 分）

【109-1 年食品技師】

詳解：

(一)請寫出 JECFA 的英文全名並解釋其意義：

1. 英文全名：Joint Expert Committee on Food Additives。食品添加物聯合專家委員會(JECFA)。
2. 解釋其意義：為國際食品法典委員會（CAC）在制定國際食品標準時，所依賴提供科學性評估意見的專業組織。

(二)同時亦說明其在食品安全上所擔負的重要功能：

1. 風險評估/安全性評估：
   (1)食品添加劑(有意添加)。
   (2)加工助劑(視為食品添加劑)。
   (3)調味劑(藉由相關的化合物類別)。
   (4)污染物。
   (5)天然毒素。
   (6)動物產品中之動物用藥殘留。
2. 規格和分析方法、殘留物規格和分析方法、殘留物定義、最高殘留限量(Maximum Residue Limit, MRL)提案定義、MRL 提案(動物用藥)。
3. 一般原則發展和改進。

109 年第一次專門職業及技術人員高考-食品技師

類科：食品技師　科目：食品工廠管理

一、倉儲管理對於工廠的產銷能否順利常扮演重要的角色，請回答下列有關倉儲管理之問題：
(一)請說明呆廢料的定義及處理方式。（10 分）
(二)請說明近代新倉儲管理方法包含了那些內容？（15 分）
【109-1 年食品技師】

詳解：

(一)請說明呆廢料的定義及處理方式。

1. 呆廢料的定義：

(1)呆料：凡庫存週轉率極低，即存量多使用少或根本閒置不用之物料稱之。

(2)廢料：凡腐蝕、變質、破損、過期或製程中產生的不良品，為不能用之材料，或無利用價值惟可變賣之損壞物品。

2. 處理方式：

(1)呆料預防：

a. 做好存量管制。b. 物料標準化及適用性不因規格改變而造成呆料。

c. 維持流暢的物料管理。

(2)廢料預防：

a. 做好存量管制，以免過期。b. 物料驗收確實，不要有不良品混入。

c. 做好生產管制、物料管理、設備維護工作。

(二)請說明近代新倉儲管理方法包含了那些內容？

分類	定義	採購量	存量控制方式
A類	存貨項目少，約佔10 %，但總價值金額大，約佔全部庫存金額70%。如泡麵工廠的原料麵粉	1~2星期之供給量(少)	1.按實際需要，採定量訂購方式。通常以經濟訂購量方式訂購 2.保持最低的訂購點
B類	存貨項目中，約佔25 %，但總價值金額中，約佔全部庫存金額20%。如泡麵工廠的副原料食用油	2~4星期之供給量(中)	1.以經濟訂購量方式訂購，唯以年度檢討即可 2.以備購期間之平均耗用量來確定其訂購點與安全存量 3.經常研判未來需求
C類	存貨項目多，約佔65 %，但總價值金額少，約佔全部庫存金額10%。如泡麵工廠的胡椒粉等	4星期之供給量(多)	1.甚少變更訂購量與訂購點 2.採用複倉式管理即可

二、新產品開發為企業永續經營的命脈，請說明：
(一)新產品的定義及種類。(10 分)
(二)請敘述產品的生命週期？每一階段有何特性？若產品的銷售已開始衰退，請問企業應如何處理？(15 分)

【109-1 年食品技師】

詳解：

(一)新產品的定義及種類：

對於企業來說，新產品開發包含：

1. 新產品開發：指公司首次生產新穎產品開發，但不包括新品種及新用途開發。如新開發出原味燕麥穀片。
2. 新品種開發：指現有產品或改良產品在加工階段以前的開發。如開發出杏仁口味燕麥穀片。
3. 新用途開發：指現有產品在加工階段以後的開發。如將泡的燕麥穀片改成喝的純濃燕麥飲品。

(二)請敘述產品的生命週期？每一階段有何特性？若產品的銷售已開始衰退，請問企業應如何處理？

1. 產品的生命週期：

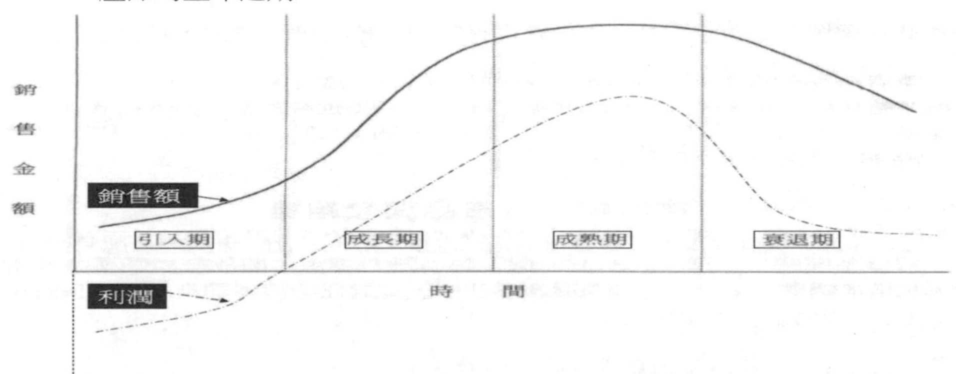

2. 每一階段的特性、產品的銷售已開始衰退，企業處理方法：

特性＼時間	引介期	成長期	成熟期	衰退期
銷售	低銷售額	銷售額快速上升	銷售達於尖峰	銷售額下降
成本	每位顧客的成本高	每位顧客的成本中等	每位顧客的成本低	每位顧客的成本低
利潤	負的	利潤增加	高利潤	利潤下降
顧客	創新者	早期採用者	中期大眾	遲延的買者
競爭者	少	數目逐漸增加	穩定的數目開始減少	數目減少
行銷目標：				
	建立對產品的認知及試用	最大的市場佔有率	最大的利潤，並保護市場佔有率	減少支出，並榨取此品牌
策略：				
產品	提供一項基本產品	擴展產品的廣度並提供服務及保證	品牌及樣式多樣化	除去衰弱的項目
價格	利用成本加成	滲透市場的價格	配合或攻擊競爭者的價格	減價
配銷	選擇性配銷	密集的配銷	更多的密集配銷	選擇性地除去無利潤的銷售出口
廣告	建立早期採用者及經銷商對產品的認知	建立對多數市場的認知及興趣	強調品牌的差異性利益	減低至維持品牌忠誠者的水準
促銷	利用大量的銷售促進以誘導消費者的試用	減少對大量顧客需求的利用	增加對品牌轉換的激勵	減至最低水準

三、請依據「食品良好衛生規範準則」，說明餐飲業之外燴業者應符合那些規定？（25 分）

【109-1 年食品技師】

詳解：

參照「食品良好衛生規範準則」(103.11.7)

(一)第二十七條：外燴業者應符合下列規定：

1. 烹調場所及供應之食物，應避免直接日曬、雨淋或接觸污染源，並應有遮蔽、冷凍(藏)設備或設施。
2. 烹調器具及餐具應保持乾淨。
3. 烹調食物時，應符合新鮮、清潔、迅速、加熱及冷藏之原則，並應避免交叉污染。
4. 辦理二百人以上餐飲時，應於辦理三日前自行或經餐飲業所屬公會或工會，向直轄市、縣(市)衛生局（所）報請備查；其備查內容應包括委辦者、承辦者、辦理地點、參加人數及菜單。

(二)第二十六條：餐飲業之衛生管理，應符合下列規定：

1. 製備過程中所使用設備及器具，其操作及維護，應避免污染食品；必要時，應以顏色區分不同用途之設備及器具。
2. 使用之竹製、木製筷子或其他免洗餐具，應用畢即行丟棄；共桌分食之場所，應提供分食專用之匙、筷、叉及刀等餐具。
3. 提供之餐具，應維持乾淨清潔，不應有脂肪、澱粉、蛋白質、洗潔劑之殘留；必要時，應進行病原性微生物之檢測。
4. 製備流程應避免交叉污染。
5. 製備之菜餚，其貯存及供應應維持適當之溫度；貯放食品及餐具時，應有防塵、防蟲等衛生設施。
6. 外購即食菜餚應確保衛生安全。
7. 食品製備使用之機具及器具等，應保持清潔。
8. 供應生冷食品者，應於專屬作業區調理、加工及操作。
9. 生鮮水產品養殖處所，應與調理處所有效區隔。
10. 製備時段內，廚房之進貨作業及人員進出，應有適當之管制。

四、請以乾煎虱目魚為例，回答下列有關 HACCP 計畫書之問題：
(一)請列出其製備流程圖。(5 分)
(二)請列出其危害分析工作表。(10 分)
(三)請判斷其重要管制點。(10 分)

【109-1 年食品技師】

詳解：

(一)請列出其製備流程圖：

虱目魚驗收→切適當大小→清洗→乾煎 CCP

(二)請列出其危害分析工作表：

加工步驟	鑑別出此步驟被導入、控制或增大之潛在危害		此危害是否顯著	判定左欄之理由	有何預防方法來預防此顯著危害	是否為一重要管制點
虱目魚驗收	生物性	腸炎弧菌汙染	是	處理不當，影響人體健康	選購 CAS 認證虱目魚、後續乾煎去除	否
	物理性	異物	否	一般異物混入	人工鑑別	否
	化學性	動物用藥殘留	是	殘留過量，影響人體健康	選購 CAS 認證虱目魚	否
切適當大小	生物性	空氣落菌	是	處理不當，可能汙染產品	落菌數檢測、GHP 控制	否
	物理性	無相關危害引入				
	化學性	無相關危害引入				
清洗	生物性	無相關危害引入				
	物理性	無相關危害引入				
	化學性	餘氯殘留	否	殘留過量，可能影響人體健康	餘氯濃度檢測、GHP 控制	否
乾煎	生物性	腸炎弧菌殘留	是	溫度、時間不足，腸炎弧菌殘存，影響人體健康	63℃以上、6.2 分鐘以上殺死腸炎弧菌	是
	物理性	無相關危害引入				
	化學性	無相關危害引入				

(三)請判斷其重要管制點：在食品製造流程中任何一項步驟或是程序可以加以管制而導致食品安全的危害可以預防、排除或是減少到管制標準以下。製造過程之 CCP 之判定圖如下，以此判斷乾煎為重要管制點。

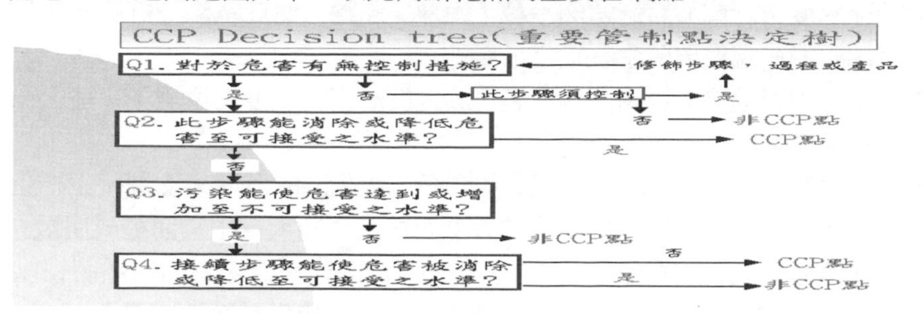

109年第二次專門職業及技術人員高考-食品技師

類科：食品技師　科目：食品微生物學

一、請比較同一種肉品在新鮮狀態及腐敗狀態所含微生物菌種，何者較多？請寫出你的答案，並解釋其原因。在你所述明的原因中，請詳細列出並說明肉品本身影響微生物生長的因子。（20 分）

【109-2 年食品技師】

詳解：

(一)請比較同一種肉品在新鮮狀態及腐敗狀態所含微生物菌種，何者較多？

1. 新鮮狀態的肉品。
2. 原因：

(1)新鮮狀態的肉品：由於動物肌肉內起初為無菌狀態，屠宰加工成肉品的過程，是否適合於肉品生長的任何微生物菌種皆可能經由加工過程汙染，雖然微生物的菌數少，但是微生物的菌種多。

(2)腐敗狀態的肉品：只有少部分適合於肉品生長的微生物菌種達優勢菌相，當少部分優勢菌相生長至菌數大於 10^6 CFU/ml(g)才會造成初期腐敗。

(二)請詳細列出並說明肉品本身影響微生物生長的因子：

1. 內在因素：

(1)pH 值：肉品 pH 值偏中性，適合微生物生長而腐敗。

(2)水分含量：肉品水分含量偏高，適合微生物生長而腐敗。

(3)氧化-還原電位：無包裝的肉品表面氧化-還原電位高，適合好氧菌、兼性厭氧菌生長而腐敗；肉品內部氧化-還原電位低，適合厭氧菌、耐氧厭氧菌、微嗜氧菌生長而腐敗。

(4)營養素含量：肉品營養素含量偏高，適合微生物生長而腐敗。

(5)抗微生物成分：肉品幾乎無抗微生物的成分，適合微生物生長而腐敗。

(6)生物性構造：無包裝的肉品，缺乏生物性構造的保護，無法抵抗微生物侵入，故微生物容易侵入生長而腐敗。

2. 外在因素：

(1)貯存溫度：若肉品無適當的冷藏、冷凍、熱藏，而於室溫下貯藏，剛好適合大部份的中溫腐敗菌生長而造成腐敗。

(2)環境之相對溼度：若肉品無包裝，放置於高相對濕度的環境下，適合微生物生長而腐敗。

(3)氣體之存在與濃度：若肉品無藉由調高二氧化碳的濃度來抑制微生物生長或充氮包裝、真空包裝，肉品中的好氧腐敗菌就能大量生長而造成腐敗。

(4)其他微生物之存在與活性(生物性因子)：肉品幾乎無優良的自然菌相以抑制外來微生物之生長，故腐敗菌汙染後，便能大量生長而造成腐敗。

二、請敘述說明乾酪（cheese）製作時造成牛奶蛋白凝集的方法及原理。有些乾酪需經熟成（aging）操作，其目的為何？熟成過程乾酪的組成分產生何種變化？（20 分）

【109-2 年食品技師】

詳解：

(一)乾酪（cheese）製作時造成牛奶蛋白凝集的方法及原理：

1. 乳酸菌發酵產酸達酪蛋白等電點(pI)：牛奶主要蛋白為酪蛋白，接種的乳酸菌如(*Streptococcus thermophilus* 及 *Lactobacillus bulgaricus*)生長產酸，到達牛乳酪蛋白的等電點(pI)約pH 4.6，使酪蛋白分子淨電荷幾乎為零而沉澱下來，使牛奶蛋白凝集而產生凝乳塊。
2. 添加凝乳酶(rennin)而凝乳：凝乳酶將酪蛋白(casein)之 κ-酪蛋白(親水性)水解成副-κ-酪蛋白(疏水性)，並釋出醣巨胜肽(glycomacropeptide)(親水性)，因副-κ-酪蛋白具有疏水特性，使 α 和 β 酪蛋白與鈣結合形成之酪蛋白膠粒無親水端，形成牛奶蛋白凝集而產生凝乳塊。

(二)有些乾酪需經熟成（aging）操作，其目的為何？

1. 增加香氣：

(1)乳酸菌：製作過程產生的有機酸(如乳酸、醋酸等)，與製作過程產生的醇類(如異型乳酸菌發酵產生乙醇等)，經由後續的酯化反應產生小分子酯類，而具有特殊香氣風味。

(2)黴菌：靠熟成的黴菌產生很強之脂解酶(lipase)，而分解牛奶脂肪，以產生脂肪酸，代謝醣類產生有機酸，與製作過程產生的醇類(黴菌分解脂肪產生丙三醇等)，經由後續的酯化反應產生小分子酯類，而具有特殊香氣風味。

2. 藍乾酪(blue cheese)：以 *Penicillium roqueforti* 進行熟成。
3. 卡門伯特乾酪(camembert cheese)：以 *Penicillium camemberti* 進行熟成。

(三)熟成過程乾酪的組成分產生何種變化？

1. 醣類(牛奶主要醣類為乳糖)被分解成作用成有機酸，反應如下：

乳糖→有機酸

2. 脂肪(三酸甘油酯)被分解成脂肪酸與甘油，反應如下：

三酸甘油酯→脂肪酸 ＋ 甘油(丙三醇)

3. 蛋白質(牛奶主要蛋白質為酪蛋白)被分解成胜肽與胺基酸，反應如下：

蛋白質→胜肽 ＋ 胺基酸

4. 製作過程微生物產生的有機酸(如乳酸菌產生的乳酸、醋酸等；熟成黴菌產生的有機酸)，與製作過程微生物產生的醇類(如異型乳酸菌發酵產生乙醇、黴菌分解脂肪產生丙三醇等)，經由酯化反應產生小分子酯類，而具有特殊香氣風味，反應如下：

有機酸 ＋ 醇類→小分子酯類

三、乳品工廠可用染劑還原法（dye reduction method）來分析生乳總菌數。請敘述說明以染劑還原法分析食品總菌數的原理與操作步驟，並寫出常用的染劑名稱。（20 分）

【109-2 年食品技師】

詳解：

(一)原理：

以甲烯藍(次甲基藍)還原測試法(methylene blue reduction test)為例，將牛乳置於試管中，加入甲烯藍(methylene blue)後，於 37℃下觀察生乳從藍紫色褪色至白色所需之時間，因為微生物生長會消耗氧氣，降低氧氣還原電位，所以會將 methylene blue 還原而褪色，若微生物數目愈多，則所需時間愈短且速率愈快。

(二)操作步驟：

1. 取一定量的牛奶置於試管中，呈現白色。
2. 加入少量甲烯藍試劑，呈現藍紫色。
3. 蓋上或鎖上試管的蓋子。
4. 培養於 37℃的培養箱中。
5. 觀察牛奶從藍紫色褪色至白色所需之時間。
6. 紀錄下牛奶變白色的時間。
7. 比對標準時間，得知大略的菌數。

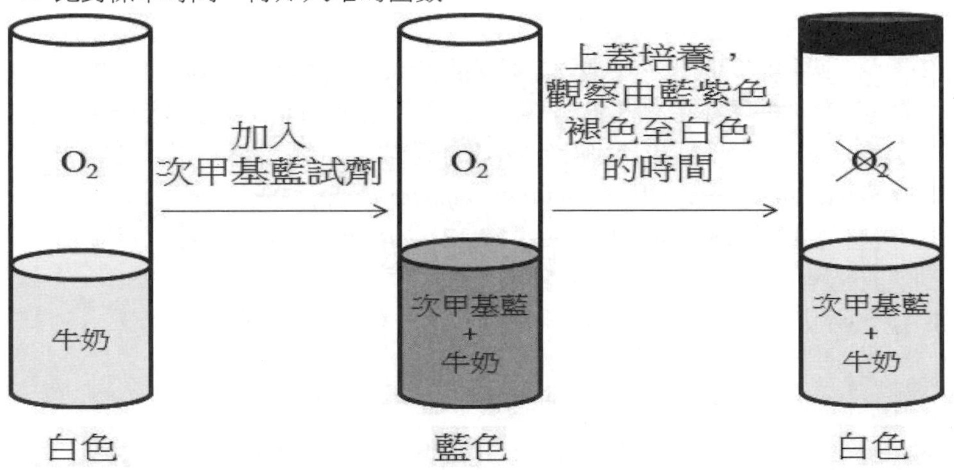

(二)常用染劑名稱：

1. 甲烯藍(methylene blue)：有氧呈現藍色，而無氧呈現無色(白色)。
2. 刃天青(resazurin)：有氧呈現藍色，無氧先變成粉紅色再變成無色。

四、請說明食品的酸鹼值（pH value）如何影響微生物生長。人們可利用添加酸化劑來調整食品成酸性食品，以抑制病原菌生長。人們發現金黃葡萄球菌（*Staphylococcus aureus*）可以在以鹽酸為酸化劑所調整之 pH 4.5 牛乳中生長，卻無法在以醋酸為酸化劑所調整之 pH4.5 牛乳中生長，請解釋其原因。（20 分）

【109-2 年食品技師】

詳解：

(一)食品的酸鹼值（pH value）如何影響微生物生長：

1. 不佳的 pH 值：影響微生物生長

對行呼吸作用之微生物細胞，至少有兩方面之影響：

(1)對酵素之功能：

a. 微生物的酵素反應有最適 pH 值，當於不適的 pH 值，酵素可能活性減弱或變性。

b. 微生物需耗能產生足以中和環境 pH 值成中性的代謝物，而影響必要物質合成之酵素的活性。

(2)對營養物質輸送進入細胞：

a. 環境中不適 pH 值之氫離子(H^+)或氫氧根離子(OH^-)會對細胞膜上運輸營養物質的蛋白質[如轉運蛋白(carrier protein)或稱滲酶(permease)]造成活性減弱或變性失活，導致環境中的營養物質無法被微生物吸收利用。

b. 由於環境中不適 pH 值導致酸或鹼進入細胞內解離成氫離子(H^+)或氫氧根離子(OH^-)，微生物為了維持體內中性的 pH 值，而消耗能量將氫離子(H^+)或氫氧根離子(OH^-)運輸出體內，導致耗能吸收營養物質的主動運輸無法進行。

2. 終端的 pH 值：使微生物死亡

(1)破壞吸收營養的酵素(permeases)：細胞膜上的滲酶(permease)。

(2)破壞細胞膜。

(3)H^+或 OH^-滲入細胞內造成蛋白質變性與破壞 DNA/ RNA。

(二)人們發現金黃葡萄球菌可以在以鹽酸為酸化劑所調整之 pH 4.5 牛乳中生長，卻無法在以醋酸為酸化劑所調整之 pH4.5 牛乳中生長，請解釋其原因：

1. 鹽酸為無機酸，解離度超高，幾乎完全解離，鹽酸解離的 H^+帶電，無法自由進出細胞膜，到達細胞質，所以無法達到抑菌的效果，所以金黃葡萄球菌可以在以鹽酸為酸化劑所調整之 pH 4.5 牛乳中生長。

2. 醋酸為有機酸，解離度很低，未解離的醋酸可以自由進出細胞膜，到達細胞質解離成 H^+，而達到抑菌的效果，所以金黃葡萄球菌無法在以醋酸為酸化劑所調整之 pH4.5 牛乳中生長。

3. 有機酸的抑菌機制主要靠以下兩點：

(1)未解離分子進入細胞內解離，對蛋白質(酵素)與 DNA 變性失活。

(2)未解離分子進入細胞內解離，抑制 ATP 形成而影響養分之主動運輸。

五、請說明高溫殺菌的原理。細菌的耐熱性依菌株不同而異，請分別說明食品的水分、碳水化合物、蛋白質與脂質含量，以及食物的酸鹼值對同一株細菌耐熱性的影響。(20分)

【109-2年食品技師】

詳解：

(一)高溫殺菌的原理：加熱使微生物之蛋白質變性與DNA、RNA及細胞膜傷害，這些結果造成微生物死亡。一般食品高溫殺菌方法如下：

殺菌分類	加熱條件	殺死微生物	代表食品	保存
滅菌(sterilization)	如濕熱滅菌121℃，15分鐘；乾熱滅菌170℃，1小時	全部微生物	食品較少見，一般培養基屬之	皆可
商業滅菌(commercial sterilization)	(100℃以上殺菌)如131~142℃，2~5秒(135℃，3秒)(UHT)罐頭不同的殺菌方式	大部分微生物(嗜高溫菌及孢子仍未殺死)	罐頭、保久乳等	室溫或冷藏
巴斯德殺菌(pasteurization)	(100℃以下殺菌)如 LTLT：62~65℃，30分 HTST：72~75℃，15秒	致病菌(包括部分腐敗菌)	低溫殺菌牛乳、水果酒等	冷藏

(二)對同一株細菌耐熱性的影響：

1. 水分含量：

(1)水分含量高，微生物耐熱性低；水分含量低，微生物耐熱性高。

(2)溼熱滅菌較乾熱滅菌能在較低溫度及短時下進行滅菌，因為溼熱滅菌中，熱穿透速率較快，較易造成蛋白質的變性，所以水分高，微生物的耐熱性愈差。

2. 碳水化合物含量：

(1)碳水化合物含量高，微生物耐熱性高；碳水化合物含量低，微生物耐熱性低。

(2)碳水化合物含量上升，微生物對熱之抗性亦會變強，因為碳水化合物會吸水，降低水分，所以提高微生物耐熱性。

3. 蛋白質含量：

(1)蛋白質含量高，微生物耐熱性高；蛋白質含量低，微生物的耐熱性低。

(2)蛋白質含量上升，微生物耐熱性亦會變強，因為蛋白質對微生物具有保護的作用(外層蛋白質變性，阻礙熱傳導)。

4. 脂質含量：

(1)脂質含量高，微生物耐熱性高；脂質含量低，微生物的耐熱性低。

(2)脂質含量愈高，會提高微生物耐熱性，因為脂質含量高，熱傳導性較低(脂肪是熱的不良導體)，所以耐熱性變強。

5. 食物的酸鹼值：

(1)酸鹼值接近中性，微生物耐熱性高；酸鹼值遠離中性，微生物的耐熱性低。

(2)微生物於pH為7.0時耐熱性最強，當提高或降低pH值，均會降低微生物耐熱性，故不同pH值食品可以不同殺菌條件來達到相同殺菌效果。

109 年第二次專門職業及技術人員高考-食品技師

類科：食品技師　科目：食品化學

一、請說明食用膠（gum）的定義，並以果膠、關華豆膠及刺槐豆膠為例，分別說明其組成特性及食品上的應用。（20 分）

【109-2 年食品技師】

詳解：

(一)食用膠（gum）的定義：

自任何陸生、水生植物或微生物菌體中萃取而得之水溶性多醣類，故在食品中常常充當保水劑、增稠劑、懸浮劑、澄清劑、乳化安定劑、泡沫安定劑及部分可作成膠劑等。

(二)以果膠、關華豆膠及刺槐豆膠為例，分別說明其組成特性及食品上的應用：

膠類	組成特性	食品上的應用
果膠 (pectin)	果膠存在植物細胞壁的中膠層內，作為黏合性及結構性物質，植物中果膠質含量以果實及蔬菜類較高，特別是柑橘類。其組成為半乳糖醛酸(galacturonic acid)或甲基酯化(甲氧基)半乳糖醛酸以 α-1,4 醣苷鍵(glycosidic bond)鍵結所形成的共聚物(多醣體)，果膠質所含有之多醣主要包括原果膠質(protopectin)、果膠(pectin)、果膠酸(pectic acid)。	高甲氧基果膠可製作果醬、低甲氧基果膠無糖或低糖的果醬與愛玉
關華豆膠 (guar gum)	瓜爾豆種子抽出之多醣，由 β-D-甘露糖與 α-D-半乳糖 2：1 組成之共聚合物，於冷水中可溶，吸水會膨脹形成黏稠液，加熱後變稀，但不會形成固體的膠質	可充當肉製品的黏稠劑及飲料的安定劑、增稠劑
刺槐豆膠 (locust bean gum)	角樹豆種子所抽出之多醣，由 β-D-甘露糖與 α-D-半乳糖 4：1 組成之共聚合物，於冷水中可溶一部份，但加熱後可得較大的黏度，但不會形成固體的膠質	可用在魚肉製品中充當品質安定劑或作為麵糰的改良劑

二、畜肉與魚肉皆為動物性蛋白質來源，請說明兩者蛋白質組成之差異及其對加工方式之影響。（20 分）

【109-2 年食品技師】

詳解：

		(一)畜肉	(二)魚肉
1. 蛋白質組成之差異	肌纖維	紅肌纖維	白肌纖維
	顏色	紅	白
	肌紅素含量	高	低
	脂肪含量	高	低
	肝糖含量	低	高
	粒線體數目與大小	多、大	低、小
	微血管密度	高	低
	纖維直徑大小	小	大
生理作用	收縮速度	慢	快
	收縮形式	強直	間歇
	氧化代謝	高	低
	醣解代謝	低	高
	1. 紅肌適於持久型活動，為理想的氧化型式代謝反應；白肌適合劇烈運動。 2. 紅纖維有較厚的肌鞘，肌漿網的延展性差而不發達，肌漿比白纖維少；白纖維的肌漿網較發達以提供其快速收縮。		
2. 加工方式影響	凝膠	貢丸(油脂含量多，可利用乳化及凝膠方式製作)	魚丸(脂肪較少，口感較澀)
	供餐方式	煎牛排(肌紅素較多，風味較多層次)	炸魚排(魚肉脂肪較少，可利用油炸方式)
	肌紅素較多容易腐敗變色，可添加亞硝酸鹽類保色及防腐。		

三、巧克力的主成分可可脂為同質多晶性之脂質，請說明可可脂之可能結晶型態與特性，並說明製備巧克力時如何做到「只融於口，不融於手」的要求。（20 分）

【109-2 年食品技師】

詳解：

(一)可可脂之可能結晶型態與特性：

1. 可可脂之可能結晶型態：可可脂有六種不同的多晶型狀態：

結晶型		熔點
α Form	sub-α	17.3
	α-2	23.3
β' Form	β'_2-2	25.5
	β'_1-2	27.5
β Form	β_2-3	33.8
	β_1-3	36.2

2. 特性：

特性	α Form	β' Form	β Form
Chain packing	六方晶系	斜方晶系	三斜晶系
整齊度、密度、硬度、穩定度、熔點、凝固點、沸點	小	中	大
延展性	大	中	小

(二)說明製備巧克力時如何做到「只融於口，不融於手」的要求：

可可脂有六種不同的多晶型狀態，只有第五種(β_2-3 類型，熔點 33.8℃)有最適宜的性質，要將可可脂製成巧克力，就是應用可可脂的同質多晶性，利用調溫(tempering)來使可可脂的晶型能於人體體溫下熔化(熔點範圍狹小，入口即化)，而達到“只熔你口，不熔你手”，而單一晶型結構也有滑潤口感與光澤產生。

調溫(tempering)：為一種加工手段，即利用不同溫度之調溫操作，可形成不同程度的混合結晶，利用結晶方式改變油脂的性質，使得到理想的同質多晶型和物理狀態，從而增加油脂的利用性和應用範圍，如巧克力達到“入口即化”，作法如下所述：

1. 將巧克力加熱成液態巧克力(使所有晶型狀態熔化)。
2. 然後冷卻時開始結晶成適宜的晶型(β_2-3 類型)。
3. 之後再加熱至剛好適宜的晶體之熔點(33.8 ℃)以下而凝固。
4. 使不適合類型的晶體仍在熔化狀態而分離。
5. 重覆加熱與冷卻循環。

四、茶葉中的酚類化合物（如兒茶素）為無色物質，然經過製茶後沖泡可得不同顏色的茶湯，請說明酚類化合物於製茶過程產生之化學變化對茶湯色澤的影響。（20 分）

【109-2 年食品技師】

詳解：

(一)酚類化合物於製茶過程產生之化學變化：

主要於較室溫高溫、潮濕條件下與有氧其況下，使酚類化合物（如兒茶素）進行酵素性褐變反應(enzymatic browning reaction)之發酵，產生茶黃素(theaflavin)和茶紅素(thearubigin)之酵素性褐變產物：

1. 羥化作用(hydroxylation)：

單元酚(monophenol)(如酪胺酸)經酚羥化酶(phenol hydroxylase)或稱甲酚酶(cresolase)作用成二元酚(diphenol)。

△單元酚(monophenol)包括酪胺酸(tyrosine)。

2. 氧化作用(oxidation)：

二元酚經多酚氧化酶(polyphenol oxidase)或稱兒茶酚酶(catecholase)形成二苯醌類化合物(diquinone)。

3. 氧化(oxidation)與聚合(polymerization)作用：

二苯醌類經氧化與聚合形成黑色素(melanin)。

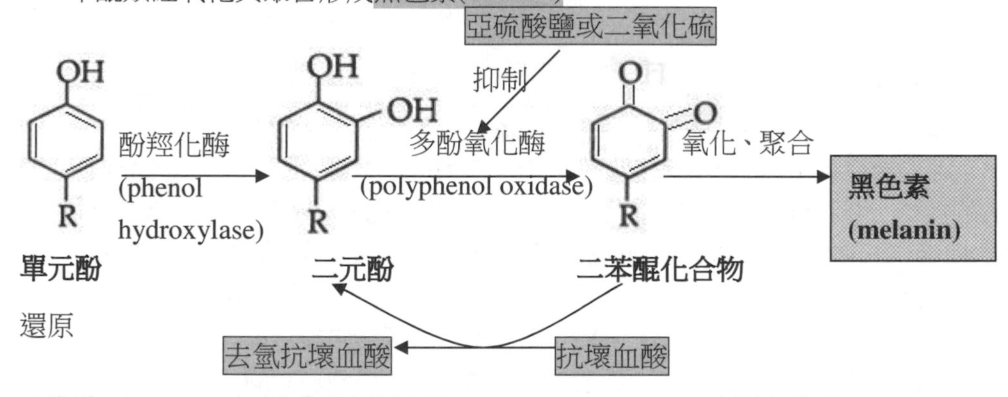

△酚酶(phenolase)包括或稱酚羥化酶(phenol hydroxylase)、多酚氧化酶(polyphenol oxidase)、酪胺酸酶(tyrosinase)。其分子結構含銅離子。

(二)對茶湯色澤的影響：

1. 不發酵茶：茶黃素(theaflavin)和茶紅素(thearubigin)少，主要為淺黃綠色，如綠茶。
2. 半發酵茶：茶黃素(theaflavin)和茶紅素(thearubigin)中，主要為黃褐色，如烏龍茶。
3. 全發酵茶：茶黃素(theaflavin)和茶紅素(thearubigin)多，主要為紅褐色，如紅茶。

五、請說明食品水活性（water activity）與平衡相對濕度（equilibriumrelative humidity）的關係，以及水活性的高低對食品於貯存過程中可能發生之微生物繁殖與油脂氧化速率之影響。（20 分）

【109-2 年食品技師】

詳解：

(一)食品水活性(water activity, Aw)與平衡相對濕度(equilibriumrelative humidity, ERH)的關係：

1. 食品水活性大於空氣中的相對溼度則會發生脫水現象。
2. 食品水活性小於空氣中的相對溼度則會發生吸水現象。
3. 若食品水活性等於空氣中的相對溼度，則不會發生脫水或吸水現象，此時食品的水分含量稱為平衡水分含量(equilibrium moisture content)；而空氣的相對溼度稱為平衡相對溼度(% equilibrium relative humidity, ERH)。
4. 以平衡相對溼度(% equilibrium relative humidity, ERH)的數字除以 100 或 ERH %即為食品的水活性：Aw = ERH 的數字/100 or ERH %。

(二)水活性的高低對食品於貯存過程中可能發生之微生物繁殖與油脂氧化速率之影響：

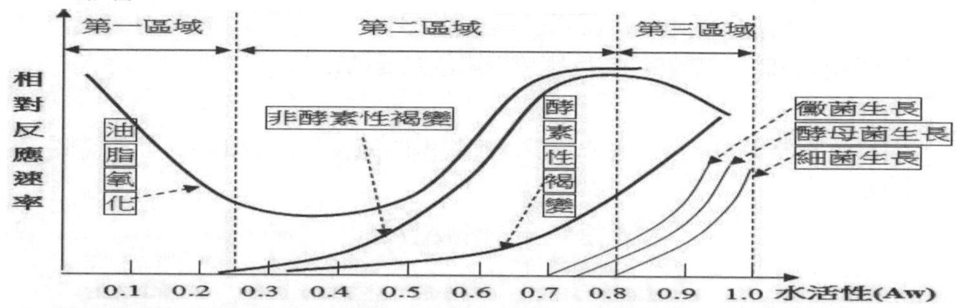

1. 微生物的繁殖：對一般生物之生長，其水活性最低限度大致如下：

(1)黴菌：0.70 以上，大部分黴菌需 Aw 0.80 以上
(2)酵母菌：0.75 以上，大部分酵母菌需 Aw 0.85(0.88)以上
(3)細菌：0.80 以上，大部分細菌需 Aw 0.90 以上

2. 油脂氧化速率：Aw 值達 0.7~0.8 時氧化速率最大。當 Aw 降至 0.3 左右時，油脂之氧化速率最低，0.3 以下又反而升高。

(1)於高 Aw 下(0.7~ 0.8)：氧化速率高，與油脂可浮於水面，水中溶氧高，氧氣進行油脂氧化反應作用有關
(2)於低 Aw 下(約 0.3)：氧化速率最低，水分可與氫過氧化物(ROOH)結合抑制後續反應，且水可提供電子以抑制自由基生成以抑制油脂氧化，及水可與金屬離子水合而減低金屬離子催化油脂氧化之反應
(3)於極低 Aw 下(0.3 以下)：水分子幾乎不存在，原先水分子存在之空間形成多孔狀，增加脂質與氧氣接觸面積，金屬離子也更容易與油脂接觸而催化油脂氧化

109 年第二次專門職業及技術人員高考-食品技師

類科：食品技師　科目：食品加工

一、食品在儲存期間會因不同程度之劣化反應(deterioration)而降低其感官性、營養價值、安全性以及美學上的吸引力等。請從品質劣化之反應動力(reaction kinetics)及活化能(activation energy)的角度，詳細說明如何分析加工食品品質劣化反應的反應速率常數及活化能，以及訂定產品之保存期限。(20 分)

【109-2年食品技師】

詳解：

1. 品質劣化之反應動力(reaction kinetics)：食品加工中涉及的大多數反應，遵循一級反應(first order reaction)，為最簡單的反應型式，其速率指由單一反應物濃度決定，即反應速率與反應物濃度成正比。一級反應速率只決定於反應物本體的不穩定性。

$$\text{反應速率} = k\,[A] \qquad (1)$$

k 的單位為時間倒數(s^{-1})；反應速率單位為 mol/L s^{-1}

由實驗數據得知，反應速率等於反應濃度的減少量(△[A])除以反應時間(△t)。

$$\text{反應速率} = -\triangle[A] / \triangle t \qquad (2)$$

整理(1)與(2)式得

$$k\,[A] = -\triangle[A] / \triangle t$$

$$\text{整理} \Rightarrow \triangle[A] / [A] = -k \times \triangle t \qquad (3)$$

為獲得連續降解濃度之關係，(3)取積分後得積分速率方程式：

$$\ln[A] - \ln[A]_0 = -k\,t$$

由以上反應動力學觀點，當獲得反應速率常數(k)，即可知原濃度經 t 時後，殘餘的濃度；透過已知可接受的濃度，即可判定產品之保存期限。然而，每一反應在固定溫度下有一定的反應速率常數(k)，故被提及時必須考量溫度(因產品製造及儲藏時溫度會變動)，此時就需要瞭解阿瑞尼斯方程式(Arrhenius equation)中，影響反應速率常數(k)之因子。

2. 阿瑞尼斯方程為化學反應的速率常數與溫度之間的關係式。其不定積分形式為：

$$\ln k = -\frac{E_a}{RT} + \ln A$$

其中：

k 為反應的速率常數

A 稱為阿瑞尼斯常數，單位與 k 相同

Ea 為反應的活化能，在溫度變化範圍不大時被視為常數

R 為氣體常數；

T 為絕對溫度，單位為 K(絕對 0 度為 -273℃)。

當溫度變動後(如運輸儲藏溫度非維持不變)，假設 T_1 反應速率常數為 k_1；T_2 反應速率常數為 k_2。可利用以上公式，獲取所需資訊：

$$\ln(k_1/k_2) = (Ea/R)[(1/T_2)-(1/T_1)]$$

以上公式可以獲取不同溫度下，反應速率常數(k)之數值。

3. 訂定產品之保存期限：參照「市售包裝食品有效日期評估指引」(102.4.24)

步驟 1：分析食品劣變的因子

↓

步驟 2：選擇評估產品品質或安全性的方法

微生物學分析(如總生菌數、大腸桿菌群數、大腸桿菌數等)

感官品評(如視覺、嗅覺、味覺等)

物理及化學分析(如黏度、濁度、糖度、酸度等)

成分分析(如維生素、多酚類、脂肪酸等)

↓

步驟 3：擬定有效日期的評估計畫

↓

步驟 4：執行有效日期的評估計畫

↓

步驟 5：決定有效日期

↓

步驟 6：監控有效日期

二、請說明擠壓(extrusion)加工的基本原理，包括擠壓機(extruder)的作用方式、影響擠壓成敗優劣之操作因子，以及其在食品工業上的應用。(20分)
【109-2年食品技師】

詳解：

1. 擠壓機(extruder)的作用方式：

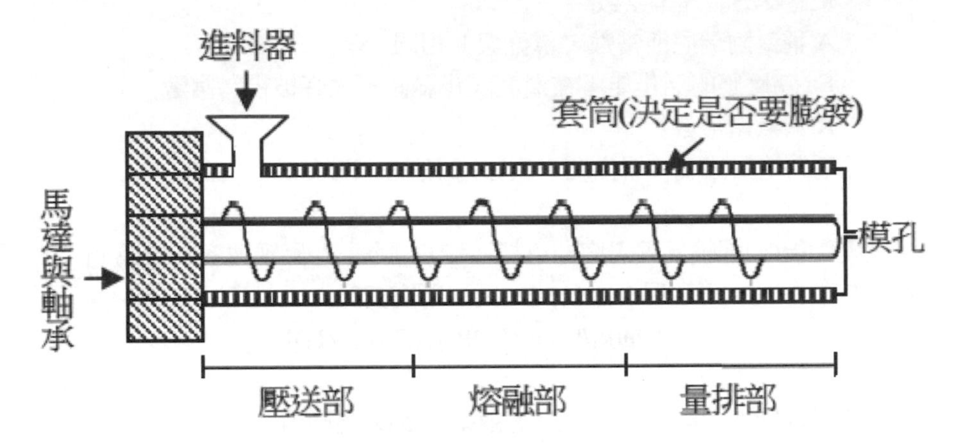

(1) 套筒：套筒中可安裝冷卻或加熱裝置，或於中空的螺軸內注入蒸氣以達加熱效果。

(2) 螺軸：

A 壓送部：主要在使足夠原料進入擠壓機內，因此其螺牙較深，壓送部的長度通常佔螺軸全長的10~25%。

B. 熔融部：主要功能在使固態食品原料轉變成熔融狀、定型的塑性麵糰，通常佔螺軸全長的一半左右。

C. 量排部：通常具有最淺的螺牙，目的在增加摩擦剪力，並使熱能的傳送更為迅速，因此不僅所損耗的機械能最多，並且溫度上升也最為迅速。

(3) 模孔：模孔為擠壓機末端的小開口，食品從模孔擠出，依模孔的各種不同設計，食品形成各種形狀。

2. 影響擠壓成敗優劣之操作因子：

(1) 套筒溫度：

A. 膨發：筒套通入蒸汽，利用擠壓處理時產生的高壓與高溫，於模孔出口處迅速轉變成常壓時所形成的壓力差，使食品中的水蒸氣在瞬間蒸發所引起。

B. 不膨發：筒套安裝冷卻裝置，降低溫度及壓力，使其不產生瞬間膨發現象。

(2) 馬達轉速：影響內部壓力與混合狀態，轉速越快，混合效果越好，內部壓力越大。

(3) 螺牙距離與齒狀分布：影響混合狀態。距離越短，混合越均勻；齒狀越多，剪切力越強，分子切斷越明顯。

(4) 水分含量：越多，再結合、組織化、混合與膨發效果較好；但若太多則成品容易龜裂。

(5) 單雙軸型態：

A. 單軸擠壓機：具有一支螺軸，所使用的原料必須使用粒度大略一定者，原料的水分含量最高限於35%，油脂含量最高限於4%，糖分含量最高限於10%，原料的一部分只受一點熱處理，或完全不受熱處理。

B. 雙軸擠壓機：適合微粉末或穀粒的直接加工，通常不同大小或不整齊的粒子，都可適於雙軸擠壓機。適合之原料水分含量5~95%。

3. 食品工業上的應用：肉品加工、通心麵(micaromi)的製造、人造肉、膨發食品、零食、嬰兒食品、健康食品、糖果、餅、餅乾，麵包、酒類發酵基質的前處理

三、食用油脂精煉常採取之五大程序為何？請詳細說明各個程序的目的、實施方法及原理。(20分)

【109-2年食品技師】

詳解：

步驟	目的、實施方法及原理
靜置及脫膠 (setting and degumming)	目的：移去膠質以磷脂質為主，而卵磷脂佔大多數 方法及原理：油與3%水或水蒸汽混合，於60℃下攪拌20分鐘，再離心或靜置。
脫酸 (deacidification)	目的：脫去油中之游離脂肪酸 方法及原理：以氫氧化鈉加熱攪拌油脂，靜置分離沉澱物(皂腳)
脫色 (decolorization)	目的：除去油脂中的色素如葉綠素或β-胡蘿蔔素 方法及原理：常用活性碳或酸性白土去除色素
脫臭 (deordorization)	目的：除去加工過程中產生之醛與酮等臭味或植物特有臭味 方法及原理：常用真空抽氣
冬化 (winterization)	目的：去除臘質(長鏈飽和脂肪酸)與高融點的甘油酯 方法及原理：降溫至5℃，結晶析出後再行過濾，持續5.5小時

四、請寫出豬肉酥之製程，包括各加工步驟的目的及原理，並說明該類加工食品可能發生的食安或健康風險的原因(請舉出3項)及其相對應措施。(20分)
【109-2年食品技師】

詳解：

1. 加工步驟的目的及原理：

原料肉→切塊→煮熟→分絲→乾燥→冷卻→金屬檢測→包裝→成品→儲存

(1) 原料肉：豬之前後腿或里脊肉為佳。工廠都用後腿或淘汰豬(老母豬、公豬)為原料。

(2) 切塊：把筋膜及肥肉去除，切塊須順著纖維切成10公分長條形。

(3) 煮熟：煮至肉纖維易分開為止。

(4) 分絲：使纖維狀分開。除可增加與添加物接觸之表面積，亦是成品特色需求。

(5) 乾燥：可用焙炒方式炒乾，並可添加紅糟用以著色(不得含有人工色素)，或是豆粉及麵粉作為填充料(不得超過煮熟原料肉重之15%)。此外，市售豬肉酥會利用食用豬油進行酥炒來改變口感。

(6) 冷卻：降低劣化反應。

(7) 金屬檢測：防止金屬異物混入。

(8) 包裝：一般包裝(袋裝或罐裝皆可)，通常會加入除氧劑(如鐵包)。

(9) 成品：

A. 肉酥為現今國家標準之正名，如有必要以俗名肉鬆出現，必須在肉酥(大字體)正名之右下方以肉鬆(小字體)出現之。

B. 色澤：外觀鮮美呈無焦化物。

C. 氣味：具固有之甘香，不得有焦臭、油臭或其他不良氣味。

D. 口味：鹹甜適口，入口鬆酥易碎，不得有油脂酸敗味。

E. 粗細：肌肉纖維酥鬆，油結凝塊之大小均勻，不得含有硬固不化之渣質。

F. 純度：不得含混筋腱、焦化纖維，植物或骨粉污物及異物。

2. 可能發生的食安或健康風險的原因及其相對應措施：

原因	危害	相對應措施
原料有問題	化學性	透過檢疫證明及第三方送檢資料確認為優良豬肉，且無藥殘、無摻假、非病死豬及具有產地證明。
乾燥不完全	生物性	檢測水活性(Aw<0.85)及含水量(<50%)。
金屬異物混入	物理性	通過金檢機檢測(每批一次)，減少刀削或鐵絲等異物混入。

五、請說明下述每小題所列二個乾燥加工相關名詞或現象之意涵，及兩者之差異或關聯性。(每小題5分，共20分)
(一) 濕球溫度與乾球溫度
(二) 恆率乾燥期與減率乾燥期
(三) 濕重基準與乾重基準
(四) 表面硬化(case hardening)與皺縮(shrinkage)

【109-2年食品技師】

詳解：

(一)

1. 濕球溫度(Wet bulb temperature)：溫度計感溫點表面保持潮濕狀態下所測之溫度。
2. 乾球溫度(Dry bulb temperature)：在乾燥表面條件下，溫度計所測得之溫度。
3. 差異與關聯性：因水分存在，濕球溫度計溫度應較低，因熱能會用於水的蒸發潛熱；而乾球溫度測得時，為空氣的水分狀態之溫度，溫度應較高。當兩溫度差異小時，代表濕球溫度的水分與乾球溫度所接觸的水分差異小，即相對濕度大。舊時代工廠可透過乾、溼球溫度差異可得知廠區環境之相對濕度，用以監控製程或儲存時，乾燥產品會不會因相對濕度太高，因吸濕而導致劣化的可能性。

(二)

1. 恆率乾燥期：乾燥初期，熱能主要用來食品表面蒸發，大約移走90%的自由水，表面水分的蒸發量與內部水分的擴散量達成平衡，乾燥速率固定。此時，食品品溫維持一定，對食品品質的影響較少。食品表面的溫度等於空氣的濕球溫度，其表面蒸氣壓為飽和蒸氣壓。
2. 減率乾燥期：經過恆率乾燥期後，表面蒸散速度減緩，此時去除輕度束縛的水分，大約移走10%。即食品再經進一步乾燥，表面蒸發速率大於內部擴散速率，同時品溫上升，食品容易產生表面硬化現象，乾燥速度逐漸降低(第一段減率乾燥期)。再度乾燥時，會受到食品內水分移動速度的影響。到乾燥最困難時期，水分在食品內部蒸發，而以蒸氣狀態擴散到表面(第二段減率乾燥期)。此時，食品品溫逐漸提高，對食品品質的影響較大。食品表面的溫度等於空氣的乾球溫度。
3. 差異與關聯性：透過實驗，可獲得乾燥過程中之乾燥特性曲線圖，除了瞭解自由水含量的多寡，亦可瞭解加熱對水分移除及食品營養素之受限狀態。其中，恆率乾燥期與減率乾燥期接點的臨界含水率可用於判斷溫度何時可以增加，以減少表面硬化導致的乾燥不完全及保留較多的營養素(高溫短時)。

(三)

1. 濕重基準(Ww)：對全重量表示的水分比例，稱水分百分率(water percent)，通常以"%"表示。

2. 乾重基準(Wd)：對完全乾燥物重量表示的水分比率，稱含水率(water content)，通常以"X kgH_2O/kg乾重"表示。

3. 差異與關聯性：Ww = Wd/(1+Wd)，因乾燥過程，只有水分移除，乾重沒有改變，故得知單位乾重不變，可用來簡化乾燥過程中計算。

(四)

1. 表面硬化(case hardening)：乾燥過程中，若表面接觸較高熱能，水分快速移除並產生熔融狀態，封閉多孔性質，此時表面蒸發速率會大於內部擴散速率，產生外部質地便硬的現象，水分無法移出。

2. 皺縮(shrinkage)：乾燥過程中，水分完全移除，縮小後表面會形成皺褶狀態，即水分損失造成的體積縮小過程。

3. 差異與關聯性：兩者皆為大顆粒食品乾燥過程會探討的問題，與成品要求狀態有關。表面硬化容易產生乾燥不完全現象，可透過先較低溫乾燥，待表面自由水移除後再提高溫度解決表面硬化問題(逆流熱風，食品與熱風方向相反)；皺縮會使成品外觀無法維持原始狀態，相對的可先利用針刺使表面積增加，再用高溫乾燥即可(順流熱風，食品與熱風方向相同)。

109年第二次專門職業及技術人員高考-食品技師

類科：食品技師　科目：食品分析與檢驗

一、某火腿工廠研發部利用韓特（Hunter）色差儀分析A、B 兩款新製備的蒟蒻火腿，其中L 值A＞B；a 值A 為正值，B 為負值；b 值A 為正值，B 為負值；請說明L、a、b 值各代表的意義，以及對新產品的色澤要求是鮮豔橙紅色，那一款較符合需求？（20 分）

【109-2年食品技師】

詳解：

(一)請說明L、a、b 值各代表的意義：

1. L、a、b 值：

L 亮度（lightness）(0是黑色；100是白色)	
+a 紅色度（redness）	+b 黃色度（yellowness）
-a 綠色度（greenness）	-b 藍色度（blueness）

2. 明度(Value or lightness)：

不同的色彩，有不同的明暗；色彩的「明度」即是色彩明暗的程度，如純黃色比純綠色來得明亮；純黃色是明度高的色彩，而純綠色的明度略低。

可以在同一色相色彩，以加入白色(提高L值)來提高明度；加入黑色(降低L值)來降低明度的方式，產生一系列的色彩變化，如淺紅、淡紅、亮紅、深紅、暗紅即是紅色不同的明度變化。

3. 色相或稱色調(hue)：

色相是用來區分色彩的名稱，即是依不同波長色彩的相貌所稱呼的「名字」，如紅、綠、黃、藍、橙、紫、藍綠、黃綠、黑、白、灰色(如下圖所示)。當我們描述色彩時，最常用「色相」來溝通，產生共識。

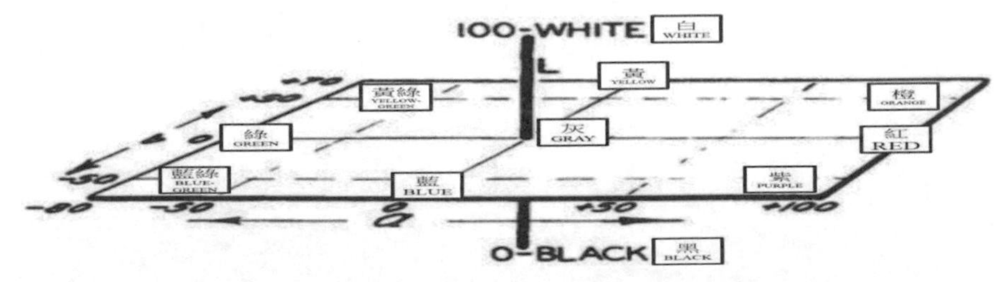

(二)對新產品的色澤要求是鮮豔橙紅色，那一款較符合需求？

1. A款新製備的蒟蒻火腿。

2. L 值A＞B：A較亮(淺)，B較暗(深)。

3. a 值A 為正值，B 為負值；b 值A 為正值，B 為負值：

(1)A為紅色+黃色=橙紅色。

(2)B為綠色+藍色=藍綠色。

二、食品在生產和儲備過程中，L-抗壞血酸會被氧化成 L-脫氫抗壞血酸，請說明如何利用 2, 6-二氯酚靛酚（2, 6-dichlorophenol indophenol）滴定法測定芭樂果汁產品中維生素 C 總含量，以及如何分別測定其還原-氧化互變形式個別的含量？（20 分）

【109-2 年食品技師】

詳解：

(一)利用 2, 6-二氯酚靛酚（2, 6-dichlorophenol indophenol）滴定法測定芭樂果汁產品中維生素 C 總含量：

1. 原理：(2, 6-二氯酚靛酚只能測得還原型維生素 C 含量)

先加還原劑使維生素 C 皆還原成還原型維生素 C，因其具有還原力，可使滴入的氧化型 2,6-二氯靛酚(2,6-dichloro indophenols)(微鹼成藍色)還原而呈現無色。當溶液中還原型維生素 C 被作用完時，氧化型 2,6-二氯靛酚無法被還原，因樣品液呈酸性（因為偏磷酸醋酸的添加），則二氯靛酚由鹼性變呈酸性，顏色即由藍色轉成紅色。所以當樣品液由無色變為淡紅色時，即表示已達滴定終點。計算所消耗 2,6-二氯靛酚的量，即可算出還原態維生素 C 的量。

2. 步驟：

(1)靛酚標準液的 K 值計算：

a. 取 2.0 mL 還原型維生素 C 標準溶液加入含有 5 mL m-HPO_3-HOAc 溶液的三角錐瓶中，以靛酚標準溶液滴定至玫瑰紅持續 30 秒為止(c mL)。

b. 同樣地取 7.0 mL m-HPO_3-HOAc 溶液，以靛酚標準溶液滴定至玫瑰紅色，式為空白試驗(d mL)。

c. 還原型維生素 C 標準溶液滴定數減去空白試驗滴定數，計算出 1 mL 靛酚標準液中相當於還原型維生素 C 的 mg 數(K 值)。

(2)果汁中維生素 C 含量測定：

a. 取果汁過濾後加還原劑，取等量(V mL)HPO_3-HOAc 溶液混合成樣品液。

b. 取 10 mL 樣品液，加 5 mL HPO_3-HOAc 溶液以靛酚滴定之 a mL。

c. 取 10 mL 蒸餾水，加 5 mL HPO_3-HOAc 溶液，作為空白試驗，滴定 b mL。

d. 計算果汁中維生素 C 之量。

$$維生素\ C(mg/ml) = (a-b) \times D.F. \times K \times \frac{1}{V(ml)}$$

(二)如何分別測定其還原-氧化互變形式個別的含量？

1. 還原型維生素 C：由 2, 6-二氯酚靛酚方法直接求得，如上述方法不加還原劑直接求得。或由上述計算出總還原型維生素 C 含量再扣掉氧化型維生素 C 含量獲得。

2. 氧化型維生素 C：以肼(hydrazine)比色法計算氧化型維生素 C 與 2,4-二硝基苯肼(2,4-dinitrophenylhydrazine)作用，會合成脎(osazone)的紅色產物，測定 540 nm 吸光值，當吸光值越大，代表紅色的脎產生愈多，表示氧化型維生素 C 含量愈多，比對標準曲線計算之。

三、請說明為何能利用酵素法測定 D-蘋果酸含量，而證實購入的蘋果汁並非宣稱的純天然新鮮蘋果汁？（20 分）

【109-2 年食品技師】

詳解：

(一)天然新鮮蘋果酸為 L-蘋果酸(L-malate)。

(二)而非天然蘋果汁會添加 DL-蘋果酸(DL-malate)調整酸度，檢測 D-蘋果酸(D-malate)的存在與含量，便成為是否為純天然新鮮蘋果汁的檢測依據。

(三)非天然蘋果汁添加的 DL-蘋果酸(DL-malate)，其中 D-蘋果酸(D-malate)可以用酵素：D-蘋果酸脫氫酶(脫羧) [D-malate dehydrogenase (decarboxylating)](EC 1.1.1.83)反應產生 NADH，反應如下：

D-蘋果酸(D-malate) + NAD^+ ⇄ 丙酮酸(pyruvate) + CO_2 + NADH + H^+

(四)產物中的 NADH 於 340 nm 具吸光特性，我們可以用比色法檢測樣品 340 nm 吸光值，比對標準曲線，即可計算出樣品 D-蘋果酸(D-malate)含量，而證實購入的蘋果汁並非宣稱的純天然新鮮蘋果汁。

(五)或用朗伯-比爾定律的方程式，來計算樣品 NADH 濃度再換算 D-蘋果酸(D-malate)的濃度，而證實購入的蘋果汁並非宣稱的純天然新鮮蘋果汁。。

$$A = \alpha \times l \times c，c = A/ \alpha \times l$$

A：溶液吸光度 ＝ $\log(I_0/I_1)$，其中 I_0 為入射光的強度(erg/cm^2)，I_1 為透過光的強度(erg/cm^2)；

l：吸收槽中液層厚度(cm)，通常為 1 cm；

c：待測樣品溶液的濃度(M or mol/ L)；

α：莫耳吸光係數(L/ mol × cm)，它為物質的特性常數。

(六)或用正相層析 HPLC+紫外可見光偵測器，來計算出樣品 D-蘋果酸(D-malate)含量，而證實購入的蘋果汁並非宣稱的純天然新鮮蘋果汁。原理為樣品注射後，經由幫浦(pump)產生壓力，使移動相(mobile phase)推動分析物到分離管柱(column)，由於各分析物與移動相和固定相(stationary phase)之間的分配係數不同(即親和力不同)，使其在管柱中的滯留時間不相同而得以分離出來。依序流出之各種化合物經由偵測器辨認測定後可被記錄於記錄器上，由紀錄器的層析圖可求出滯留時間，並與標準樣品比較後，可鑑定出試樣中的各種化合物成分(定性分析)。若由層析圖之波峰(peak)面積計算，則可定量出各種化合物的含量。

四、請說明利用乾式灰分測定法測定食品灰分的原理，以及試樣品若分別為水分含量高、灰化時會膨脹和油脂類食品等樣品時，其前處理步驟各為何？（20 分）

【109-2 年食品技師】

詳解：

(一)乾式灰分測定法測定食品灰分的原理：

1. 原理：食品加熱至 500~ 600 (550) ℃時，水分和其他有機物質會蒸發或氧化成二氧化碳、氦氣等氣體逸失，而殘存的無機鹽類及燃燒不完全的碳，總稱之為粗灰分。灰分中鉀、鈉、鈣、鎂含量較多，而鋁、鐵、銅、鋅、砷、碘、氟、錳等含量較少。

2. 方法與步驟：

(1)坩堝前處理：

a. 小坩堝於 10 % 鹽酸(HCl)溶液中浸煮 2 小時後洗淨。

b. 洗淨後於 600 ℃灰化 4 小時。

c. 冷卻，取出放於乾燥器中冷卻至室溫，稱重(W_0)。

(2)乾式灰化：

a. 稱 3~ 5 g 樣品放置坩堝中稱重(W_1)。

b. 置於 550 ℃灰化爐中灰化 5~ 10 小時(或隔夜)。

c. 稍冷，取出放於乾燥器中冷卻至室溫，稱重(W_2)。

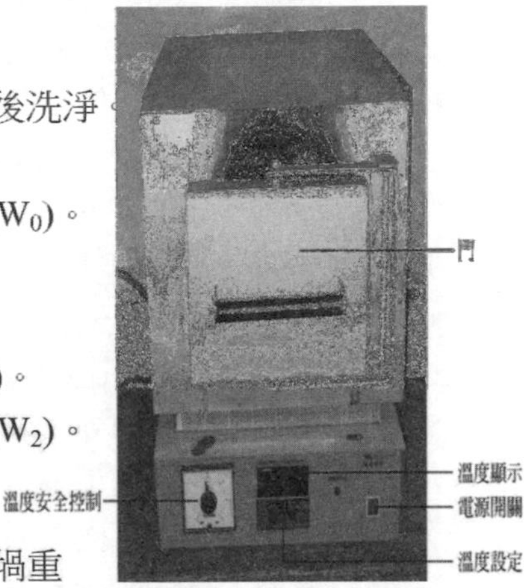

門
溫度安全控制
溫度顯示
電源開關
溫度設定

(3)計算公式：

$$灰分(\%) = \frac{W_2 - W_0}{W_1 - W_0} \times 100\%$$

W0：坩堝淨重

W1：樣品加上坩堝重

W2：灰化後稱重(灰分+坩堝)

註：W_0、W_1、W_2 稱重時，務必使用同一台四位數天平。

$$灰分量(\%) = \frac{灰分重(g)}{樣品重(g)} \times 100\ \%$$

(二)試樣品若分別為水分含量高、灰化時會膨脹和油脂類食品等樣品時，其前處理步驟：

1. 水分含量高：如醬油、醋、飲料等須於水浴上蒸乾，目的是先去除水分，否則樣品會因沸騰而飛濺，導致樣品損失，影響結果。其他水分含量高之檢體（如蔬菜、水果、肉、魚及其製品）則須先於 100℃之烘箱內充分乾燥。

2. 灰化時會膨脹：如蔗糖及醣分含量高之樣品(如牛奶糖、果醬等)、精製澱粉、蛋白及少部分魚類(鮪魚、鯉魚、烏賊、蝦等)，可先置於 300℃以下進行碳化至檢體不再膨脹後，再進行灰化。

3. 油脂類食品：可先慢慢加熱除去水分，再以強熱，使其燃燒至火焰熄滅前，加蓋，使火焰熄滅再開蓋灰化。

五、請說明下列食品分析相關配對基本名詞的差異。（每小題5分，共20分）
(一)準確度（accuracy）-精密度（precision）
(二)偵測極限（limit of detection）-定量極限（limit of quantification）
(三)絕對誤差（absolute error）-相對誤差（relative error）
(四)絕對偏差（absolute deviation）-相對偏差（relative deviation）
【109-2年食品技師】

詳解：

(一)準確度（accuracy）-精密度（precision）：

1. 準確度（accuracy）：是指測量值與公認值(實際值或稱真值)接近的程度，是將測量值與公認值或真值做比較，探討兩者間的誤差。準確度的高低可以用絕對誤差(E)或相對誤差(Er)表示。
2. 精密度（precision）：是指在相同條件下，進行多次測量所得到數據間的一致性，是表示各測量值彼此互相接近的程度，可說是測量結果的再現性。精密度的高低可以用變異係數(CV)，當CV小於5 %，表示精密度可以接受。

(二)偵測極限（limit of detection）-定量極限（limit of quantification）：

1. 偵測極限（limit of detection）：指以系列濃度漸低的目標物溶液，逐一測定直到最低可測出(正確定性)的目標物濃度或含量，即為本方法此目標物的檢測極限，但無法正確的定量出樣品的濃度。
2. 定量極限（limit of quantification）：係同樣以系列濃度漸低的目標物溶液，逐一測定得到能夠正確定量的最低濃度或含量，且測定結果具有適當的準確度與精密度。定量極限通常為偵測極限的3倍。

(三)絕對誤差（absolute error）-相對誤差（relative error）：

1. 絕對誤差（absolute error, E）：指平均值與公認值(真值)的差異，絕對誤差越接近零，則準確度越高，公式如下：

$$E = \overline{X} - X_{\text{True value}}$$

。$\overline{X}$：平均值；$X_{\text{True value}}$：公認值。

2. 相對誤差（relative error, E_R）：指平均值減公認值(真值)再除以公認值的百分比，相對誤差越接近零，則準確度越高，公式如下：

$$E_R = \frac{\overline{X} - X_{\text{True value}}}{X_{\text{True value}}} \times 100\ \%$$

。$\overline{X}$：平均值；$X_{\text{True value}}$：公認值。

(四)絕對偏差（absolute deviation）-相對偏差（relative deviation）：

1. 絕對偏差（absolute deviation, di）：指某一次測量值與平均值的差異，即：$d_i = x_i - \bar{x}$。 Xi表示測定值；$\overline{X}$表示多次測定算術平均值。
2. 相對偏差（relative deviation, D_R）：指某一次測量值減平均值再除以平均值的百分比，即：$D_R = \frac{Xi - \overline{X}}{\overline{X}} \times 100\ \%$。Xi：某一次測量值；$\overline{X}$：平均值。

109 年第二次專門職業及技術人員高考-食品技師

類科：食品技師　科目：食品衛生安全與法規

一、依「食品良好衛生規範準則」附表二之食品業者良好衛生管理基準規定，新進食品從業人員應先經醫療機構健康檢查合格後始得聘僱；雇主每年應主動辦理健康檢查至少一次。請說明其健康檢查之項目需包含那些項目？並請自前述健康檢查項目中，舉三例說明，造成該等疾病病原體之特性、主要傳染源、致病症狀及預防方法。（20 分）

【109-2 年食品技師】

詳解：

(一)請說明其健康檢查之項目需包含那些項目？

A 型肝炎、手部皮膚病、出疹、膿瘡、外傷、結核病、傷寒或其他可能造成食品污染之疾病。

(二)並請自前述健康檢查項目中，舉三例說明，造成該等疾病病原體之特性、主要傳染源、致病症狀及預防方法：

1. A 型肝炎：A 型肝炎病毒

(1)特性：單股 RNA、絕對寄生。

(2)主要傳染源：患者糞便經口、飛沫(口水)。

(3)致病症狀：嘔吐、腹痛、腹瀉、肝腫大、黃疸。

(4)預防方法：注意飲食衛生，進行公筷母匙。A 型肝炎疫苗注射。

2. 結核病：肺結核分枝桿菌(*Mycobacterium tuberculosis*)。

(1)特性：G(+)細菌(不易染色)、為抗酸性(Acid-fast)菌，以抗酸性染色(Acid-fast staining)成紅色、無芽孢、桿狀菌、無鞭毛、好氧或兼性厭氧菌。

(2)主要傳染源：帶原者呼吸道之飛沫(口水)。

(3)致病症狀：肺結核與血痰。

(4)預防方法：

a. 戴口罩、勤洗手、保持空氣流通、避免不要要的探病、遠離患者或帶原者。

b. 卡介苗之疫苗注射。

3. 傷寒：傷寒沙門氏桿菌(*Salmonella typhi*)

(1)特性：G(-)細菌、無芽孢、桿狀菌、有鞭毛、好氧或兼性厭氧菌。

(2)主要傳染源：受汙染不潔的食物(如雞蛋)或水、患者血液、糞便、尿液。

(3)致病症狀：嘔吐、腹痛、腹瀉、發燒、敗血症、傷寒。

(4)預防方法：飲食衛生、遠離患者。傷寒疫苗注射。

二、黴菌毒素多為黴菌的二次代謝產物。請說明何謂二次代謝產物？黴菌毒素與細菌毒素的差異為何？（20 分）

【109-2 年食品技師】

詳解：

(一)二次代謝產物：

微生物細胞生長至末期才合成，非生長所必需(有目的)的代謝產物，如抗生素、色素、毒素及紅麴之 Monacolin K、GABA 及 Dimerumic acid 等。於靜止期(stationary phase)取。

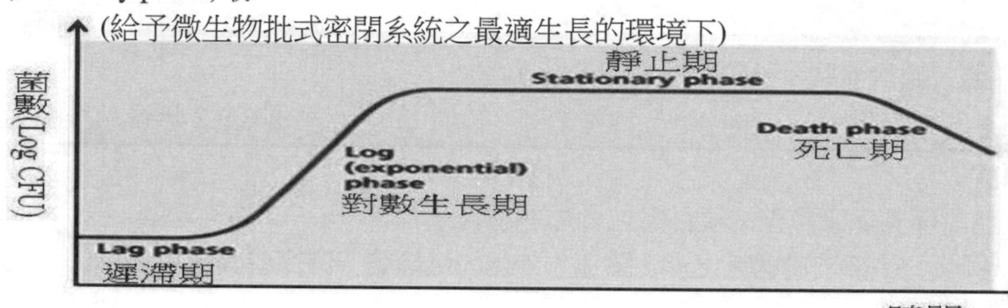

(二)黴菌毒素與細菌毒素的差異：

特性	1. 黴菌毒素	2. 細菌毒素
毒素耐熱性	黴菌毒素耐熱	細菌之外毒素不耐熱，除了金黃色葡萄球菌的腸毒素
毒素成分	小分子化合物，屬於半抗原(hapten)	外毒素(exotoxin)：為大分子蛋白質，屬於抗原(antigen) 內毒素(endotoxin)：屬於小分子 A 型脂質(lipid A)，為 G(-)菌細胞壁之脂多醣(lipopolysaccharide, LPS)成分
症狀	除了嘔吐、腹痛、腹瀉外，大部分具慢性的臟器毒性或致癌性	主要為嘔吐、腹痛、腹瀉，而 G(-)食品中毒菌會造成發燒
中毒機制	食入含有黴菌毒素的食品後，黴菌毒素會作用於腸道，造成急性的症狀，如嘔吐、腹痛、腹瀉，及腸道吸收後，經由血液輸送至特定器官，造成慢性的臟器毒性或致癌性。黃麴毒素為例，其 B_1 最毒，會與肝細胞粒腺體 DNA 結合，而產生病變使致癌(IARC 1)	病原菌在食品中繁殖時產生的外毒素(如金黃色葡萄球菌的腸毒素與肉毒桿菌的神經毒素)，攝取該食品後： 1. 腸毒素(enterotoxin)：作用於腸道，引起嘔吐、腹痛、腹瀉 2. 神經毒素(neurotoxin)：先作用於腸道，再經由腸道傳送至血液中，到達神經阻礙乙醯膽鹼釋放，抑制神經傳導，引起視力減退、最後因呼吸麻痺而死亡

三、臺灣曾發生大規模麻痺性貝毒中毒為何種貝類？主要蓄積部位為何處？主要中毒症狀為何？毒素來源為何？(20 分)

【109-2 年食品技師】

詳解：

(一)臺灣曾發生大規模麻痺性貝毒中毒為何種貝類？

麻痺性貝毒(Paralytic Shellfish Poisoning)之蛤蚌毒素(Saxitoxin)主要存在於二枚貝，通常存在貽貝、帆玄貝、立蛤、西施舌貝等雙殼綱軟體動物中。毒性特性微：

1. 現在已知對人最毒的神經毒素之一，口服劑量 0.5~1 毫克便可致人於死。
2. 發病時間：30 分鐘左右。
3. 毒素具耐熱性。

(二)主要蓄積部位為何處？

貝類的消化管道中。

(三)主要中毒症狀為何？

1. 中毒機制：毒素高度專一地結合在神經細胞的鈉離子管道而抑制神經細胞鈉離子傳遞，阻礙神經訊息的傳遞。到目前為止，此毒素仍無解毒劑可醫治。若能拖過 12 小時，通常可漸漸恢復正常。
2. 中毒症狀：

(1)輕微：口、唇、舌、臉麻木，具燒熱感，並蔓延至脖子、身體及四肢漸呈麻痺狀態。

(2)嚴重：肌肉運動失調、頭痛、嘔吐、語言困難，最後引起呼吸麻痺而死亡。

(四)毒素來源為何？

此毒素是由屬於渦鞭毛藻的膝溝鞭毛藻(*Gonyaulax catenella*)、*Alexandrium spp.* 和 *Pyrodinium spp.*所產生，這種單細胞海藻微生物是浮游生物中主要成員之一，在某種狀況下，會群集生長，造成所謂紅潮(Red Tides)，貝類攝食有毒的渦鞭毛藻，使毒素累積於貝類的消化管道中(貝類本身不會中毒，原因不詳)，一旦動物攝食了這種毒貝，便造成中毒。

四、請說明乳酸鏈球菌素（nisin）可做為何種食品添加物使用，其法規之使用限制、分子特性及其抑制微生物種類與作用機制為何？（20 分）

【109-2 年食品技師】

詳解：

(一)乳酸鏈球菌素（nisin）可做為何種食品添加物使用：

1. 防腐劑(preservatives)。
2. 由乳酸乳酸球菌(*Lactococcus lactis*)產生的蛋白質類抗生素之細菌素(Bacteriocin)，屬於生物防腐劑(biopreservatives)。

(二)其法規之使用限制：

1. 使用限制：無。
2. 使用食品範圍及限量：本品可使用於乾酪及其加工製品；用量為 0.25g/ kg 以下。

(三)分子特性：

1. 細菌所產生之蛋白質類物質，可抑制和其血緣相近的菌種。
2. 對熱穩定。
3. 不具動物毒性。
4. 可殺死腐敗菌株。
5. 可於動物腸道中被酵素分解。

(四)抑制微生物種類：

可抑制 Gram positive 細菌尤其是產孢菌，和抑制其孢子萌發。

(五)作用機制：

造成微生物細胞膜之傷害，使細胞質內之物質外流。

五、請分別就我國食品安全衛生管理法及聯合國糧農組織/世界衛生組織（FAO/WHO）所組成之食品標準委員會（Codex）對基因改造生物（genetically modified organism）定義進行說明，並請列舉三種目前臺灣已核准上市之基因改造生物（作物），並說明其基因改造特性。（20 分）

【109-2 年食品技師】

詳解：

(一)我國食品安全衛生管理法及聯合國糧農組織/世界衛生組織（FAO/WHO）所組成之食品標準委員會（Codex）對基因改造生物（genetically modified organism）定義進行說明：

1. 我國食品安全衛生管理法：

(1)基因改造生物(Genetically Modified Organism, GMO)：生物體基因之改變，係經下述『基因改造技術』所造成，而非由於天然之交配或天然的重組所產生。

(2)基因改造技術(Gene Modification Techniques)：指使用基因工程或分子生物技術，將遺傳物質轉移或轉殖入活細胞或生物體，產生基因重組現象，使表現具外源基因特性或使自身特定基因無法表現之相關技術。但不包括傳統育種、同科物種之細胞及原生質體融合、雜交、誘變、體外受精、體細胞變異及染色體倍增等技術。

2. 聯合國糧農組織/世界衛生組織（FAO/WHO）所組成之食品標準委員會（Codex）：「基因改造生物」是指基因遺傳物質被改變的生物，其基因改變的方式係透過基因技術，而不是以自然增殖及/或自然重組的方式產生。此基因改造技術可包括：

(1)載體系統重組核酸技術。

(2)藉由顯微注射法(micro-injection)、巨量注射法(macro-injection)及微膠囊法(micro-encapsulation)將生物體外製備之遺傳物質直接注入生物體內的技術。

(3)細胞融合或雜交技術而能克服自然生理學上、生殖上或重組上的障礙。(此障礙係指供應細胞或原生質在分類上並非屬於同一科)。此技術不包括：體外受精(in vitro fertilization)、接合作用(conjugation)、傳導作用(transduction)、或轉整形作用(transformation)、多倍體誘發(polyploidy induction)、突變形成(mutagenesis)；分類學上同一科細胞之細胞融合。

(二)請列舉三種目前臺灣已核准上市之基因改造生物（作物），並說明其基因改造特性：

1. 基因改造黃豆：耐除草劑、耐嘉磷塞、抗蟲、高油酸、十八碳四烯酸、低飽和脂肪及高油酸、混合型基因改造黃豆。
2. 基因改造玉米：抗蟲、抗除草劑、耐嘉磷塞、耐旱、混合型、阿法澱粉酶、提升玉米穗生物量。
3. 基因改造棉花：抗蟲、耐除草劑、耐嘉磷塞、混合型、保鈴棉。
4. 基因改造油菜：耐除草劑、耐嘉磷塞、混合型。
5. 基因改造甜菜：耐嘉磷塞。

109 年第二次專門職業及技術人員高考-食品技師

類科：食品技師　科目：食品工廠管理

一、依據「食品工廠建築及設備設廠標準」，食品工廠之機器設備設計及機器設備材質應符合那些規定？（25 分）

【109-2 年食品技師】

詳解：

參考「食品工廠建築及設備設廠標準」(107.9.27)第七條：食品工廠之機器設備設計及機器設備材質應符合下列規定：

一、機器設備設計：用於食品或食品添加物產製用機器設備之設計和構造應能防止危害食品或食品添加物品質衛生，易於清洗消毒，並容易檢查。應有使用時可避免潤滑油、金屬碎屑、污水或其他可能引起污染之物質混入產品之結構。

二、機器設備材質：所有用於食品或食品添加物處理區及可能接觸食品或食品添加物之設備與器具，應由不會產生或溶出毒素、無臭味或異味、非吸收性、耐腐蝕且可承受重複清洗和消毒之材料製造，同時應避免使用會發生接觸腐蝕的材料。

二、請說明食品企業掌握自有原料及外購原料各有何優缺點？（25 分）
【109-2 年食品技師】

詳解：

(一)食品企業掌握自有原料：

1. 優點：

(1)長期製造所需成本低。

(2)原料品質可以掌握，使最終品質得到保證。

(3)原料成本較能完整掌握。

(4)原料所需數量較能完整掌握。

(5)省去尋找、評鑑與選擇可合格供應商的瑣事。

(6)原料取得的風險較低，可長期供應穩定品質與數量。

2. 缺點：

(1)起初需買設備製造，而增加成本。

(2)起初需要投入技術研發等，而增加成本。

(3)投入設備與技術來製造原料，若最終產品下架，則會造成閒置設備與技術。

(4)起初製造的原料品質可能不及外購。

(5)若製造原料技術有專利，則需專利授權費用才能自製原料。

(二)外購原料：

1. 優點：

(1)起初不需買設備製造，減少成本。

(2)起初不需要投入技術研發等，減少成本。

(3)若最終產品下架，則不因自有原料購買設備與技術成為閒置設備與技術。

(4)起初外購的原料品質比自製原料好。

(5)若製造原料技術有專利，則不需專利授權費用自製原料，而直接購買。

2. 缺點：

(1)長期購買所需成本高。

(2)原料品質較難掌握，使最終品質較難得到保證。

(3)原料成本較難完整掌握，售價取決於供應商。

(4)原料所需數量較難完整掌握，供應商可能會缺貨使最終產品數量不足。

(5)需尋找、評鑑與選擇可合格供應商。

(6)原料取得的風險較高，較難長期供應穩定品質與數量。

三、請回答下列問題：
(一)何謂臺灣優良農產品標章（Certified Agricultural Standards, CAS）？（8 分）
(二)請寫出 CAS 臺灣優良農產品的特點。（8 分）
(三)請說明「只有 CAS 產品、沒有 CAS 工廠」的意涵。（9 分）
【109-2 年食品技師】

詳解：

(一)何謂臺灣優良農產品標章（Certified Agricultural Standards, CAS）：
是國產農產品及其加工品最高品質代表標章，是行政院農業委員會本著發展「優質農業」、「安全農業」、「精緻農業」的理念，自民國 78 年起著手推動的優良農產品標章，推行至今已普遍獲得國人的認同和信賴，並已逐漸成為國產優良農產品的代名詞。
行政院農業委員會推動 CAS 標章認驗證的主要目的在於提昇國產農水畜林產品及其加工品的品質水準和附加價值，保障生產者、販賣者和消費大眾共同權益，並和進口農產品區隔；也期望能透過這樣的推廣與宣導，建立國產農產品在國人心目中的良好形象，且能愛好使用國產品，進而提昇國產農產品的競爭力。
推行至今 CAS 標章驗證品項計有肉品、冷凍食品、果蔬汁、食米、醃漬蔬果、即食餐食、冷藏調理食品、菇蕈產品、釀造食品、點心食品、蛋品、生鮮截切蔬果、水產品、乳品、林產品、羽絨等 16 大類。凡申請驗證之農產品生產業者及其產品，須經學者、專家嚴格評核把關，通過後方授予 CAS 標章證明，並於產品上標示 CAS 標章，保證 CAS 產品的品質安全無虞，同時也利消費者辨識。

(二)請寫出 CAS 臺灣優良農產品的特點：
1. 原料以國產品為主。
2. 衛生安全符合要求。
3. 品質規格符合標準。
4. 包裝標示符合規定。

(三)請說明「只有 CAS 產品、沒有 CAS 工廠」的意涵：
1. CAS 優良農產品驗證制度為產品驗證，產品包裝上無 CAS 標章者就不是 CAS 產品。
2. CAS 標章驗證生產廠可以同時生產 CAS 與非 CAS 產品，因此採購時一定要認明 CAS 標章。
3. CAS 產品在非驗證生產廠經「重新包裝」或「再加工」就不是 CAS 產品。

四、依據「食品良好衛生規範準則」，請說明：
(一)何謂食品接觸面？（8 分）
(二)食品在製程中，非使用自來水者，應指定專人每日作那些項目之測定？（8 分）
(三)冷凍庫（櫃）、冷藏庫（櫃），應符合那些規定？（9 分）
【109-2 年食品技師】

詳解：

參考「食品良好衛生規範準則」(Good hygienic practice, GHP)(103.11.7)：

(一)食品接觸面：

第三條：

九、食品接觸面：指下列與食品直接或間接接觸之表面：

(一)直接之接觸面：直接與食品接觸之設備表面。

(二)間接之接觸面：在正常作業情形下，由其流出之液體或蒸汽會與食品或食品直接接觸面接觸之表面。

(二)食品在製程中，非使用自來水者，應指定專人每日所需作測定項目：

附表三：食品製造業者製程管理及品質管制基準：

十一、食品在製程中，非使用自來水者，應指定專人每日作有效餘氯量及酸鹼值之測定，並作成紀錄。

(三)冷凍庫（櫃）、冷藏庫（櫃），應符合的規定：

附表一：食品業者之場區及環境良好衛生管理基準：

三、冷凍庫(櫃)、冷藏庫(櫃)，應符合下列規定：

(一)冷凍食品之品溫應保持在攝氏負十八度以下；冷藏食品之品溫應保持在攝氏七度以下凍結點以上；避免劇烈之溫度變動。

(二)冷凍（庫）櫃、冷藏（庫）櫃應定期除霜，並保持清潔。

(三)冷凍庫(櫃)、冷藏庫(櫃)，均應於明顯處設置溫度指示器，並設置自動記錄器或定時記錄。

110 年第一次專門職業及技術人員高考-食品技師

類科：食品技師　科目：食品微生物學

一、請說明「低張溶液（hypotonic solution）」及「高張溶液（hypertonic solution）」對微生物細胞的影響。（20 分）

【110-1 年食品技師】

詳解：

滲透壓成正比於濃度，而水會由低滲透壓往高滲透壓方向移動。

(一)低張溶液（hypotonic solution）對微生物細胞的影響：

即為低滲透壓環境，若微生物細胞放置於清水中，因環境的滲透壓低，微生物細胞內相對滲透壓高，水分會由環境往微生物細胞內移動，造成微生物細胞破裂[滲透式裂解(osmolysis)]，導致微生物死亡。

低張溶液：滲透式裂解(osmolysis)

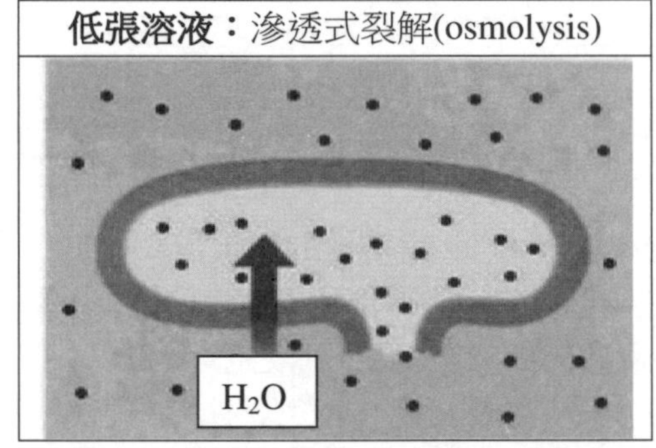

(二)高張溶液（hypertonic solution）對微生物細胞的影響：

即為高滲透壓環境，食物加鹽之鹽醃與加糖之糖漬，可提高環境的滲透壓，而微生物細胞內相對滲透壓低，水分會由微生物細胞往環境方向移動，造成微生物細胞之細胞膜萎縮[質壁分離(Plasmolysis)]，並使微生物細胞內的溶質濃度提高(濃縮效應)，而影響微生物正常的代謝。

高張溶液：質壁分離(plasmolysis)

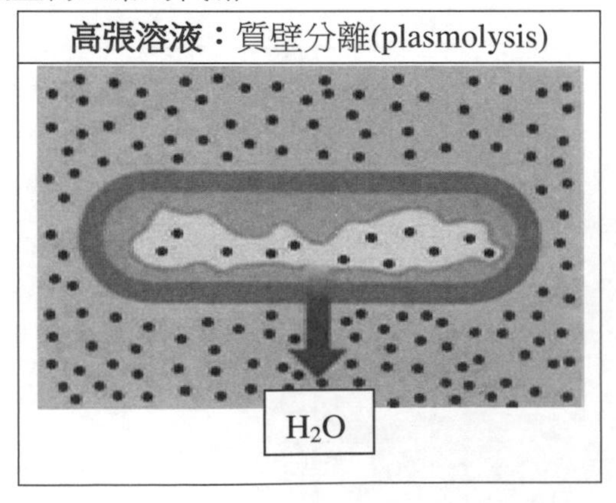

二、「溶菌酶（lysozyme）」及「乳酸鏈球菌素（nisin）」均可抑制微生物之生長，請說明兩者的基本性質及抗菌機制。（20 分）

【110-1 年食品技師】

詳解：

(一)溶菌酶（lysozyme）：

1. 基本性質：

屬於一種水溶性的蛋白質酵素，天然存在生牛奶、雞蛋蛋白等食品中，不耐熱。

2. 抗菌機制：

會水解 G(+)菌之細胞壁之肽聚醣(peptidoglycan)，使得 G(+)菌於低滲透壓環境下易發生滲透式裂解(osmolysis)導致細胞破裂，造成抗菌作用。

由於 G(+)菌細胞壁有很厚的肽聚醣(peptidoglycan)為主要細胞壁組成分，而 G(-)菌細胞壁有外膜(outer membrane)與很薄的肽聚醣，當溶菌酶處理時，G(+)菌的肽聚醣可以完全被水解，而 G(-)菌因有外膜可隔離溶菌酶，故細胞壁很薄的肽聚醣不會或少量被水解，使得 G(-)菌依舊有細胞壁的保護，故溶菌酶主要對 G(+)菌達到抗菌作用。

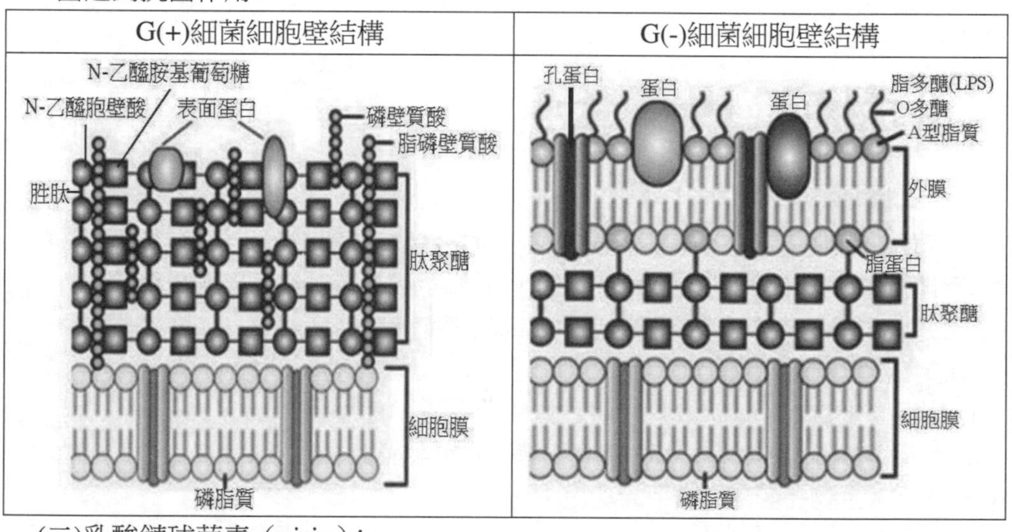

(二)乳酸鏈球菌素（nisin）：

1. 基本性質：

屬於一種蛋白質抗生素，由乳酸乳酸球菌(*Lactococcus lactis*)產生的細菌素(Bacteriocin)，為食品添加物之生物防腐劑，且為 GRAS(generally recognized as safe)級防腐劑，在台灣可使用於乾酪及其加工製品，用量為 0.25g/ kg 以下，耐熱。

2. 抗菌機制：

造成微生物細胞膜之傷害，使細胞質內之物質外流，可抑制 Gram positive 細菌尤其是產孢菌，和抑制其孢子萌發。

三、甜酒釀為傳統的發酵產品，請說明甜酒釀的製作過程、參與發酵的微生物種類及各類微生物在發酵過程中的功用。（20 分）

【110-1年食品技師】

詳解：

(一)甜酒釀的製作過程：

甜酒釀因製造過程不同，而有不同的微生物參與，主要為黴菌與酵母菌等，以下以米醋製作過程生產酒釀為例：

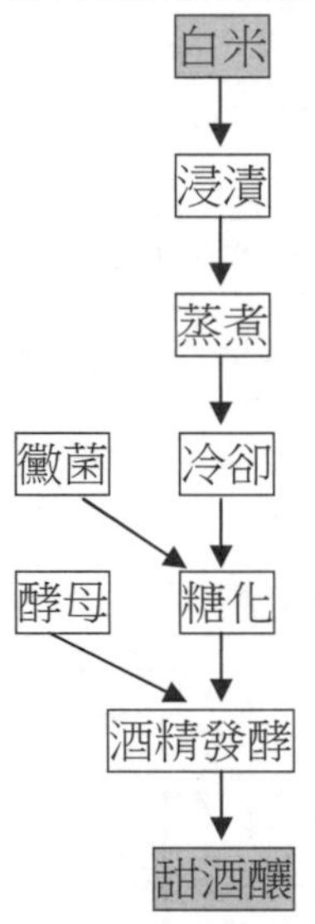

甜酒釀為具甜味且帶有些許酒精風味的米粒液狀物，一般為以米經蒸煮冷卻後，進行糖化作用(黴菌或阿米諾黴菌)，及少許酒精發酵(酵母或阿米諾黴菌)製成，通常為製作清酒、米酒或米醋的半成品即甜酒釀。

(二)參與發酵的微生物種類：

1. 黴菌：*Aspergillus oryzae* 有氧下進行糖化。
2. 酵母：*Saccharomyces sake* 無氧下進行酒精發酵。

(三)各類微生物在發酵過程中的功用：

1. 糖化：

$$(C_6H_{10}O_5)n + nH_2O \rightarrow nC_6H_{12}O_6$$

(澱粉)　(水)　(單糖)

2. 酒精發酵：

$$C_6H_{12}O_6 \rightarrow 2C_2H_5OH + 2CO_2$$

(單糖)　(酒精)　(二氧化碳)

四、何謂「單細胞蛋白質（single cell protein）」？那些微生物可用以生產單細胞蛋白質？與動植物來源之蛋白質比較，單細胞蛋白質有何優缺點？（20 分）
【110-1 年食品技師】

詳解：

(一)單細胞蛋白質（single cell protein）：

單細胞蛋白質是指某些細菌、酵母或藻類，他們的個體非常簡單，一個個體就是一個細胞，經大量培養後，因其具有高蛋白質含量，可供人或畜用之微生物細胞或其蛋白質萃取物。

(二)那些微生物可用以生產單細胞蛋白質？

1. 細菌：如藍細菌(螺旋藻)。
2. 酵母：如啤酒酵母。
3. 藻類：如小球藻(引藻)。

(三)與動植物來源之蛋白質比較，單細胞蛋白質有何優缺點？

1.優點：

(1)生長速度快。
(2)有很多不同類型的原料可供選擇，如可利用廢棄物等。
(3)容易操縱之基因特性。
(4)高蛋白含量。
(5)副產物無毒性(最好)。
(6)若要萃取蛋白質，則菌體好破菌(最好)。
(7)生長不受氣候影響。

2. 缺點：

(1)若以 G(-)菌生產 SCP，會因為含有內毒素，導至攝取的動物發燒。
(2)若無破菌處理，則微生物體內的 SCP 不易消化吸收。
(3)微生物之 SCP 含有大量核酸，動物攝取後代謝成大量尿酸，會導致痛風。

五、「膜過濾法（membrane filtration method）」是測定樣品中微生物含量的方法之一，請說明膜過濾法的原理、操作方法及應用範圍。（20 分）

【110-1 年食品技師】

詳解：

(一)原理：

將檢體經由 Membrane filtration 的步驟，通過 0.45 μm 的 Membrane filter(濾膜)，再將 Membrane filter 置於培養基上培養 24~ 48 小時，微生物便可利用從培養基中轉移至濾膜的水分和養分生長成可計數的菌落數，進而推算出樣品之含菌量。

(二)操作方法：

1. 取 100 mL 不含有阻塞濾膜物質之液體樣品。
2. 通過孔徑 0.45 μm 的濾膜(Membrane filter)。
3. 再將濾膜放到適合的固態培養基上。
4. 以 35 或 37 ℃倒置培養 24~ 48 小時。
5. 計算形成的菌落數。
6. 最後以菌落生成單位(Colony forming unit, CFU)/ 100 mL 表示。

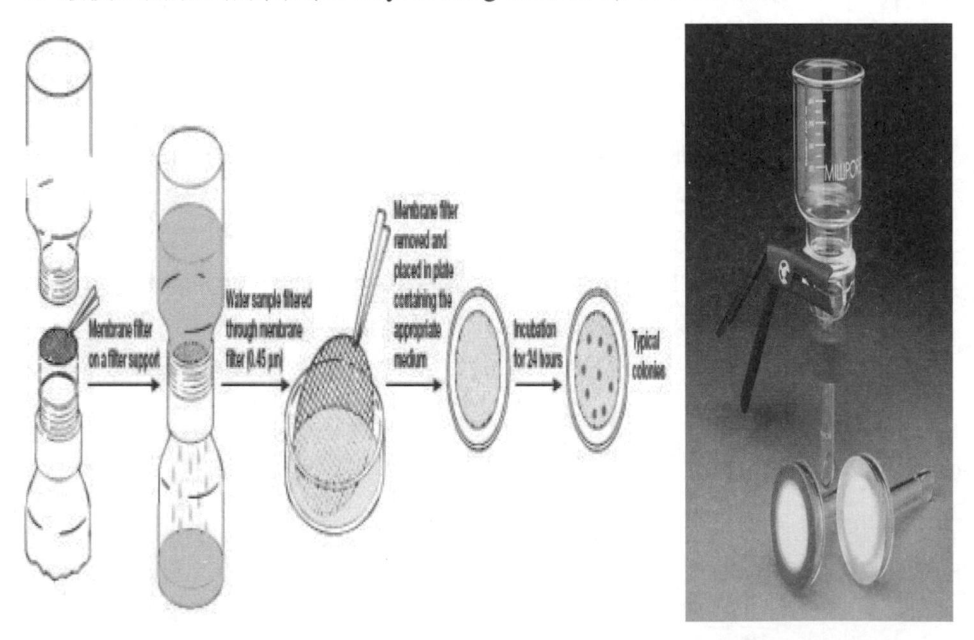

(三)應用範圍：

常用於液態食品或水中大腸桿菌與大腸桿菌群(Coliforms)之測定。

110年第一次專門職業及技術人員高考-食品技師

類科：食品技師　科目：食品化學

一、請說明造成食品變質的油脂氧化、酵素性反應、非酵素性褐變、微生物繁殖與食品水活性(Aw)的關係，並依此判定 Aw 與食品安定性的關係。(20 分)【110-1 年食品技師】

詳解：

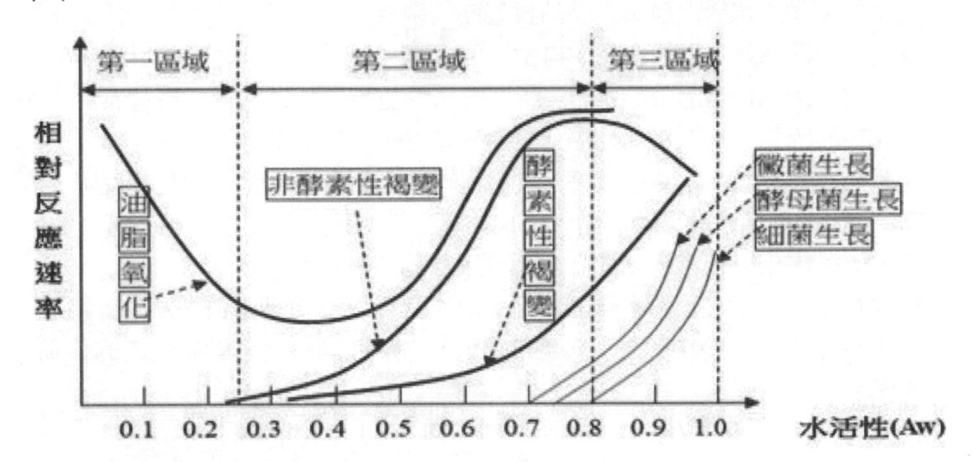

(一)油脂氧化與食品水活性（Aw）的關係：

Aw 值達 0.7~0.8 時氧化速率最大。當 Aw 降至 0.3 左右時，油脂之氧化速率最低，0.3 以下又反而升高。

(1)於高 Aw 下(0.7~ 0.8)：氧化速率高，與油脂可浮於水面，水中溶氧高，水分子可與氧化反應作用有關
(2)於低 Aw 下(約 0.3)：氧化速率最低，水分可與氫過氧化物(ROOH)結合抑制後續反應，且水可提供電子以抑制自由基生成以抑制油脂氧化，及水可與金屬離子水合而減低金屬離子催化油脂氧化之反應
(3)於極低 Aw 下(0.3 以下)：水分子幾乎不存在，原先水分子存在之空間形成多孔狀，增加脂質與氧氣接觸面積，金屬離子也更容易與油脂接觸而催化油脂氧化

(二)酵素性反應與食品水活性（Aw）的關係：以酵素性褐變反應為例

酵素性褐變在 Aw 達 0.6 以上時速率變快，因固定基質濃度時，水多酵素與基質容易反應。

(三)非酵素性褐變與食品水活性（Aw）的關係：主要指梅納褐變反應

此反應在 Aw 為 0.7 時反應最為快速，因水多羰基與胺基容易碰撞。Aw 為 0.8 以上反應速率下降，因水多稀釋反應物。

(四)微生物繁殖與食品水活性（Aw）的關係：

對一般生物之生長，其水活性最低限度大致如下：

1. 黴菌：0.70 以上，大部分黴菌需 Aw 0.80 以上。
2. 酵母菌：0.75 以上，大部分酵母菌需 Aw 0.85(0.88)以上。
3. 細菌：0.80 以上，大部分細菌需 Aw 0.90 以上。

(五)食品水活性（Aw）與食品安定性的關係：

水活性在物理化學領域中，為量測水分熱動力自由能；在食品微生物領域　水活性被用來界定食品腐敗微生物生長的限制。食品之水活性(Aw)越高，其油脂氧化、酵素性反應、非酵素性褐變，以及微生物繁殖越快。

1. 微生物繁殖：水活性是決定產品貨架期的決定因子，微生物所能利用的水為自由水，而 Aw 為描述食品中自由水的多寡，其值越高，表示自由水越多，微生物越能利用食品中的水分。所以含水量並不足以確切得知影響食品微生物生長的因素，故以水活性描述更為確切。
2. 化學與生化活性：水活性越高，自由水越多，而自由水是一切化學反應的介質(溶劑)，水活性高影響油脂氧化、非酵素性褐變、酵素性反應、蛋白質變性、澱粉糊化老化等越易進行，而導致食品品質劣變。
3. 物理特性：水活性也影響食品質地，高水活性食品質地常較多汁、鮮嫩，水活性降低時，具較堅硬、乾澀的感覺，水活性同時也影響粉粒體的移動、成塊性質。

二、請說明酵素性褐變、非酵素性褐變發生的原因物質及其對食品品質、營養價值及安全性的影響。（20 分）

【110-1 年食品技師】

詳解：

(一)酵素性褐變反應(enzymatic browning reaction)：

1. 發生的原因物質：褐變之形成若與基質(酚類)、酵素及氧氣的參與有關。如酪胺酸酶(tyrosinase)或多酚氧化酶(polyphenol oxidase, PPO)等，主要是將酪胺酸(Tyrosine)或多酚(polyphenol)等基質轉變為醌(quinone)，最後形成黑色素(melanin)。
2. 對食品品質、營養價值及安全性的影響：

(1)優點：烏龍茶與紅茶的加工，使茶湯顏色較深、澀味減少(單寧類氧化)。

(2)缺點：水果(特別是桃子、梨、蘋果等)、蔬菜(特別是洋菇、馬鈴薯)、蝦頭的褐變使賣相變差。

(二)非酵素褐變反應(non enzymatic browning reaction)：褐變之形成若與酵素的參與無關，但最終都會形成褐色之梅納汀(melanoidins)。此類反應包括：

1. 梅納反應(Maillard reaction)又稱為胺羰反應(amino-carbonyl reaction)：

(1)發生的原因物質：含有胺基的化合物(胺基酸、胜肽、蛋白質)與含有羰基的化合物(醣類、醛、酮等)經由縮合、重排、氧化、斷裂、聚合等一連串反應生成之褐色的梅納汀(melanoidins)及經史特烈卡降解(Strecker degradation)產生小分子醛類香氣成分。

(2)對食品品質、營養價值及安全性的影響：

a. 優點：顏色與香氣的產生(如咖啡、醬油、啤酒、麵包、蘋果西打、油炸馬鈴薯片、烤雞、脆皮烤鴨等)、產生抗氧化物質、產生抗突變物質等。

b. 缺點：顏色變深(如蛋粉、高果糖糖漿等)、溶解度下降、必需胺基酸之損失及消化性之影響、致突變物質產生(如丙烯醯胺形成)、氧化物質產生等。

2. 焦糖化反應(caramelization)：

(1)發生的原因物質：醣類在沒有胺基化合物存在下，高溫加熱或酸鹼處理，使醣類最終形成褐色的梅納汀(melanoidins)和小分子醛、酮類香氣成分。

(2)對食品品質、營養價值及安全性的影響：

a. 優點：製作焦糖、產生焦糖顏色與香氣。

b. 缺點：可能會產生不良的顏色及苦味。

3. 抗壞血酸氧化(ascorbic acid oxidation)：

(1)發生的原因物質：抗壞血酸在氧氣存在下氧化並裂解成形成褐色的梅納汀(melanoidins)。

(2)對食品品質、營養價值及安全性的影響：

a. 優點：產生顏色。

b. 缺點：產生不良顏色、減少抗壞血酸(維生素 C)抗氧化能力。

三、固態油脂率對油脂的加工利用有何重要性？為增加油脂的固態油脂率，氫化與交酯化反應皆可以用來修飾油脂，請說明這兩者的反應模式並以反式脂肪的產生來比較此兩者的差異。（20 分）

【110-1 年食品技師】

詳解：

(一)固態油脂率對油脂的加工利用有何重要性？

1. 固態油脂率：油脂的固態與液態的密度不同，當溫度逐漸升高時，部份固態油脂熔解，整個樣品的體積比例增加，並且其增加值與液態油脂存在比率呈正比關係。利用此一體積增加量之關係可估算出某溫度下固態油脂與液態油脂的比率或稱之為固態油脂率。一般以膨脹計(dilatometer)用來作如上的分析。
2. 加工利用的重要性：評估某油脂在常溫的固態油脂率，可了解其安定性，因固態油脂率越高的油脂(如豬油)，其雙鍵數目越少、不飽和度越低、碘價越低，使油脂不易氧化酸敗，穩定性高。

(二)氫化的反應模式：

將含有不飽合的三酸甘油酯與催化劑[如鎳(Ni)、銅(Cu)、鉻(Cr)、鉑(Pt)等]混合後通以氫氣，控制溫度、壓力、攪拌速率等條件，使氫分子選擇性地加到雙鍵上的兩個碳，而使其成飽合的單鍵。可增加飽和度、穩定性、熔點(凝固點)、沸點(發煙點)、固態油脂率等物性。以下為氫化反應：

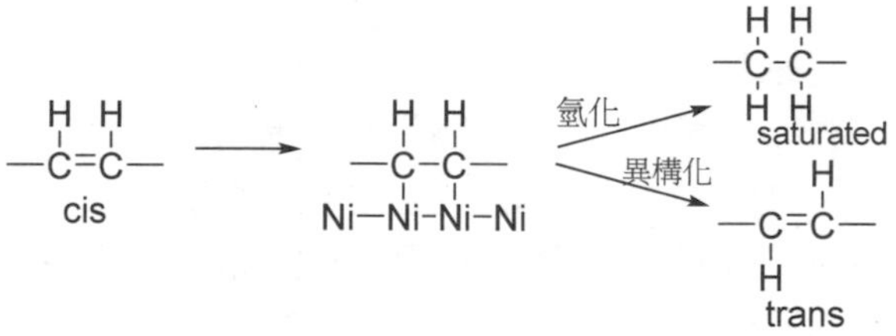

H H
—C=C—
cis
→
H H
—C-C—
Ni—Ni-Ni—Ni
氫化 →
H H
—C-C—
H H
saturated
異構化 →
H
—C=C—
H
trans

(三)交酯化的反應模式：

指三酸甘油酯上的三個醯基經人為方式，使其彼此置換或分子間醯基互換之情形，常應用於油脂構造與特性之修飾方法。可改良油脂結晶性、熔點(凝固點)及固態油脂率等物性，增加其應用範圍。以下以油脂分子內交酯化為例：

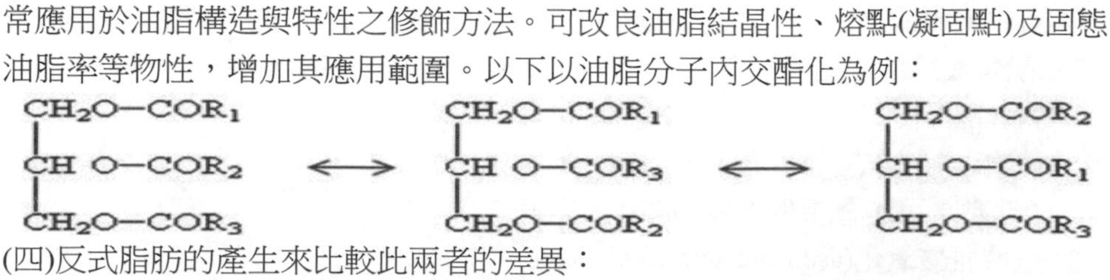

$CH_2O—COR_1$		$CH_2O—COR_1$		$CH_2O—COR_2$
$CH\ O—COR_2$	⟷	$CH\ O—COR_3$	⟷	$CH\ O—COR_1$
$CH_2O—COR_3$		$CH_2O—COR_2$		$CH_2O—COR_3$

(四)反式脂肪的產生來比較此兩者的差異：

1. 氫化：不飽和的三酸甘油酯在部分氫化過程，會發生異構化產生反式脂肪酸。
2. 交酯化：只有三酸甘油酯上的三個醯基彼此置換或分子間醯基互換之情形，並不會有新的化學反應，以產生反式脂肪酸。

四、請說明食品提供紅色的天然色素中，花青素與茄紅素在化學結構與性質上有何不同，應該如何保色。（10 分）

【110-1 年食品技師】

詳解：

(一)花青素：

1. 化學結構：以苯哌喃(benzopyran)為單元組成、由花青素的配質(A、C、B 環)與一個或多個糖分子所形成的配醣體(醣苷) (glycosides)。
2. 性質：水溶性、紅紫藍色、具抗氧化能力、會進行酵素性褐變。
3. 保色：避免酵素性褐變(可去除氧氣、控制酵素活性、改變或去除基質)、固定 pH 值防止其顏色改變、避免過多的亞硫酸鹽或二氧化硫、避免兒茶素與抗壞血酸與花青素形成無色縮合物。

(二)茄紅素：

1. 化學結構：以異戊二烯(isoprene)為單元構成的類異戊二烯(isoprenoids)、屬於類胡蘿蔔素(carotenoids)之胡蘿蔔素(carotene)，其分子中無氧原子。
2. 性質：脂溶性、紅色、具抗氧化能力。
3. 保色：避免高熱、光照、氧氣、酵素[如脂氧合酶(lipoxygenase, Lox)]導致氧化及異構化使褪色。

五、請以香蕉說明採收後的植物組織所進行之呼吸作用及輔助性反應與植物組織之後熟、儲藏壽命及品質間有何關係。(15 分)

【110-1 年食品技師】

詳解：

(一)香蕉採收後所進行之呼吸作用：

香蕉屬於更性水果(climacteric fruits)，採收後的呼吸速率由高逐漸下降，但在後熟階段會有急遽上升的現象，然後再下降，此類水果的特徵是在後熟階段會有大量乙烯(ethylene)產生。

(二)輔助性反應：

乙烯作用(ethylene action)：就植物學的觀點，乙烯是植物本身生成的氣體分子，為一種植物荷爾蒙，能影響植物的生長、發育及老化。

(三)植物組織之後熟：

乙烯之生合成屬於自催化反應(autocatalytic reaction)，若有微量外來乙烯之存在，就會迅速引發。故農民可將水果還未完熟(ripening)時摘下來，防止水果因表面太軟而碰傷，之後於適當時機用乙烯催熟(後熟)，便可保持好的外觀。

(四)儲藏壽命及品質間有何關係：

因蔬果特性具有蒸散作用、呼吸作用，會影響其儲存性；另外還有乙烯會催化果實成熟，故可利用食品包裝方式控制這三項因素。常見的方法有：

1. 控氣儲藏法(controlled atmosphere storage, CA)：經實驗求得最佳氧氣與二氧化碳濃度後，將調配好的空氣不斷且均勻的通入裝有該作物的儲藏室或儲藏箱中，將儲藏環境氣體之組成控制不變。
2. 調氣儲藏法(modifiedere storage, MA)：將配好的空氣通入裝有蔬果材料的密閉儲藏箱中一段時間，停止通氣後儲藏一段時間，以修正由於蔬果之呼吸而造成的氣體組成之偏差。
3. 薄膜包裝儲藏：水果以塑膠膜密封包裝，藉由呼吸作用，使二氧化碳濃度增加，氧濃度減少，增加儲藏性的方法。但此法可能有下列缺點：
   (1)二氧化碳濃度太高可能發生氣體障害。
   (2)氣溫太高時，濕度增加會促進微生物生長而造成腐敗。
4. 去乙烯儲藏：利用乙烯去除劑將水果、蔬菜儲藏環境中的乙烯去除，避免果蔬後熟作用提早發生或葉綠素發生分解。
5. 減壓儲藏法：直接在正常的空氣下減低壓力，以達到緩和呼吸速率。

六、屠後之動物肌肉組織，將發生重要的生化變化，與食肉的品質有極大的關係，亦可稱為肉質的熟成。請說明肉質熟成的過程與主要發生的變化。（15 分）【110-1 年食品技師】

詳解：

(一)死後僵直(rigor mortis)：

屠體死後數小時內，呼吸作用停止，因不再有氧氣供應，待體內殘存氧氣消耗殆盡後(ATP 與 ADP 耗竭時)，肌肉中之肌動蛋白(actin)與肌凝蛋白(myosin)結合收縮成不可逆的肌動凝蛋白狀態，造成肌肉僵直變硬之現象。僵直狀態的肉品呈現收縮狀態，加熱調理後質地較硬、加工時水合程度低、保水性差。

(二)解僵(resolution of rigor)：又稱嫩化

死後僵直後，經過自家消化，使肌動凝蛋白因酵素分解而使結合的肌纖維分開，柔軟度增加；又因自家消化造成蛋白質分解產生可溶性含氮物、胜肽及胺基酸使風味增加。解僵後的肉品呈現舒張狀態，軟而美味，保水性亦能恢復。實際供作食用或加工原料的肉品即為解僵後的肉品。

(三)熟成(aging)：

屠體屠宰後於較低溫保藏數日，使經過死後僵直與自家消化過程稱之，經熟成的肉品，因 pH 升高增加保水性、肌動凝蛋白因酵素分解而使結合的肌纖維分開，柔軟度增加；又因自家消化造成蛋白質分解產生可溶性含氮物、胜肽及胺基酸使風味增加。畜產肉品於熟成後食用可有較佳品質，魚貝類則不適合。

110 年第一次專門職業及技術人員高考-食品技師

類科：食品技師　科目：食品加工

一、請試述冷凍乾燥、減壓乾燥、熱風乾燥、噴霧乾燥、鼓式乾燥的原理，並舉例說明其應用。(25 分)

【110-1 年食品技師】

詳解：

1. 冷凍乾燥：

(1) 原理：食品材料急速冷凍(至-80℃)，然後置於高真空下(趨近 0 mmHg)，利用冰結晶昇華的乾燥方法。

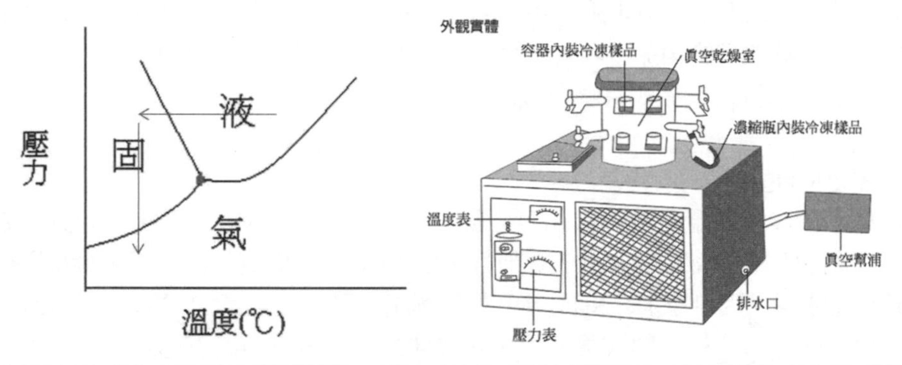

乾燥室	樣品凍結後所置的地方
真空泵(幫浦)	將乾燥室抽取真空之馬達
加熱源	可控制乾燥室中之溫度使其昇華
冷凝系統	水蒸氣冷凝，減少抽真空量

(2) 應用：高價或特殊的食品，如優格粉；由於產品需有活性乳酸菌，固可用低溫的乾燥方式使微生物不失活，再利用菌體保護劑(澱粉或蛋白質)，最大限度保留菌體活性。

2. 減壓乾燥：

(1) 原理：於密閉環境下，利用降低壓力方式，降低水的沸點，使水分蒸發而達到食品乾燥的效果。水在1大氣壓下(760 mmHg)，於100℃發生沸騰，在真空下即依減壓度的溫度而沸騰，壓力降低至例如100 mmHg 時水的沸點為51.57℃。

(2) 應用：此法受限於食品組成，如黏度太高，食品會在真空時膨脹，通過真空幫浦後，會使機械受損；且依據降低的壓力不同，會有不同用法，通常用於水活性測定(約 0 mmHg)；於食品中，可用於蒸煮後米飯的快速降溫(約 100 mmHg)。

3. 熱風乾燥：

(1) 原理：

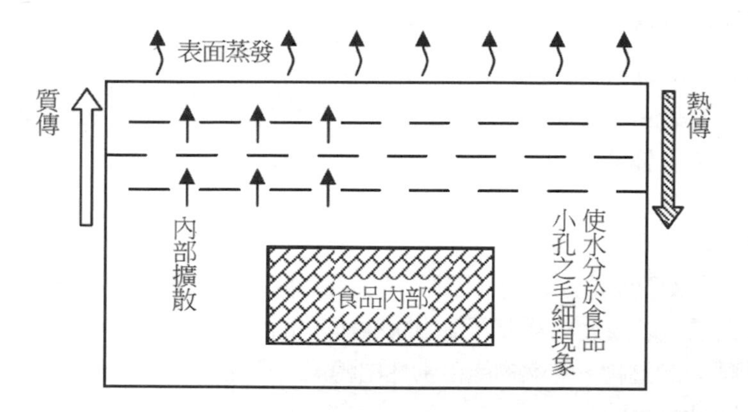

A. 水分的傳送(質傳，mass transfer，由內向外)：水分由毛細現象使水分吸附於食品，經由內部擴散(食品組織內水分移動之現象)與表面蒸散(食品表面蒸發現象)同時作用進行，並決定食品之乾燥速度。

B. 熱交換(熱傳，heat transfer，由外向內)：形成熱度梯度與濃度梯度，使食品水分由內部擴散到食品表面，再經由表面蒸發達到水分的乾燥效果

(2) 應用：凡使用熱風進行食品乾燥皆是，如柿餅可利用隧道式乾燥機(tunnel dryer)進行乾燥；為半連續式乾燥方式，可進行大規模操作。將熱風送入隧道，於裝有乾燥棚架之台車在隧道中徐徐移動之期間，熱風在隧道內吹送形式之不同，型式分為：順流式、逆流式、由隧道兩端送風的中央排風式等三種。

4. 噴霧乾燥：

(1) 原理：將液體轉變成微細的液滴，增加蒸發的表面積，再令其飛散於熱風中，以達到完全迅速乾燥的目的。

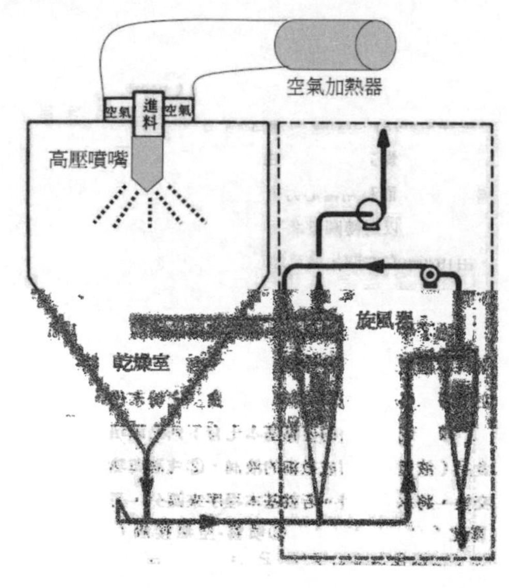

乾燥室	樣品乾燥時所放置的地方
高壓噴嘴、離心噴霧器	產生噴霧液滴，以快速乾燥。
蒸氣管、電加熱器	控制空氣溫度
旋風分離器(cyclone seperator)	最後粉末分離

(2) 應用：為提高乾燥速率，會使用溫度較高的熱風，故適用於大宗商品，如植物性奶精粉或各種液體調理料等液體食品的粉末化。

5. 鼓式乾燥：

(1) 原理：將液體或是含有均一固形物的液體(糊狀或泥狀)食品塗敷在加熱轉筒表面形成薄層，以擴大蒸發表面積的狀態與轉筒間進行熱交換，促進乾燥作用，同時隨著轉筒的迴轉，乾燥物能自動地由轉筒上剝離下來，完成乾燥。亦稱為薄膜乾燥(film drying)。

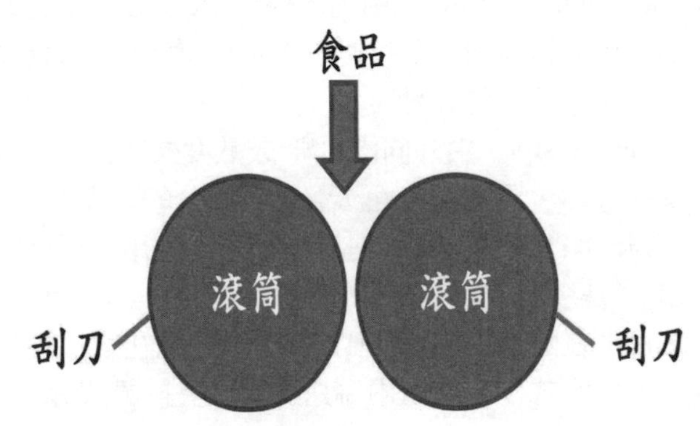

(2) 應用：適用於糯米紙、乾燥馬鈴薯泥；以及以糊化澱粉為主體的各種速食食品、嬰兒食品和即食薏仁粉等。

二、請試述非熱加工技術的目的，並舉四例說明。(25 分)

【110-1 年食品技師】

詳解：

1. 非熱加工技術的目的：一般食品殺除細菌是利用高溫加熱的方法，然而過度加熱會有食品營養成分破壞及風味改變等問題。為了提升最大限度保持食品原有風味和營養價值，利用非加熱的殺菌技術在食品工業上的應用已日益受到重視。

2. 舉例：

(1) 放射線照射法(Food irradiation)

A. 原理：目前我國准許使用的輻射線共有三種，即 β 射線(電子)、γ 射線、X 射線。輻射照射是利用高能射線或電子束，使受輻射物質之分子結構因吸收能量而起變化。

直接效應(direct effect)	高能射線直接撞擊活細胞，產生物理性傷害，致失去生殖能力或死亡。
間接效應(indirect effect)	為化學性傷害，破壞力量大。主要為水分子之共價鍵被破壞而形成自由基，這些自由基彼此間相互反應，也會和水中溶氧結合，或其他存溶於水中的物質反應而產生嚴重變化。

B. 應用：依據食品輻射照射處理標準：

a. 抑制發芽：馬鈴薯
b. 延長儲存期限：木瓜
c. 防治蟲害：豆類
d. 去除病原菌之污染：其他生鮮蔬菜
e. 控制旋毛蟲生長：生鮮冷凍畜肉

(2) 高脈衝電場(High intensity pulsed electric field)

A. 原理：

物理效應	微生物的細胞膜外層具有一定的電位差，當有外部電場加到細胞兩端時，會使細胞膜的內外電位差增大而引起細胞膜的通透性劇增；另一方面，膜內外表面的相反電荷相互吸引而產生擠壓作用，會使細胞產生穿孔。
化學效應	由於強磁場作用與電解離作用，會使一些離子團和原子形成激發態。通過細胞膜後會與蛋白質結合而變性，另外產生之臭氧分子，本身就具有較強的殺菌作用。

B. 應用：

a. 減少飲用水中之氯氣的使用
b. 提高果汁、植物油、胞內物質的產量
c. 低脈衝電場之外在壓力，可增加發酵食品之二級代謝物

(3) 高壓(High pressure)利用技術

A. 原理：利用液壓或靜水壓(hydrostatic pressure)的機械力，可說是壓力位能(potential)的利用；利用 Pascal's principle，於高強度鋼製厚壁圓筒容器中注滿液體，在不使液體洩漏的情況下以強壓力封入活塞，則內部的液體受到壓縮，體積減少而發生高壓(範圍：1000～10000 大氣壓；1 大氣壓 = 0.1 MPa)。此密閉液體之壓力可在任何點都不衰減下傳至各方向，即可均勻受壓。此法已被美國食品及藥物管理局列為一種可代替巴斯德殺菌之非加熱的殺菌技術。其作用機制包括破壞微生物細胞膜、使微生物生長所需蛋白質變性、破壞 DNA 轉錄及細胞膜上磷脂質固化等，使得生長中的微生物細胞產生重大變化而達到殺菌的效果。

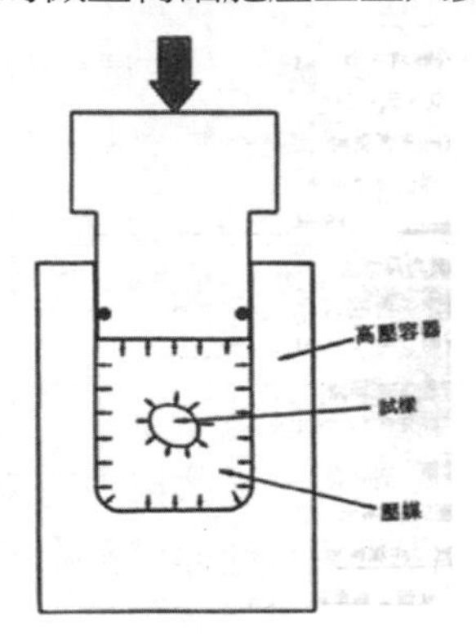

B. 應用：固態或固液態混合食品之殺菌。如牡蠣，可利用高壓方式進行殺菌又不破壞外觀，唯需透過柵欄技術搭配(如低溫)才可長期保鮮。

(4) 電漿殺菌(Cold plasma)

A. 原理：電漿產生的方式，有數種不同原理的電漿源方式，常見的方式為利用高電壓促使不同的氣體或化合物形成電漿，利用電漿中帶正或負電荷的粒子或離子及電子、不帶電但具有化學活性的中性原子或分子與微生物(如細菌)的細胞膜、酵素蛋白質、DNA/RNA 作用而受到破壞，達到殺菌的效果。

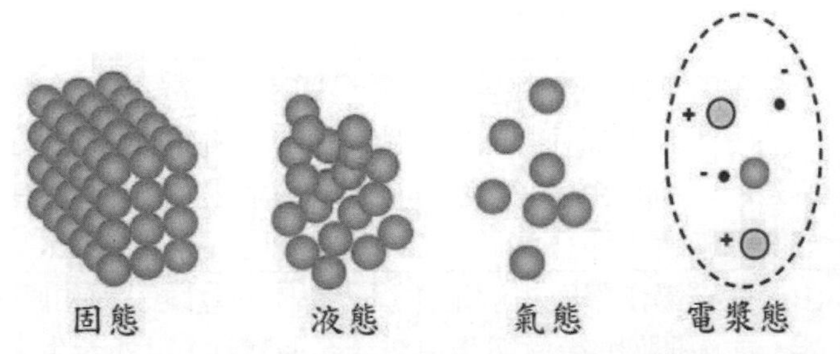

B. 應用：蛋殼殺菌，透過電漿降低蛋殼表面的生物性危害，如沙門氏菌(Salmonella)。

三、請試述冷藏與冷凍食品加工技術及其對食品的應用與品質之影響。(25 分)
【110-1 年食品技師】

詳解：

1. 冷藏(cold storage)

(1) 對食品的應用：在凍結點以上，10℃以下的溫度(一般為5℃或7℃)進行儲藏；通常5℃以下可以抑制大部分的食品中毒菌生長。

(2) 品質之影響：

A. 低溫障礙：蔬菜水果在低溫下，因失去生理機能的平衡，而發現若干病狀，如軟化斑點之出現與果芯變色等。

B. 蒸發作用：食品中之水分蒸發，重量減少，並引起蔬果類之萎縮、軟化。另外，易使α化澱粉，復原成β化澱粉。

C. 生理作用：食物生化反應繼續作用，使食品成分變化，部份雖有利於品質，一般因鮮度降低而變劣。

D. 化學反應持續進行，包含酵素、脂質、色素和微生物之反應。

E. 氣味之轉移：氣味不同之食品共同貯於冷藏庫中，則易揮發之氣味將凝結於揮發性較小之食品，給予不良氣味。

2. 冰溫儲藏(chill storage)

(1) 對食品的應用：-2 ~ 2℃溫度範圍之內進行儲藏；一般用來保藏易腐敗的肉、魚貝類、果汁、乳品及蛋類。

(2) 品質之影響：此法於最大冰晶生成帶(-1 ~ -5℃)以上溫度儲存，食品低分子物質濃度高，故食品水分以液體狀態，對食品的影響較小。

3. 凍結儲藏(frozen storage)

(1) 對食品的應用：在-18℃以下的溫度進行儲藏；此溫度幾乎可以抑制所有微生物的生長以及化學作用；一般凍藏溫度為-10 ~ -30℃；但冷凍魚肉為防止褐變的發生，應冷凍至-35 ~ -40℃以下；食品油脂含量多則需達-50℃以下，防止脂質氧化，如鮪魚-55℃之均溫凍藏。

(2) 品質之影響：

濃縮作用	水結成冰會造成溶質濃度之提高而改變pH值，增加離子強度，促使蛋白質變性或膠體狀食品產生脫水現象。
冰晶形成	水結冰後體積會膨脹約8~9%，對組織造成局部性的擠壓作用；另外，若緩慢凍結形成細胞外大冰晶，並使細胞脫水，因而使細胞壁崩潰損壞組織性；同時，過度脫水也比較容易使蛋白質變性。

4. 緩慢冷凍(slow freezing)

(1) 對食品的應用：使食品達到要求冷凍溫度的時間較長，生成之冰晶大，擠壓組織而造成細胞膜破壞。

(2) 品質之影響：食品品質變差，且在解凍時，形成大量的解凍滴液(drip loss)。

5. 急速冷凍(quick/rapid freezing)

(1) 對食品的應用：使食品能夠在短時間內(30分鐘內降至-20℃)通過最大冰晶生成帶(-1~-5℃)的凍結法。

(2) 品質之影響：使食品內生成的冰晶為小且分布均勻，因此食品凍結後可保持優良品質。

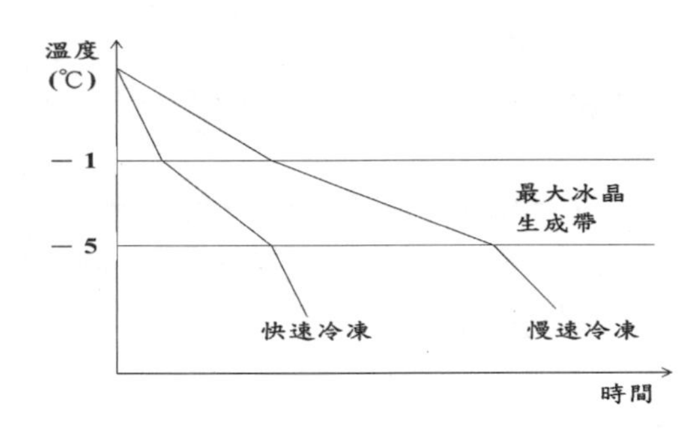

6. 個體快速冷凍(individual quick freezing, IQF)

(1) 對食品的應用：利用小顆粒狀食品在輸送帶(盤)上進行上下運動的同時吹送冷風進行冷凍。

(2) 品質之影響：此法可將被冷凍的食品，個體分開，不會黏在一起。

7. 包冰(glazing)

(1) 對食品的應用：食品在預備凍結後，在品溫接近凍結溫度時，將食品浸入冷水中或以水噴霧，再進行凍結，使食品表面覆蓋一層冰衣(glaze)。可防止食品發生乾燥、芳香成分散失、食品所含油脂與空氣接觸而氧化。

(2) 品質之影響：減少凍燒與油燒(冷凍肉品由於包裝不良，使空氣接觸面積擴大，導致水分散失、肉質乾燥，脂解酵素引起脂肪氧化而褐變，猶如火燒過一般的顏色)。

四、請試述精製(refining)食品加工技術及其對食品的營養價值與品質之影響，請以「米」為例說明。(25 分)

【110-1 年食品技師】

詳解：

1. 米的精製：

(1) 目的：為了使口感更滑順，增加民眾接受度，而在加工過程中，去除穀物外殼、胚芽和麩皮等。

(2) 加工技術：例如溶劑萃取精白法(solvent extraction milling; SEM)：

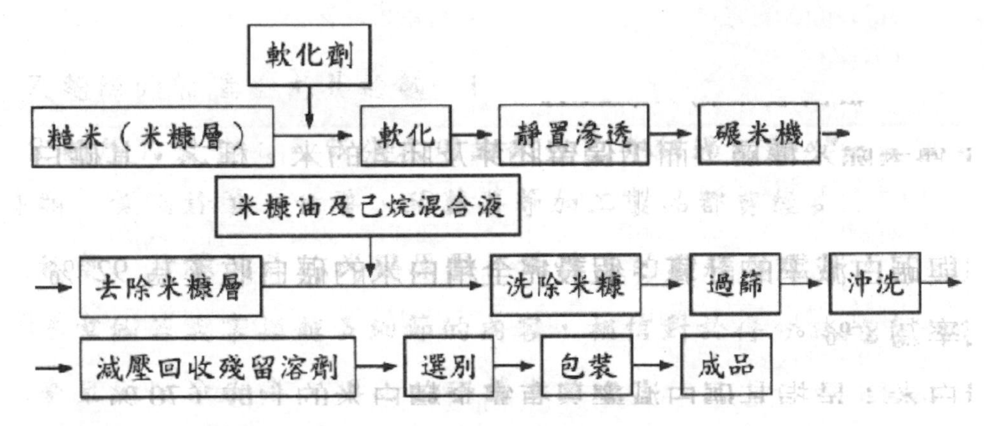

A. 為稻米加工中碾米程序得到的一種黃色的皮層。

B. 稻穀在脫粒脫殼後得到糙米，糙米是完整的水稻果實。

C. 通常所食用的稻米是指的是加工後的精米，它是水稻種子的胚乳部分。在從糙米到精米的過程中丟掉的部分就是米糠。

D. 米糠包括稻米的外果皮、中果皮、交聯層、種皮，有些地方還包括胚芽，而有些地方的稱呼中包含穎殼(稻穀的殼)。

E. 米糠的化學成分主要是糖類、脂肪和蛋白質，此外還含有維生素等成分。

F. 米糠可以用於提取油脂，還可以作為動物飼料。

2. 對食品的營養價值與品質之影響：

(1) 優點：口感較佳；大部分為澱粉(雜質較少)，亦可做其他用途。

(2) 缺點：營養價值降低，因去除的米糠與胚芽還有其營養價值。

110 年第一次專門職業及技術人員高考-食品技師

類科：食品技師　科目：食品分析與檢驗

一、在食品分析的過程中，樣品採樣的方式是整個分析過程中非常重要的步驟，請說明簡單隨機抽樣（Simple randomsampling）、整群抽樣（Cluster sampling）、系統抽樣（Systematic sampling）及連續採樣（Continuous sampling）的方式及其意義。並寫出顆粒狀食品與小包裝食品的採樣方式。（20 分）

【110-1 年食品技師】

詳解：

(一)簡單隨機抽樣（Simple randomsampling）：

要求樣品集中的每一個樣品都有相同之機率被抽選，因此首先需定義樣品集，而後再進行抽樣。然而，當樣品簡單、樣品集較大時，採用此法評估仍存有不確定性，因此雖然此法易於操作，亦是簡化的資料分析方式，但是被抽選的樣品依舊可能無法完全代表樣品集。

(二)整群抽樣（Cluster sampling）：(集束抽樣)

樣品集會先被分為堆疊的子集(over-lapping groups)，稱為層(strata)，而後從樣品集中一次抽選一層、一組或一群樣品，抽至最小分類，全部進行實驗。此法於樣品集處於大量分散狀態時，可以降低時間和成本消耗。此法並不同於分層隨機抽樣，其缺點也是有可能不代表整個樣品集。

(三)系統抽樣（Systematic sampling）：

在一個時段內選取一個起始點，而後按規律的間隔抽選樣品。由於採樣點可更均勻的分布，因此此法比簡單隨機抽樣更精確，但是若樣品有一定週期性變化，則容易有誤導的情形發生。

(四)連續採樣（Continuous sampling）：

一般是以機械式之取樣器(mechanical sampler)輔助取樣。若實驗樣品量大且利於連續式輸送，即可以機器代替，這種機器可自動控制採樣之量且速度快，一般適用於大量散裝庫存之樣品直接於輸送帶上採樣。

(五)顆粒狀食品與小包裝食品的採樣方式：

1. 顆粒狀食品：顆粒狀類樣品採樣時應從某個角落，依上、中、下各取一部分然後混合，再以四分法得平均樣品。四分法即將收集到的樣品等分成四等份後，再自各等份中取一定量的樣品，進行實驗。
2. 小包裝食品：小包裝樣品是連同整個包裝盒（袋）（如罐頭、膠囊）一起進行取樣，隨機選取裡面的小包裝樣品，混勻即得平均樣品。

二、請說明氣相層析儀（Gas chromatography）的分析原理，並寫出熱傳導偵測器（Thermal conductivity detector, TCD）、火焰離子化偵測器（Flame ionization detector, FID）及光游離偵測器（Photo ionization detector, PID）的偵測原理與應用。（20 分）

【110-1 年食品技師】

詳解：

(一)氣相層析儀（Gas chromatography）的分析原理：

將試樣注入樣品注射裝置，到氣化室使樣品氣化，藉著移動相氣體的帶動，通過一個分離用的毛細管柱(或稱固定相)，氣化的樣品各成分在固定相與移動相的親和力不同，使移動速率不同，而達到分離的效果，而從管柱流出。流出之各種化合物經由偵測器辨認測定後可被記錄於記錄器上，由紀錄器的層析圖可求出滯留時間，並與標準樣品比較後，可鑑定出試樣中的各種化合物成分(定性分析)。若由層析圖之波峰(peak)面積計算，則可定量出各種化合物的含量。

(二)熱傳導偵測器（Thermal conductivity detector, TCD）的偵測原理與應用：

1. 偵測原理：待分析成分於管柱分離後，分別先後到達 TCD 偵測器，移動相冷卻電阻絲(鎢絲)的能力強，而移動相帶著待分析成分冷卻電阻絲(鎢絲)的能力弱，再偵測電阻絲(鎢絲)的溫度與電阻。待分析成分濃度大，冷卻電阻絲(鎢絲)的能力更弱使溫度大、電阻大，波峰訊號強；待分析成分濃度小，冷卻電阻絲(鎢絲)的能力更強使溫度小、電阻小，波峰訊號弱，因此獲得層析圖譜，以定性、定量。
2. 應用：

(1)TCD 最有價值的性質，是它的通用感應性和對樣品的非破壞性，因此，在食品分析中那些其它檢測器不能產生感應的分析物，可用該檢測器進行檢測（如水、N_2、O_2 和 H_2、CO 或 CO_2 等）。

(2)能回收分離物以作進一步分析的樣品檢測。

(三)火焰離子化偵測器（Flame ionization detector, FID）的偵測原理與應用：

1. 偵測原理：待分析成分於管柱分離後，分別先後到達 FID 偵測器，再以氫火焰燃燒使離子化產生正、負離子，因導電特性產生電流訊號，偵測電流訊號。待分析成分濃度大，電流訊號大，波峰訊號強；待分析成分濃度小，電流訊號小，波峰訊號弱，因此獲得層析圖譜，以定性、定量。
2. 應用：FID 適用於各種「有機化合物」，如脂肪酸、膽固醇、香氣成分的檢測，是氣相層析偵測器中最廣泛使用者。

(四)光游離偵測器（Photo ionization detector, PID）的偵測原理與應用：

1. 偵測原理：待分析成分於管柱分離後，分別先後到達 PID 偵測器，再以紫外光照射會游離出電子，被+電極收集產生電流訊號。待分析成分濃度大，電流訊號大，波峰訊號強；待分析成分濃度小，電流訊號小，波峰訊號弱，因此獲得層析圖譜，以定性、定量。
2. 應用：一般而言，光游離偵測器的大多應用於芳香族(苯環)的有機物上。

三、請敘述下列蛋白質分析的測定原理及用途。（每小題 5 分，共 20 分）
(一)杜馬斯燃燒法（Dumas combustion method）
(二)寧海準反應（Ninhydrin reaction）
(三)雙縮脲反應（Biuret reaction）
(四)紫外線分光光度計法（Ultraviolet spectrophotometric method）
【110-1 年食品技師】

詳解：

(一)杜馬斯燃燒法（Dumas combustion method）：

1. 原理：屬於快速定氮法(Rapid N)，是以高溫燃燒樣品，經物理捕集水汽及二氧化碳後，將氮氣(N_2)分離並通過熱導檢測器(TCD)檢測，以分析樣品之氮含量再乘上氮系數(如 6.25)，進而計算出蛋白質含量的分析儀器。
2. 用途：相較於凱氏氮的方法，可以更快速、安全、環保、自動計算出氮含量來檢測食品中的蛋白質(粗蛋白)含量。

(二)寧海準反應（Ninhydrin reaction）：

1. 原理：寧海準與蛋白質中的胺基酸反應可以產生藍或紫色的複合物，若有「脯胺酸」(Proline)存在則產生黃色衍生物，若有顏色代表蛋白質存在(定性)，若藉由偵測吸光值比對標準曲線即可定量蛋白質的濃度。
2. 用途：食品蛋白質的定性與定量之實驗方法。

(三)雙縮脲反應（Biuret reaction）：

1. 原理：雙縮脲反應主要是測試樣品中是否有「二胜類」(含)或以上之蛋白質。以具有兩個二胜類的尿素為例，加熱後會生成雙縮脲。雙縮脲、二胜類以上之胜肽及蛋白質在鹼性的環境下會與硫酸銅(Copper Sulphate, $CuSO_4$)形成錯鹽而呈色。樣品中若含有二以上胜肽類(如雙縮脲、多胜肽和所有的蛋白質)，則與銅離子結合產生紫紅色，最後藉由偵測吸光值比對標準曲線即可定量蛋白質的濃度。
2. 用途：食品蛋白質的定量之實驗方法。

(四)紫外線分光光度計法（Ultraviolet spectrophotometric method）：

1. 原理：蛋白質及其水解產物芳香族胺基酸例如苯丙胺酸(Phenylalanine)、酪胺酸(Tyrosine)、色胺酸(Tryptophan)在紫外光區波長 280 nm 有一定的吸收，且吸收值與蛋白質濃度(3~ 8 mg/ ml)呈直線關係，因此利用事先經由凱氏氮分析的標準蛋白質樣品(或已知濃度蛋白質樣品，如 BSA)與樣品作比較，可計算樣品中蛋白質含量(標準曲線法)。
2. 用途：食品蛋白質的定量之實驗方法。

四、(一)請敘述酸價（Acid value）與皂化價（Saponification value）的定義。（5 分）
(二)有一檢驗人員進行二種油脂之分析，分析得 A 油脂之酸價為 75，皂化價為 150；B 油脂之酸價為 25，皂化價為 100，請問何種油脂的品質較佳？原因為何？（15 分）
【110-1 年食品技師】

詳解：

(一)請敘述酸價（Acid value）與皂化價（Saponification value）的定義：

1. 酸價（Acid value）：

(1)中和 1g 油脂中所含游離脂肪酸所需 KOH 毫克數。

(2)可判定油脂酸敗程度。

2. 皂化價（Saponification value）：

(1)皂化 1g 油脂所需 KOH 毫克數。

(2)可判定油脂中所含脂肪酸的平均分子量。皂化價高者代表含較多的短鏈和低分子量的油脂。判定油脂是否摻假的指標。

(二)請問何種油脂的品質較佳？原因為何？

1. 品質較佳的油脂：B 油脂。

2. 原因：

(1)酸價為測定油脂氧化酸敗品質。

(2)而皂化價為測定油脂平均分子量與是否摻假之理化特性品質。

(3)故應以酸價高低作為油脂品質的依據。

(4)而 B 油脂酸價較低，所以其品質較佳。

(5)而 A 油脂酸價較高，所以其品質較差。

(6)從皂化價的測定，可知 A 油脂分子量較小、B 油脂分子量較大，但無法得知 A 油脂與 B 油脂哪一種品質較佳。

(7) AV/SV 可用來表示油脂的游離脂肪酸所含比率：

a. A 油脂之$\frac{AV}{SV}=0.5$。

b. B 油脂$\frac{AV}{SV}=0.25$。

c. 由此可知 A 油脂的游離脂肪酸所含比率較高，所以品質較差，而 B 油脂的游離脂肪酸所含比率較低，所以品質較佳。

五、某一食品進行酸鹼度測定，利用 1N HCl、1N Na_2CO_3 及 0.1N NaOH 溶液進行分析，測得其使用量與力價，分別為 1 mL（力價 0.995）、0.5 mL（力價 1.009）、2mL（力價 0.997），試求該食品的酸鹼度（請寫出計算過程）。並判斷該食品為鹼性或酸性？判斷標準為何？（假設食品之樣品重為 1 g）（20 分）

【110-1 年食品技師】

詳解：

(一)試求該食品的酸鹼度（請寫出計算過程）。（假設食品之樣品重為 1 g）

$$食品酸鹼度(\%)=\frac{\{(V_1\times F_1)-[(V_2\times F_2)+0.1(V_3\times F_3)]\}\times 100}{W_s}$$

Ws：樣品重(g)	分子亦可想成：酸 meq - 鹼 meq
V_1：1 N HCl 溶液使用量(mL)	F_1：1 N HCl 溶液之力價
V_2：1 N Na_2CO_3 溶液使用量(mL)	F_2：1 N Na_2CO_3 溶液之力價
V_3：0.1 N NaOH 溶液滴定量(mL)	F_3：0.1 N NaOH 溶液之力價

$$食品的酸鹼度(\%)=\frac{\{(1(mL)\times 0.995)-[(0.5(mL)\times 1.009)+0.1(2(mL)\times 0.997)]\}\times 100}{1(g)}$$

$$=29.11(\%)$$

(二)並判斷該食品為鹼性或酸性？

鹼性。

(三)判斷標準為何？

計算結果可能為正值、0，或負值。若為：

1. 正值(>0)：表示該食品為鹼性食品。
2. 負值(<0)：表示該食品為酸性食品。
3. 接近於零(=0)：表示該食品為中性食品。

110年第一次專門職業及技術人員高考-食品技師

類科：食品技師　科目：食品衛生安全與法規

一、根據食品安全衛生管理法第40條與其施行細則規定，發布食品衛生檢驗資訊時應同時公布那些項目及各項目包含的內容？（25分）

【110-1年食品技師】

詳解：

(一)發布食品衛生檢驗資訊時應同時公布的項目：

參照「食品安全衛生管理法」(108.6.12)第四十條：

發布食品衛生檢驗資訊時，應同時公布檢驗方法、檢驗單位及結果判讀依據。

(二)各項目包含的內容：

參照「食品安全衛生管理法施行細則」(106.7.13)第二十八條：

本法第四十條所定檢驗方法、檢驗單位及結果判讀依據，其內容如下：

一、檢驗方法：包括方法依據、實驗流程、儀器設備及標準品。

二、檢驗單位：包括實驗室名稱、地址、聯絡方式及負責人姓名。

三、結果判讀依據：包括檢體之抽樣方式、產品名稱、來源、包裝、批號或製造日期或有效日期、最終實驗數據、判定標準及其出處或學理依據。

二、某食品工廠在製程中有使用到防腐劑、抗氧化劑等添加物，依據食品良好衛生規範準則之規定，該工廠應該如何管理以及使用這些食品添加物？（25 分）

【110-1 年食品技師】

詳解：

參照「食品良好衛生規範準則」(103.11.7)：

第七章食品添加物業

(一)第二十九條食品添加物之進貨及貯存管理，應符合下列規定：

一、建立食品添加物或原料進貨之驗收作業及追溯、追蹤制度，記錄進貨來源、內容物成分、數量等資料。

二、依原材料、半成品或成品，貯存於不同場所，必要時，貯存於冷凍（藏）庫，並與其他非供食品用途之原料或物品以有形方式予以隔離。

三、倉儲管理，應依先進先出原則。

(二)第三十條食品添加物之作業場所，應符合下列規定：

一、生產食品添加物兼生產化工原料或化學品之製造區域或製程步驟，應予以區隔。

二、製程中使用溶劑、粉劑致有害物質外洩或產生塵爆等危害之虞時，應設防止設施或設備。

(三)第三十一條食品添加物製程之設備、器具、容器及包裝，應符合下列規定：

一、易於清洗、消毒及檢查。

二、符合食品器具容器包裝衛生標準之規定。

三、防止潤滑油、金屬碎屑、污水或其他可能造成污染之物質混入食品添加物。

(四)第三十二條食品添加物之製程及品質管理，應符合下列規定：

一、建立製程及品質管制程序，並應完整記錄。

二、成品應符合食品添加物使用範圍及限量暨規格標準，並完整包裝及標示。每批成品之銷售流向，應予記錄。

三、某國小師生在食用主菜為虱目魚柳之營養午餐後，產生臉部發紅、全身發熱、皮膚起紅疹、腹痛及頭痛等症狀，請說明引發此中毒事件最有可能的病因物質為何？屬於食品中毒類型的那一類？其產生的原因機制為何？有那些預防其產生的方法？（25 分）

【110-1 年食品技師】

詳解：

(一)引發此中毒事件最有可能的病因物質：

組織胺(Histamine)毒素或鯖魚中毒(Scombroid fish poisoning)(類過敏性食物中毒)。

(二)屬於食品中毒類型的那一類？

天然毒素食品中毒之動物性天然毒素。

(三)其產生的原因機制為何？

pH 在 5.5~6.5 之間且含高量組胺酸(Histidine)的魚類(例如：秋刀魚，鰛魚、四破魚、鯖魚、鮪魚、鰹魚等)，由於受到中溫細菌(例如 *Proteus morganii*、*Escherichia coli*、*Clostridium perfringens*)所分泌脫羧酵素(decarboxylase)的作用，致使組胺酸(Histidine)作用轉變成組織胺(Histamine)。

H_2N CH COOH (imidazole ring: N, NH) —Histadine Decarboxylase→ H_2N CH-H (imidazole ring: N, NH) + CO_2

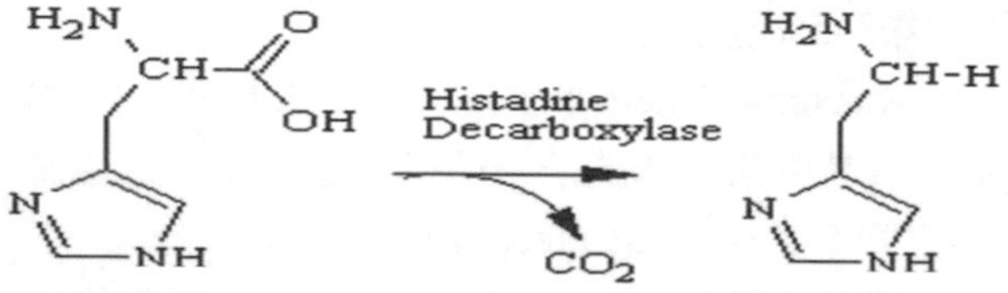

Histidine　　　　Histamine

(四)有那些預防其產生的方法？

1. 選擇新鮮海產魚貝類原料。
2. 魚貝類原料應迅速冷藏至 5℃以下。
3. 魚貝類原料以淡水洗淨，再充分煮熟。
4. 組織胺不因受熱而破壞，故以不新鮮魚貝類製成的食品會有中毒可能性。

◎食品中污染物質及毒素衛生標準(111.5.31)：組織胺(Histamine)：

種 類	限量
組織胺含量高之魚產品 (鯖科、鯡科、鯷科、鰹科、扁鰺科、秋刀魚科等魚種)	200 ppm
以組織胺含量高之魚產品，經鹽漬及發酵處理之加工品，如魚醬	400 ppm

四、據民國 108 年食品中毒發生與防治年報刊載，有民眾至日式餐廳食用壽司、魚湯、生魚片後，出現腹瀉、腹痛、噁心、嘔吐、發燒等症狀，發病潛伏期平均為 12-18 小時，並從食餘檢體與患者糞便檢體檢出相同之病原菌，請詳述此病原菌之中、英文名稱與特性。此菌屬於細菌性食品中毒分類的那一型以及此類型的定義為何？有那些預防中毒的方法？（25 分）

【110-1 年食品技師】

詳解：

(一)請詳述此病原菌之中、英文名稱與特性：

1. 中文名稱：腸炎弧菌。
2. 英文名稱：*Vibrio parahaemolyticus*。
3. 特性：

(1)G(-)。

(2)桿菌。

(3)兼性厭氧性。

(4)無芽孢。

(5)具單鞭毛。

(6)屬好鹽性(生長需 3~5%鹽以上)。

(7)具 β-溶血作用(Kanagawa phenomenon) (培養基上有透明環)。

(二)此菌屬於細菌性食品中毒分類的那一型以及此類型的定義為何？

1. 食品中毒分類之類型：感染型(infection)。
2. 定義：病原菌在食品中繁殖，大量的生菌隨食品被攝取後在腸道再增殖到某一程度，作用於腸道而發病。

(三)有那些預防中毒的方法？

1. 四大原則：

(1)清潔：生鮮魚貝等海鮮類以自來水充分清洗，以降低鹽度，使腸炎弧菌無法繁殖生長。

(2)迅速：生鮮魚貝類迅速料理食用，或以自來水充分清洗後迅速冷藏，以抑制微生物生長。

(3)加熱與冷藏：煮熟的食物必須保存於夠高的溫度(高於 60℃)，否則即需迅速冷藏至 5℃以下，以抑制微生物生長。

(4)避免疏忽：熟食及生食所使用之容器、刀具、砧板應分開，勿混合使用。手、抹布、砧板和廚房器具於接觸生鮮海產後均應用清水徹底清洗

2. 預防食品中毒五要原則(2013)：

(1)要洗手：調理時手部要清潔，傷口要包紮。

(2)要新鮮：食材要新鮮，用水要衛生。

(3)要生熟食分開：生熟食器具應分開，避免交互污染。

(4)要徹底加熱：食品中心溫度應超過70度C。

(5)要低溫保存(要注意保存溫度)：保存低於7度C，室溫下不宜久置。

110 年第一次專門職業及技術人員高考-食品技師

類科：食品技師　科目：食品工廠管理

一、某公司生產冷凍品，生產後貯存於廠內冷凍庫，並由自有車隊配送到客戶端，根據「食品良好衛生規範準則」，試述一般冷凍品物流標準作業程序。(25 分)
【110-1 年食品技師】

詳解：

參照「食品良好衛生規範準則」(103.11.7)。

(一)第一章總則：

第七條食品業者運輸管制，應符合下列規定：

一、運輸車輛應於裝載食品前，檢查裝備，並保持清潔衛生。

二、產品堆疊時，應保持穩固，並維持空氣流通。

三、裝載低溫食品前，運輸車輛之廂體應確保食品維持有效保溫狀態。

四、運輸過程中，食品應避免日光直射、雨淋、劇烈之溫度或濕度之變動、撞擊及車內積水等。

五、有污染原料、半成品或成品之虞之物品或包裝材料，應有防止交叉污染之措施；其未能防止交叉污染者，不得與原材料、半成品或成品一起運輸。

(二)第四章食品物流業：

第十六條食品物流業應訂定物流管制標準作業程序，其內容應包括第七條及下列規定：

一、不同原材料、半成品及成品作業場所，應分別設置或予以適當區隔，並有足夠之空間，以供搬運。

二、物品應分類貯放於棧板、貨架上或採取其他有效措施，不得直接放置地面，並保持整潔。

三、作業應遵行先進先出之原則，並確實記錄。

四、作業過程中需管制溫度或溼度者，應建立管制方法及基準，並確實記錄。

五、貯存過程中，應定期檢查，並確實記錄；有異狀時，應立即處理，確保原材料、半成品及成品之品質及衛生。

六、低溫食品之品溫在裝載及卸貨前，應檢測及記錄。

七、低溫食品之理貨及裝卸，應於攝氏十五度以下場所迅速進行。

八、應依食品製造業者設定之產品保存溫度條件進行物流作業。

二、稽核對食品品質管理制度很重要，請說明稽核分為那些類型，並說明食品安全稽核人員之能力要求。（25 分）

【110-1 年食品技師】

詳解：

(一)稽核類型：

1. 依型式區分為：

(1)內部稽核：為第一者稽核，由業者內部人員執行，較易發現問題且落實改善。

(2)外部稽核：為外來者執行且時間有限的稽核，較難發現問題

a. 第二者稽核：為顧客本身、委託單位或利害關係者進行稽核。

b. 第三者稽核：由政府機關或第三公正單位進行的驗證稽核。

2. 依執行通知否分為：

(1)通知稽核：為事先知道稽核日期與時間等資訊。

(2)不通知稽核：為事先不知道稽核日期與時間等資訊。

(二)食品安全稽核人員之能力要求：

1. 參考「食品衛生安全管理系統驗證機構認證及驗證管理辦法」(108.6.4)第三條：

(1)置有專職之稽核員，並應具備下列資格之一：

a. 領有食品技師、畜牧技師、水產養殖技師、營養師或獸醫師證書。

b. 領有符合教育部採認規定之國內外專科以上學校食品、營養、家政、生活應用科學、畜牧、獸醫、化學、化工、農業化學、生物化學、生物、藥學、公共衛生或其他相關科、系、所或學位學程畢業證書。

(2)稽核員應具有食品安全管制系統訓練六十小時、食品衛生安全與相關法令知能及至少二年以上稽查經驗。

(3)稽查經驗，得以於食品工廠擔任專門職業人員、品質管制人員或衛生管理人員之年資抵充，並以抵充一年為限。

2. 其他：

(1)相關學經歷與專業證照。

(2)超然獨立與積極態度。

(3)公司營運流程及知識。

(4)溝通協調與人際關係。

(5)稽核相關專業知識及技能。

(6)充分的語文能力(有時需查核外文之文件)。

(7)強大的心理素質(如不放水、從細部找問題、抗壓等)。

三、說明 cp 點與 ccp 點的差異，並利用管制圖說明當 HACCP 與品管發生異常或失控的判定依據。（25 分）

【110-1 年食品技師】

詳解：

(一)cp 點與 ccp 點的差異：

1. cp 點：管制點(control point, CP)係指於製造過程中之某一點、步驟或程序，可以被控制的點。
2. ccp 點：重要管制點(critical control point, CCP)係指於製造過程中之某一點、步驟或程序，若加以控制則能有效預防、去除或降低食品危害至最低可以接受之程度。

(二)利用管制圖說明當 HACCP 與品管發生異常或失控的判定依據：

1. 管制圖：是一種以實際產品品質特性與根據過去經驗所判明的製程能力的管制界限比較，而以時間順序用圖形表示者。管制圖是統計品質的重要工具之一，由此管制圖便可尋出產品品質發生變異的原因。因而能夠診斷和校正生產過程中，所遭遇的許多問題。同時，更可促使產品品質有實質的改良，而符合需要之水準。以下以$\overline{X}-R$管制圖為例：

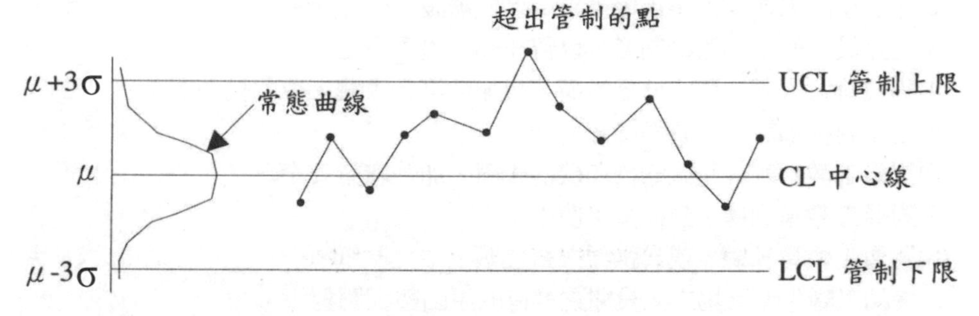

(1)中間有一條中心線(Central line, CL)，代表平均值(μ)。

(2)中心線上面的線條稱為管制上線(Upper control limit, UCL)，代表平均值(μ)加三個標準差(3σ)。

(3)中心線下面的線條為管制下限(Lower control limit, LCL)，代表平均值(μ)減三個標準差(3σ)。

2. 品管發生異常或失控的判定依據：舉例如下

(1)有 1 點於管制上限(μ+3σ)或管制下限(μ-3σ)外，可能是原料、機器、設備、人員能力、量測儀器等改變造成製程變化。

(2)單邊連續 3 點中有 2 點於 μ±2σ 至 μ±3σ，可能是新物料的投入、新機械工具設定等而造成製程偏移。

(3)單邊連續 5 點中有 4 點於 μ±1σ 至 μ±2σ，可能是新物料的投入、新機械工具設定等而造成製程偏移。

(4)連續 6 點持續上升或下降，可能是工人疲勞、工具或設備逐漸磨損或損壞、溫度或濕度逐漸變化等而造成。

四、請說明導致食品工廠生產現場之機械設備使用率低及人員閒置等待的原因有那些，並說明因應對策。（25 分）

【110-1年食品技師】

詳解：

(一)食品工廠生產現場之機械設備使用率低的原因與因應對策：

1. 原因：

(1)工廠管理階層沒有遠見，所以沒有買昂貴的機器設備取代人力。

(2)工廠管理階層不想變革，改變目前的人工生產方式。

(3)工廠管理階層捨不得員工因買機器設備取代人力而使部分員工遭受資遣。

(4)機器設備不符合人體工學，使用久容易疲勞或職業傷害。

(5)機器設備常故障而停止運轉。

(6)機器設備常發生職業傷害，如割傷、燙傷、壓傷等。

(7)員工不習慣使用機器設備。

(8)員工不會使用機器設備，如操作語言為外文。

2. 對策：

(1)做好投資獲利預測計算後，工廠加買昂貴的機器設備取代人力。

(2)使管理階層能夠因應市場需求，以機器設備生產產率高與品質均一的產品。

(3)建立具有誘因的激勵制度，以留任部分優秀員工。

(4)購買符合人體工學的機器設備，或加裝符合人體工學的輔助器。

(5)定期對機器設備保養與檢修。

(6)對員工教育訓練正確的操作機器設備、加強職業安全。

(7)對員工教育訓練，鼓勵員工使用。

(8)對員工教育訓練，或於操作按鈕上貼上中文貼紙。

(二)食品工廠生產現場之人員閒置等待的原因與因應對策：

1. 原因：

(1)原料缺乏無法繼續生產。

(2)機器發生故障。

(3)人員生產計畫安排不適當。

(4)生產計畫之產品數量提前生產完成。

(5)停水與停電使機器設備無法運轉。

(6)管理階層遲到，故無法安排人員生產。

2. 對策：

(1)生產計畫與存量管制(物料管理)需於生產前作好。

(2)定期對機器設備保養與檢修。

(3)詳細安排生產計畫之人員安排與數量。

(4)安排員工繼續生產下一個生產計畫的產品。

(5)作好備用水量儲存與事前購買發電機。

(6)重視守時觀念，並訂定相關罰則。

110 年第二次專門職業及技術人員高考－食品技師

類科：食品技師　科目：食品微生物學

一、請說明新鮮紅肉（Fresh meat）進行真空包裝的目的，並解釋真空包裝為何可使紅肉達到所述目的。新鮮紅肉若分別以真空包裝與正常空氣組成包裝進行貯存，請說明二者主要腐敗菌相之差異。（20 分）

【110-2 年食品技師】

詳解：

(一)新鮮紅肉（Fresh meat）進行真空包裝的目的：

1. 保持新鮮紅肉之紅色。
2. 抑制有氧下可生長之腐敗菌。

(二)解釋真空包裝為何可使紅肉達到所述目的：

1. 由於動物屠宰後肌肉紫紅色之肌紅素(Myoglobin)暴露於平地之高氧分壓下，會進行氧合，產生鮮紅色之氧合肌紅素(Oxymyoglobin)，放置過久後，會再過度氧化成棕色之氧化(變性)肌紅素(Metmyoglobin)，使肉色之賣相變差。所以新鮮紅肉真空包裝可以隔絕與氧氣，使紫紅色之肌紅素或鮮紅色之氧合肌紅色不會過度氧化成棕色之氧化(變性)肌紅素。
2. 因可利用氧氣的腐敗菌，如好氧菌、兼性厭氧菌、微嗜氧菌之能量代謝需氧氣才能進行或於有氧下可以產生較多的能量 ATP 以促進生長，所以真空無氧下，則可以使這些菌無法生長或生長緩慢。

(三)新鮮紅肉若分別以真空包裝與正常空氣組成包裝進行貯存，請說明二者主要腐敗菌相之差異：

1. 真空包裝進行貯存之主要腐敗菌相：

(1)主要為厭氧菌、耐氧厭氧菌、兼性厭氧菌為主要的腐敗菌。

(2)*Clostridium* spp.(厭氧菌)：分解蛋白質產生氨(ammonia)等使肉品腐臭。

(3)*Lactobacillus* spp.(耐氧厭氧菌)等乳酸菌：產生乳酸等使肉品變酸。

(4)*Pseudomonas* spp.(兼性厭氧菌)：產生硫化氫(H_2S)使肉品綠變及腐臭。

2. 正常空氣組成包裝進行貯存之主要腐敗菌相：

(1)主要為好氧菌、兼性厭氧菌、微嗜氧菌、耐氧厭氧菌為主要的腐敗菌。

(2)黴菌(好氧菌)：當儲存時間久使水分揮發殆盡，肉品表面出現黑色、青色、白色斑點與毛狀物。

(3)*Pseudomonas* spp.(兼性厭氧菌)：產生胞外多醣使肉品變黏、產生氨(ammonia)使肉品腐臭。

(4)*Bacillus* spp.(兼性厭氧菌)：分解蛋白質產生氨(ammonia)等使肉品腐臭。

(5)*Lactobacillus*spp.(耐氧厭氧菌)等乳酸菌：產生胞外多醣使肉品變黏、產生過氧化氫(H_2O_2) 使肉品綠變(green meat)、產生乳酸等使肉品變酸。

二、請說明那類食品常會添加亞硫酸化合物？其目的為何？請解釋亞硫酸化合物具有所述作用的原因。（20 分）

【110-2 年食品技師】

詳解：

(一)那類食品常會添加亞硫酸化合物：

1. 脫水蔬菜。
2. 脫水水果。
3. 葡萄酒。

(二)目的：

1. 漂白。
2. 抗氧化。
3. 抑制雜菌(防腐)。
4. 安定花青素等色素。
5. 抑制酵素性褐變。
6. 抑制非酵素性褐變(梅納褐變反應)。
7. 防止葡萄酒過度熟成。

(三)亞硫酸化合物具有所述作用的原因：

1. 漂白：亞硫酸化合物因具有還原力，可進行還原性漂白，使食品更白。
2. 抗氧化：亞硫酸化合物因具有還原力，可將活性氧與自由基還原。
3. 抑制雜菌(防腐)：亞硫酸化合物的作用機制為在微生物細胞內形成亞硫酸鹽，可將蛋白質(酵素)雙硫鍵還原，使得蛋白質構型改變而變性，失去活性，來達到抑制雜菌(防腐)的效果。
4. 安定花青素等色素：亞硫酸化合物具有還原作用，可作為抗氧化劑。少量的亞硫酸化合物可保護花青素不被氧化而褪色；但大量的亞硫酸化合物之亞硫酸根會與花青素結合形成複合物，而導致花青素褪色。
5. 抑制酵素性褐變：亞硫酸化合物是酚酶強力抑制劑，可以抑制葡萄破碎後之酵素性褐變，避免葡萄酒製程中酵素性褐變，導致顏色深而賣相變差。
6. 抑制非酵素性褐變(梅納褐變反應)：亞硫酸化合物可形成亞硫酸根，與葡萄酒中的羰基化合物(如葡萄糖、果糖等)之羰基反應，防止其與胺基化合物進行胺羰反應(梅納褐變反應)，產生褐色的梅納汀(melanoidins)而導致顏色深而賣相變差。
7. 防止葡萄酒過度熟成：亞硫酸化合物具有抑菌作用，可防止葡萄酒存在之乳酸菌大量生長，過度進行蘋果酸乳酸發酵而產生大量的有機酸，與酒精進行酯化反應，產生大量的小分子酯類化合物，雖然可增加葡萄酒熟成的香氣成分，但會過度消耗掉酒精，導致葡萄酒之酒精濃度下降。

三、請詳細寫出分析工廠桌面總好氣菌數（Total aerobic count）的操作，包括桌面取樣操作，以及取樣後進行總好氣菌數的分析操作，包括所用培養基（或試劑）種類及培養溫度與時間。（20 分）

【110-2 年食品技師】

詳解：

(一)桌面取樣操作：

利用中間有 2 × 5 平方公分的挖空之已滅菌方格鋁箔紙，覆蓋在樣品採樣部位的表面，先將滅菌棉花棒在已滅菌的 10 mL 之 0.1 % peptone water 試管中沾濕，再以棉花棒旋轉擦抹鋁箔紙方格內的部位，擦抹後將棉花棒置入原試管，再經震盪器震盪下棉花棒之表面菌。

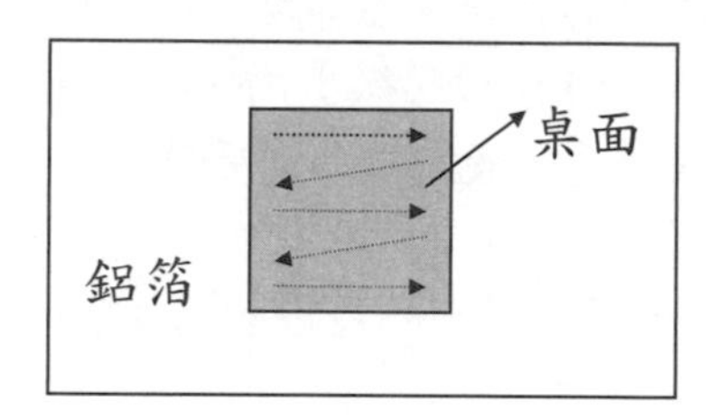

(二)取樣後進行總好氣菌數的分析操作：

1. 十倍序列稀釋(10 fold serial dilution)。
2. 均勻散佈微生物：

(1)以塗抹平板法(Spread plate)：取 0.1ml 的菌液於生菌數培養基上以三角玻棒平均塗抹至表面乾燥後上蓋。

(2)傾注平板法(Pour plate)：取 1ml 菌液入空的培養皿，再倒入熔融狀態的生菌數培養基，搖晃使均勻分散，再開蓋冷卻後上蓋。

3. 培養，一般細菌以 35 或 37 ℃普通培養箱倒置培養 24~ 48 小時。
4. 數菌(plate count)。
5. 單位：CFU / cm^2。(塗抹平板法需將菌數乘以 10)

(三)所用培養基（或試劑）種類：

1. 生菌數培養基：計數瓊脂培養基(plate count agar, PCA)。
2. 稀釋用無菌水：

(1)滅菌後之 0.1 %蛋白腖水(peptone water)。

(2)滅菌後之磷酸緩衝溶液(phosphate buffered saline, PBS)。

(3)滅菌後之生理食鹽水(0.9 %NaCl)(Cl^-會和微生物 DNA 結合使死亡)。

(四)培養溫度與時間：

1. 培養溫度：35 或 37℃ 。
2. 時間：24~ 48 小時。

四、請說明食品水活性為何影響食品中微生物生長。微生物可生長的最低水活性有所不同，請寫出常見腐敗微生物、嗜鹽性細菌、嗜乾性黴菌及嗜滲透壓酵母菌生長的最低水活性，並說明溫度及食品酸鹼值對微生物生長的最低水活性的影響。（20 分）

【110-2 年食品技師】

詳解：

(一)食品水活性為何影響食品中微生物生長：

水(自由水)是一切化學反應的介質，也就是說微生物體內進行任何化學反應皆需要水(自由水)的存在。微生物所能利用的水為自由水，而水活性(water activity, Aw)為描述食品中自由水的多寡，其值高低影響微生物生長之影響如下：

1. Aw 越高，表示食品自由水越多，微生物越能利用食品中的水分，而生長。
2. Aw 越低，表示食品自由水越少，微生物能利用食品中的水分少，而抑制微生物的生長。降低 Aw 值之一般影響為延長微生物生長的遲滯期(Lag phase)，降低生長速率及影響最後細胞之大小。

(二)常見腐敗微生物、嗜鹽性細菌、嗜乾性黴菌及嗜滲透壓酵母菌生長的最低水活性：

1. 腐敗微生物：黴菌為 Aw0.8、酵母為 Aw0.85(0.88)、細菌為 Aw0.90。
2. 嗜鹽性細菌(halophilic bacteria)：為 Aw 0.75。
3. 嗜乾性黴菌(xerophilic molds)：為 Aw 0.61。
4. 嗜滲透壓酵母菌(osmophilic yeasts)：為 Aw 0.61。

(三)溫度及食品酸鹼值對微生物生長的最低水活性的影響：

1. 溫度：

(1)於最適生長溫度下，對微生物生長的最低水活性會下降。

(2)於不適溫度下，溫度越低，對微生物生長的最低水活性會上升。

(3)於不適溫度下，溫度越高，對微生物生長的最低水活性會上升。

2. 食品酸鹼值：

(1)於最適生長食品酸鹼值下，對微生物生長的最低水活性會下降。

(2)於不適食品酸鹼值下，酸鹼值越低，對微生物生長的最低水活性會上升。

(3)於不適食品酸鹼值下，酸鹼值越高，對微生物生長的最低水活性會上升。

3. 溫度及食品酸鹼值：

(1)溫度及食品酸鹼值於最適條件下，對微生物生長的最低水活性會下降。

(2)溫度及食品酸鹼值於不適條件下，溫度及食品酸鹼值越低，對微生物生長的最低水活性會上升。

(3)溫度及食品酸鹼值於不適條件下，溫度及食品酸鹼值越高，對微生物生長的最低水活性會上升。

五、請寫出製造酸奶酪（Yoghurt）所使用二株發酵菌株的學名，並說明此二種發酵菌株在製作酸奶酪時如何進行互利共生關係。（20 分）

【110-2 年食品技師】

詳解：

(一)製造酸奶酪（Yoghurt）所使用二株發酵菌株的學名：

1. 嗜熱鏈球菌(*Streptococcus thermophilus*)。
2. 保加利亞乳酸桿菌(*Lactobacillus bulgaricus*)。

(二)此二種發酵菌株在製作酸奶酪時如何進行互利共生關係：

1. 互利共生(symbiotic growth)：二菌酛共同培養，彼此獲利：

發酵初期 *S. thermophilus* 造成氧化還原電位下降，以及乳酸、乙酸、乙醛、雙乙醯、甲酸(有機酸)蓄積等，有助於 *L. bulgaricus* 之生長；反之，*L. bulgaricus* 之高蛋白質水解能力，大量分解蛋白質產生的胺基酸如纈胺酸(valine)、組胺酸(histidine)及甘胺酸(glycine)(胺基酸)等，有助於 *S. thermophilus* 之生長。

2. 相乘生長(synergistic growth)：二菌酛共同使用，產生的菌量與乳酸量大於個別使用：

於發酵初期 *S. thermophilus* 之生長會急速地增加，約為 *L. bulgaricus* 之 3 至 4 倍，約 1 小時後，*L. bulgaricus* 之生長會高於 *S. thermophilus*，最後 *S. thermophilus* 對 *L. bulgaricus* 菌數比約為 1:1 或 1:2。使培養後期兩者菌量與乳酸量都大於個別培養。

(三)酸奶酪（Yoghurt）製程原理：

1. 製程：

牛乳原料→均質→殺菌→冷卻→接種→發酵→均質→調味→酸奶酪

2. 發酵：

以 30~ 45 ℃，4~ 16 小時發酵。發生的變化：

(1)乳糖→半乳糖+葡萄糖。

(2)葡萄糖→乳酸 or 乳酸+醋酸+酒精+二氧化碳。

[產生的酸使 pH 至 4.6 之酪蛋白等電點(pI)而凝乳]

(3)蛋白質→胺基酸。

(4)胺基酸→乙醛(acetaldehyde)(風味物質)，主要產生的乳酸菌為 *L. bulgaricus*。

3. 好處：

(1)胃腸功能改善。

(2)免疫調節。

(3)改善乳糖不耐症。

(4)抗癌效果。

(5)降低血膽固醇效果。

110年第二次專門職業及技術人員高考-食品技師

類科：食品技師　科目：食品化學

一、試由水分子結構說明其為何是極性分子？並由其密度變化說明凍結解凍之滴水現象（dripping; drip loss）。（水4℃密度（g/cm^3）為1.00；冰密度（g/cm^3）為0.92）。（20分）

【110-2年食品技師】

詳解：

(一)水分子為極性分子：

1. 水分子是由兩個氫原子與一個氧原子經共價鍵結而成。
2. 氧原子的電子組態為 $1s^2 2s^2 2p^4$，價電子殼層由四個 sp^3 混成軌域組成，其中兩個軌域以單鍵與氫原子(電子組態為 $1s^1$)鍵結，另外兩個未鍵結的 sp^3 軌域則各自含有一個未共用電子對。
3. 水分子呈彎曲狀，兩個O-H鍵之間的夾角約為104.5°，鍵長約為0.099 nm。由於氧原子的陰電性或稱電負度(electronegativity)較大，為3.5，而氫原子的陰電性較小，只有2.1，因此O-H鍵上的電子雲會較靠近氧原子(電子雲分佈不均)，形成氧原子帶有部分負電荷，而氫原子則帶有部分正電荷，故稱為極性共價鍵(polar covalent bond)。
4. 水分子因正電荷的中心與負電荷的中心不在同一個位置，稱為具有電偶極(矩)，所以水被稱為極性分子(polar molecule)。水分子結構示意圖如下：

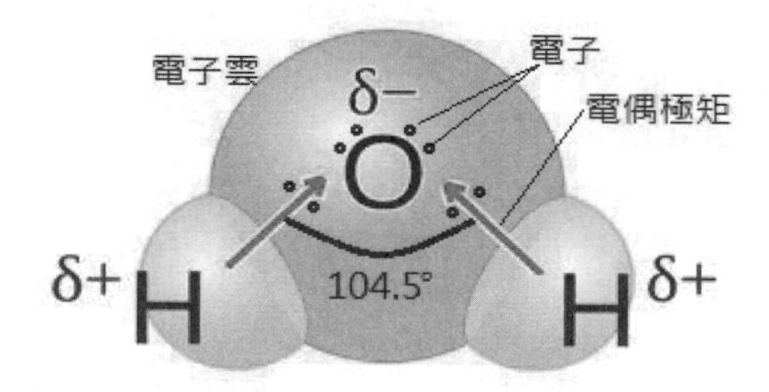

(二)凍結解凍之滴水現象(dripping or drip loss)：

1. 密度(Density, D)=$\frac{\text{質量(重量)(Mass,M)}}{\text{體積(Volume,V)}}$；體積(Volume, V)=$\frac{\text{質量(重量)(Mass,M)}}{\text{密度(Density,D)}}$。
2. 水4℃密度(g/cm^3)為1.00，冰密度(g/cm^3)為0.92。
3. 故水的密度大而體積小，冰的密度小而體積大。
4. 當水變冰時，體積會增大，而擠壓共存的細胞，使其破裂，當解凍時，細胞內液體(包含酵素)會相繼流出，水解凍後不能如原狀被吸著或被吸引而流出細胞體外，而酵素也釋出進行自我水解，使品質變差。

二、試述食品褐變反應的分類並分別說明其參與之反應物與生成物。（20 分）【110-2 年食品技師】

詳解：

(一)酵素性褐變反應(enzymatic browning reaction)：褐變之形成若與基質(酚類)、酵素及氧氣的參與有關。如酪胺酸酶(tyrosinase)或多酚氧化酶(polyphenol oxidase, PPO)等，主要是將酪胺酸(Tyrosine)或多酚(polyphenol)等基質轉變為醌(quinone)，最後形成黑色素(melanin)。如烏龍茶與紅茶的加工，使茶湯顏色較深、水果(特別是桃子、梨、蘋果等)切完後於空氣中一段時間，使顏色變深。

1. 反應物：基質(酚類)、酵素及氧氣的參與有關。
2. 生成物：黑色素(melanin)。

(二)非酵素褐變反應(non enzymatic browning reaction)：褐變之形成若與酵素的參與無關，但最終都會形成褐色之梅納汀(melanoidins)。此類反應包括：

1. 梅納反應(Maillard reaction)又稱為胺羰反應(amino-carbonyl reaction)：含有胺基的化合物(胺基酸、胜肽、蛋白質)與含有羰基的化合物(醣類、醛、酮等)經由縮合、重排、氧化、斷裂、聚合等一連串反應生成之褐色的梅納汀(melanoidins)及經史特烈卡降解(Strecker degradation)產生小分子醛類香氣成分。如生雞或鴨烤後成烤雞或鴨產生顏色與香氣、生麵糰烘焙後成麵包產生顏色與香氣。

(1)反應物：胺基的化合物與羰基的化合物。

(2)生成物：褐色的梅納汀(melanoidins)、小分子醛類香氣成分。

2. 焦糖化反應(caramelization)：醣類在沒有胺基化合物存在下，以高溫加熱或以酸鹼處理，使醣類最終形成褐色的梅納汀(melanoidins)和小分子醛、酮類香氣成分。如製作焦糖產生顏色與香氣。

(1)反應物：醣類。

(2)生成物：褐色的梅納汀(melanoidins)、小分子醛、酮類香氣成分。

3. 抗壞血酸氧化(ascorbic acid oxidation)：抗壞血酸在氧氣存在下氧化並裂解成形成褐色的梅納汀(melanoidins)。如抗壞血酸口含錠於空氣中放久使顏色變深。

(1)反應物：抗壞血酸、氧氣。

(2)生成物：褐色的梅納汀(melanoidins)。

三、試由構造說明蛋白質變性作用（protein denaturation）？並述影響蛋白質變性的因子。（20 分）

【110-2 年食品技師】

詳解：

(一)由構造說明蛋白質變性作用（protein denaturation）：

蛋白質的二級、三級和四級結構是非常脆弱的，只要蛋白質經酸、鹼、高鹽溶液、溶劑、加熱及輻射照射處理，就可以使其外型改變。蛋白質的變性並不包括其一級結構 peptide bond(肽鍵)的斷裂，然而其二、三、四級結構會有所改變產生新的外型。變性的最終階段，可能是蛋白質完全伸直成一長條多肽鏈，但對某些在原始狀態就已伸直的蛋白質而言，多肽鏈的捲曲亦可視為變性。蛋白質一旦變性就會失去其功能特性(如失去酵素活性、降低溶解度、黏度增加等)，因此大部分的蛋白質變性是不受歡迎的。

(二)影響蛋白質變性的因子：

1. 物理因素：

(1)溫度	溫度若在適合變性的範圍內增高 10°C，則變性速率將會增為 600 倍。而低溫也可造成某些蛋白質的變性
(2)機械處理	製作麵糰時，柔、滾等機械性處理也可藉由著切力使蛋白質變性、其原因是破壞了 α-蛋白質的螺旋
(3)液壓	超過 50kPa 之高壓便會使蛋白質變性。主要為非共價鍵受影響
(4)照射處理	電磁波照射對蛋白質的影響，取決於波長及能量的大小
	紫外線與 γ-射線皆可改變蛋白質的外型，使蛋白質變性
(5)界面	蛋白質分子在界面處與水和空氣，或水和一非水(油)的液體或固相吸附，通常會造成不可逆的變性

2. 化學方法：

(1)pH 值	pH 值過高或過低均會使蛋白質變性，因為此時蛋白質分子內解離區域的靜電排斥相當強，很容易就使得蛋白質伸展(變性)
(2)金屬	金屬很容易與蛋白質反應，大部分與硫醇基形成穩定的複合物。藉由除去金屬(透析或螯合劑)，會降低蛋白質的穩定性
(3)有機溶劑	較極性的有機溶劑(如乙醇或丙酮)，使得維持蛋白質穩定的靜電排斥力變小，而變性。非極性有機溶劑(如正己烷)能夠穿入蛋白質的疏水性區域，破壞疏水性交互作用等鍵結，而變性
(4)有機化合物的水溶液	尿素高濃度水溶液可破壞蛋白質的氫鍵並與之以氫鍵結合，也能提高內部疏水性胺基酸水溶性(水可進入蛋白質內部疏水性區域)，而破壞蛋白質的疏水性交互作用等鍵結。如帶負電的十二碳硫酸鈉(SDS)，會包覆蛋白質，增加靜電排斥力，會破壞蛋白質的疏水性交互作用等鍵結，使蛋白質伸展變性

四、試由澱粉糖製造過程說明葡萄糖當量（dextrose equivalent）與果糖當量（fructose equivalent）所代表之意義與目的。（20 分）

【110-2 年食品技師】

詳解：

(一)葡萄糖當量(dextrose equivalent, DE)：

1. 意義：

(1)公式：$DE = \frac{\text{直接還原糖(以葡萄糖表示)(g)}}{\text{全固形分(g)}} \times 100$。

(2)澱粉水解(大部分以酵素)成葡萄糖的水解程度之表示方法，代表固形物中的還原糖(以葡萄糖計算)量，結晶葡萄糖的 DE 為 100，澱粉之 DE 為 0。

2. 目的：

(1)低 DE 的產品，因分子量大，當作充填劑、結著劑，及賦予產品組織之物質。主要是因其甜度低，且當作充填劑時，並不會佔有太大之體積。可應用於糖果、烘焙及擠壓點心食品。

(2)高 DE 之產品，較甜，可用來調整味道。點心食品中之高 D.E.產品可因褐變反應而賦予產品需要之顏色。其產品之甜度，較用蔗糖者為低，是易消化吸收的碳水化合物來源。

(二)果糖當量(fructose equivalent, FE)：

1. 意義：

(1)公式：$FE = \frac{\text{果糖(g)}}{\text{全固形分(g)}} \times 100$。

(2)葡萄糖轉化(大部分以酵素)成果糖的比例之表示方法。

2. 目的：

(1)FE 可代表高果糖糖漿的甜度，其製程如下：

澱粉糊精 $\xrightarrow{\text{液化酵素}}$ 麥芽糖、葡萄糖 $\xrightarrow{\text{葡萄糖澱粉酶}}$ 葡萄糖 $\xrightarrow{\text{葡萄糖異構酶}}$ 高果糖糖漿

(2)FE 越高的高果糖糖漿越甜。

(3)FE 越低的高果糖糖漿越不甜。

(4)如市售最常見的高果糖糖漿(high fructose corn syrup, HFCS)為 FE 值 55。

五、請由噻胺（thiamine）化學結構說明影響其安定性因子？並述噻胺酶 I 及噻胺酶 II（thiaminase I, II）的作用機制與其造成之影響。（20 分）

【110-2 年食品技師】

詳解：

(一)由噻胺（thiamine）化學結構說明影響其安定性因子：

1. 維生素 B_1 亦稱為噻胺(Thiamin)或硫胺，分子中含有硫、胺基和羥基，其分子是一個嘧啶(pyrimidine)與一個噻唑(thiazole)經一個甲烯橋(methylene)連接而成，一般市面上所販售的維生素 B_1 多為鹽酸或硝酸鹽類。
2. 維生素 B_1 在酸性環境下很穩定，但易在鹼性環境下被破壞而喪失活性。而在食品加工中使用漂白劑之亞硫酸鹽類(sulfites)會打斷其甲烯橋而破壞其活性。由於極性高而極易溶於水，同時對許多環境因子都很敏感。故易受到光、熱及金屬離子的破壞。

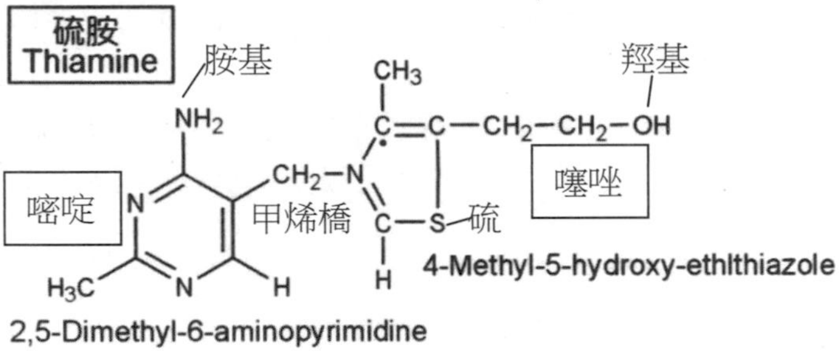

硫胺 Thiamine
胺基 羥基 嘧啶 甲烯橋 噻唑 硫
4-Methyl-5-hydroxy-ethlthiazole
2,5-Dimethyl-6-aminopyrimidine

◎維生素 B_1 (Vitamin B_1)：噻胺(Thiamin)結構

(二)噻胺酶 I 及噻胺酶 II（thiaminase I, II）的作用機制與其造成之影響。：

1. 噻胺酶 I (thiaminase I)：某些植物、微生物、昆蟲、魚類及貝殼類等水產動物含有分解維生素 B_1 的噻胺酶 I (thiaminase I)。當噻胺酶 I 有親核試劑(nucleophiles)，如芳香胺類(aromatic amines)、雜環分子(heterocyclic molecules)、硫氫基物質(sulfhydryl compounds)存在下，噻胺會被分解成嘧啶(pyrimidine)接親核試劑與一個噻唑(thiazole)，但此酵素可加熱破壞。
2. 噻胺酶 II (thiaminase II)：只存在微生物中，某些腸道細菌，當噻胺酶 II 有水存在下，噻胺會被分解成嘧啶(pyrimidine)接羥基(Hydroxy group)與一個噻唑(thiazole)，但此酵素可加熱破壞。

(噻胺) —(噻胺酶I) Thiaminase I / Nucleophile (親核試劑)→ (嘧啶)-Nuc (親核試劑) + (噻唑)

(噻胺) —(噻胺酶II) Thiaminase II / Water (水)→ (嘧啶)-OH (羥基) + (噻唑)

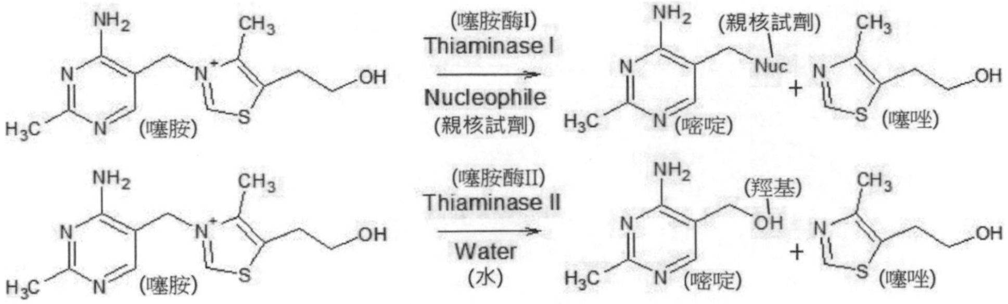

110 年第二次專門職業及技術人員高考-食品技師

類科：食品技師　科目：食品加工

一、從表一的 10 個專有名詞，選出對應至表二中字母(A-M)的一個特定圖形，並從對應的圖中解釋此名詞，以及它們在食品加工領域的應用特性、重要性與實例。(每小題 10 分，共 100 分)

答案例：專有名詞「二重捲封」，可對應 X 圖

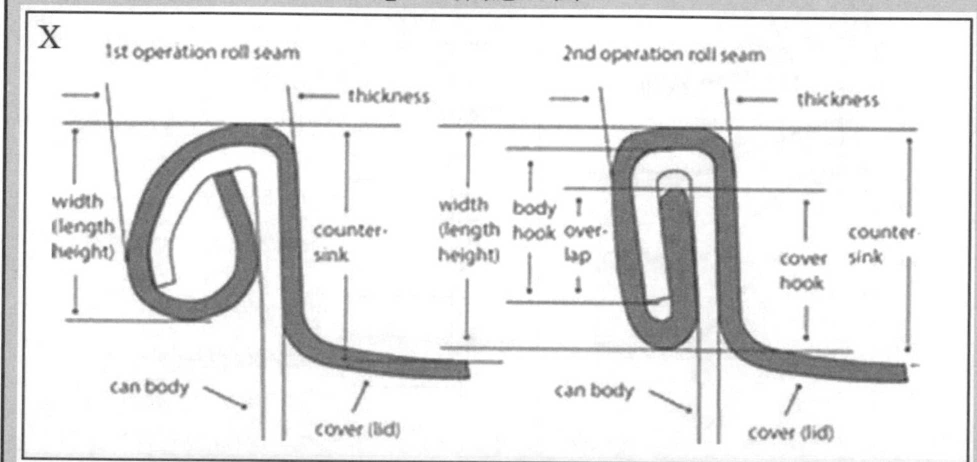

答：「二重捲封」對應圖 X。此圖為金屬罐身與罐蓋鐵皮第一捲輪(左圖)及第二捲輪(右圖)擠壓後，所形成完整捲封的過程。其捲封內應由五層鐵皮所構成，其中，罐身鐵皮二層、罐蓋鐵皮三層。由圖中各長度與寬度參數之計算，可以做為罐頭捲封品管之依據，品管人員以捲封測微計測量捲封處的各部位長度，如蓋深、捲封厚度、捲封寬度、罐鈎、蓋鈎等參數用於計算鈎疊長度與鈎疊率。依規定所有捲封的鈎疊率不得低於 45%，依此作為罐頭食品捲封作業，在生產前、生產中定期進行捲封程度監控，以適時微調封罐機各部位運轉正確，確保捲封完整之依據。

【110-2 年食品技師】

表一：專有名詞

(一)等溫吸濕曲線(moisture sorption isotherm)	(二)雷諾數(Reynold’s number)
(三)最大冰晶生成帶	(四)鼓式乾燥(drum drying)
(五)質地剖面分析(texture profile analysis)	(六)冷點(cold point)
(七)危險溫度帶(temperature danger zone)	(八)生物膜(biofilm)
(九)層積膜(laminate)	(十)膜分離(membrane separation)

表二：專有名詞相關圖示(回答時，需先寫出對應該名詞的圖示字母(A…M))

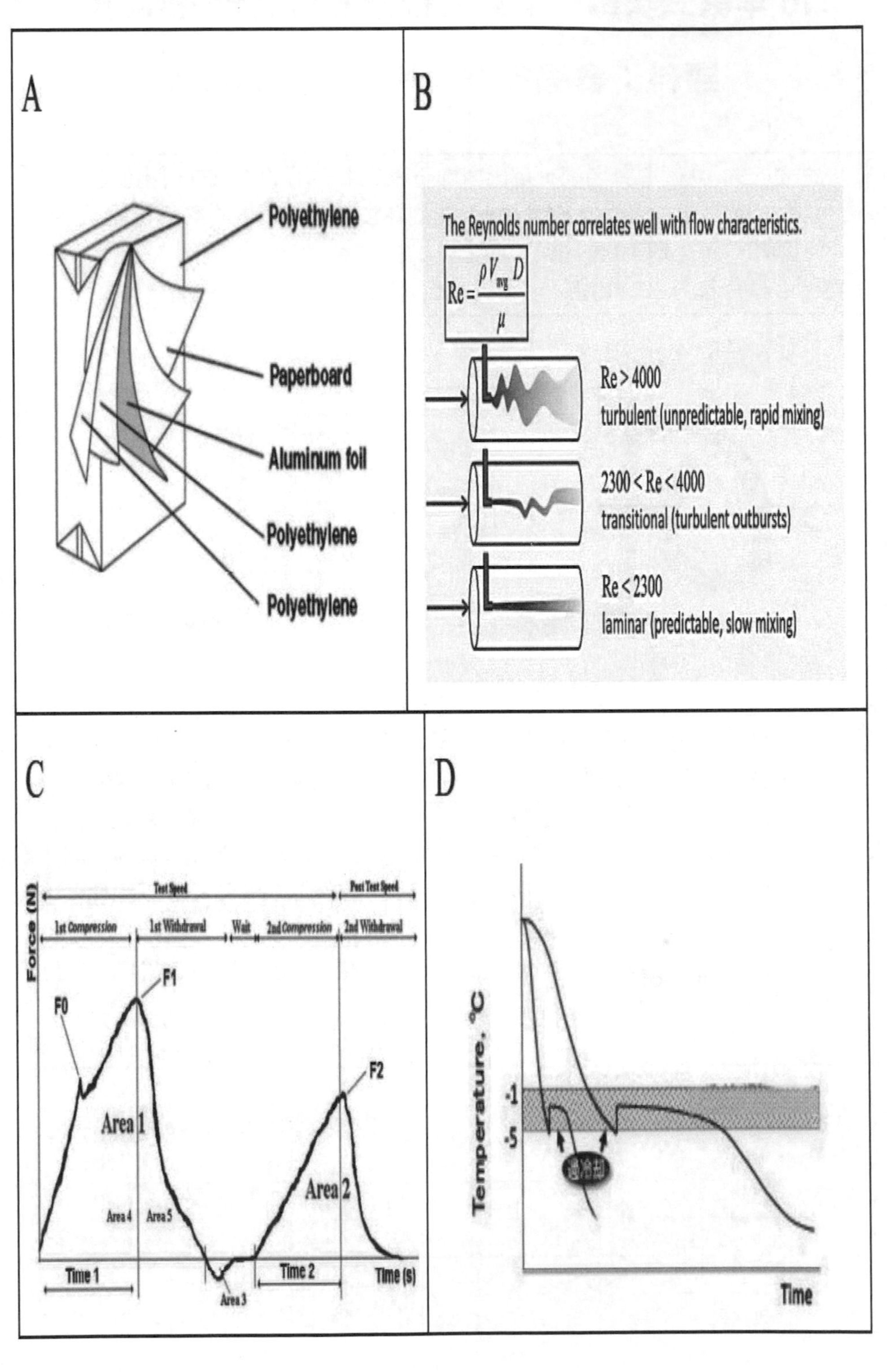

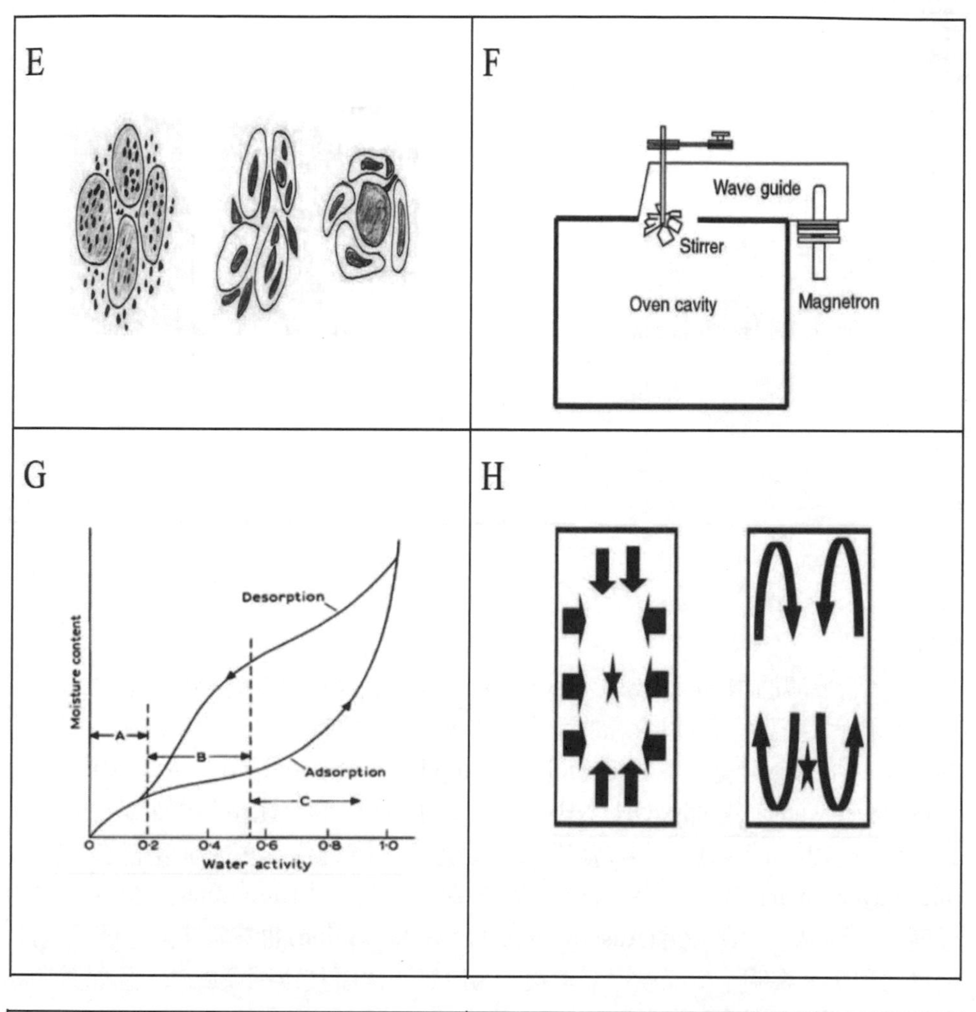
E
F
Wave guide
Stirrer
Oven cavity
Magnetron
G
Desorption
Moisture content
A
B
Adsorption
C
0
0·2
0·4
0·6
0·8
1·0
Water activity
H

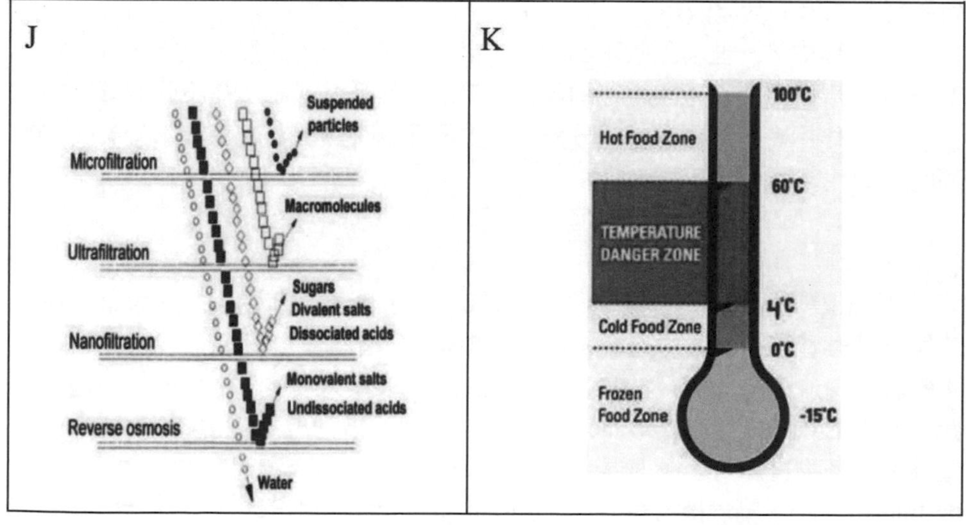
J
Suspended particles
Microfiltration
Macromolecules
Ultrafiltration
Sugars
Divalent salts
Dissociated acids
Nanofiltration
Monovalent salts
Undissociated acids
Reverse osmosis
Water
K
100°C
Hot Food Zone
60°C
TEMPERATURE DANGER ZONE
4°C
Cold Food Zone
0°C
Frozen Food Zone
-15°C

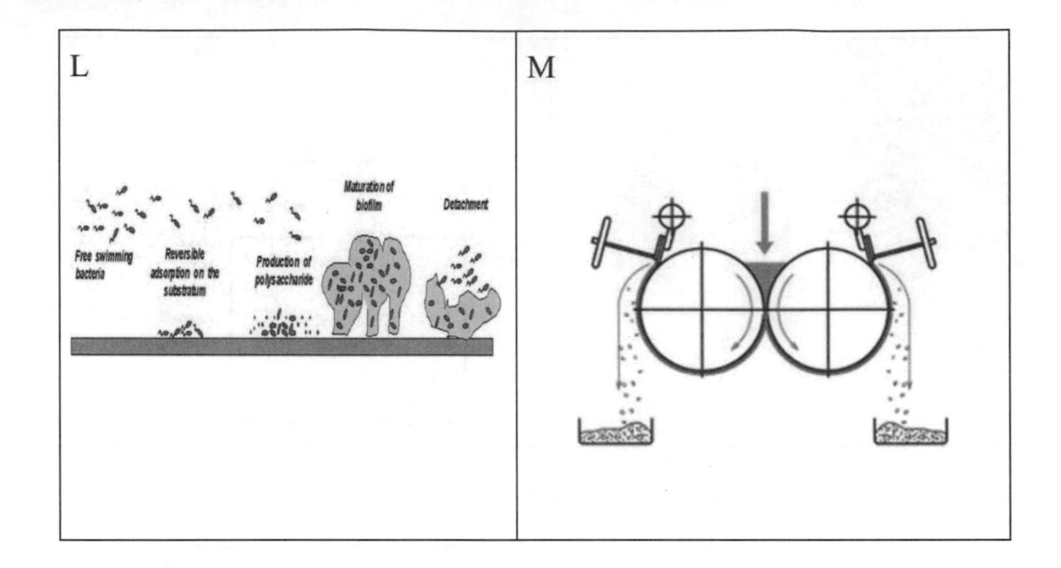

詳解：

(一)

答：「等溫吸濕曲線(moisture sorption isotherm)」對應圖G。此圖為平衡含水率曲線圖，在固定溫度下，以食品的平衡含水率(量)為縱軸，水活性為橫軸，所畫出的曲線，亦稱為等溫吸濕曲線(Moisture Sorption isotherm; MSI)。A為單層水(monolayer water)，亦即被OH、NH_2、COOH、-$CONH_2$等官能基強烈束縛之水分，亦即結合水(bound water)；B為在單層水之外側的準結合水，亦稱多層水(multilayer water)；C為食品中被毛細現象保持之自由水(free water)。其中，固定溫度下，食品水份之吸濕(Adsorption)與脫水(Desorption)曲線並非同一條線，此稱遲滯現象，說明了乾燥食品吸濕後，為何無法復原其口感及風味，且保質期亦會縮短的原因。其原因如下：

1. 脫水過程中，一些食品吸水部位與非水溶液成分作用而無法放出水分。
2. 食品不規則之形狀產生之毛細現象的部位，其吸濕或脫水需不同的蒸氣壓。
3. 當脫水作用時，非水溶性成分變性，於再吸濕時無法緊密束縛水分，而有較高的水活性。

(二)

答：「雷諾數(Reynold's number)」對應圖B。此圖為管內流體現象之觀察，利用流體流動與管路相關受力之參數表達，關係式中因為因次可相消，故無單位。其中雷諾數與流體密度(ρ)、平均流速(V_{avg})與管徑(D)成正比；與流體黏度(μ)成反比。Re大於4000是擾流(Turbulent)，流體之流量及方向成不可預期(unpredictable)之速率，且物質是可以快速混合的(rapid mixing)；Re介於2300~4000之間為過渡態(transitional)，屬於擾流爆發現象(turbulent outbursts)；Re小於2300則是層流(Laminar)：流體成流線性流動。流體中每一點的速度並不因時間改變而變化之流體運動模式，屬於可預測(predictable)且物質混合速度較慢(slow mixing)。

(三)

答：「最大冰晶生成帶」對應圖D。此圖為食品凍結過程中，以時間為橫軸，冷點溫度為縱軸，做出的冷凍曲線圖。圖中會發現冷點溫度會停留在-1~-5℃而不會持續下降，即為最大冰晶生成帶(zone of maximum ice crystal formation)，由於冷卻能力大部分被使用在除去冰的結晶潛熱上，因此溫度會有一段緩和期。其中，過冷卻為食品凍結時，因迅速降溫而低於凍結點，但尚未結冰之溫度。通常加入結晶核或加以攪拌，則放出潛熱，物質開始結冰。由於最大冰晶生成帶生成的冰晶大且不均勻，故會因為濃縮作用與冰晶的擠壓傷害影響商品價值，當通過最大冰晶生成帶的時間長(稱為慢速冷凍)，食品容易在解凍時，產生較多的解凍滴液(drip loss)；而通過最大冰晶生成帶的時間短時(稱為快速冷凍)，解凍產生的滴液較少，對食品品質影響較小。

(四)

答：「鼓式乾燥(drum drying)」對應圖M。此圖為將液體或是含有均一固形物的液體(糊狀或泥狀)食品，透過加熱的金屬轉筒，在表面形成薄層，以擴大蒸發表面積的狀態與轉筒間進行熱交換，促進乾燥作用，同時隨著轉筒的迴轉，乾燥物能自動地由轉筒上剝離下來，此外亦可透過兩側刮刀剝離金屬表層的乾燥物，完成乾燥。優點為無法使用噴霧乾燥的高鹽度或固形膠產品可用、產量大且可連續使用。缺點為金屬加熱溫度高，易產生加熱臭，且易產生產品品質不良，顏色香味消失；溫度不易控制；耗能；受限於產品之黏度。適用於糯米紙、乾燥馬鈴薯泥以及以糊化澱粉為主體的各種速食食品、嬰兒食品和即食薏仁粉等。

(五)

答：「質地剖面分析(texture profile analysis)」對應圖C。此圖為通過質地剖面分析儀探頭模擬人口腔的咀嚼運動，對樣品進行兩次壓縮，測試與微機連接，通過界面輸出質地測試曲線，通過軟件可以分析出以下質地特性參數：硬度(Hardness)、脆度(Fracturability)、黏合力(Cohesiveness)、彈性(Springiness)、咀嚼性(Chewiness)、膠黏性(Gumminess)、回復力(Resilience)。可以在一定程度上減少感官品評中主觀因素帶來的評價誤差。F0測量脆度；F1測量硬度；Area3測量黏性，為第一次咀嚼與第二次咀嚼間隔產生的負向力量；Area5/Area4測量回復性；Area2/Area1測量黏聚性；Time2/Time1測量彈性；黏聚性乘以硬度可獲得膠著性；膠著性乘以彈性可獲得咀嚼性。

(六) 參考解答：

答：「冷點(cold point)」對應圖H。此圖為不同食品組成之罐頭受熱時，熱能由外而內傳輸，其中受熱最慢，溫度上升最慢的一點，即為冷點(cold point)。可在熱穿透性實驗中，作為罐頭是否達殺菌溫度的指標。左圖為以傳導為主的冷點，通常指的是固形物較多的冷點，藉由物質相互接觸，使能量由含量高的部分(高溫處)往含量低的部分(低溫處)轉移的傳熱方式，致使固體內的分子在一定位置發生振動將能量以熱的方式傳遞，故冷點大概在中心位置；右圖為以對流為主的冷點，通常指的是液體較多的冷點，大部分為流體物質的傳熱方式，被加熱的流體，由於密度變得比周圍來得小因此產生向上移動的現象，故冷點大概在1/3之位置。

(七) 參考解答：

答：「危險溫度帶(temperature danger zone)」對應圖K。此圖為扣除熱食熱藏溫度帶(Hot Food Zone)、冷食冷藏溫度帶(Cold Food Zone)及冷凍食品溫度帶(Frozen Food Zone)，所獲得的食品危險溫度帶。代表在4~60℃儲存時，較容易發生食品變質，可能的原因為微生物滋長及酵素或化學裂解反應進行。熱食熱藏溫度帶(60~100℃)為熱藏溫度帶，透過加熱可使微生物酵素及蛋白質等生理活性物質變性；菌體內有毒代謝物質無法代謝；原生質及必要脂質變性而無法生存。冷食冷藏溫度帶(0~4℃)為冷藏溫度帶，利用降低溫度，抑制食品中大部分微生物的繁殖及酵素的活性，並緩和其化學反應的進行，以達到延長食品保藏期限的目的。冷凍食品溫度帶(0~-15℃及其以下)為食品冷凍，透過低溫及水分結成冰無法利用之特性，降低微生物生長。

(八) 參考解答：

答：「生物膜(biofilm)」對應圖 L。此圖為生物膜的形成過程。自由移動之微生物(free swimming bacteria)當觸碰到可附著物質時，進行基質上的可逆吸附著(reversible adsorption on the substratum)，並且產生多糖(production of polysaccharide)而導致更多的微生物不可逆吸附著。隨後，微生物生長與分裂，生物膜開始形成，厚度增加且菌落擴大(maturation of biofilm)。當菌落內部細菌過密，生物膜破裂釋放細菌，進而擴散開來(detachment)，往外形成新的附著點。生物膜結構非均一，為群體微生物，可通過感應調整自身的生理狀況。透過生物膜的形成方式，可用於固定化微生物(immobilized microorganism)，於可吸附基質上產生生物膜聚落，並產生酵素，透過酵素反應進行食品之發酵。

(九) 參考解答：

答：「層積膜(laminate)」對應圖A。此圖為利樂包(Tetra Pak)的包裝材質，利用高分子塑膠膜(由單體反覆連接聚合所形成的高分子物質，以熱、壓力使之具流動性而最終成為固體狀態者)，搭配其他不同材質，形成的層積膜，亦稱為積層袋。結合各材質的優點，隔絕內外，以達到延長保存期限的包裝模式。由外而內各自優點如下：

1. 聚乙烯(polyethylene)：保護印刷層不被外界水分影響。
2. 紙板(paperboard)：穩定與強化外觀形狀，並且可以印刷產品資訊。
3. 鋁箔(aluminum foil)：阻隔內部，避免光與氧氣影響內容物；並阻絕風味改變。
4. 聚乙烯：黏合鋁箔層。
5. 聚乙烯：密封內部液體。

其中沒標示的一層為聚乙烯，用以黏合紙板與鋁箔

(十) 參考解答：

答：「膜分離(membrane separation)」對應圖J。此圖為利用天然或人工合成之高分子膜或其他類似功能的材料，分離阻隔欲分離物質，再以壓力差為驅動力，使流體中物質分離之操作。依材質(膜孔大小)可分為微過濾膜(Microfiltration)、超過濾膜(Ultrafiltration)、極微過濾膜(Nanofiltration)及逆滲透(Reverse osmosis)。分別可以將液體食品中懸浮顆粒(suspended particles)，如菌體；大分子物質(macromolecules)，如蛋白質及酵素；糖(sugar)、二價鹽(divalent salts)及解離酸(dissociates acid)；一價鹽(monovalent salts)及未解離酸(undissociates acid)，進行分離，獲得所需物質而達到加工要求。如：

1. 微過濾：啤酒除菌
2. 超過濾：蛋白質回收與酵素純化
3. 極微過濾：降低水中硬度，去除二價金屬鹽類
4. 逆滲透：純水製作或是果汁濃縮

110 年第二次專門職業及技術人員高考-食品技師

類科：食品技師　科目：食品分析與檢驗

一、請詳述利用卡爾費雪滴定法（Karl-Fischer titration method）測定巧克力水分含量的原理、操作方法以及誤差來源。（30 分）

【110-2 年食品技師】

詳解：

(一)原理：

卡爾費雪法乃利用卡爾費雪(Karl Fischer, KF)試劑(碘、無水亞硫酸、吡啶、甲醇混合液)，可與水分子產生氧化還原反應，再以白金電極測得其電位差判斷滴定終點，或由碘之黃褐色不再消失為止。樣品之水分含量可由卡爾費雪試劑滴定體積乘以卡爾費雪試劑的水力價計算求出。其反應式如下：

$$I_2 + SO_2 + 3C_5H_5N + CH_3OH + H_2O \rightarrow 2C_5H_5N \cdot HI + C_5H_5N \cdot HSO_4 \cdot CH_3$$

(二)操作方法：

1. 卡爾費雪溶液標準化(standarize)：計算每 ml 卡爾費雪溶液可與多少重量或體積的水反應。
2. 將樣品秤重後，再利用離心方式將液體層移除（若樣品不溶於卡爾費雪試劑則先浸泡於無水酒精或甲醯胺(formamide)中充分將水溶出）；若樣品可溶解於卡爾費雪試劑則可直接用於滴定。
3. 滴定終點至黃褐色不消失為止。
4. 由滴定體積乘上水當量(水力價)，計算巧克力水分含量。

(三)誤差來源：

1. 每次實驗前要先檢定卡爾費雪試劑的活性，若沒有事先檢定，會不準確。
2. 不溶於卡爾費雪試劑的樣品，需先泡無水酒精以溶出水分，若直接測定，會不準確。
3. 少部份的有機化合物會影響水分測定的準確性，如維生素 C 與硫化物會還原卡爾費雪試劑，故測定結果包含維生素 C 與硫化物；醛基與酮基之有機化合物，會與甲醇反應，而產生水，故測定結果較原樣品多水分。
4. 某些無機物，如金屬氧化物、氫氧化物等會與卡爾費雪試劑反應，影響水分測定結果。

二、硼酸及其鹽類為非法食品添加物，請詳述其檢驗方法之原理、檢液之調製和鑑別試驗。（20 分）

【110-2 年食品技師】

詳解：

(一)原理：

1. 簡易測定法：含有硼酸及其鹽類的樣品，加入鹽酸以萃取出水樣後，滴在薑黃試紙上，吹乾後有紅橙色物(Rosocyanine)，再加鹼(碳酸鈉或氨水)使其呈鹼性，則呈青藍色或藍黑色即可確認。
2. 標準測定法：樣品灰化後，在酸性條件下，硼酸鹽和薑黃素(curcumin)結合產生紅橙色的物質，再加鹼(碳酸鈉或氨水)使其呈鹼性，則呈青藍色或藍黑色即可確認。

(二)檢液之調製：標準測定法

1. 石灰乳之調製：取氧化鈣 10 g 置於研缽中，以水 40 ml 徐徐加入研磨均勻而成。
2. 薑黃試紙的調製：取薑黃素 0.1 g 溶於 400 ml 乙醇中，將濾紙浸入，待濾紙充分浸透後取出，置於暗處中烘乾，並貯存於褐色瓶中備用。
3. 檢液之調製：將檢體細切後，秤取 3~4 g 置於坩堝中，加入石灰乳至呈鹼性，攪拌混合後蒸發至乾涸，移入灰化爐中，在 500℃強熱灰化之，待完全灰化後取出冷卻，所得灰分加入 2~3 ml 之 10%鹽酸溶液使其溶解，再加水至 10 ml 供做檢液。檢液應呈強酸性，pH 值為 0.3~0.4，以甲酚紅(cresol red)試紙測定。

(三)鑑別試驗：

將薑黃試紙浸入檢液中後隨即取出，並在 60~70℃烘乾，若試紙呈紅色至橙紅色，續在呈色部分滴加 5%碳酸鈉溶液或 10%氨水後，若試紙變青藍色或藍黑色時，即表示檢液中含有硼酸或其鹽類。

三、請詳述檢驗鎘金屬時使用酸消化法（Acid digestion）的操作流程以及分別使用火焰式原子吸收光譜法（Flame atomic absorption spectrometry）和感應耦合電漿放射光譜法（Inductively coupled plasma optical emission spectrometry, ICP-OES）進行含量測定的原理和測定條件。(30 分)

【110-2 年食品技師】

詳解：

(一)酸消化法（Acid digestion）的操作流程：

精秤10.0 g樣品置於250 ml凱氏燒瓶內，再加入10 ml濃硫酸和4 ml過氧化氫，混搖片刻，至激烈反應停止後，小火加熱至消化液澄清為止。冷卻，加水10 ml，繼續加熱，煮沸五分鐘，冷卻後移入100 ml容量瓶，並加水至刻度，即為樣品液。

(二)火焰式原子吸收光譜法（Flame atomic absorption spectrometry）進行含量測定的原理和測定條件：

1. 測定原理：將灰化後之待測定樣品溶於去離子水或硝酸等中，吸入火焰式原子吸收光譜儀，經霧化器霧化後，由攜帶氣體送入火焰中，於適當之火焰條件下進行原子化，並以來自中空陰極燈管或無電極放電燈管等光源之特定波長之光穿過火焰，進入單色光器(Monochromator)再由偵測器(Detector)測量特定光之強度變化量，進而比較吸收前後之強度，求出吸光度(Absorbance)

2. 測定條件：

(1)空氣-乙炔原子化火焰溫度：約2300℃。

(2)空氣流量：5.5 L/min。

(3)乙炔流量：0.3 L/min。

(4)鎘的偵測波長：228.8 nm。

(三)感應耦合電漿放射光譜法（Inductively coupled plasma optical emissionspectrometry, ICP-OES）進行含量測定的原理和測定條件：

1. 測定原理：將灰化後之待測定樣品溶於去離子水或硝酸等中，利用高頻電磁感應通入氬氣產生的高溫氬氣電漿(6,000~10,000 ℃)，使導入之樣品受熱後，經由一系列去溶劑、分解、原子化等反應，將位於電漿中之待分析元素形成激發態的原子後，此激發態的原子再鈍化回基態時，會發射特定波長的發射光，發射光具有某個元素的波長特性，最後通過單色光器或濾光鏡再以光增倍管檢測器測定發射光的強度，比對標準曲線以得知某元素的濃度。

2.測定條件：

(1)感應耦合電漿無線電頻功率：1,100 W。

(2)電漿氬氣流速：15 L/min。

(3)輔助氬氣流速：1.0 L/min。

(4)霧化氬氣流速：0.75 L/min。

(5)鎘的偵測波長：226.502 nm。

四、請詳述下列有關檢驗方法之確效名詞的定義。（每小題 5 分，共 20 分）
(一)重複性（Repeatability）
(二)中間密度（Intermediate precision）
(三)再現性（Reproducibility）
(四)變異係數（Coefficient of variation）

【110-2 年食品技師】

詳解：

參考「食品化學檢驗方法之確效規範」(102.9.9)：

(一)重複性（Repeatability）：

重複性係以同一實驗室於同一批次執行該檢驗方法，所得之結果予以評估。

(二)中間精密度（Intermediate precision）：

中間精密度代表實驗室內精密度，係以同一實驗室執行該檢驗方法，於不同分析日期、分析人員、分析設備等，所得之結果予以評估。

(三)再現性（Reproducibility）：

再現性代表實驗室間精密度，係以不同實驗室執行該檢驗方法，所得之結果予以評估。

(四)變異係數（Coefficient of variation）：

變異係數(CV)是量測相對(於期望值)分散程度的量數，表示標準差佔期望值的百分比，通常小於 1。一般而言，欲比較具有不同的標準差與平均數的資料之離散程度時，變異係數(CV)是一個有用的統計量。變異係數(CV)公式如下：

$$CV = \frac{SD}{\overline{X}} \times 100\ \%$$

SD：標準偏差

$\overline{X}$：平均值

CV 小於 5 %，表示這組實驗數據的精密度可以接受。

110 年第二次專門職業及技術人員高考-食品技師

類科：食品技師　科目：食品衛生安全與法規

一、深受消費者喜愛的海鮮食品，其原料中可能存在影響食品衛生安全的危害因子，請根據衛生福利部食品藥物管理署近十年所公布的食品中毒資料，寫出攝食海鮮最常導致食品中毒的四種病因物質及其產生的疾病症狀。（20 分）
【110-2 年食品技師】

詳解：

(一)諾羅病毒(Norovirus)：
1. 特性：單股 RNA 病毒、絕對寄生。
2. 疾病症狀：攝取被諾羅病毒汙染的食品，如海鮮，諾羅病毒作用於腸道，造成嘔吐、腹痛、嚴重腹瀉至脫水、頭痛、肌肉痠痛、倦怠、微發燒。

(二)腸炎弧菌(*Vibrio parahaemolyticus*)：
1. 特性：G(-)、桿菌、無芽孢、兼性厭氧、有鞭毛、屬好鹽性(生長需 3~5%鹽以上)、具 β-溶血作用(Kanagawa phenomenon)。
2. 疾病症狀：攝取不新鮮的海鮮，腸炎弧菌已於食品中繁殖，大量的生菌隨食品被攝取後在腸道再增殖到某一程度，作用於腸道而發病，導致嘔吐、腹痛、腹瀉、發燒。

(三)組織胺(Histamine)：
1. 特性：耐熱、可溶於水。
2. 疾病症狀：攝取不新鮮的海鮮，如秋刀魚，鰮魚、四破魚、鯖魚、鮪魚、鰹魚等，組織胺先作用於腸道，再經由腸道吸收進入血液，造成類過敏症狀如下：

(1)皮膚方面：皮膚發紅、起疹子、搔癢。
(2)呼吸道方面：流鼻水、鼻炎、打噴嚏、喉嚨不適及聲音沙啞等。
(3)胃腸道方面：嘔吐、腹痛、腹瀉。

(四)河豚毒素(Tetrodotoxin)：
1. 特性：耐熱、易被強酸或強鹼破壞。。
2. 疾病症狀：攝取某些河豚的內臟或受內臟污染的河豚肉，河豚毒素先作用於腸道，再經由腸道吸收，經由血液到達神經，阻礙鈉離子傳遞，抑制神經傳導，導致嘔吐、腹痛、腹瀉、麻木麻痺、呼吸麻痺而死亡。

二、國際癌症研究機構 IARC 於 2004 年將 formaldehyde 認定為人類致癌物。某衛生局於其轄區南北貨行抽取乾貨樣品送交認證實驗室依衛生福利部公告的方法檢驗，結果發現某一蝦米樣品含有 formaldehyde 6.0 mg/kg，請說明該衛生局於接獲檢驗報告後基於科學證據需要採取的適切處置。（20 分）
【110-2 年食品技師】

詳解：

(一)甲醛(formaldehyde)可能來源：

甲醛(formaldehyde)已被國際癌症研究機構(International Agency for Research on Cancer, IARC)歸類為 1 級致癌物(確定為致癌因子)。然而生長在海水中的水產品，會利用氧化三甲基胺(trimethylamine oxide, TMAO)來平衡體液與體外海水的滲透壓差，而 TMAO 除了會經酵素作用自然分解產生三甲基胺(trimethylamine, TMA)而產生腥臭味外，也會經其他酵素自然分解產生甲醛，而這些內源性的甲醛濃度會隨水產品種類、新鮮度及海域等不同而有差異。所以水產品中甲醛的天然含量之背景值隨水產品種類不同而有差異，且根據食藥署蒐集國內外文獻顯示，蝦米的甲醛濃度背景值約介於 9.1～243.6 ppm (mg/kg)，蝦米檢出甲醛含量低於背景值，但甲醛非我國准用之食品添加物，需進一步追查上游供應商是否違法使用非法添加物之吊白塊(Rongalit)。

(二)若非人為添加非法添加物之吊白塊(Rongalit)，則不用處置。

(三)若是人為添加非法添加物之吊白塊(Rongalit)，則違反「食品安全衛生管理法」(108.6.12)第 15 條第 1 項第 10 款：添加未經中央主管機關許可之添加物，可進行以下處置：

1. 第 41 條第 1 項第 4 款：得命食品業者暫停作業及停止販賣，並封存該產品。
2. 第 44 條第 1 項第 2 款：處新臺幣六萬元以上二億元以下罰鍰；情節重大者，並得命其歇業、停業一定期間、廢止其公司、商業、工廠之全部或部分登記事項，或食品業者之登錄；經廢止登錄者，一年內不得再申請重新登錄。
3. 第 49 條第 1 項：處七年以下有期徒刑，得併科新臺幣八千萬元以下罰金。情節輕微者，處五年以下有期徒刑、拘役或科或併科新臺幣八百萬元以下罰金。
4. 第 52 條第 1 項第 1 款：應予沒入銷毀。
5. 第 52 條第 2 項：應予沒入之產品，應先命製造、販賣或輸入者立即公告停止使用或食用，並予回收、銷毀。必要時，當地直轄市、縣（市）主管機關得代為回收、銷毀，並收取必要之費用。
6. 第 56 條第 1 項：致生損害於消費者時，應負賠償責任。但食品業者證明損害非由於其製造、加工、調配、包裝、運送、貯存、販賣、輸入、輸出所致，或於防止損害之發生已盡相當之注意者，不在此限。

三、衛生福利部基於提供消費資訊，針對近年來甚為流行的連鎖飲料店現場調製販售茶飲料訂有標示規定。請說明該規定的法源依據、茶飲料品名的標示內容，以及各種可選擇的標示實施方式。(20 分)

【110-2 年食品技師】

詳解：

(一)該規定的法源依據：

1. 規定：連鎖飲料便利商店及速食業之現場調製飲料標示規定(111.6.7)。
2. 法源依據：依食品安全衛生管理法第二十五條第二項規定訂定之。

(二)添加茶或以茶香料調製之飲料(茶飲料)品名的標示內容：

1. 以茶葉、茶粉、茶湯、茶湯之濃縮液，或以天然茶葉製得之原料調製者，應標示茶葉原料來源之原產地(國)。如茶葉原料混合二個以上產地(國)者，應依其含量多寡由高至低標示之。
2. 不含茶葉、茶粉、茶湯、茶湯之濃縮液，或以天然茶葉製得之原料，僅以茶香料調製者，應於品名標示「OO 風味」或「OO 口味」字樣。
3. 現調飲料應標示該杯總糖量及總熱量：

(1)總糖量 OO 公克，總熱量 OO 大卡。

(2)總糖量 OO 顆方糖，總熱量 OO 大卡。

(3)總糖量最高值 OO 公克，總熱量最高值 OO 大卡。

(三)各種可選擇的標示實施方式：

本規定之標示應以中文顯著標示，得以卡片、菜單註記、標記(標籤)、標示牌(板)、QR code 或其他電子化方式揭露，採張貼懸掛、立(插)牌、黏貼或其他足以明顯辨明之方式，擇一為之。前項以菜單註記、標記(標籤)者，其字體長度及寬度各不得小於零點二公分；以其他標示型式者，字體之長度及寬度各不得小於一公分。

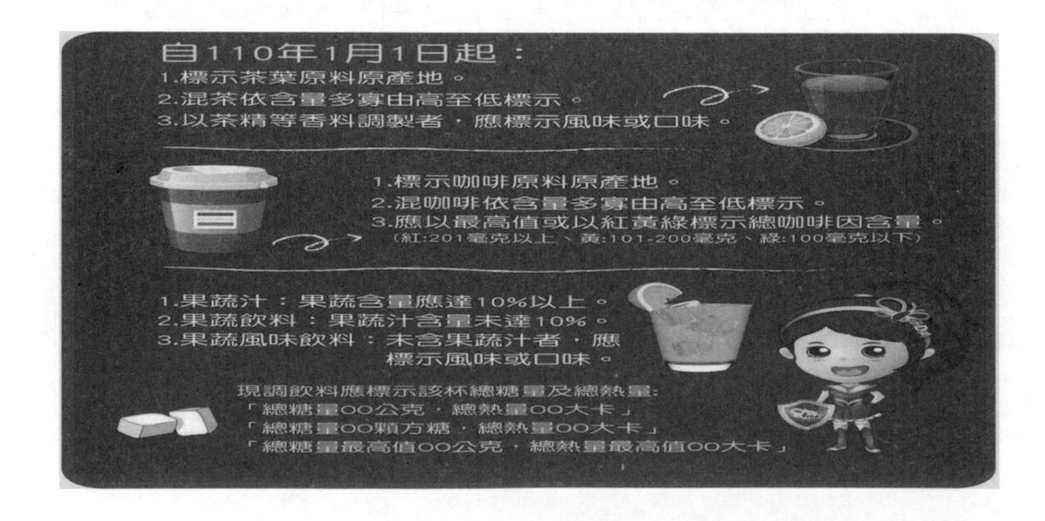

四、民眾喜好美食同時亦關心身體健康，因此打算吃有甜味但不要添加太多糖的食物。請寫出兩種經衛生福利部核准且可於各類食品中視實際需要適量使用的天然來源高強度甜味劑的中文與英文名稱、材料來源、與蔗糖相比的甜度，以及其使用時的限制條件。（20 分）

【110-2 年食品技師】

詳解：

(一)天然來源高強度甜味劑 1：

1. 中文名稱：索馬甜。
2. 英文名稱：Thaumatin。
3. 材料來源：本品係自 *Thaumatococcus daniellii*（Benth）之種子以水為溶劑萃取得。
4. 與蔗糖相比的甜度：2000~3000 倍。
5. 使用時的限制條件：限於食品製造或加工必須時使用。

(二)天然來源高強度甜味劑 2：

1. 中文名稱：羅漢果醣苷萃取物。
2. 英文名稱：Mogroside extract。
3. 材料來源：本品由 *Siraitia grosvenorii* (Swingle) C. Jeffrey ex A. M. Lu & Zhi Y. Zhang (*Momordica grosvenori* Swingle)之果實經萃取、過濾、純化等程序製得，其主要成分為羅漢果醣苷(mogrosides)。
4. 與蔗糖相比的甜度：300 倍。
5. 使用時的限制條件：限於食品製造或加工必須時使用。

五、國際組織 FAO、WHO、OIE 等積極倡導 One Health 理念，請說明 One Health 的意義及其在食品安全上的重要性。（20 分）

【110-2 年食品技師】

詳解：

(一)One Health 的意義：

中文翻譯為「一體健康」、「同一健康」或「全健康」等，是指對人類、動物和環境健康的各個方面，為一個跨學科合作和交流的全球拓展戰略。一體健康的方法呼籲人類衛生保健的供給者，公共衛生專業人員和獸醫之間要有更多的交流與合作以更好地解決新發傳染病和環境改變等重要問題。

一體健康致力於結合人類醫學、獸醫學和環境科學以改善人和動物生存、生活品質。該方法的形成將推進 21 世紀的醫療保健、加速生物醫學的研究發現、提高公共健康功效、迅速地擴大科學基礎知識、提高醫學教育和臨床護理。當正確地實施，它將會保護和挽救我們這一代人以及未來幾代人無數的生命。

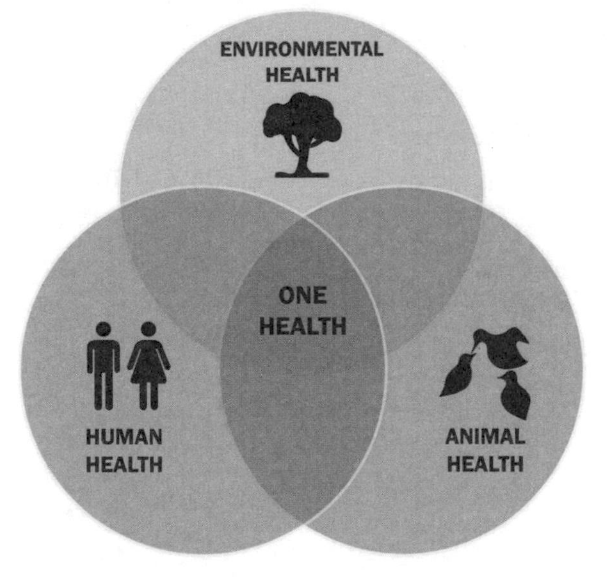

(二)食品安全上的重要性：

全球針對農產品安全都倡導一體健康(One Health)的概念，也就是動物健康、環境健康，農產品(動植物)才會安全，最後人類才會吃的健康安全，這個概念也將農業的經營管理、動物福祉、循環利用及永續農業包含在內。建構「One Health」的安全農產品須涵蓋：

1. 建構安全的農業生產系統，確保植物及動物健康安全。
2. 建構汙染物風險評估及管理機制，確保農業生產環境健康安全。
3. 建構農產品價值鏈，確保農產品品質與安全。
4. 建構完整的溯源機制，整合農業生產、動植物健康及農產品安全。

110 年第二次專門職業及技術人員高考-食品技師

類科：食品技師　科目：食品工廠管理

一、工廠管理的工作事項中，什麼是目視管理？它有那些特點？通常要如何運作？（20 分）

【110-2 年食品技師】

詳解：

(一)目視管理：

目視管理是一種利用視覺來進行管理的科學方法。是利用形象直觀而又色彩適宜的各種視覺感知資訊來組織現場生產活動，達到提高生產效率的一種管理手段。人類靠視覺的吸收來促進記憶，佔全部記憶的 85%。因此，5S 運動之管理應儘量利用目視管理，以減少記憶上的困難。

(二)特點：

1. 透明化：為了讓人一目了然，應在機器上加裝透明物件使加工過程透明化，如麵糰攪拌器，可透過上方之檢查窗觀看。
2. 狀態化：如在冷氣的出風口加上紙條以了解送風狀態。

(三)目視管理之運作：

1.管理標籤：管理標籤乃是將各種物品標示其名稱、狀態、用途、管理界限等，使其達到易於管理之目的。如量測計，儀表標籤上應標示其測定準確度、校正週期、校正標籤等。責任者標籤上則是針對機器設備、儀器或不同區域等標示其責任者或管理者，使其一旦故障或發生異常時有專人解決。

2.管理界線標誌：如儀表的管制界線可利用顏色或線條區分出正常範圍或異常(危險)範圍。

3.人員動態標示：標示人員至何處？至何時？以便緊急狀況時可以隨時聯絡，如人員差勤紀錄。

4.顏色管理：依照其重要性、危險性、緊急程度，使用各種顏色提醒有關人員，以便監控、追蹤、留意，到達時效、安全之目的。

5.安裝警示燈：利用光配合聲音的裝置，安裝可提醒異常、零件缺貨及發生不良等生產線上特殊狀況的警示燈。如冷凍冷藏庫之溫度異常警示燈、油脂工廠之正己烷外洩警示燈。

6.看板管理：其本意乃是連新進的作業員或董事長，也都能立刻知道物品在那裡，是什麼，有多少，而不會有呆料、待工、尋找等浪費。

7.紅色標籤運動：紅色標籤運動有時亦稱之紅牌作戰，乃是將不需要(包括不要、不良、不急)的東西全部貼上紅色標籤，並定期的檢討，使工作人員可以輕易看到那些事務或東西需要處理。甚至可利用此機會與不同單位互相交換不需要的物品，以減少成本的支出。

二、開發一個新產品要投入很大的財力、人力及物力，而且新產品上市不一定會成功，但是很多食品公司仍然經常推出新的產品，試論有什麼措施才可提升成功的機率？要如何規避新產品下市的風險？（20 分）

【110-2 年食品技師】

詳解：

(一)提升成功的機率之方法：新產品開發之分析

為避免因盲目的投資與開發，而造成企業的損失，因此新產品推出前必須進行可行性分析，作為是否具備開發價值的判斷。新產品開發的可行性分析可以分為三個階段來進行：

1. 初期階段：

當引進構想與初步計畫時，就其投資可行性、必要性等作妥當的評估，提供經營者作為採用與否的決策參考。

2. 中期階段：

在研究階段、開發進行中或試作期間，作各種評估，供為是否繼續進行、變更、中止或採取彌補措施等參考。

3. 完成階段：

當完成開發時，針對開發過程的問題加以檢討，作為改進參考。根據該評估可以研究開發與投資效果作確實的評價，提供生產計畫、銷售計畫等企業營運的決策參考。

(二)規避新產品下市的風險之方法：

1. 新產品開發之競爭策略：若不希望以低價與其他廠商的類似產品做價格的競爭，則設計新產品應導向差異化策略或集中差異化策略來著手進行。以下為可行的方法：

(1)產品差異化：刻意塑造產品的特點，以與競爭者有所區別，以便吸引顧客的興趣。可分為產品的差異化及行銷上的差異化；產品上的差異化即是透過研究發展，改變功能、品質、式樣、設計、質料...等；行銷上的差異化是透過行銷策略，如廣告、配銷通路、價格的差異化。

(2)集中差異化之市場區隔化：將大市場細分化，然後針對此目標市場上的特殊需求，經由研究發展設計出符合消費者需求的產品，滿足其欲求。

2. 行銷策略4P符合消費者需求：

(1)產品(Product)：包括品質、外形、品牌、風格、規格與包裝等。即發展、設計適合企業提供給目標市場的產品或服務。

(2)價格(Price)：包括定價、折扣、付款期與信用條件等。訂定適當價格(零售價、批發價、折扣等)以迎合消費者。

(3)通路(Place)：包括販售通路、地點與存貨等。運用不同的配銷通路，將產品或服務送達目標市場。

(4)促銷(Promotion)：包括廣告、促銷活動與直銷等。利用各種廣告、人員銷售等促銷技巧，宣導產品的優點，增加產品或服務於目標市場的銷售量。

三、產品製造的二種型態「多種少量生產」和「少種多量生產」，請分別說明其生產方式的優點和缺點。（20 分）

【110-2 年食品技師】

詳解：

(一)多種少量生產：

指產品的規格多樣化，但每一種產品的生產量不多，如月餅、蛋糕、五十嵐飲料。此類產品的生產管理特性為：

1. 優點：

(1)產品規格變化大，所需的物料的存量少，較無庫存壓力。

(2)依訂貨生產方式，不易有庫存囤積隱憂。

(3)售價較高，使利潤較高。

2. 缺點：

(1)因規格多，所以運轉所需資金較多。

(2)生產設備不易自動化、生產效率低。

(3)製作過程及品質標準不一致，生產較費時。

(4)生產計畫不易安排。

(二)少種多量生產：以全自動化機器生產

指產品的生產量大、價格變化小之生產，如可口可樂。此類產品的生產管理特性為：

1. 優點：

(1)生產設備易自動化、生產效率高。

(2)生產品質較穩定。

(3)生產計畫容易安排。

(4)採存貨生產方式。

2. 缺點：

(1)依市場評估、分析作產銷計畫及試場預測，如評估過高，則有成品堆積、資金積壓問題，如評估過低，供貨不足、影響利潤及顧客抱怨。

(2)生產過程中若有機械故障，易導致全部停產。

(3)整套設備投資大、折舊快或生產的產品生命週期短，投資風險大。

(4)工作人員對工作之熟練度高，但工作彈性小。

(5)售價較低，使利潤較低。

四、在品質管理事項中，有所謂5S管理，請說明其內容，並介紹其在食品工廠管理的應用。（20 分）

【110-2年食品技師】

詳解：

(一)5S 管理內容：

1.整理(seiri)：

要與不要東西分開，爭取空間。

2.整頓(seiton)：

使用後之物品適當歸位，並標示目的爭取時間。

3.清掃(seiso)：

經常清掃汙垢及垃圾，以營造高效率之工作場所。

4.清潔(seiketsu)：

將整理、整頓、清掃工作落實，以提高公司形象，創造無汙染的環境。

5.教養(shitsuke)：

不斷宣導教育、考核等激勵措施令員工養成5S習慣。

(二)5S 管理的應用：目視管理執行5S運動：

目視管理是一種利用視覺來進行管理的科學方法。是利用形象直觀而又色彩適宜的各種視覺感知資訊來組織現場生產活動，達到提高生產效率的一種管理手段。目視管理執行5S運動如下：

1. 整理(seiri)：

不要的東西掛上紅牌，以利後續清理或丟棄。

2. 整頓(seiton)：

使用中的物品掛上看板，以了解用完後應放置的位置。

3. 清掃(seiso)：

未打掃的的地方貼上紙條，以了解需打掃的地方。

4. 清潔(seiketsu)：

於工廠內四周為懸掛相關標語，隨時警惕廠內員工。

5. 教養(shitsuke)：

有確實執行5S運動之員工，於名牌上標註相關獎章。

五、試製作一張表格，做為餐飲業者衛生管理自主檢查紀錄表，供店家的衛生管理員每日紀錄用。檢查表的格式也可以由衛生局提供，是小型餐飲店每日衛生管理自主檢查的詳細紀錄。檢查項目及內容針對從業人員的管理和作業場所的清潔維護二項。（20 分）

【110-2 年食品技師】

詳解：

餐飲業者衛生管理自主檢查紀錄表

餐飲業名稱： 負責人：

地址： 餐飲衛生督導人員：

電話： 供應人數： 檢查時間： 年 月 日 時

檢查項目		檢查記錄			
		良好	尚可	不良	建議改善
(一)從業人員的管理	1.每年至少接受健康檢查一次。如患出疹、膿瘡、外傷、結核病、A 型肝炎及腸道傳染病等可能造成食品污染之疾病，不得從事與食品有關之工作。（含臨時人員等）				
	2.每人每年完成衛生講習訓練 8 小時。				
	3.工作時必須穿戴整潔淺色工作衣帽和止滑工作鞋，不得蓄留指甲、塗指甲油或配戴飾物。				
	4.手部應保持清潔。於進入食品作業場所前、如廁後或於工作中吐痰、擤鼻涕或其他可能污染手部之行為後應立即正確洗手或消毒。				
	5.工作中不得有吸菸、嚼檳榔、嚼口香糖、飲食及其他可能污染食品之行為。				
	6.供膳時應戴口罩及丟棄式衛生手套（用一次即丟）。				
	7.不得穿著工作衣帽或工作鞋如廁。				
	8.私人物品設專櫃(區)統一收置。				
(二)作業場所的清潔維護	1.地面：保持清潔，無濕黏、無積水也不得塵土飛揚。				
	2.牆壁：保持清潔，不得有發黴、積垢、侵蝕情形。				
	3.樓板、樑柱或天花板：保持清潔，不得有長黴、成片剝落、積塵、納垢等情形；食品暴露之正上方或樓板、天花板不得有結露現象。				
	4.出入口、門窗、通風口及其他孔道：保持清潔，無不良氣味，具良好通風及排氣，並設置紗門、紗窗或其他防止病媒侵入設施。				
	5.排水系統：完整暢通，不得有異味。排水溝應有攔截固體廢棄物之設施，並設置防止病媒侵入之設施。				
	6.配管：配管外表應保持清潔。				
	7.照明：調理場所有足夠的光度，工作檯面及調理檯面應達至少 200 米燭光。燈具完整並保持清潔。				
	8.灶面、抽油煙機保持完整清潔，油煙有適當之處理措施，避免造成油污及油煙污染其他場所				
	9.調理台面和水槽保持清潔，無藏污納垢。				
	10.電風扇、空氣門、廁浴室和空調設備保持清潔，有濾網者定期清洗或更換。				
	11.具截油設施，經常清理並維持清潔。				
	12.不得發現有病媒或其出沒之痕跡。(老鼠、蟑螂、蚊、蠅及蜘蛛等)				

備註：
1.本表應由**餐飲業**負責食品衛生管理之相關人員負責檢查填寫。
2.本表得依各**餐飲業**個別狀況自行增列，以符合實際需要。
3.每週至少檢查乙次，影本於次月 5 日前送**總經理**檢核，紀錄正本**餐飲業**應妥為保存(至少一年)，留供教育、衛生機關輔導之參考。
4.請確實執行，以增進**餐飲業**之食品衛生水準，預防疾病發生，確保**消費者及**員工健康。

綜合意見： 廚房負責人：

追蹤改善情形： 廚房負責人：

後續處置：

檢查人員： 單位主管： **總經理：**

111 年第一次專門職業及技術人員高考-食品技師

類科：食品技師　科目：食品微生物學

一、臺灣今年初銷往美國加州的金針菇，被驗出含有李斯特菌（*Listeria monocytogenes*）；但臺灣檢驗單位對同一批金針菇進行檢驗，不論是在送往外銷前抽檢，或接獲美國端通報後再次抽檢留樣之金針菇，皆未檢出李斯特菌。請回答下列問題：

(一)李斯特菌細胞特性。(10 分)

(二)請說明李斯特菌症（Listeriosis）。(10 分)

(三)請推測「臺、美」雙邊檢測結果不同之可能原因。(5 分)

【111-1 年食品技師】

詳解：

(一)李斯特菌細胞特性：

1. G(+)桿菌、無芽孢、好氧或兼性厭氧、具鞭毛。
2. 此菌在低溫下生長良好，屬低溫菌，亦為冷藏的病原菌。此菌為兼性胞內寄生菌，可在巨噬細胞(macrophage)、表皮細胞及纖維母細胞中生長。

(二)請說明李斯特菌症（Listeriosis）：

為感染單核增生李斯特菌(*Listeria monocytogenes*)產生的症狀，初期的症狀都很溫和，可能類似流行性感冒或甚至沒有症狀出現，潛伏期由三到七十天，但平均是三星期到一個月左右。一年四季都可能是流行期，其症狀如下：

1. 嘔吐、腹痛、腹瀉。
2. 年長者、免疫力低下的族群及新生兒感染後，可能引發敗血症或腦膜炎等嚴重疾病，甚至死亡，致死率可達 2 至 3 成。
3. 孕婦感染後可能會導致流產、死胎、早產，或於分娩時經產道傳染胎兒，造成新生兒敗血症或腦膜炎。

(三)請推測「臺、美」雙邊檢測結果不同之可能原因：

1. 臺灣：

(1)可能金針菇本身無污染到李斯特菌，故未檢出李斯特菌。

(2)可能金針菇本身污染到微量李斯特菌，以臺灣公告的傳統檢驗法，檢驗不出來，使得結果為未檢出李斯特菌。

2. 美國：

(1)可能金針菇本身污染到微量李斯特菌，於台灣船運至美國長時間的過程中，李斯特菌再次繁殖，使得菌量可以被檢測出來。

(2)可能美國的檢驗方法可以檢測到微量的李斯特菌，而臺灣的方法不行。

二、大型真菌（蕈菇）培養方法，可分為固態發酵及液態發酵。
(一)請分別說明何謂固態發酵及液態發酵。(10 分)
(二)比較二者之優缺點。(10 分)
(三)以此二方法發酵所得之蕈菇有何不同？（5 分）
【111-1 年食品技師】

詳解：

(一)請分別說明何謂固態發酵及液態發酵：

1. 固態發酵：以固體原料、含有少量水分的基質，如傳統的纖維質廢棄物、顆粒狀的穀物、商業用的洋菜培養基作為基質，此可提供微生物所需營養，還作為細胞的固定物，故可用以產生蕈類子實體或代謝產物(如酵素)等。
2. 液態發酵：以液體原料，如牛奶、果汁、商業用的液態培養基作為基質，此可提供微生物所需營養，並使其快速生長，故可用以產生蕈類菌絲體或代謝產物(如酵素)等。

(二)比較二者之優缺點：

1. 固態發酵優缺點：以天然固體原料進行固態發酵為例

優點	缺點
(1)培養基含水量少，不易被汙染，且發酵廢水較少，填充容積也較小，容易處理	(1)菌種限於耐低水活性微生物，菌種選擇性少
(2)消耗能量較低，供能設備簡易	(2)發酵速度慢，周期較長
(3)培養基原料多為天然基質或廢棄物，易取得且價格低廉	(3)天然原料成分複雜，易影響發酵產物的品質與產量
(4)技術和設備簡易	(4)環境和發酵參數難控制，且基質不易攪拌均勻
(5)產物濃度較高，後處理方便	(5)產量較少

2. 液態發酵優缺點：以商用培養基及發酵槽進行液態發酵為例

優點	缺點
(1)由於培養基含水量高，可利用氣舉或攪拌的方式混和均勻，使基質質傳能力提高，可應用於批次或連續式發酵	(1)發酵體積大，且發酵廢水處理不易
(2)發酵速度快，周期較短，可在短時間大量生產	(2)發酵設備需攪拌、通氣、控溫等等，較耗費能量
(3)培養基易調控，發酵產物品質較穩定	(3)培養基價格較高(一般使用商業培養基 broth)
(4)發酵參數容易控制，可做較細微的產程條件的調控	(4)與一般微生物生長環境差異性較高，尤其菇類真菌，產物與子實體差異性較高，故只能培養出菌絲體
(5)產量較高	(5)某些微生物之發酵產率降低

(三)以此二方法發酵所得之蕈菇有何不同？

1. 固態發酵：培養時間長，能獲得子實體，如菇類子實體、靈芝子實體。
2. 液態發酵：培養時間短，只能獲得菌絲體，可以用發酵槽進行培養，如液態發酵的靈芝膠囊。

三、請就即時餐盒檢驗回答下列問題：

(一)衛生福利部食品藥物管理署自民國 110 年 7 月 1 日施行之食品中微生物衛生標準，團膳公司製備之餐盒所需檢測之微生物種類有那些？列出所檢測之微生物的衛生標準。（15 分）

(二)檢測固態食品中之微生物，通常使用何種儀器設備均質樣品？為何不建議以果汁機取代此設備？請說明原因。（10 分）

【111-1 年食品技師】

詳解：

(一)團膳公司製備之餐盒所需檢測之微生物種類與衛生標準：

餐盒於「食品中微生物衛生標準」(109.10.6)屬於其他即食食品類：

微生物及其毒素、代謝產物	限量
金黃色葡萄球菌	100 CFU/g (mL)
沙門氏菌	陰性
單核球增多性李斯特菌	100 CFU/g (mL)

(二)檢測固態食品中之微生物，通常使用何種儀器設備均質樣品？為何不建議以果汁機取代此設備？請說明原因。（10 分）

1. 均質樣品的儀器設備：

(1)儀器設備：攪拌均質器(blender)或鐵胃(Stomacher)。

(2)方法：固體之樣品，取 50 g 之樣品加入 450 mL 之稀釋用無菌水(可為 0.1 % peptone water、phosphate buffer pH7.2 或生理食鹽水等，為的都是盡量保持樣品中微生物之數目不變)，再以攪拌均質器(blender)或鐵胃(Stomacher)均質。

2. 不建議以果汁機取代此設備及原因：

(1)因為公告的檢驗方法並不是使用一般的果汁機進行均質，而是公告攪拌均質器(blender)或鐵胃(Stomacher)進行均質。

(2)原因：

a. 攪拌均質器(blender)或鐵胃(Stomacher)可以適用於無菌操作，而一般果汁機無法。

b. 攪拌均質器(blender)或鐵胃(Stomacher)可以適用於多次實驗而不會損壞，耐用度較久，而一般果汁機可能耐用度不夠。

c. 儀器商賣的攪拌均質器(blender)或鐵胃(Stomacher)的機型較固定且較適合實驗，而一般果汁機的機型太多種，且品質不一，均質程度也比實驗用的攪拌均質器(blender)差。

d. 攪拌均質器(blender)或鐵胃(Stomacher)使用的容器：有網的均質袋與均質瓶能較完整密封，於均質時不會受到外界微生物污染，而一般果汁機的使用的容器較難完整密封，於均質時較會受到外界微生物污染。

e. 攪拌均質器(blender)的均質瓶可以加入稀釋用無菌水進行滅菌，較適合實驗，而一般果汁機的瓶子不耐熱，無法進行滅菌，故不適合實驗。

四、請分別就殺菌條件、目標微生物、殺菌後食品儲存條件，說明下列三種食品熱殺菌方法：滅菌（sterilization）、商業滅菌（commercial sterilization）、巴斯德殺菌（pasteurization）。(25 分)

【111-1 年食品技師】

詳解：

(一)滅菌(sterilization)：

1. 殺菌條件：

(1)溼熱滅菌：需 121℃，15 分鐘。

(2)乾熱滅菌：需 170℃，1 小時。

2. 目標微生物：殺死全部微生物。

3. 殺菌後食品儲存條件：高溫、室溫或冷藏皆可。

4. 目的：將食品中全部微生物殺死，無法再經培養而培養出微生物，殺菌程度最高。以具耐熱性且會產生孢子之 *Bacillus stearothermophilus* 為滅菌指標(*B. subtilis* 亦可)。

(二)商業滅菌(commercial sterilization)：

1. 殺菌條件：

(1)超高溫瞬間殺菌法(Ultra high temperature short time method, UHT)：131~142℃，加熱 2~5 秒。如保久乳之殺菌。

(2)罐頭之殺菌。依不同的 pH 值與罐型所需之溫度與時間皆不同。

2. 目標微生物：大部分微生物(部分嗜高溫菌及孢子仍未殺死)。

3. 殺菌後食品儲存條件：室溫或冷藏皆可。

4. 目的：其殺菌程度低於滅菌高於巴氏殺菌，而必須達到商業無菌性(Commercial Sterility)，即常溫貯放不會腐敗。以 100℃以上加熱將大部分有害微生物殺死，但部份嗜高溫菌及孢子仍未殺死，其在室溫下無法生長而不會造成食品之劣變，經適當培養後仍可養出微生物，此類食品如罐頭，大多於室溫下保存。殺菌程度依不同食品而異。

(三)巴斯德殺菌(pasteurization)：

1. 殺菌條件：

(1)低溫長時(Low temperature long time, LTLT)：62~65℃，加熱 30 分鐘。

(2)高溫短時(High temperature short time, HTST)：72~75℃，加熱 15 秒。

2. 目標微生物：病原菌(包括部分腐敗菌)。

3. 殺菌後食品儲存條件：冷藏約可保存 14 天內。

4. 目的：以 100℃以下加熱將大部分中溫菌及低溫菌殺死，但最主要為病原菌(包括部分腐敗菌)，加熱程度最低，經培養仍可培養出微生物，本來是用在製酒的殺菌，目前用來殺菌牛奶，殺死牛奶中致病性微生物(*Mycobacterium bovis*、*Coxiella burnetii*、*Salmonella* 及 *Brucella*)，仍需以低溫保存。

111 年第一次專門職業及技術人員高考－食品技師

類科：食品技師　科目：食品化學

一、請說明果膠的結構，並闡釋高甲氧基果膠和低甲氧基果膠成膠的條件相異之處，同時解釋愛玉成膠時為何常採用地下水以增強凝膠的硬度。（20 分）
【111-1 年食品技師】

詳解：

(一)果膠的結構：為半乳糖醛酸(galacturonic acid)或甲基酯化(甲氧基)半乳糖醛酸以 α-1,4 醣苷鍵(glycosidic bond)鍵結所形成的共聚物(多醣體)，可分為：

	高甲氧基果膠(HMP)	低甲氧基果膠(LMP)
結構特性	羧基較少、甲氧基較多	羧基較多、甲氧基較少
構成單元	半乳糖醛酸	半乳糖醛酸
甲氧基含量	大於 7 %	小於 7 %
酯化度(DE)	≧50%	<50%

(二)高甲氧基果膠和低甲氧基果膠成膠的條件相異之處：

	高甲氧基果膠(HMP)	低甲氧基果膠(LMP)
凝膠條件	需與糖、有機酸共同作用： 1.糖：保持由氫鍵所形成的凝膠結構，一般需要 50 % 以上 2.酸：可抑制羧基的解離，使果膠多醣分子間形成足夠的氫鍵 3.pH 值：約 2.8~3.5	只須添加鈣等多價陽離子： 二價金屬離子會和已解離之羧基離子形成架橋作用，有助於凝膠之堅實性
凝膠性質	不易凝膠，但膠體不易解離 (熱不可逆性凝膠)	易凝膠，但膠體易解離 (熱可逆性凝膠)
食品	果醬	無糖或低糖的果醬、愛玉

1. 高甲氧基果膠(HMP)：當果膠溶液足夠酸時，羧酸鹽基團轉化為羧酸基團，分子間不帶電荷，而排斥下降，分子間結合(氫鍵)形成凝膠，糖與果膠競爭結合於水，有利分子間交互作用。
2. 低甲氧基果膠(LMP)：不需糖與酸，只須添加鈣離子輔助果膠中鍵結(離子鍵)，形成所謂的離子結合凝固。

(三)解釋愛玉成膠時為何常採用地下水以增強凝膠的硬度：

1. 愛玉成膠屬於低甲氧基果膠(LMP)，需要二價金屬離子才能形成離子鍵而將水保留於結構之中而凝膠，而離子鍵越多則結構越硬。
2. 地下水富含二價金屬離子之鈣、鎂離子，故使用可增強凝膠的硬度。

二、請就香味化合物中醇、醛、酮、雜環類，分別舉例論述其結構和氣味。（20 分）

【111-1 年食品技師】

詳解：

(一)醇類：

1. 結構：醇類化合物是指分子量較小的簡單醇類化合物如甲醇、乙醇等，到分子量較大的複雜醇類化合物，如酚類等。醇類化合物可細分為烷醇類、芳香醇類、揮發性酚類。
2. 氣味：

(1)烷醇類：分子量較小的飽和正烷醇類有類似酒精味道；癸醇有類似柳橙味。

(2)不飽和烷醇類：如順式-3-己烯醇(cis-3-hexenol)和反式 2 己烯醇(trans-2-hexenol)，具有割過的草(cutgrass)的味道，常用於產生或增加食品清新(freshness)氣味。

(3)芳香醇類：如二氫肉桂醇和肉桂醇是由肉桂醛還原而來，具有香脂味(balsamic)或肉桂(cinnamon)的氣味，存在櫻桃、红莓、草莓、芭樂、覆盆子、蘋果、肉桂等植物或果實中。

(二)醛類：

1. 結構：醛類化合物具有雙鍵氧(CH=O)結構易氧化，氧化後轉變為有機酸。醛類與醛類縮合形成半縮醛，例如香草醛(vanillin)與丙二醇(propylene gycol)縮合反應，形成香蘭素丙二醇縮醛(vanillin propylene gycol acetal)。
2. 氣味：

(1)檸檬醛(citral)和香茅醛(citronellal)存在於甜橙的果皮、檸檬、香茅或檸檬油等植物香精油中，具濃烈的檸檬香味。

(2)苯甲醛(benzaldehyde)常見於杏仁、桃、梅子等，具杏仁味。

(3)肉桂醛(cinnamaldehyde)常見於肉桂，有刺激性香味。

(4)香草醛(vanillin)是香草豆主要香味化合物，廣泛使用於冰淇淋、糕餅及糖果。

(三)酮類：

1. 結構：有雙酮類、芳香族酮類、不飽和酮類。
2. 氣味：

(1)雙酮類：如雙乙醯(diacety1)或稱丁二酮及其衍生物醯乙醇(acetoin)有奶油香味奶油乳酪、乾酪等之重要香氣成分，也是人造奶油(margarine)的香味來源。

(2)芳香族酮類：如苯乙酮(benzophenone)為乳酪之重要香氣成分、覆盆子酮(4-hydroxypheny12-butanone)有覆盆子(raspberry)果香味，為果香添加物。

(3)不飽和酮類：如 1-辛烯 3-酮(1-octen-3-one)與醇類化合物是洋菇的重要香味化合物。

(四)雜環類：

1. 結構：雜環類化合物的數量及種類繁多，為環狀結構化合物，主要的雜環類風味化合物其環上取代原子包括氧、硫及氮。

2. 氣味：食品風味的貢獻相當重要，主要是因為其有各式特殊氣味、氣味濃烈、高含量或低閾值等特性，提供食品烘烤味、堅果味、焦味、焦糖味、肉味和其他味道。其中葫蘆巴內酯(Sotolon)為咖啡重要的香味物質。

三、何謂油脂氧化作用？要如何抑制此作用？（20 分）
【111-1 年食品技師】

詳解：

(一)油脂氧化作用：

(自氧化)

1. 氧化(初期) →	2. 裂解(後期) →	3. 聚合(後期)
產生 ROOH(氫過氧化物)(包括共軛雙烯及共軛雙鍵的三烯不飽和物)	產生小分子醛、酮、醇、酸	產生大分子聚合物，如環狀聚合物(如 PAHs)
(1)ROOH，POV↑(初期指標)，後期 POV↓ (2)共軛雙烯，共軛雙烯價(234 nm)↑ (3)共軛雙鍵的三烯不飽和物，共軛雙鍵的三烯不飽和物量(268 nm)↑	(1)醛，如丙二醛，毒性最強，TBA value↑(後期指標) (2)酸，為游離脂肪酸，AV↑ (3)醛、酮，羰基價(CV)↑，醛、酮與胺基酸進行梅納反應，顏色變深與產生氣味，胺基酸含量↓ (4)小分子醛、酮、醇、酸，分子量下降，發煙點↓，並產生油耗味 (5)醛、酮、醇、酸，總極性物質↑，介電常數↑	(1)大分子聚合物，黏度增加、顏色加深、並產生油垢 (2)某些環狀聚合物會致癌(如苯駢芘)

(二)抑制此作用的方法：

(一)外在因子	氧化因子	控制方法
1.氧氣	濃度低時，氧化速率與含氧量呈正比	脫氧劑或包裝提升保存
2.光線	促進活性氧($^1O_2$)的形成並促進氧化	可避光儲藏
3.溫度	連鎖反應期與過氧化物鍵結斷裂形成自由基之反應速率隨溫度升高而加快	可利用低溫儲藏預防
(二)內在因子		
1.脂肪酸不飽和程度	氧化速率與雙鍵含量呈正比	可氫化減少不飽和度
2.水分	氧化速率與水分呈正比	Aw 約 0.3 時，可延緩
3.催化劑	二價金屬離子(如鐵、銅)為助氧劑	可添加螯合劑(如檸檬酸、EDTA)抑制
4.酵素	如脂氧合酶(Lox)催化脂質氧化	可利用殺菁(blanching)使酵素失活
5.抗氧化劑	作為氫離子提供者及自由基接受者，延緩並抑制油脂氧化作用	可加如維生素 E、BHA、BHT、TBHQ

四、何謂固定化酵素？並說明有那些酵素固定的方法？（20 分）
【111-1 年食品技師】

詳解：

(一)固定化酵素：

是以物理或化學方法，並且利用人工方式，將生物觸媒之酵素的移動性限制於固定化基質的操作。固定化後的生物觸媒之酵素仍具有固定化基質之物理特性，並維持其生物活性，可進一步提高原操作程序之效率。也就是說將酵素從水溶性的可活動性狀態，藉由人工修飾將其轉變為非水溶性的非活動狀態。

(二)酵素固定的方法：

1. 吸附法(Adsorption method)：生物觸媒經凡得瓦爾力、氫鍵、疏水性作用等作用，而附著於無機和有機載體表面。此法的材料主要有：澱粉、活性碳及矽膠等。
2. 共價鍵結法(Covalent binding method)：生物觸媒與載體間的聯結，可直接結合或透過間隔基(Spacer)結合，為某種單一鍵結方式的固定化技術。因此可固定化較複雜的胞器及完整細胞；因為須要許多位置的鍵結方能固定，而使得本方法較不適用。Spacer 可以適當的改變鍵長提供生物觸媒較大的移動性，所以有些情況下比直接結合者更具活性。其材料有：aminosilanized porous glass、CM-cellulose及sephadex-anthranyl ester 等。
3. 離子鍵結法(Ionic binding method)：生物觸媒與載體間的靜電吸引力而達到固定。此方法的材料主要有：DEAE-cellulose、TEAE-cellulose及cellulose-citrate等。
4. 架橋法或交聯法(Cross-linking method)：透過交聯劑(含有雙或參官能基)的幫忙，將酵素或細胞互相鍵結之，以生成不溶的高分子凝聚物。交聯法除了觸媒單獨結合之外，尚可利用與非活性分子的共交聯方式來增加載體的強度與酵素特性。其材料有：戊二醛、bisidazobenzidine 及toluene 等。
5. 包埋法(Entrapment method)：最常用的固定化方法。係利用高分子聚合物在形成凝膠時，將酵素或細胞包埋入由分子鏈交錯而成的網狀結構內部，通常為似膠狀的結構物。而此網狀結構的孔徑不可過大，以防止觸媒流失，並且為了滿足包埋生物觸媒的催化功能，故僅允許基質與產物通過。包埋法載體之外形，隨材料和用途而變動，可能是球形、圓柱狀、纖維狀和平板狀等。一般最常使用的是球形與纖維狀的載體。其材料有：海藻酸鈣、聚丙烯醯胺、明膠、膠原蛋白、洋菜、鹿藻膠等。

五、請畫出花青素的基本結構，並說明 pH、金屬離子和其它類黃酮以及多酚物質對其顏色的影響。（20 分）

【111-1 年食品技師】

詳解：

(一)畫出花青素的基本結構：

1. 花青素乃是由花青素的配質與一個或多個糖分子所形成的配醣體(醣苷)(glycosides)，花青素具有類黃酮典型的 $C_6—C_3—C_6$ 的碳骨架結構，而花青素配質的基本結構則是 2-苯基苯哌喃酮(2-phenyl-benzo-α-pyrylium, flavylium)，其結構如下圖。
2. 其中 3'、4'、5'位置因有不同的取代基而分別為不同的配質，與其作用的單醣分子，目前主要有葡萄糖(glucose)、鼠李醣(rhamnose)、半乳糖(galactose)、木糖(xylose)、阿拉伯糖(arabinose)，而作用的位置主要是第 3、第 5、及第 7 位，一般作用的糖數不會超過三個，較少數在 C_7 位上與花青素形成醣苷。

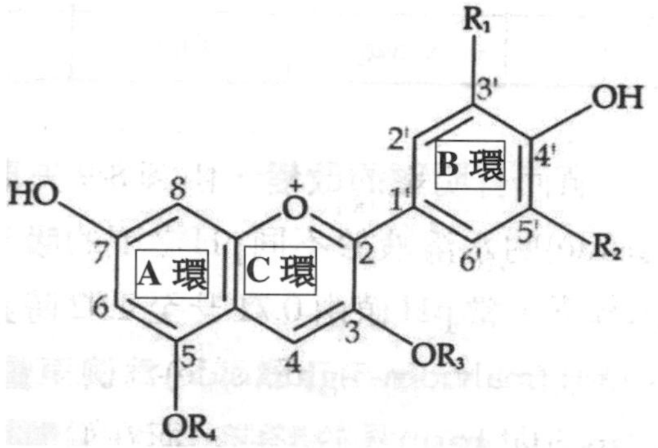

R_1, R_2 : -H, -OH, -OCH

R_3 : 糖基, -H

R_4 : 糖基, -H

(二)說明 pH、金屬離子和其它類黃酮以及多酚物質對其顏色的影響：

1. pH：

(1)pH 值大於 7 時，花青素以藍色的醌式存在(quinoidal base)。

(2)pH 介於 4~ 5 之間，花青素以無色的擬鹼式存在(carbinol pseudo-base)，並可互變成無色的查耳酮式(chalcone)，並有少量藍色的醌式與少量紅色的陽離子型存在，故呈紫色。

(3)pH 值小於 3 時，花青素以紅色的陽離子型存在(flavylium cation)。

2. 金屬離子(共呈色)：花青素與金屬離子形成複合物存在於天然植物中，如鮮花的顏色比花青素鮮豔得多，就是因鮮花中一部分花青素與金屬離子形成複合物。在過去罐裝食品因罐內壁塗漆料不佳，浸蝕出來的金屬離子就常與花青素形成安定不可逆的複合物，多數情況下產生不良的深色。
3. 其它類黃酮以及多酚物質(縮合反應)：花青素本身，或與蛋白質、單寧、其他類黃酮和多醣之間能夠縮合。這種縮合可引起趨向紅色的反應並使吸光度增加，縮合物的穩定性也高於花青素，但也有一些縮合反應會導致褪色，如與甘胺酸乙酯(glycine ethyl ester)、根皮酚(phloroglucinol)、兒茶素(catechin)、抗壞血酸(ascorbic acid)形成無色的縮合物。

111 年第一次專門職業及技術人員高考-食品技師

類科：食品技師　科目：食品加工

「實質轉型」係指利用該步驟中單元操作之手段，達成對於原物料發生重大物理或化學特性的改變，而賦予該產品特有之品質特性。試據以回答第一、二題：

一、畫出從豬後腿肉生產具纖維狀咬感之「肉脯」的加工流程圖，選擇其中二個發生「實質轉型」步驟，詳細說明其單元操作對於該製品品質的核心加工轉型過程與變化原理。並說明在開發仿葷「素肉脯」時，該如何改採其他加工手段來達到模仿肌肉纖維組織與最終產品的纖維狀咬感之流程與變化原理。(25 分)

【111-1 年食品技師】

詳解：

1. 肉脯加工流程圖：

原料肉→切塊(條)→醃漬→高溫焙炒→冷卻→金屬檢測→包裝→肉脯

(1) 原料肉：豬之瘦肉佳。

(2) 切塊(條)：把筋膜及肥肉去除，順著纖維切成長條形。

(3) 醃漬：以食鹽、糖、防腐劑、保色劑、磷酸鹽或色素，經調配後醃漬，並於 7°C 以下進行。

(4) 高溫焙炒：可用焙炒方式炒乾或是以烘烤方式進行，並可添加豆粉及麵粉作為填充料(不得超過煮熟原料肉重之 15%)。此外，亦可利用食用豬油進行酥炒來改變口感。

(6) 冷卻：降低劣化反應。

(7) 金屬檢測：現行衛生單位著重 HACCP，金屬異物防止也很重要。

(8) 包裝：一般袋裝，可會加入除氧劑(如鐵包)。包裝標示須符合進口貨物原產地認定標準及標示相關法規。

2. 兩個實質轉型步驟：

(1) 醃漬：

A. 過程：以食鹽、糖、防腐劑、保色劑、磷酸鹽或色素，經調配後醃漬，並於 7°C 以下進行。

B. 變化原理：經由醃漬，肉的組成分已改變，與原肉組成不同。

(2) 高溫焙炒：

A. 過程：高溫加熱方式，伴隨添加填充料，亦或加入豬油酥炒。

B. 變化原理：經高溫處理，原料肉蛋白質變性，與原肉狀態不同；另填充料的添加也改變購買的原肉組成分；此外，梅納反應產生獨特色、香、味，也與原料有所差異。

3. 素肉脯：

(1) 加工流程：

黃豆→萃取→脫脂大豆→鹼萃取→離心→上清液→酸萃取→離心→沉澱物→乾燥→大豆分離蛋白→蒸煮擠壓機→纖維狀大豆蛋白→混和攪拌→整形→素肉脯

(2) 模仿肌肉纖維組織與最終產品的纖維狀咬感之流程與變化原理：

A. 大豆分離蛋白：

a. 萃取：將油脂分離。

b. 鹼萃取：溶解蛋白質。

c. 酸沉澱：使蛋白質凝聚。

d. 乾燥：可利用噴霧乾燥，獲得大豆分離蛋白粉末。

B. 大豆蛋白分離物溶解於 pH9.0 以上的鹼液，從具很多小孔的紡嘴擠出於含有食鹽的醋酸溶液中，即凝固成為纖維狀。

C. 蒸煮擠壓機：大豆蛋白分離物以擠出方式，自高溫高壓處噴出於常壓時，所成形之多孔質製品，也具有與肉相似的質地及咀嚼性，富於保水性、保脂性，可當作畜肉製品的增量劑，品質改良劑，與絞肉混合，用於肉品的製造。

D 混和攪拌：纖維狀蛋白以卵白、澱粉、膠等黏性物質黏結在一起，整形後，經著色、著香等處理，即製成類似畜肉的製品。

E. 經由上述操作，成品(素肉脯)已經與原料黃豆有相當稱度改變，符合實質轉型定義，且達到模仿肌肉纖維組織與最終產品的纖維狀咬感。

二、畫出從麵粉生產吐司麵包的加工流程圖，選擇其中二個發生「實質轉型」步驟，詳細說明其單元操作對於該製品品質的核心加工轉型過程與變化原理。同時，在此二個步驟中，選擇一個能導入遠端製程監控的步驟，具體說明其執行監控的方式，並比較其與傳統品質監控方法的差異。(25 分)

【111-1 年食品技師】

詳解：

1. 麵粉生產吐司麵包加工流程圖：

麵粉→秤重、篩別→混和攪拌→麵團→基本發酵→翻麵→延續發酵→分割滾圓→中間發酵→整形→最後發酵→烤(烘)焙→出爐→吐司麵包

(1) 主原料：

A. 麵粉：使用高筋為多，有時亦部分使用中筋，其作用為：提供彈性及延展性、使麵包具多孔質的膨大狀態。

B. 酵母：Saccharomyces cerevisiae。其作用為賦予風味、產 CO_2 而膨脹(糖化作用)。

C. 食鹽：使用量為麵粉的 2~3%。可增進風味與口感與調節發酵。

(2) 副原料：

A. 砂糖：使用量一般為 2~5%。為酵母的營養成分，且具吸濕功能，能使麵糰柔軟，並與麵包的膨鬆、香味、甜味及色澤有關。

B. 油脂：一般使用酥油，使用量約為麵粉的 2~3%。可增加彈性、防止老化、增加光澤風味、增加保存性。

C. 蛋：蛋黃為天然的著色劑、乳化劑、凝結劑及彭大劑。

(3) 攪拌：保持在 25~30℃溫度下完成攪拌，通常先加水，當麵粉吸水後再添加油。

(4) 發酵：

A. 基本發酵：28℃、75~80% RH 下進行發酵約二小時，溫度太高、太低均影響麵包品質。

B. 延續發酵：28℃、75~80% RH，30~50 分鐘。

C. 中間發酵：俗稱醒麵，將麵糰分割滾圓，放在箱內鬆弛 30℃、75~85% RH，5~15 分鐘。

D. 最後發酵：將麵包整形、裝盤，移入發酵室(32~37℃。85~90 % RH)，作烤焙前的發酵。

(5) 烤(烘)焙：約 200℃，烤焙約 20~30 分，烘焙過程之變化有香味生成、色澤生成、體積膨脹、殺死殘留酵母、澱粉產生糊精化。

2. 兩個實質轉型步驟：

(1) 混和攪拌與發酵：

A. 過程：以麵粉當作 100%，混和不同比例食鹽、糖、油脂、蛋，與酵母，隨後進行適當發酵。

B. 變化原理：經由混和添加後，麵粉的組成分已改變，與原組成不同；且經適當發酵後，成品風味與口感也隨之改變。

(2) 高溫烤(烘)焙：

A. 過程：約 200℃，烤焙約 20~30 分。

B. 變化原理：烘焙過程之變化有香味生成、色澤生成、體積膨脹、殺死殘留酵母、澱粉產生糊精化。

3. 一個能導入遠端製程監控的步驟：發酵。因發酵步驟較多，且溫、溼度會隨氣候改變；此外，發酵需要時間，無法長時間人為監控。利用實驗獲得標準化製程，以確保品質穩定。

(1) 監控方式：

A. 溫度：利用熱電偶溫度計監控發酵空間中心溫度。

B. 濕度：利用溼度計監控發酵空間濕度。

C. 條件為：

a. 基本發酵：28℃、75~80% RH，約 2 小時。

b. 延續發酵：28℃、75~80% RH，30~50 分鐘。

C. 中間發酵：30℃、75~85% RH，5~15 分鐘。

D. 最後發酵： 32~37℃。85~90 % RH。

(2) 與傳統品質監控方法的差異：傳統品質監控受人為因素影響較大，工時較長且人員管控會影響成品品質。透過遠端製程監控，可減少因人為原因影響的品質問題。

三、根據最新調查，食品產業管理的四大趨勢為永續、綠能、安全與智能。請說明下列名詞之意涵(含基本原理原則)，並分別選擇與上述四大趨勢中，關聯性最大之二個趨勢，詳述其如何能滿足該二趨勢之原因，並應至少包括一個應用實例。(每小題 10 分，共 50 分)

(一) 欄柵技術(hurdle technology)

(二) 採收後處理(post-harvest handling)

(三) 保存期限試驗(shelf-life test)

(四) 潔淨標章(clean label)

(五) 食品追蹤追溯(food traceability)

【111-1 年食品技師】

詳解：

(一) 欄柵技術

1. 名詞之意涵：利用兩種或以上方法降低微生物之生長；在食品保藏時，將幾個處理系統組合，則可避免單一處理條件較劇烈而傷害到製品的品質。

2. 關聯性最大之二個趨勢：

(1) 安全：利用物理性柵欄(照射、包裝…等)、物理化學柵欄(pH值、氧化還原電位…等)、微生物柵欄(有益的優勢菌、抗菌素…等)或其他柵欄(幾丁聚醣、氯化物…等)，組成多重抑菌因子，防止病原菌及部分腐敗菌生長，達到衛生標準。

(2) 永續：透過上述因子，可延長保存期限，並降低添加物的使用量，亦可降低能源的使用，減少環境衝擊。

3. 應用實例：罐頭食品，酸類之添加如果考慮到適口性，可能無法達到殺滅所有微生物之目的，因此需配合加熱殺菌，或是加鹽、糖等來提高對微生物的抑制效果。

(二) 採收後處理

1. 名詞之意涵：農產品經採收後，進入到食品供應鏈之前所做的處理，主要為延長生鮮狀態，如將蔬菜、水果、草花等以生鮮狀態在低溫、低壓(真空)、高濕、固定換氣的條件下保存。

2. 關聯性最大之二個趨勢：

(1) 永續：友善耕作及本土生產，經由實驗獲得最佳參數，進行延長保存期限，降低廢棄物的產生。

(2) 智能：利用溫、溼度控制器或是氣體組成控制器達到監控效果。

3. 應用實例：生鮮農產品之真空貯藏：

低溫	抑制蔬菜、水果的呼吸作用。
換氣	簡單地將蔬菜、水果維持於最適當的氣體濃度。
減壓	抑制蔬菜、水果的呼吸作用 將蔬菜、水果的乙烯(ethylene)排出，以抑制催熟 抑制黴菌、細菌的繁殖。
高濕	防止蔬菜、水果的重量減輕。

(三) 保存期限試驗

1. 名詞之意涵：食品在儲存期間會因不同程度之劣化反應而降低其感官性、營養價值、安全性以及美學上的吸引力等。可利用品質劣化之反應動力及活化能的分析加工食品品質劣化反應的反應速率常數及活化能，以訂定產品之保存期限；此外，需參考衛生福利部食品藥物管理屬公告之市售包裝食品有效日期評估指引，利用微生物學分析、感官品評、物理及化學分析或是成分分析來評估保存期限。
2. 關聯性最大之二個趨勢：
(1) 永續：保存期限測試可降低食品廢棄物產生，在保存期限前能夠消耗完畢。
(2) 智能：透過設備監控溫度、時間與耐受性(TTT concept)；或是利用設備快速評估，可降低人為誤差。
3. 應用實例：冷凍蒲燒鰻，若保存期限訂為兩年，需在 0、6 個月、1 年、一年半、兩年(最好是往後多一個監測時間，兩年半)，進行三重複試驗；微生物學分析(主要)、感官品評、物理及化學分析或是成分分析來推算保存期限。

(四) 潔淨標章

1. 名詞之意涵：潔淨標章概念起緣於歐盟，於2011年在英國發行標章，目的是在推動，於加工食品中減少使用人工化學合成的添加物。由於食品添加物在保藏與口感上影響較大，所以不加入食品添加物，需要更新生產製程(如殺菌的新技術)，連包材部分也需要更新(如更能保持風味的包材)。
2. 關聯性最大之二個趨勢：
(1) 永續：減少食品添加物使用即永續的範疇。
(2) 安全：雖然有食品添加物使用範圍及限量暨規格標準規定，應不致超過攝取量，但食品添加物食用過量會有食品安全疑慮，減量使用較為健康。
3. 應用實例：冰淇淋，以大豆卵磷脂取代常用的乳化劑

(五) 食品追蹤追溯

1. 名詞之意涵：在生產、處理、加工、流通、販售等過程，完整記錄相關資訊及管理。

2. 關聯性最大之二個趨勢：

(1) 安全：當食安事件發生時，可追蹤食品流向(物流流通業者及行銷通路)，並可追溯原料生產者及製造工廠，防止食安事件擴大，影響消費者健康。

(2) 智能：透過編碼或是政府建構的追蹤追溯系統，可快速查詢食品流向。

3. 應用實例：農產品產銷履歷，透過「臺灣良好農業規範(TGAP)」的實施、驗證以及「履歷追溯體系」的建立，來追蹤農產品生產至末端銷售完成的履歷過程，在這個制度下所有產銷資訊是公開的、透明的及可追溯的，可追蹤食品安全，讓消費者能對購買的產品產生信賴，它不僅僅追蹤產品本身，也包括瞭解農產的生產者、負責集貨與分級的集貨社場、物流流通業者及行銷通路等過程。

111年第一次專門職業及技術人員高考-食品技師

類科：食品技師　科目：食品分析與檢驗

一、溶液配製與稀釋：（每小題10 分，共20 分）
(一)如何由濃 HCl（密度= 1.2、濃度= 37%wt/wt）配置 500 mL 的 2N HCl？
(二)如何由 0.2% w/v NaCl 原液稀釋配置 0.1, 0.04, 0.02, 0.01, 0.002% w/v 的5種標準溶液各1 mL？

【111-1 年食品技師】

詳解：

(一)配製：(用濃鹽酸為 12 N、$N_1 \times V_1 = N_2 \times V_2$ 算出來會不準)

1. 解一：

$N_1 \times V_1 = N_2 \times V_2$；100 (g)濃 HCl 溶液(37%wt/wt)有 37(g)HCl；$D = \frac{M}{V}$。

$$\frac{\frac{37\ (g)}{\frac{36.5}{1}\ (E)}\ (eq)}{\frac{\frac{100\ (g)}{1.2\ (g/mL)}}{1000}\ (L)} \times V_1(mL) = 2\ (N) \times 500\ (mL)$$；$V_1 = 82.21$ (mL)。

2. 解二：

假設需要 X (g)的 HCl；$D = \frac{M}{V}$；濃度$_1$× 體積$_1$ = 濃度$_2$× 體積$_2$。

$$2\ (N) = \frac{\frac{X\ (g)}{\frac{36.5}{1}\ (E)}}{\frac{500}{1000}\ (L)}$$；X = 36.5 (g)。

$1.2\ (g/mL) = \frac{36.5\ (g)}{V\ (mL)}$，V = 30.42 (mL)純度 100%wt/wt 濃 HCl。

100% (wt/wt %)× 30.42 (mL) = 37% (wt/wt %) × V_2，$V_2 = 82.21$ (mL)。

取 37%wt/wt 濃 HCl 82.21mL 緩緩加入含 250 ml 蒸餾水之燒杯中，混合均均後，注意溫度降回常溫後，再倒入 500 mL 的定量瓶內，並以少許的蒸餾水清洗燒杯及漏斗等沾有鹽酸溶液器具，最後將體積定量成 500 mL，即為 2N HCl 溶液 500 mL。

(二)稀釋配置：濃度$_1$× 體積$_1$ = 濃度$_2$× 體積$_2$

1. 0.2 (% w/v) × V_1 (mL) = 0.1 (% w/v) × 1 (mL)，V_1 = 0.5 (mL)。
2. 0.2 (% w/v) × V_1 (mL) = 0.04 (% w/v) × 1 (mL)，V_1 = 0.2 (mL)。
3. 0.2 (% w/v) × V_1 (mL) = 0.02 (% w/v) × 1 (mL)，V_1 = 0.1 (mL)。
4. 0.2 (% w/v) × V_1 (mL) = 0.01 (% w/v) × 1 (mL)，V_1 = 0.05 (mL)。
5. 0.2 (% w/v) × V_1 (mL) = 0.002 (% w/v) × 1 (mL)，V_1 = 0.01 (mL)。

分別取 0.2% w/v NaCl 原液 0.5、0.2、0.1、0.05、0.01 mL 定容至 1 mL，即為 0.1、0.04、0.02、0.01、0.002% w/v NaCl 標準溶液 1 mL。

二、蜂蜜為糖類含量高的天然產品，其水分含量依中華民國國家標準（CNS）規定需小於 20%，請分別敘述利用常壓乾燥法（Forced draft ovenmethod）及減壓乾燥法（Vacuum oven method）測定蜂蜜水分含量的原理和操作流程，並比較其優缺點。（20 分）

【111-1 年食品技師】

詳解：

(一)常壓乾燥法（Forced draft ovenmethod）的原理、操作流程、優缺點：

1. 原理：利用一般烘箱，在常壓(1 atm)，105 ℃ ± 5 ℃下將食物中之水分汽化成水蒸汽而消失於大氣層中。食品烘乾後，置於乾燥皿中冷卻至室溫，稱得之重量，與未烘乾前之重量相減，所得之差值即為之水分含量。

2. 操作流程：

(1)秤量瓶預先烘乾，放入乾燥皿中冷卻後秤重(W_0)，紀錄瓶與蓋之號碼。

(2)秤取粉狀樣品約 1 g，放入秤量瓶，紀錄重量(W_1)，放入預溫至 105 ℃之烘箱中烘 2 小時。

(3)取出，並放入乾燥皿中冷卻至室溫，秤重(W_2)。

(4)樣品再放入烘箱中烘 30 分鐘，取出，放入乾燥皿中冷卻，秤重(W_3)。

(5)重複步驟(4)，直到前後二次加熱乾燥，其重量差小於 1 mg，達恆重，即可結束得到最後重量(W_n)。

(6)計算公式：

$$水分(\%)=\frac{W_1-W_n}{W_1-W_0}\times 100\%$$

W_0：秤量瓶淨重

W_1：樣品+秤量瓶重

W_n：乾燥達恆重時樣品+秤量瓶重

3. 優缺點：

(1)優點：

a. 廣為學術認可的方法。

b. 最常用的方法。

c. 方法簡單，費用便宜。

(2)缺點：

a. 費時。

b. 易揮發之成分會損失(如香氣成分)，增加不準度。

c. 熱敏感性物質會破壞(易梅納褐變、焦糖化之樣品)。

(二)減壓乾燥法（Vacuum oven method）的原理、操作流程、優缺點：

1. 原理：利用真空烘箱，在小於常壓(1 atm)下，水的沸點降低，可於 100℃以下，將食物中之水分汽化成水蒸汽而消失於大氣層中。食品烘乾後，置於乾燥皿中冷卻至室溫，稱得之重量，與未烘乾前之重量相減，所得之差值即為之水分含量。適用於含香氣、熱敏感性(易梅納褐變、焦糖化)的食品。

2. 操作流程：

(1)將秤量瓶洗淨、加熱乾燥(105℃)至恆量，冷卻後秤重。

(2)加入已經過前處理的樣品後並精秤，接著放入真空乾燥箱中。

(3)依照樣品種類，選擇適當之真空度、乾燥溫度及乾燥時間(查表)。真空度一般需低於 50 mmHg(＜25 mmHg 較佳)；乾燥溫度一般為 70~100℃，食物中若含有高濃度果糖，則加熱溫度以＜70℃較佳。

(4)乾燥完成後，通入預先已經由濃硫酸（強力乾燥劑）乾燥的空氣，使真空乾燥箱恢復正常壓力。

(5)將秤量瓶取出後再放入玻璃乾燥器冷卻至室溫，再精秤樣品。

(6)將樣品依照種類的不同繼續乾燥數小時，冷卻後精秤，重複上述步驟直到樣品重量達到恆重。

(7)計算公式：

$$水分(\%)=\frac{W_1-W_n}{W_1-W_0}\times 100\%$$

W_0：秤量瓶淨重

W_1：樣品+秤量瓶重

W_n：乾燥達恆重時樣品+秤量瓶重

3. 優缺點：

(1)優點：

a. 廣為學術認可的方法。

b. 與常壓乾燥法比，易揮發之成分損失較少(如香氣成分)，較準確。

c. 與常壓乾燥法比，熱敏感性物質破壞較少(易梅納褐變、焦糖化之樣品)。

(2)缺點：

a. 與常壓乾燥法比，需抽真空達一定壓力，實驗時間更久。

b. 與常壓乾燥法比，設備較貴。

c. 與常壓乾燥法比，設備較耗電(抽真空同時加熱)。

三、二氧化硫常用於傳統食品製造作為漂白劑，請詳述以中和滴定法檢驗其含量之原理、檢液之調製和含量測定。（20 分）

【111-1 年食品技師】

詳解：

(一)原理：

本實驗乃利用亞硫酸鹽在酸性條件下加熱，會蒸出 SO_2，經過氧化氫(H_2O_2)吸收氧化成硫酸(H_2SO_4)(反應式(1))，再以標準鹼液(NaOH)滴定定量，滴定反應如反應式(2)，2 莫耳 NaOH 可以作用 1 莫耳 SO_2，由 0.01 N NaOH 消耗體積可以算出 SO_2 含量。

$$NaHSO_3 \xrightarrow[\Delta]{H^+} SO_2$$

$$SO_2 + H_2O_2 \rightarrow H_2SO_4 \ldots\ldots(1)$$

$$2\,NaOH + H_2SO_4 \rightarrow 2H_2O + Na_2SO_4 \ldots(2)$$

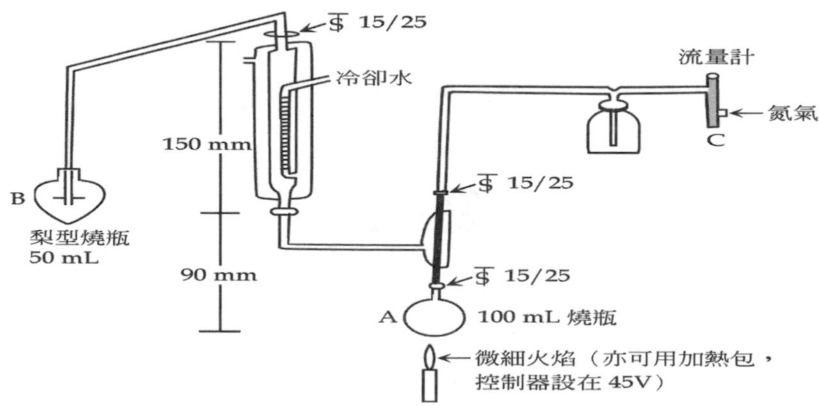

(二)檢液之調製和含量測定：

1. 樣品處理(檢液之調製)：現切薑絲樣品剪碎，精稱 0.5~ 1 g (Ws)，加蒸餾水 20 mL 混均，再加入乙醇 2 mL，聚矽酮油(消泡劑) 2 滴及 25 % H_3PO_4 溶液 10 mL，置入 100 mL 圓底燒瓶(A)內。
2. 接收液(梨型燒瓶)：加入 0.3 % H_2O_2 10 mL、混合指示劑三滴(偏酸性溶液呈紫色)，再加入 0.01 N NaOH 溶液 1~ 2 滴，使溶液呈橄欖綠色(偏鹼性，可確認是否樣品有產生 SO_2，實驗後樣品產生 SO_2 和 H_2O_2 反應形成 H_2SO_4，會再變成紫色)，置入梨型燒瓶(B)中作接收液。
3. 蒸餾：調整氮氣流速於 0.5~ 0.7 升/分鐘通過 A 瓶，並以微細火焰加熱進行蒸餾，蒸出液收集至 B 瓶，約 10 分鐘後，B 瓶溶液呈紫色，B 瓶收集液作為檢液。
4. 滴定：全部檢液以 0.01 N NaOH 溶液滴定至呈橄欖綠色。
5. 另以與樣品等重之蒸餾水取代現切薑絲樣品，重覆 1~ 4 步驟做空白試驗。
6. 計算 SO_2 之含量(每滴 0.01N NaOH 1 mL 相當於含有 SO_2 0.32 mg)。

四、請敘述下列分析方法的測定原理及應用。（每小題 5 分，共 20 分）
(一)凱氏定氮法（Kjeldahl Method）
(二)貝氏法（Babcock method）
(三)薄層層析法（Thin layer chromatography）
(四)感應耦合電漿質譜法（Inductively coupled plasma mass spectrometry）
【111-1 年食品技師】

詳解：

(一)凱氏定氮法（Kjeldahl Method）：以半微量為例

1. 原理：

(1)分解：將樣本中的蛋白質等含氮物質，藉由濃硫酸與催化劑，以高溫(約 400 ℃)，釋出於溶液而產生$(NH_4)_2SO_4$。

(2)蒸餾：將分解瓶內的含氮物質，藉由 40 % NaOH 及熱蒸氣，以 NH_3 型式轉移至收集瓶內(以 H_2SO_4 接收產生$(NH_4)_2SO_4$)。

(3)滴定：含氮物質(NH_3)，會與收集瓶內的酸(H_2SO_4)作用，而消耗酸的總量，以 NaOH 滴定剩下來的酸，就可了解 NH_3 消耗了多少的酸；空白試驗，因為沒有消耗酸，所以滴定量會比較高，與樣本的滴定量相減(反滴定法)，就可以知道含氮物質消耗了多少的酸。

2. 應用：一般食品粗蛋白測定，如乳製品、豆製品、肉製品等。

(二)貝氏法（Babcock method）：

1. 原理：牛乳或乳製品中的脂質，是由蛋白質、卵磷脂等物質形成乳化狀態，故可利用硫酸破壞此一乳化狀態，再離心使脂質游離出來後，再加入水使脂質上浮至貝氏乳脂瓶的刻度部分，再以容量法測定即可。

2. 應用：測定牛乳或乳製品的乳脂肪含量。

(三)薄層層析法（Thin layer chromatography）：

1. 原理：以氧化鋁(alumina)、矽膠(silica gel)等吸附劑在玻璃板等上塗成薄層層析板當作固定相，而以有機溶劑為移動相，樣品成分依吸附作用力與分配係數之不同，親和力大，滯留時間長，移動距離短；親和力小，滯留時間短，移動距離長，以達到分離效果，再計算移動率(Rf)值查表得知成分(定性)。

2. 應用：如不同色素、胺基酸、脂肪酸等之定性。

(四)感應耦合電漿質譜法（Inductively coupled plasma mass spectrometry）：

1. 原理：利用高頻電磁感應通入氬氣產生的高溫氬氣電漿，使導入之樣品受熱後，經由一系列去溶劑、分解、原子化/離子化等反應，將位於電漿中之待分析元素形成單價正離子，再透過真空界面傳輸進入質譜儀檢測其含量。

2. 應用：重金屬檢測的定性與定量方法，如鈣、銅、汞等。

五、檢驗機構管制檢驗結果品質時，須執行空白樣品分析及查核樣品分析等品管樣品分析，請詳述這些分析的目的及做法。（20 分）

【111-1 年食品技師】

詳解：

參考：食品藥物管理局：實驗室品質管理規範－化學領域測試結果之品質管制

(一)每批次(少於二十個樣品)或每二十個樣品至少做一次品管樣品分析。

(二)每次品管樣品分析包括空白、重複、查核樣品及基質添加之分析，其中查核樣品及基質添加得擇一分析。品管樣品分析應依所採用之檢驗方法步驟，與待測樣品同時實施檢驗分析。

1. 空白分析：

(1)了解實驗室操作過程是否受到汙染或檢測背景值之高低。

(2)取實驗室試劑或類似樣品基質之空白樣品，依所採用之檢驗方法步驟，與待測樣品同時實施檢驗分析。

(3)空白分析測定值必須小於二分之一定量極限或更嚴謹管制範圍內。

2. 重複分析：

(1)檢驗精密度指標(再現性)。

(2)重複分析之樣品應為可定量之樣品，如重複樣品濃度無法定量時，可採用添加樣品重複分析或查核樣品重複分析。

(3)重複分析係將重複樣品依相同前處理及分析步驟同時執行檢測，再計算其變異係數：

(CV%)或相對差異百分比(RPD%)。

CV% = (標準偏差/平均值)×100%或 $RPD\ \% = \frac{|X_1-X_2|}{\frac{1}{2}(X_1+X_2)} \times 100\ \%$

X_1、X_2：同一樣品做二重複分析時，所得之二次個別測定值

3. 查核樣品分析(或空白樣品添加)：計算絕對回收率(Absolute recovery)

(1)檢驗準確度之指標。

(2)查核樣品係指購自驗證參考物質、濃度經確認之樣品或將適當量之待測物標準品添加於與樣品相似之空白基質中配製而成，再計算其回收率 (R %)。

(3)R%= (X/A)×100%。 X：查核樣品之測定值；A：查核樣品之標示(配製)值

4. 基質添加分析：計算相對回收率(Relative recovery)

(1)藉以了解樣品基質干擾情形。

(2)將適當量之待測物(analyte)標準品添加於樣品中，再計算其回收率 R%。

(3) $R\% = \frac{(SSR-SR)}{SA} \times 100\ \%$ SSR＝添加樣品中待測物之測定值

SR＝未添加樣品中待測物之測定值

SA＝添加樣品中待測物標準品之添加值

5. 進行添加分析時，原則上以二至五倍定量極限、待測物衛生標準或樣品經常檢出濃度進行添加。

111 年第一次專門職業及技術人員高考-食品技師

類科：食品技師　科目：食品衛生安全與法規

一、國內某農場生產水梨一批外銷，發生「農藥」殘留量（residue）過高，被要求退貨、賠償，請回答下列問題：(每小題 5 分，共 20 分)
(一)何謂農藥殘留量？每日攝取容許量（ADI）？
(二)人體內殘留農藥可能途徑？對體內有何影響？
(三)農藥殘留量之檢驗流程？殘留農藥單位？
(四)如何降低農藥殘留量，以增加安全性？

【111-1 年食品技師】

詳解：

(一)何謂農藥殘留量？每日攝取容許量（ADI）？

1. 農藥殘留量：農藥本身及其代謝物於蔬果或轉移至其他動物的殘留量，蔬果中的農藥殘留量應符合「農藥殘留容許量標準」(111.5.25)，動物中的農藥殘留量應符合「動物產品中農藥殘留容許量標準」(111.4.19)。
2. 每日攝取容許量（ADI）：存在飲食中的某種物質，供人體長期攝食，不致引起任何急性或慢性有害作用的濃度或使用量，稱為人體對該物質的每日容許攝取量。由無作用量(NOEL)÷安全係數=ADI。

(二)人體內殘留農藥可能途徑？對體內有何影響？

1. 人體內殘留農藥可能途徑：

(1)農藥直接或間接污染了水源、土壤，水中的浮游生物和魚貝類便也間接受到汙染，長在土壤的蔬果作物也會從土壤中吸收到這些汙染的農藥。當人類撈食海中魚貝類，或摘食蔬果，或以作物再去飼養家畜而人類再以這些家畜為食物，均會將農藥攝食到體內。

(2)農藥直接噴灑在作物上，過量而殘留於作物表面或內部，再經由人攝入。

2. 體內影響：氨基甲酸鹽類與有機磷類之農藥會與體內的乙醯膽鹼酯酶(acetyl cholinesterase)結合，使乙醯膽鹼無法被水解；而過多的乙醯膽鹼刺激神經，造成中樞及自主神經過度反應，甚而無法執行原有的功能。最後導致嘔吐、腹痛、腹瀉、頭痛、行動困難、呼吸困難等。

(三)農藥殘留量之檢驗流程？殘留農藥單位？

1. 農藥殘留量之檢驗流程：

QuEChERS 配合 LC/MS/MS 檢測食品中殘留農藥-多重殘留分析方法：

(1)前處理：以 QuEChERS 方法進行樣品中農藥之均質、萃取、淨化。

(2)液相層析串聯質譜儀(LC/MS/MS)：

a. 液相層析(LC)：分離待測成份，提供純度 99%↑的純物質進入 MS/MS。

b. 串聯質譜儀(MS/MS)：經電灑離子化法(ESI)形成正電荷離子碎片再經四極柱質量分析器，最後形成質譜圖，以用來定性與定量。

2. 殘留農藥單位：百萬分率(parts per million, ppm)。

(四)如何降低農藥殘留量，以增加安全性？

1. 外表：

(1)「金玉其外，敗絮其中」，現在農藥安全如此嚴重與消費大眾偏好蔬果漂亮的外表有很大關係。農民為怕留有蟲害痕跡之蔬果賣不出去，便大量噴灑農藥早成蔬果雖外型姣好，但含農藥也比較多。所以選購時不必太注重外表有無蟲孔，反而有蟲孔者表示農藥噴灑得較少、較安全。

(2)儘量選購可去皮之蔬果，例如胡瓜、南瓜、蘿蔔。

2. 多元化選購：不要向一家菜販長時間固定購買，應偶爾輪流更換，以免持續吃到同一來源產地所用之農藥，造成大量農藥在體內迅速累積。同時，蔬果的樣式也應時常變換，除了家人吃了不會厭膩外，也讓身體有充足時間代謝食入之農藥，避免累積。可挑選抗蟲力較強，較不需大量噴灑農藥之蔬菜，如萵苣、甘藷菜、吉康菜、紅鳳葉、佛手瓜等。

3. 選購時令蔬果：當季的蔬果由於正是盛產期，農民較不需要多噴灑農藥；特別注意颱風過後菜價上揚時，農民為搶收穫囤積，均有提早採收及加倍用藥情形，買後應充分以自來水多沖洗幾次。此外，採收第一次後需要過一段時間才可在採收之蔬果，如菜豆、四季豆、小黃瓜等，為避免尚未採收之蔬果受到蟲害啃蝕，均會持續噴灑農藥，以致殘留農藥機會也比較大，宜注意清洗。

4. 購買信譽良好蔬果：

(1)選擇「產銷履歷農產品(Traceable Agriculture Product, TAP)」認證蔬果，代表有完整的生產履歷與農藥殘留檢驗合格。

(2)選擇「台灣優良農產品(Certified Agricultural Standards, CAS)」認證蔬果，代表農藥檢驗合格。

(3)選擇「台灣有機農產品(CAS ORGANIC)」認證蔬果，代表不使用化學肥料、農藥。

5. 蔬果之清洗：

(1)包菜葉類：如包心菜、(甘藍菜、高麗菜)等，應先除去外葉，再將每片葉片分別剝開，浸泡數分鐘後，再以水仔細沖洗。

(2)小葉菜類：如青江菜、小白菜等，應先將近根處切除，把葉片分開，以流水仔細沖洗(特別注意接近根蒂的部分的清洗)。

(3)去皮類的水果：如荔枝、柑橘、木瓜等可用軟毛刷以流水輕輕刷洗(即使是香蕉也應洗過再剝皮)後，再去皮食用。

(4)不需去皮的水果：如葡萄(先用剪刀剪除根莖，不要用拔的)、小番茄可先浸泡數分鐘再用流水清洗。草莓則可用濾籃先在水龍頭下沖洗一遍、再浸泡五至十分鐘後，再以流水逐顆沖洗。

二、近年食品包裝材料及各式清潔劑，常造成人類飲食安全及生理受威脅，請回答下列問題：
(一)何謂環境荷爾蒙（environmental hormones）？其來源為何？（5 分）
(二)請寫出壬基苯酚（nonylphenol, NP）結構式，及其對人類生理及安全有何影響？（10 分）
(三)我國「食品器具容器包裝衛生標準」第 5 條規定，為何禁止嬰幼兒奶瓶使用含雙酚 A（Bisphenol A）之塑膠材質？（5 分）
【111-1 年食品技師】

詳解：

(一)環境荷爾蒙（environmental hormones）及來源：

1. 環境荷爾蒙：是泛指被稱為「環境來的內分泌干擾物質」的一些人工合成化學物質。戴奧辛會使男性荷爾蒙減少現象、生殖力降低；雙酚 A(Bisphenol A)具雌性激素效力；聚氯乙烯(PVC)高熱使塑化劑(DEHA、DEHP)釋出，使男性精蟲數目跟品質會受影響。非法起雲劑之塑化劑(DEHP)使男性陰莖短小而不孕。
2. 來源：環境汙染(廢氣汙染空氣、廢水汙染土壤及水源)、非法農藥的使用(如 DDT)、工業合成使用(如多氯聯苯、壬基苯酚、雙酚 A、塑化劑：DEHP)等。

(二)壬基苯酚（nonylphenol, NP）結構式，及其對人類生理及安全的影響：

1. 結構式：為工業合成，產製清潔劑原料，屬於第一類毒性化學物質

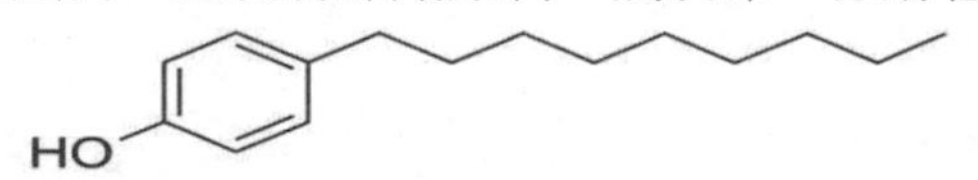

2. 人類生理及安全的影響：屬於環境荷爾蒙

(1)男性精子不正常、活性減弱、數目減少。
(2)男性男性陰莖短小而不孕。
(3)女性性早熟、致癌。

(三)我國「食品器具容器包裝衛生標準」第 5 條規定，為何禁止嬰幼兒奶瓶使用含雙酚 A（Bisphenol A）之塑膠材質？（5 分）

1. 因為雙酚 A 本身即為環境荷爾蒙，會影響嬰幼兒未來之性特徵發育。
2. 食品器具容器包裝衛生標準(112.1.11)：

第五條：嬰幼兒奶瓶不得使用含雙酚 A (Bisphenol A)之塑膠材質。

3. 聚碳酸酯(Polycarbonate, PC)：耐高溫(熔點 158~159 ℃)，為安全性最高之材質(物理抗性強)，價錢貴是其缺點，食品容器較少用。環保署認定運動水壺等塑膠容器材質 PC 中常見成分雙酚 A (Bisphenol A, BPA)，會干擾動物體內的內分泌(雌性激素效力)，為具有環境荷爾蒙特性化學物質，2009 年七月正式公告雙酚 A 為第四類毒化物，廠商不僅進口要申報，衛生單位也須配合訂定食品容器殘留檢驗標準。

三、衛生福利部自 110 年元月起之食品管理新制—我國食品標示有三項新規定，請分別列出項目、內容、注意事項。又新標示規定對食品安全、國民營養及健康有何影響？（20 分）

【111-1 年食品技師】

詳解：

110 年元月起，食品管理新制上路-標示篇！【發布日期：2021-01-06】

我國食品標示規定，自 110 年 1 月 1 日起，有新措施要上路囉！包括「農畜禽散裝食品原產地標示」、「包裝食品、散裝食品及直接供飲食場所供應食品之豬原料原產地標示」及「現場調製飲料標示」，衛生福利部食品藥物管理署(下稱食藥署)重點說明如下：

(一)我國食品標示有三項新規定之項目、內容、注意事項：

1. 農畜禽散裝食品原產地標示：

「未具公司登記或商業登記」食品販售業者(即所有的食品販賣業者)，自 110 年 1 月 1 日起，若販售散裝食品時，應標示「原產地(國)」，包括販售生鮮、冷藏、冷凍、脫水、乾燥、碾碎、研磨、簡單切割之花生、紅豆、黑豆、黃豆、蕎麥、香菇、茶葉、紅棗、枸杞子、杭菊、雞、豬、羊、牛等 20 項散裝食品。

2. 包裝食品、散裝食品及直接供飲食場所供應食品之豬原料原產地標示：

不論是包裝食品、散裝食品或直接供應飲食場所供應的食品，自 110 年 1 月 1 日起所產製含有豬或豬可食部位原料的食品，都應依規定標示豬肉及豬可食部位原料之原產地(國)。

3. 現場調製飲料標示：

為揭露市售現場調製飲料的標示訊息，提供消費者明確的資訊，修正「現場調製飲料標示規定」，自 110 年 1 月 1 日起實施。

(1)將現行添加糖量及該糖量所含熱量之標示，修正為「應標示該杯飲料總糖量及總熱量，並得以最高值表示之」。例如：珍珠椰果奶茶應標示該杯之總糖量及總熱量，包含所有原料及配料。

(2)咖啡飲料的總咖啡因含量標示方式，除原訂以紅黃綠標示區分外，也可以用「最高值」表示。例如：熱美式咖啡（總咖啡因含量最高值：300 毫克）。

(3)新增果蔬汁含量未達 10%者，品名應標示為「○○飲料」或等同意義字樣，更明確果蔬飲料之標示。例如：柳橙原汁未達 10%，品名不得標示「柳橙汁」，應標示「柳橙飲料」或等同意義字樣。

(二)新標示規定對食品安全、國民營養及健康之影響：

食藥署為食品衛生安全主管機關，一直以來皆以民眾飲食衛生安全列為優先考量，未來也一定持續為國民健康把關。同時，也再次重申，食品業者應依食品安全衛生管理法(下稱食安法)善盡自主管理責任，切勿觸法。如有查獲食品業者或產品違反前述相關規定，得依食安法處辦，共維食安。

四、「新冠肺炎疫情」一有關自主衛生管理中「清潔」、「消毒」是專有名詞及專業知識，為確保飲食環境、器具及手部清潔安全，常使用清潔劑，請回答下列問題：

(一)次氯酸鈉（SodiumHypochlorite）之殺菌原理？有效氯定義？pH 有何影響？次氯酸鈉溶液（有效氯 4-6%）用於醫療（法定傳染病）消毒，可稀釋倍數？有效氯 ppm？殺菌所需時間？又用於蔬菜、水果清潔之稀釋倍數？有效氯 ppm？殺菌所需時間？（10 分）

(二)過氧化氫（H_2O_2）之殺菌原理？如何提升食用安全性？（5 分）

(三)手部酒精消毒應使用多少%酒精？為什麼？（5 分）

【111-1 年食品技師】

詳解：

(一)次氯酸鈉（SodiumHypochlorite）之殺菌原理？有效氯定義？pH 有何影響？次氯酸鈉溶液（有效氯 4-6%）用於醫療（法定傳染病）消毒，可稀釋倍數？有效氯 ppm？殺菌所需時間？又用於蔬菜、水果清潔之稀釋倍數？有效氯 ppm？殺菌所需時間？

1. 次氯酸鈉（SodiumHypochlorite）之殺菌原理：

(1)次氯酸鈉(NaOCl)和水作用產生 NaOH 及 HOCl；HOCl 會解離成 H^+及 OCl^-，OCl^-會再解離成[O]及 Cl^-，其中 OCl^-、[O]及 Cl^-具有抗菌作用。

(2)機制：未解離次氯酸(HOCl)進入細胞中解離成[O]及 Cl^-：

a. [O]和葡萄糖代謝過程中帶有-SH 基之酵素反應，使失去活性。

b. Cl^-會傷害細胞膜而影響穿透性或使 DNA 中之 purine 及 pyrimidine 作用產生突變，造成微生物死亡。

2. 有效氯定義：或稱有效餘氯

有效餘氯係指水經加氯或氯化合物消毒處理後，仍存在之有效剩餘氯量。其包括自由有效餘氯及結合有效餘氯：

(1)自由有效餘氯：指以次氯酸(hypochlorous acid)或次氯酸根離子(hypochlorousion)存在之有效餘氯。

(2)結合有效餘氯：指以一氯胺(monochloramine)、二氯胺(dichloramine)存在之有效餘氯。

3. pH 之影響：

(1)pH 越低，可保留越多次氯酸(進入細胞的形式)而不解離，殺菌效果越好。

(2)pH 越高，可保留越少次氯酸(進入細胞的形式)而解離，殺菌效果越差。

4. 次氯酸鈉溶液（有效氯 4-6%）用於醫療（法定傳染病）消毒，可稀釋倍數、有效氯 ppm 及殺菌所需時間：

(1)可稀釋倍數：40(4%)~60(6%)倍。(4%=40000 ppm、6%=60000 ppm)

(2)有效氯 ppm：1000 ppm。(500 ppm 也可)

(3)殺菌所需時間：10 分鐘以上。

5. 用於蔬菜、水果清潔之稀釋倍數、有效氯 ppm 及殺菌所需時間：

(1)可稀釋倍數：400(4%)~600(6%)倍。(4%=40000 ppm、6%=60000 ppm)

(2)有效氯 ppm：100 ppm 以下。

(3)殺菌所需時間：2 分鐘以上。

(二)過氧化氫（H_2O_2）之殺菌原理？如何提升食用安全性？

1. 殺菌原理：過氧化氫分解出可分解出新生氧[O]，屬一種活性氧與自由基，攻擊細胞，使細胞膜破裂、蛋白質(酵素)變性、DNA 突變等而死亡。

2. 提升食用安全性：

(1)食用前先泡水，使過氧化氫溶於水而去除。

(2)食用前徹底加熱，使過氧化氫分解。

(三)手部酒精消毒應使用多少%酒精？為什麼？

1. 使用酒精%：70~75%。

2. 原因：此濃度酒精可慢慢穿越細胞壁及細胞膜到達細胞質使菌內的蛋白質及酵素變性為主要的殺菌原理，但使用高濃度(大於 75%)的酒精將立即使細胞脫水，酒精無法進入細胞內反使菌體呈穩定態；而使用低濃度(小於 70%)的酒精，雖可以穿越細胞壁及細胞膜到達細胞質，但酒精濃度不足以使菌內的蛋白質及酵素完全變性。

五、帶殼花生（乾燥）常發生長黴，甚至產生毒素中毒事件，請回答下列問題：（每小題 5 分，共 20 分）
(一)花生常發生之黴菌毒素為何種毒素？常見之菌種為何？
(二)黴菌毒素常見之肝毒素（hepatotoxin）及致癌性的食品安全性為何？
(三)黴菌毒素生成之影響因素及防止方法為何？
(四)常見黴菌毒素之測定方法為何？
【111-1 年食品技師】

詳解：

(一)花生常發生之黴菌毒素為何種毒素？常見之菌種為何？

1. 毒素：黃麴毒素(aflatoxin)。
2. 菌種：黃麴菌(*Aspergillus flavus*)、寄生麴菌(*Aspergillus parasiticus*)。

(二)黴菌毒素常見之肝毒素（hepatotoxin）及致癌性的食品安全性為何？

黃麴毒素以 B_1 最毒，攝取後先作用於腸道，再經由腸道吸收，經由血液到達肝臟，會與肝細胞之粒線體 DNA 結合，而產生病變使致癌(為一級致癌物) (IARC 1)，最後導致嘔吐、腹痛、腹瀉、精神不濟、黃疸、肝腫大、肝癌。

(三)黴菌毒素生成之影響因素及防止方法為何？

1. 生成之影響因素：
(1)水分：越高，越易使黴菌生長而生成。
(2)相對溼度：越高，食品越易吸水，使水分越高，越易使黴菌生長而生成。
(3)溫度：接近室溫(25℃)，越易使黴菌生長而生成。
(4)氧氣：越高，越易使黴菌生長而生成。
(5)抑菌物質：沒有抑菌物質，越易使黴菌生長而生成。
(6)穀物破損程度：破損越多，越易使黴菌生長而生成。
2. 防止方法：
(1)調食品水分含量＜13 % (Aw＜0.80)。
(2)調相對溼度＜70 %。
(3)冷藏、冷凍。
(4)厭氧、真空、充氮包裝。
(5)加抗黴防腐劑，如己二烯酸。
(6)減少穀物外殼(皮)破損。

(四)常見黴菌毒素之測定方法為何？

1. 均質。
2. 有機溶劑萃取。
3. 免疫親和管分離純化、過濾。
4. HPLC+螢光偵測器檢測。

111 年第一次專門職業及技術人員高考–食品技師

類科：食品技師　科目：食品工廠管理

一、請說明食品工廠在廠房布置規劃（facilities layout planning）時常採用的系統布置規劃法（systematic layout planning, SLP）之意涵及實施步驟。（25 分）
【111-1 年食品技師】

詳解：

(一)系統布置規劃法（systematic layout planning, SLP）之意涵：

工廠布置的程序，美國 R. Muther 教授提出一套「系統布置規劃法(SLP)」，利用此一模式來規劃，可避免各種可能發生的錯誤，且對節省時間和獲得最佳方案可提供莫大助益。

(二)系統布置規劃法（systematic layout planning, SLP）之實施步驟：

1. 輸入資料與活動：收集的資料包括產品、產量、程序、服務和時間等，簡稱為 P.Q.R.S.T。並作產品-產量分析(P-Q analysis)，以決定工廠的布置型態。
2. 分析物料流程：以操作程序圖(operation process chart)、多產品程序圖(multi-product process chart)、從至圖或交叉圖(from-to chart or cross chart)、流程程序圖(flow process chart)、流程圖/線圖(flow diagram / string diagram)等來分析物料流程，以選取可減少物料迂迴搬運，且可使生產流程順暢、降低生產成本的最佳流程安排。
3. 考慮活動關係：利用活動關係表，來考慮有關活動的相互相關係。如工具室、倉庫、更衣室、鍋爐室等，相互之間都有某種關係存在，如鍋爐室爲安全起見，要遠離製造現場；爲加工方便，倉庫要靠近製造現場。
4. 作成活動關係圖：將物料流程和活動關係結合成爲流程與活動之間的「活動關係圖」。
5. 決定面積：計算各活動單位所需的面積或空間，並考慮實際可用的面積後，再加以調整。
6. 作成面積關聯圖：結合活動關係圖和所需面積，作成面積關聯圖。
7. 調整面積關聯圖：考慮各種修改條件及實際限制後，將面積關聯圖加以適度調整。修改條件如搬運方式、儲存設備、廠地位置、輔助設施等；實際限制如原擬採完全自動化的輸送設備，但因經投資報酬率分析後，結論卻是不合算。
8. 列出數個候選方案。
9. 評估選出最佳布置案：經成本分析或因素分析，優缺點比較，決定最佳的方案。
10. 細部布置規劃：當全盤布置規劃完成之後，接下來必須做更詳細的布置規劃，包括決定各別機械及每件設備的位置等細節。

二、請說明食品工廠生產線之品質管制作業中，製程品質管制圖（quality control chart）之意涵，包括其目的及使用上的限制，並舉出 3 種常用的計量值管制圖加以說明之。（25 分）

【111-1 年食品技師】

詳解：

(一)管制圖：

1. 意涵：是一種以實際產品品質特性與根據過去經驗所判明的製程能力的管制界限比較，而以時間順序用圖形表示者。
2. 目的：管制圖是統計品質的重要工具之一，由此管制圖便可尋出產品品質發生變異的原因。因而能夠診斷和校正生產過程中，所遭遇的許多問題。同時，更可促使產品品質有實質的改良，而符合需要之水準。
3. 使用上的限制：

(1)管制圖的主要目的在維持製程的穩定性，無法提高製程能力的，也就是無法讓產品的良率往上再提昇一個層次。如果想提高製程能力，請使用層別法並利用柏拉圖、特性要因分析圖尋找主要不良原因並加以改善，或是更換精準度較高的生產設備。

(2)管制圖只能管制可以被量化的製程。所以如重量、不良率、不良數等都可以使用管製圖。

(3)管制圖的繪製與管控不一定需要規格的上、下限，因為管制界限的繪製基本上是使用前面所量測出來的數據來計算中心值與管制上下界的。

(二)3 種常用的計量值管制圖加以說明之：

依據品質特性數據，可分為計量值管制圖及計數值管制圖兩個大類。計量值管制圖如下：

1. 平均值與全距管制圖($\bar{x}$-R Chart)：主要用以管制分組的計量數據，也就是每次可同時獲得多組數據的情況，如長度、重量、強度、硬度、體積等。
2. 平均值與標準差管制圖($\bar{x}$-σ Chart)：與 $\bar{x}$-R 管制圖相同，在 $\bar{x}$管制圖上均使用樣本平均數，而非個別觀察值，差別則在於每組內樣本大小，當 $n \leqq 10$ 可用 $\bar{x}$-R 管制圖，$n > 10$ 時則用 $\bar{x}$-σ 管制圖才較能獲得正確結果，主要是樣本變大時，極端值會影響 R 管制圖，所以使用樣本標準差管制圖較為適當，即以 σ 取代 R。
3. 個別值與移動全距管制圖(X-Rm Chart)：當測定值取得成本或時間耗費很高，如具破壞性實驗或一般化工廠連續操作特性管制，可以採取這種管制圖，但因個別值管制圖靈敏度較差，如果數據可以分組，則儘可能使用 X-R Chart，不能分組才考慮使用 $X\text{-}R_m$ 管制圖。亦即，$X\text{-}R_m$ 管制圖主要用於：
4. 中位數與全距管制圖($\widehat{X}$-R Chart)：具計算較少、易於瞭解，可由現場作業員或領班繪製的優點。另外，中位數管制圖可排除樣組中的極端值。

三、何謂生產排程？並請說明食品工廠進行生產排程計畫時所使用之甘特圖（gantt chart）及平衡線圖（line of balance, LOB）之特點。（25 分）
【111-1 年食品技師】

詳解：

(一)生產排程：

對已經決定進行的工作項目，訂定時間表。生產排程則是在產品生產前，預先進行製造時間安排，規劃產品產製開工及完工時間，目的是使產品能依交貨日期要求在預期期間內完成。

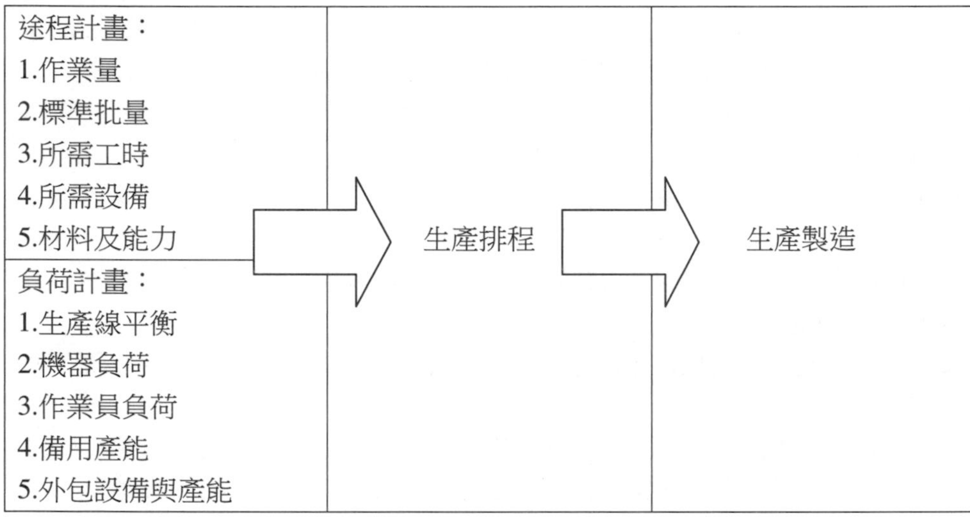

(二)甘特圖（gantt chart）之特點：

是水平條狀圖的一種流行類型，顯示項目、進度以及其他與時間相關的系統進展的內在關係隨著時間進展的情況。

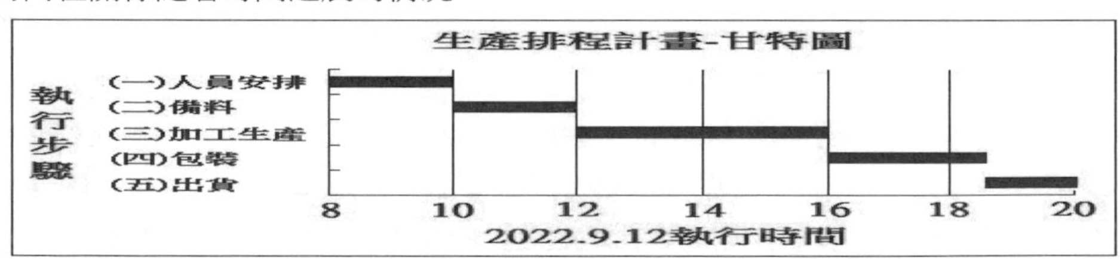

(三)平衡線圖（line of balance, LOB）之特點：

提供了實際生產進度與計畫生產目標的相互比較，使之能適時據此採取改正措施，成為進度控制的一種有效技術方法。

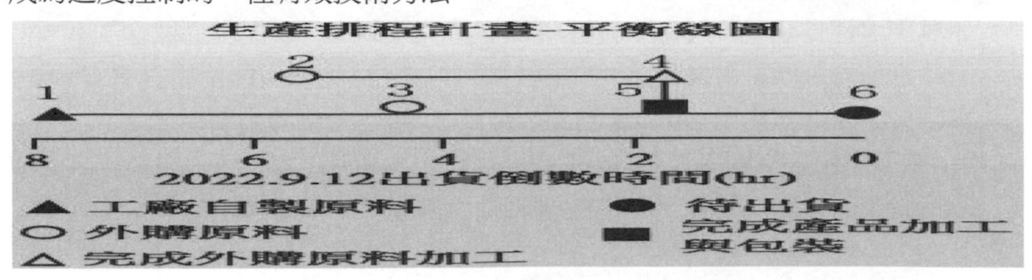

四、請詳細說明工廠庫存管理上所採用的 ABC 庫存分類管理法之意涵，包括其分類依據及優缺點。（25 分）

【111-1 年食品技師】

詳解：

(一)意涵：指對食品工廠不同重要性之物料，給予不同程度的管制。

(二)分類依據：

1. A類：存貨項目少，約佔10 %，但總價值金額大，約佔全部庫存金額70%。如泡麵工廠的原料麵粉。
2. B類：存貨項目中，約佔25 %，但總價值金額中，約佔全部庫存金額20%。如泡麵工廠的副原料食用油。
3. C類：存貨項目多，約佔65 %，但總價值金額少，約佔全部庫存金額10%。如泡麵工廠的胡椒粉等。

分類	特性	採購量	存量控制方式
A類	1.年使用金額居前者 2.單價昂貴者 3.交貨期在2個月以上者 4.輸入的原物料 5.規格特殊者	1~2星期之供給量(少)	1.按實際需要，採定量訂購方式。通常以經濟訂購量方式訂購 2.保持最低的訂購點
B類	介於A及C之間	2~4星期之供給量(中)	1.以經濟訂購量方式訂購，唯以年度檢討即可 2.以備購期間之平均耗用量來確定其訂購點與安全存量 3.經常研判未來需求
C類	1.數量多與價格低者 2.使用次數多者	4星期之供給量(多)	1.甚少變更訂購量與訂購點 2.採用複倉式管理即可

(三)優缺點：

1. 優點：

(1)為常用的庫存分類管理法之一。

(2)一旦花時間仔細分類好後，妥善管制，即可使工廠生產穩定。

(3)依分類方法，單價高的 A 類物料每次採購量少，可減少因天災等因素造成財產大量損失。

(4)依分類方法，單價低的 C 類物料每次採購量多，可減少反覆採購而浪費時間與人力。

2. 缺點：

(1)分類方法麻煩、費時、無法快速分類。

(2)需計算每一種存貨物料項目佔總物料項目的百分比才能分類。

(3)需計算庫存金額百分比才能分類：

a. 必需先收集每一種物料的單價與年使用量等基本資料才能進行分類。

b. 還需計算每一物料之年使用金額、物料累計年使用總金額才能進行分類。

c. 最後還需計算每一種物料之年使用金額百分比，才能按年使用金額分類。

111年第二次專門職業及技術人員高考-食品技師

類科：食品技師　科目：食品微生物學

一、某國中爆發由桿菌引起之食品中毒事件，學生於中午食用團體訂購之便當，約1～5小時後，陸續覺得噁心及嘔吐，且嘔吐次數多，併有頭暈、發燒、四肢無力等；僅少數學生有腹瀉情形。請說明造成此次中毒事件最有可能之病原菌名稱（含英文學名）與其形態特徵（含革蘭氏染色結果），並請說明最有可能被污染的便當食材及造成食品中毒的原因。（20分）

【111-2年食品技師】

詳解：

2021年11月12日，聖心女中142人食物中毒，便當供應商將被罰30萬元

(一)最有可能之病原菌名稱（含英文學名）：

1. 潛伏期1~5小時，潛伏期短，為毒素型。
2. 主要症狀為噁心及嘔吐，且嘔吐次數多，發燒非主要症狀，為G(+)菌。
3. 由上判斷為毒素型之嘔吐型仙人掌桿菌(*Bacillus cereus*)。

(二)形態特徵（含革蘭氏染色結果）：

1. 革蘭氏染色結果為藍紫色或紫色，為G(+)菌。
2. 桿菌。
3. 具鞭毛。
4. 有芽孢。
5. 兼性厭氧性。

(三)最有可能被污染的便當食材：白飯。

(四)造成食品中毒的原因：

1. 污染：仙人掌桿菌可由空氣中的孢子污染白米，由於其具有耐熱性的孢子，故白米煮成米飯的過程，仙人掌桿菌的孢子不會死滅。
2. 生長：由於米飯放置室溫或以較低溫的保溫一段時間，使得仙人掌桿菌的孢子萌發生長，且其澱粉分解能力強，故能於冷掉的米飯快速生長。
3. 機制：仙人掌桿菌於食品中繁殖時產生的外毒素之腸毒素，經攝取該食品而外毒素之腸毒素作用於腸道引起食品中毒。

(五)預防方法：

1. 清潔：調理食品所用之器具、夾子等應確實保持清潔。
2. 迅速：食品應盡速在短時間內食畢，以預防煮熟後的仙人掌桿菌孢子萌發。
3. 加熱與冷藏：食品應煮熟後再食用，若未能馬上食用，應保溫在65℃以上。若無法迅速煮熟，應置於5℃以下冷藏，若超過兩天以上者務必冷凍。
4. 避免疏忽：調理食品時應戴衛生之手套、帽子及口罩，並注重手部之清潔及消毒，以免污染食品。

二、請依據食品的水分含量多寡將食品分成三類，且於每一分類舉例 3 種食品，也請進一步說明此三類食品的水活性範圍、可生長微生物種類與常見之儲存方式。（20 分）

【111-2 年食品技師】

詳解：

種類	(一)高水分食品 (high moisture foods)	(二)半乾性食品 (Intermediate-moisture foods, IMF)	(三)低水分食品 (low moisture foods)
1. 食品	如水果、蔬菜和魚肉等	如肉乾、魷魚絲和蜜餞等	如稻米、乾穀物及蔗糖等
2. 水活性範圍	水活性於 0.9 ~ 1.0	水活性於 0.6 ~ 0.9	水活性小於 0.6
3. 可生長的微生物種類	水活性高，細菌、酵母、黴菌一旦汙染後，又沒有適當的貯藏(如沒冷藏等)，便會迅速生長(主要為細菌成為優勢菌種)，造成腐敗	水活性中，此水活性一般細菌無法生長，常為酵母與黴菌生長成為優勢菌種，最常見的腐敗為黴菌造成的腐敗，外觀可呈現發黴狀態，故仍需適當的貯藏(黴菌與酵母菌可能會生長，故加入防腐劑來抑制)	此水活性大部分微生物無法生長，除非吸濕，使水活性提高，才有可能造成微生物的生長而產生腐敗現象
4. 常見之儲存方式	冷藏或冷凍儲存	常溫或冷藏儲存	常溫儲存

三、食品若經特定黴菌污染可能含有黃麴毒素，請敘述以 competitive ELISA 偵測食品中黃麴毒素的原理與步驟。(20 分)

【111-2 年食品技師】

詳解：

(一)競爭 ELISA 原理：偵測樣品抗原

小分子抗原等分子量較小之待測物(如黃麴毒素)常用競爭 ELISA 來進行檢測。原理為利用樣品抗原和帶有酵素抗原互相競爭吸附於 96 well 聚苯乙烯盤底部的特定抗體，之後再加入呈色的受質，若樣品抗原少，則帶有酵素抗原多，呈色明顯使得吸光值大；若樣品抗原多，則帶有酵素抗原少，呈色不明顯使得吸光值小。

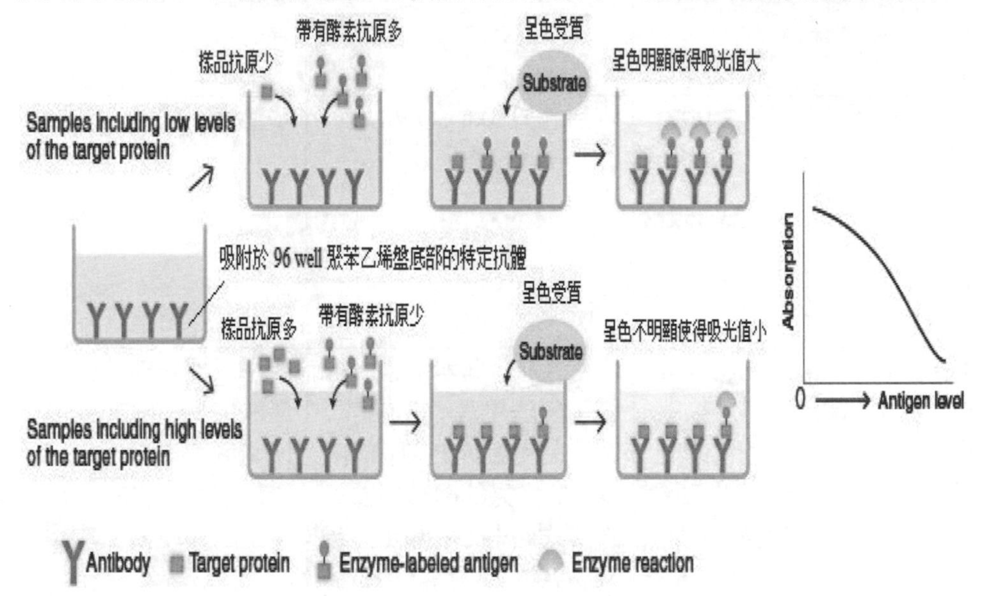

(二)競爭 ELISA 步驟：

1. 將特定抗體吸附於 96 well 聚苯乙烯盤底部。
2. 再洗去未吸附的特定抗體。
3. 加入樣品抗原，使其結合於特定抗體；再加入帶有酵素抗原，也可結合於特定抗體，由於吸附的特定抗體數量有限，因此檢體中樣品抗原量越多，帶有酵素抗原可結合於特定抗體的位點越少。

(兩種抗原皆競爭 96 well 聚苯乙烯盤底部的特定抗體，即所謂競爭法之由來)

4. 再洗去未結合的樣品抗原與帶有酵素抗原。
5. 加入可被帶有酵素抗原之酵素呈色的受質，使之反應呈色，以 ELISA reader 偵測吸光值，藉由吸光值計算待測抗原含量。

(當檢體中樣品抗原量越少，代表帶有酵素抗原越多，呈色明顯使得吸光值大；當檢體中樣品抗原量越多，代表帶有酵素抗原越少，呈色不明顯使得吸光值小)

四、請說明發酵蔬菜的製造、發酵原理與因發酵而產生之益處。（20 分）
【111-2 年食品技師】

詳解：

(一)發酵蔬菜的製造：以德式酸菜(Sauerkraut)為例

製程	步驟	說明
甘藍菜 → 處理 → 切細 → 加鹽 → 發酵桶 → 覆蓋 → 發酵 → 德式酸菜	甘藍菜	使用德式酸菜之特殊品種
	處理	去除外葉及核心
	加鹽	添加 2.23~ 2.5 %鹽。目的：1.植物細胞汁液滲出、以利乳酸菌生長、2.抑制腐敗菌
	覆蓋	加蓋並壓重物，以排除空氣及造成無氧環境
	發酵	第一階段：*Leuconostoc mesenteroides* 第二階段：*Lactobacillus brevis* 及 *Lactobacillus plantarum* 第三階段：*Lactobacillus plantarum*

(二)發酵原理：

發酵原理
(1)第一階段：菌種產生有機酸以增加酸度，使耐酸的第二階段菌種生長 菌種：*Leuconostoc mesenteroides*(異型乳酸菌)
(2)第二階段(6~ 8 days)：適應酸性環境的乳酸桿菌大量生長 菌種：*Lactobacillus brevis*(異型乳酸菌)及 *Lactobacillus plantarum* (同型乳酸菌)
(3)第三階段(16~ 18 days)：後期為最適應植物組織的植物乳酸桿菌適者生存 菌種：*Lactobacillus plantarum*(同型乳酸菌)

(三)因發酵而產生之益處：

1. 德式酸菜為清爽、聲音清脆及具有特殊風味之全發酵產品。
2. 乳酸菌可以乳酸菌拮抗作用來抑制雜菌生長，故可以增加保存期限。
3. 乳酸菌為益生菌(probiotics)，具有以下機能性：

(1)胃腸功能改善。

(2)免疫調節。

(3)改善乳糖不耐症。

(4)抗癌效果。

(5)降低血膽固醇效果。

五、乳酸鏈球菌素（Nisin）是一種最廣泛使用於食品保藏（food preservation）的抗生素。請敘述乳酸鏈球菌素的抗菌機制、抗菌活性是針對那些微生物、具有那些作為食品防腐劑的理想特性？（20 分）

【111-2 年食品技師】

詳解：

乳酸鏈球菌素(nisin)為乳酸乳酸球菌(*Lactococcus lactis*)產生的細菌素(Bacteriocin)，屬於一種蛋白質抗生素，在美國屬於為 GRAS(generally recognized as safe)級防腐劑，在台灣被當作食品添加物之防腐劑使用，屬於一種生物防腐劑(biopreservatives)，使用範圍與限量為：本品可使用於乾酪及其加工製品；用量為 0.25g/ kg 以下。

(一)乳酸鏈球菌素的抗菌機制：

造成微生物細胞膜之傷害，使細胞質內之物質外流而死亡。

(二)抗菌活性是針對那些微生物：

可抑制 Gram positive 細菌尤其是產孢菌，和抑制其孢子萌發。

(三)具有那些作為食品防腐劑的理想特性：

1. 容易取得、價格便宜。
2. 對微生物的作用，最好能殺死微生物，且能針對常造成食品腐敗及食品安全問題的微生物。
3. 不會很容易和食品中其他成分發生化學反應，而失去抗菌活性。
4. 沒有不好的味道及顏色。
5. 不會對消費者造成傷害。
6. 不會輕易誘發微生物產生抗性。
7. 劑量低即有很強之效果。

◎細菌產生抗菌物質稱細菌素(Bacteriocin)之特性：

1. 細菌所產生之蛋白質類物質，可抑制和其血緣相近的菌種。
2. 對熱穩定。
3. 不具動物毒性。
4. 可殺死腐敗菌株。
5. 可於動物腸道中被酵素分解。

◎一般認定屬於安全的(generally recognized as safe, GRAS)：

某些物質雖然大量食用會造成有害作用，但由於：(1)不可能達到如此高的食用量、(2)人體可自然分解排泄該物質、(3)只要每日攝取量不超過 ADI，則不會有累積效果。故該物質在食品中的存在，便稱之為一般認定屬於安全的(GRAS)，美國 FDA 針對此些物質有列出 GRAS list，供民眾查詢。

111 年第二次專門職業及技術人員高考-食品技師

類科：食品技師　科目：食品化學

一、請說明食品蛋白質的功能特性及其相關作用機轉，並說明影響蛋白質功能特性的因子為何？（20 分）

【111-2 年食品技師】

詳解：

(一)蛋白質的功能特性：是指除了營養外的其他性質(物理、化學特性)，這些性質常會影響到食品的感官特性(特別是質地方面)，同時也對食品或食品配料在製備、加工或儲藏時的物理特性扮演著重要角色。

(二)蛋白質的功能特性之相關作用機轉與影響蛋白質功能特性的因子：

1. 蛋白質之水合性質(hydration)與溶解性(solubility)：

(1)相關作用機轉：蛋白質與水交互作用(離子鍵或氫鍵鍵結)，可分可溶與不可溶。形成階段順序為：乾燥蛋白的極性部位先與水結合、再循序吸附多層水(multiple water)、吸附的水凝結、蛋白質膨潤、蛋白質再溶解分散形成溶液或成為膨潤的不溶粒子與物質。

(2)影響水合性質與溶解性之因子：

a. 蛋白質組成：	蛋白質親水性基團愈多，溶解度愈高；反之，溶解度愈低
b. pH 值：	當蛋白質溶液之 pH 值在等電點(isoelectric point, pI)附近時，蛋白質的淨電荷非常小，多胜肽彼此靠近，不易溶於水中，溶解度最小，甚至會互相凝集，造成蛋白質沉澱
c. 鹽濃度：	(1)鹽溶(salting in)：中性鹽的離子，濃度在 0.5~1.0M 之間，減低蛋白質分子間靜電吸引，可增進蛋白質的溶解度 (2)鹽析(salting out)：中性鹽濃度高於 1M，因鹽離子與蛋白質互相競爭與水分子，蛋白質溶解度會下降而沉澱析出
d. 溶媒的介電常數	酒精和丙酮的介電常數較水分子小，當蛋白質在此溶媒中，其分子間的靜電排斥力變小，因此溶解度較低。或這些溶劑與蛋白質競爭水分子，減低蛋白質的水溶性
5. 溫度：	在一特定的溫度範圍(約 0 至 40~50 ℃)，大部分的蛋白質溶解度隨溫度的上升而增加，超過 40~50 ℃會使蛋白質變性，而產生凝聚作用，降低蛋白質溶解度

2. 蛋白質之凝膠性(gelation)：

(1)相關作用機轉：蛋白質必先變性伸直，使基團露出，使蛋白質與蛋白質藉由共價鍵與非共價鍵交互作用，形成立體網狀結構，而穩固水分和低分子化合物於結構中。

(2)影響凝膠性之因子：

a. 溫度	加熱導致蛋白質分子展開與官能基暴露，再形成穩定的共價鍵，使凝膠強度增加(茶碗蒸)；或當被冷卻時，熱動能的降低有助於官能基間形成穩定的非共價鍵，使凝膠強度增加(豬腳凍)
b. pH 值	調 pH 值使蛋白質達 pI 或變性之凝膠需加酸或加鹼(嫩豆腐、皮蛋)
	非調 pH 值之凝膠則需 pH 值遠離等電點時，較易形成凝膠(傳統豆腐)
c. 鹽類	高鹽濃度會產生鹽析作用，是由於鹽離子與蛋白質相互競爭水所致，會導致凝膠。金屬離子的添加可中和蛋白質電荷，形成離子鍵或配位共價鍵，促進凝膠(傳統豆腐)(皮蛋加銅、鉛)
d. 酵素	若能經由酵素水解蛋白質親水性基團，則可促進凝膠(酪蛋白凝膠)
e. 蛋白質種類	高比率疏水性胺基酸的蛋白質，變性時基團露出，形成較多的疏水性作用力，較易凝膠
f. 蛋白質濃度	蛋白質濃度越高，蛋白質分子間接觸機率越高，易產生凝膠作用

3. 蛋白質之界面特性(Interfacial properties)：

(1)相關作用機轉：

a. 乳化性：蛋白質具有親水端與疏水端，於液體(蛋白質溶液)和油脂所組成的二相膠體系統，其中蛋白質是維持此兩系統穩固的界面活性劑(乳化劑)。

b. 起泡性：蛋白質具有親水端與疏水端，於液體(蛋白質溶液)和氣體所組成的二相膠體系統，其中蛋白質是維持此兩系統穩固的界面活性劑(起泡劑)。

(2)影響界面特性之因子：

(1)pH 值	當蛋白質到達等電點(pI)時，無靜電排斥力，分散性低，溶解度降低，乳化性與起泡性低，但形成乳化物或氣泡後再調蛋白質到接近等電點時，會增加蛋白質膜的黏度及硬度，穩定性高
(2)溫度	不變性的溫度下加熱，溶解度增加，乳化性與起泡性高，但會減低蛋白質膜的黏度及硬度，穩定性低；變性的溫度下加熱，溶解度降低，乳化性與起泡性低，若已形成乳化物與泡沫的蛋白質發生變性，則會破壞穩定性
(3)鹽類	加入鹽類使蛋白質鹽溶(salting in)，溶解度增加，乳化性與起泡性高，但會減低蛋白質膜的黏度及硬度，穩定性低；加入鹽類使蛋白質鹽析(salting out)，溶解度降低，乳化性與起泡性低，但形成乳化物或氣泡後再調蛋白質接近鹽析時，會增加蛋白質膜的黏度及硬度，穩定性高
(4)醣類	醣類加入會提高黏度，使蛋白質溶解度降低，乳化性與起泡性低，但會增加蛋白質膜的黏度及硬度，穩定性高

二、請比較並說明花青素（anthocyanin）、甜菜素（betanine）、類胡蘿蔔素（carotenoid）的基本結構，並請分別說明其在一般加工中影響安定性的主要因子。（20 分）

【111-2 年食品技師】

詳解：

(一)花青素（anthocyanin）：

1. 基本結構：花青素乃是由花青素的配質與一個或多個糖分子所形成的配醣體(醣苷) (glycosides)，花青素具有類黃酮典型的 $C_6—C_3—C_6$ 的碳骨架結構，而花青素配質的基本結構則是 2-苯基苯哌喃酮(2-phenyl-benzo-α-pyrylium, flavylium)，其結構如下圖。

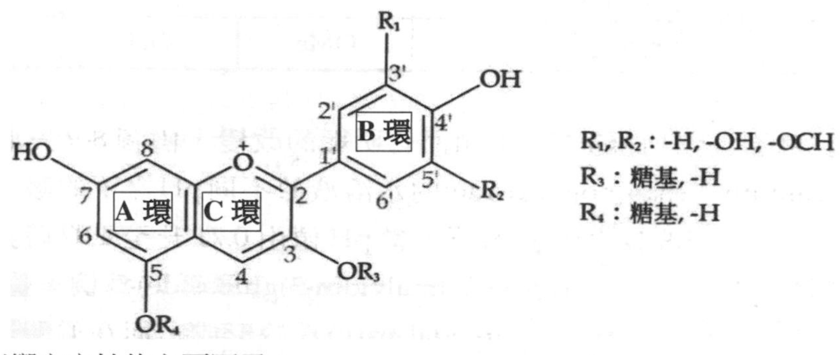

2. 影響安定性的主要因子：

(1)氧氣	氧氣對花青素具有破壞作用(酵素性褐變)，可用充氮包裝防止
(2)溫度	加熱或高溫儲藏，花青素將會降解為褐色產物(酵素性褐變)
(3)酵素	多酚氧化酶(polyphenol oxidase)：直接或間接使花青素氧化或降解(酵素性褐變)
(4)pH 值的變化	a. pH 值大於 7 時，花青素以藍色的醌式存在(quinoidal base) b. pH 介於 4~ 5 之間，花青素以無色的擬鹼式存在(carbinol pseudo-base)，並可互變成無色的查耳酮式(chalcone)，並有少量藍色的醌式與少量紅色的陽離子型存在，故呈紫色 c. pH 值小於 3 時，花青素以紅色的陽離子型存在(flavylium cation)
(5)亞硫酸鹽或二氧化硫	過量進行漂白時，花青素第 2 及第 4 個位置會與亞硫酸根形成複合物，而快速褪色(少量可保護花青素)
(6)維生素 C 存在	與維生素 C 共存時，二者交互作用的結果是同時都被分解；若有金屬離子如銅或鐵的催化，維生素 C 之氧化更加速了花青素的破壞，而花青素的分解產物為紅褐色，在果汁中仍可被接受
(7)金屬離子	如鮮花的顏色比花青素鮮豔得多，就是因鮮花中一部分花青素與金屬離子形成複合物。在過去罐裝食品因罐內壁塗漆料不佳，浸蝕出來的金屬離子常與花青素形成安定不可逆的複合物，多數情況產生不良的深色

(二)甜菜素（betanine）：

1. 基本結構：含有紅色之甜菜素(betanin)又稱莧紅素(Amaranthin)及黃色之甜菜黃素(betaxanthin)。此類色素之呈色與其共振結構有關，如下圖，若 R 或 R' 結構中不具共振之結構，則色素為黃色，若為共振結構，則顏色加深為紅色。

1,7-diazoheptamethin

2. 影響安定性的主要因子：

(1)溫度：甜菜素耐熱性不高。

(2)氧氣或氧化劑：甜菜素不耐氧化，氧化後會使其褪色。

(3)pH 值：pH 值 4~7 呈紫色，當 pH 值低於 4 或高於 7 時會變為紫色，pH 值 10 以上會變為黃色。

(4)金屬離子：Fe^{2+}、Cu^{2+}、Mn^{2+}對甜菜素穩定性有一定的影響。

(三)類胡蘿蔔素（carotenoid）：

1. 基本結構：以異戊二烯(isoprene)為單元構成的類異戊二烯(isoprenoids)，如下圖，可分成胡蘿蔔素(carotene)及葉黃素類(xanthophylls)。

(1)胡蘿蔔素(carotene)：分子中無氧原子，易溶於石油醚，但難溶於酒精。

(2)葉黃素類(xanthophylls)：分子中有氧原子，難溶於石油醚，但易溶於酒精。

2. 影響安定性的主要因子：氧化及異構化使褪色

(1)高熱與光照：類胡蘿蔔素較其他天然色素安定，但卻會因高熱與光照而氧化，引起異構化(雙鍵位置的逆／順式互換)或氧化分解的現象，特別是在不飽和油脂含量高的食品中。

(2)氧氣：高濃度的氧氣會加速類胡蘿蔔素的氧化，可充氮密封預防。二氧化硫為強還原劑，所以二氧化硫對類胡蘿蔔素亦有保護作用(作為抗氧化劑)，如金針乾中，存於多量二氧化硫(以燻硫)，以保護類胡蘿蔔素。

(3)酵素：脂氧合酶(lipoxygenase, Lox)可加速類胡蘿蔔素分解及異構化。

(4)其他抗氧化物質的存在：類胡蘿蔔素在體內(in vivo)及體外(in vitro)氧化有所差異，決定於其他抗氧化物質的存在。

(5)作為抗氧化劑：類胡蘿蔔素在低氧分壓下可作為抗氧化劑，可清除單態氧(singlet oxygen)及許多自由基(free radicals)而氧化。如類胡蘿蔔素存於葉綠體中，和油互溶，避免葉綠素發生光氧化。

三、許多蔬果如蘋果及香蕉易產生酵素性褐變，請說明酵素性褐變反應的必需因子及防止酵素性褐變反應的方法。（20 分）

【111-2 年食品技師】

詳解：

(一)酵素性褐變反應的必需因子：

1. 必需因子：基質(酚類)、酵素及氧氣。
2. 反應機制：

(1)羥化作用(hydroxylation)：單元酚(monophenol)(如酪胺酸)經酚羥化酶(phenol hydroxylase)或稱甲酚酶(cresolase)作用成二元酚(diphenol)。

(2)氧化作用(oxidation)：二元酚經多酚氧化酶(polyphenol oxidase)或稱兒茶酚酶(catecholase)形成二苯醌類化合物(diquinone)。

(3)氧化(oxidation)與聚合(polymerization)作用：二苯醌類經氧化與聚合形成黑色素(melanin)。

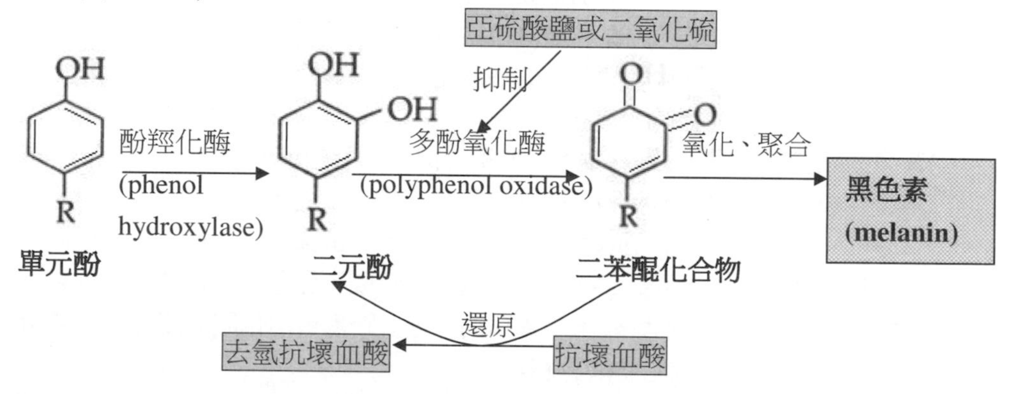

(二)防止酵素性褐變反應的方法：

1. 去除氧氣：抽真空、隔絕氧氣、調氣(MA)或控氣(CA)包裝。
2. 控制酵素活性：

(1)溫度：利用殺菁使酵素失活。溫度愈低，化學反應速率愈慢。

(2) pH 值：調 pH 值至 3 以下或 10 以上使酵素失活。

(3)鹽類：浸泡氯化鈉可抑制酚酶活性。

(4)亞硫酸鹽或二氧化硫：為酚酶強力的抑制劑。

(5)螯合劑(chelating)：可用 EDTA、檸檬酸、蘋果酸、硼酸(非法)將酚酶分子內之銅離子輔基螯合，使失活。

3. 改變或去除基質：

(1)維生素 C(抗壞血酸)：將二苯醌化合物還原成二元酚。

(2)甲基化處理：以酵素將羥基(-OH)甲基化成甲氧基($-OCH_3$)，使不被酚酶作用。

四、請說明茶葉有何機能性？造成茶葉品質在儲藏期間劣變的因子有那些？如何預防茶葉品質的劣變？（20 分）

【111-2 年食品技師】

詳解：

(一)茶葉的機能性：

1. 抗氧化、抗老化、抗突變、抗畸胎、抗癌：不論綠茶、烏龍茶或紅茶，所含的兒茶素類和其氧化物都已證實具有很強的抗氧化作用，可中和身體內各部分所產生的自由基，延緩老化、防止油脂氧化和改善過敏現象。
2. 抑制胃幽門螺旋桿菌與胃癌：研究指出兒茶素類在體外 50~100 ppm 下，可阻止胃幽門螺旋桿菌(*Helicobacter pylori*)的增殖，而胃幽門螺旋桿菌的感染與胃癌的發生率有明顯的相關性。
3. 降低血脂預防高血壓：

(1)飲茶具有降血脂的作用，特別是具有降低 LDL，並提高 HDL 的功效。

(2)茶湯中富含的鉀離子，可促進血液中鈉離子排除，而預防高血壓。

(3)茶葉在製作過程經厭氧發酵產生的 γ-胺基丁酸具有降血壓及解酒的功效。

4. 抗肥胖：

(1)茶多酚(兒茶素)可抑制細胞中的脂肪酸合成酶，當該酵素被抑制時，體內即不會生成三酸甘油酯等脂肪，而達到脂肪合成減少之目的。

(2)茶鹼(Theophylline)可抑制磷酸二酯酶(cAMP phosphodiesterase)活性，因此 cAMP 不會被分解，保留 cAMP 可抑制肝醣合成，促進肝醣分解，並促進三酸甘油酯分解。並能加強腎上腺素作用，腎上腺素可活化脂肪組織中的脂解酶(Lipase)活性，促進脂肪酸分解。

(二)造成茶葉品質在儲藏期間劣變的因子：

1. 高溫、潮濕條件下遇氧：會加速兒茶素氧化(酵素性褐變)。
2. 多酚氧化酶：兒茶素易被氧化生成褐色物質(酵素性褐變)。
3. 金屬離子：兒茶素可與金屬離子結合產生白色或有色沉澱。

(三)預防茶葉品質的劣變方法：預防酵素性褐變

1. 去除氧氣：抽真空、隔絕氧氣、調氣(MA)或控氣(CA)包裝。
2. 控制酵素活性：

(1)溫度：利用殺菁使酵素失活。溫度愈低，化學反應速率愈慢。

(2) pH 值：調 pH 值至 3 以下或 10 以上使酵素失活。

(3)鹽類：浸泡氯化鈉可抑制酚酶活性。

(4)亞硫酸鹽或二氧化硫：為酚酶強力的抑制劑。

(5)螯合劑(chelating)：可用 EDTA、檸檬酸、蘋果酸、硼酸(非法)將酚酶分子內之銅離子輔基螯合，使失活。

3. 改變或去除基質：

(1)維生素 C(抗壞血酸)：將二苯醌化合物還原成二元酚，以抑制酵素性褐變。

(2)甲基化處理：以酵素將羥基(-OH)甲基化成甲氧基($-OCH_3$)，不被酚酶作用。

五、請說明水產煉製品的加工原理？並詳述一段式加熱與多段式加熱對煉製品彈性有何影響？（20 分）

【111-2 年食品技師】

詳解：

(一)水產煉製品的加工原理：以魚糕為例

魚糕的主要製作流程包括原料魚採肉、漂洗、脫水、加鹽擂潰、加熱成型等，其原理如下：

1. 採肉：去頭、去尾、去內臟，主要為取得魚體肌肉部份，以取得大部分的魚體肌肉組成，以進行後續的凝膠來增加彈性。
2. 漂洗：增進肌動蛋白(actin)與肌凝蛋白(myosin)比例，以促進凝膠以進行後續的凝膠來增加彈性。
3. 脫水：改變水分含量。步驟前後可加入精濾操作。去除殘餘的骨頭、皮即不受歡迎的暗色肌肉。以去除不會凝膠的成分，以進行後續的凝膠來增加彈性。
4. 加鹽擂潰：具有乳化、均勻混合之功用，其目的是使魚肉組織散開，讓添加的食鹽將鹽溶性蛋白質中之肌凝蛋白(myosin)與肌動蛋白(actin)自肌肉纖維中充分溶出，以便形成煉製品凝膠的網狀結構，增加黏彈性。
5. 加熱成型：使蛋白質變性而破壞蛋白質的共價鍵與非共價鍵，再形成共價鍵與非共價鍵，將水分子保留於蛋白質結構之中而形成凝膠。會影響製品風味及決定彈性之決定步驟。

(二)一段式加熱與多段式加熱對煉製品彈性的影響：

1. 不同加熱溫度的目的：

(1)凝膠溫度帶：約 50~60℃，可形成很多共價鍵與非共價鍵，將水分子保留於蛋白質結構之中而形成凝膠，但會依不同魚種、年齡、季節有所差異。

(2)解膠溫度帶：約 60~70℃，會因魚肌肉中的蛋白酶於最適溫度下進行蛋白質水解而降低凝膠強度，但會依不同魚種、年齡、季節有所差異。

(3)加熱最後溫度：90℃，可殺死腐敗微生物以提升保存性，並使蛋白質完全變性以利消化吸收。

2. 一段式加熱：直接將生的水產煉製品之半成品加熱至約 90℃，維持約 20 分鐘，因快速通過凝膠溫度帶，故凝膠強度較弱，亦快速通過解膠溫度帶，減少魚肌肉的蛋白質水解。最後使得水產煉製品彈性較弱。
3. 多段式加熱：先將生的水產煉製品之半成品加熱至約 50~60℃，維持約 10 分鐘，使其於凝膠溫度帶形成較多的凝膠，之後再快速加熱至約 90℃，維持約 20 分鐘，以快速通過解膠溫度帶，減少魚肌肉的蛋白酶水解。因於凝膠溫度帶時間較久，故可使水產煉製品彈性較強。

111 年第二次專門職業及技術人員高考-食品技師

類科：食品技師　科目：食品加工

一、食品冷凍是為延緩食品腐敗與劣化之方式，在食品保藏上扮演相當重要的角色。請就下述凍結溫度曲線上各階段(AB, BC, CD, DE, EF, FG, tf)所代表的意義為何？並繪製冷凍循環簡圖說明冷凍機運作達到食品冷凍的原理。(25 分)

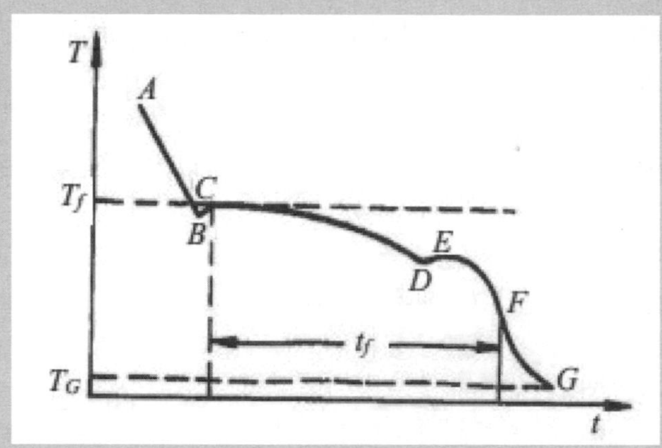

【111-2 年食品技師】

詳解：

1. 各階段代表的意義：

AB	降溫至過冷：過冷現象為低於凍結點，但食品中水分尚未結冰。
BC	冰晶開始形成：加入結晶核或加以攪拌，則水放出潛熱並開始結冰。
CD	凍結最主要階段：此為最大冰晶生成帶。
DE	溶質開始結晶：由於溶質濃度越高，結冰點會下降，故此時溶質才開始結冰。
EF	水和溶質繼續結晶：直到共晶點(F)，此時食品全面結晶。
FG	已凍結食品繼續降溫：直達所提供之低溫。
tf	總凍結時間：從凍結開始到凍結完全所需要的時間。

2. 冷凍循環簡圖與運作原理

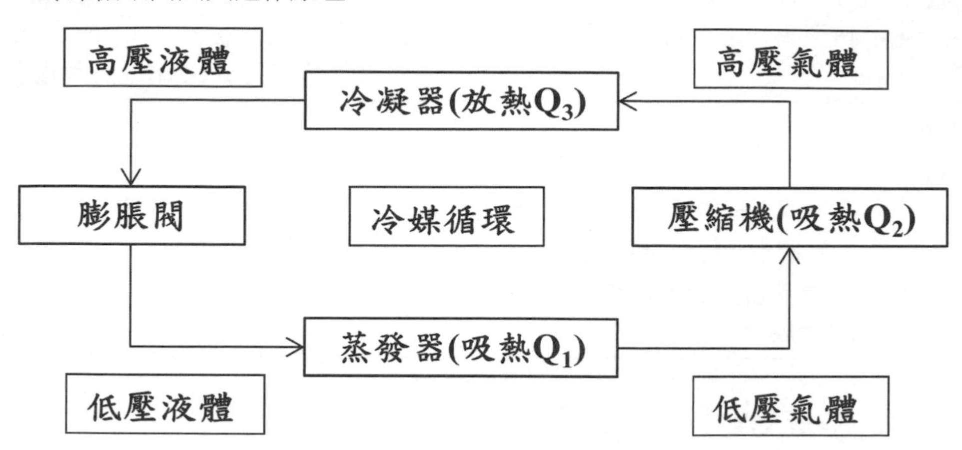

(1) 冷凝器(condenser)：將含高熱量的冷媒冷卻，使其放熱(Q3)，在通過此點的冷媒，將由高壓氣體冷凝為高壓液體。

(2) 膨脹閥：又稱調節閥，使高壓液態冷媒壓力銳減，發生膨脹；通過此點的冷媒，將有部分高壓液態冷媒，因壓力降低而變為低壓液體。

(3) 蒸發器(evaporator)：冷媒吸收來自於食物的熱量(Q1)，也就是將食物降溫，進行冷凍；通過此點的冷媒，由於吸收熱的關係，全部轉變為低壓氣體。

(4) 壓縮機(compressor)：將蒸發的低壓氣態冷媒藉由機械作功，並產生部分熱量(Q2)，使其壓縮成高壓氣態冷媒；通過此點的冷媒回復為原來的高壓氣體。

(5) 根據能量不滅定律，可得知：冷凝器所放出熱量(Q3)=蒸發器吸收熱量(Q1)+壓縮機壓縮工作熱量(Q2)。

二、生乳為日常生活重要的食品之一，請敘述生乳的製造流程，並說明對生乳入廠品質指標、離心處理、標準化處理、均質與殺菌。(25 分)

【111-2 年食品技師】

詳解：

解析：依定義：

(1) 生乳：係指直接由乳牛、乳羊擠出之全乳汁未加殺菌或滅菌處理者而言。

(2) 鮮乳：係指生乳經殺菌或滅菌後，供應直接飲用之全乳汁而言。

故此題應該是考鮮乳的製造流程及其提到的各操作原理及目的；另再寫出生乳的入廠品質指標。

1. 生乳的製造流程：

收乳=>生乳=>離心=>暫貯乳=>標準化(Standardization) =>預熱=>均質(Homogenization) =>殺菌或滅菌=>冷卻=>無菌充填=>成品=>冷藏

2. 各操作重點：

(1) 入廠品質指標：CNS3055(以牛乳為例)

乳脂肪(%)	3.0 以上
非脂肪乳固形物(%)	8.0 以上
酸度(%)(以乳酸計)	0.18 以下
比重(15^0C)	1.028-1.034
沉澱物(mg/L)	2.0 以下
美藍還原試驗	陰性
體細胞數(cell/mL)	A 級< 3×10^5 3×10^5< B 級 $\leq 5\times10^5$ 5×10^5< C 級 $\leq 8\times10^5$ 8×10^5< D 級 $\leq 1\times10^6$
生菌數(CFU/mL)	1×10^5 以下
酒精反應	以生乳試驗樣本等量之酒精陰性

(2) 離心可分為：

A. 淨化(Clarification)：利用離心淨化器。利用比重差異，使生乳中的髒顆粒、白血球和體細胞移除。若細菌成團或在牛乳中的顆粒上隱藏，會降低巴氏殺菌的效率；此外，可改變非脂肪乳固形物含量。

B. 分離乳脂與乳清：利於後續調整乳脂肪含量，並提高儲藏穩定性。

(3) 標準化處理：除鮮牛乳及鮮羊乳外，另一產品特性分為強化鮮乳、低乳糖鮮乳、無乳糖鮮乳。(參考 CNS3056) (以牛乳為例)

非脂肪乳固形物	鮮牛乳應在 8.25%(m/m)以上；
磷酶試驗	陰性。
強化鮮乳	可添加生乳中(除水分外)所含之營養素，其添加物及使用量應符合我國衛生福利主管機關公布之品項、使用範圍及用量標準。
低乳糖鮮乳	乳糖含量不得高於 2.0%。
無乳糖鮮乳	乳糖含量不得高於 0.5%。
乳脂肪含量	高脂鮮乳：在3.8%(m/m)以上。 全脂鮮乳：在3.0%(m/m)以上，未滿3.8%(m/m)。 中脂鮮乳：在1.5%(m/m)以上未滿3.0%(m/m)。 低脂鮮乳：在0.5%(m/m)以上未滿1.5%(m/m)。 脫脂鮮乳：未滿0.5%(m/m)。 脂肪無調整：3.0%(m/m)以上。

(4) 均質：採用均質機(Homogenizer)操作，可先預熱，提高打散乳脂肪能力。

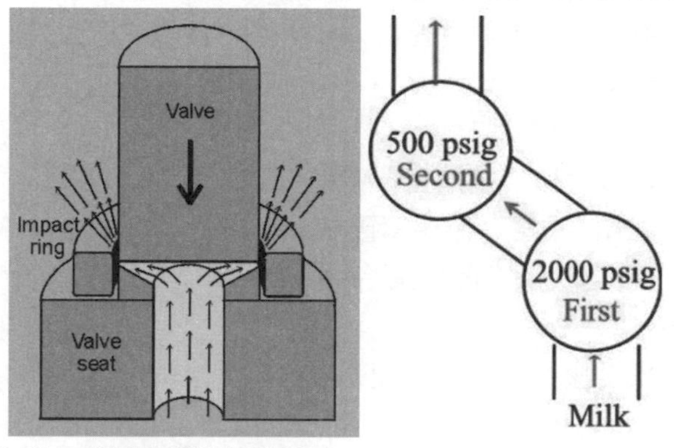

A. pump：加速牛乳，提高撞擊力或重力。

B. 2 組 homogenizing valves：為很小的空間，靠 impact effect(撞擊)、shear stress(剪力)及 pressure drop(壓力降)來完成均質。

(5) 殺菌：採用巴士德殺菌(pasteurization)，100℃以下進行殺菌，無法完全殺滅腐敗菌，但可殺滅病原菌及無芽孢細菌。

A. 低溫長時間(low temperature long time, LTLT)：62~65℃，30 分鐘。可殺滅結核菌、傷寒菌、霍亂菌、病原性葡萄球菌及溶血性鏈球菌，但無法完全殺滅腐敗菌。

B. 高溫短時間(high temperature short time, HTST)：72~75℃，15 秒。此法可減低食品品質劣化。

三、潔淨標示(clean label)越來越受到消費者的重視，無添加物又可確保食品安全的加工方式也被開發應用，高壓技術應用於食品加工即是其中之一，請說明何謂高壓加工技術？其操作原理為何？與加熱加工比較高壓加工技術有何優點？在食品工業上應用的可能性與範圍、應用限制為何？(25 分)

【111-2 年食品技師】

詳解：

1. 高壓加工技術：利用液壓或靜水壓(hydrostatic pressure)的機械力，可說是壓力位能(potential)的利用，而非如殺菌釜等之間接壓力利用法。食品試料因受到所有方向均等之壓縮，可於釋壓後，回復原有型態，且可達到殺菌效果。

2. 操作原理：

(1) 利用Pascal's principle，於高強度鋼製厚壁圓筒容器中注滿液體，在不使液體洩漏的情況下以強壓力封入活塞，則內部的液體受到壓縮，體積減少而發生高壓(範圍：1000～10000大氣壓；1大氣壓 = 0.1 MPa)。此密閉液體之壓力可在任何點都不衰減下傳至各方向，即可均勻受壓。

(2) 此法已被美國食品及藥物管理局列為一種可代替巴斯德殺菌之非加熱的殺菌技術。其作用機制包括破壞微生物細胞膜、使微生物生長所需蛋白質變性、破壞 DNA 轉錄及細胞膜上磷脂質固化等，使得生長中的微生物細胞產生重大變化而達到殺菌的效果。

3. 與加熱加工比較高壓加工技術有何優點：

(1) 無化學變化(如梅納反應、維生素破壞或異常生成)

(2) 無梅納反應，故可以保持食品原始顏色及風味

4. 應用的可能性與範圍：固態或固液態混合食品之殺菌。

5. 應用限制：

(1) 對於需要加熱香氣及色澤形成之食品不可使用

(2) 產品需靠柵欄技術搭配(如低溫)才可長期保鮮

(3) 流體食品不適合。但可利用包裝(軟袋或塑膠瓶，如 PP、PET或積層袋等材質的包材)方式使用於流體，但須考慮包材的耐高壓與否

(4) 須考慮目標微生物對於高壓的耐受性

(5) 食品水分太低時，食品容易破碎，且效果較差

(6) 能源耗費高

四、罐頭食品的製造在食品工業扮演相當重要的角色。請問何謂低酸性罐頭食品？請以低酸性罐頭食品製造(包裝容器為馬口鐵罐)為例，說明其一般製造程序。特別針對影響罐頭製品品質與安全性最大的三步驟(脫氣、密封、殺菌)詳加說明。就安全起見，低酸性罐頭食品加熱處理對肉毒桿菌孢子殺菌強度之設定必須達到 12D，請問其意義為何？(25 分)

【111-2 年食品技師】

詳解：

1. 低酸性罐頭食品：指罐頭內容物食品之 pH > 4.6。在食品工廠中殺菌目標微生物會依據 pH 值及食品成分來挑選適當的目標微生物。低酸性罐頭目標微生物為肉毒桿菌(*Clostridium botulinum*)，需要 F = 12D 殺菌才能確保肉毒桿菌無法生存並產生毒素，常用殺菌法為 100℃以上之商業滅菌。如鮪魚罐頭。

2. 一般製造程序：

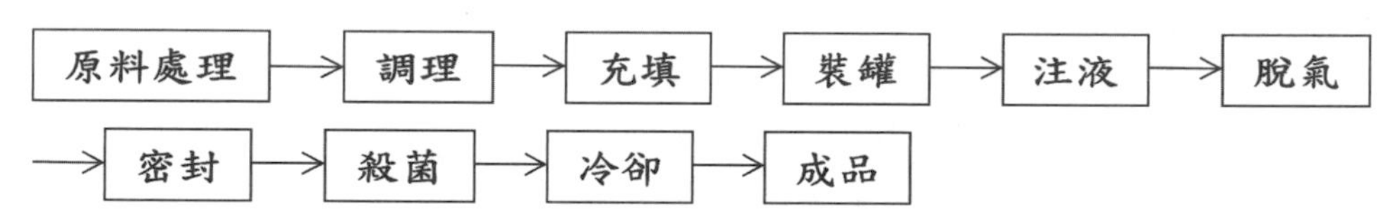

3. 安全性最大三步驟：

(1) 脫氣：

A. 目的：

a. 防止好氣性細菌及黴菌的生長。

b. 防止罐頭高溫殺菌時因內容物膨脹致捲封損壞。

c. 減少內容物品質的劣變(氧化作用)。

d. 減少罐內壁與氧作用造成腐蝕。

B. 方法：

a. 加熱脫氣法：裝罐前先將內容物加熱，趁熱裝罐並立即密封。裝罐後以脫氣箱將產品加熱，隨之密封。

b. 真空脫氣法：在真空封蓋機內於捲封前瞬間抽氣後迅速密封的方法，對熱敏感的水果罐頭可用真空封蓋。含多量空氣的蔬果產品，不宜使用本法，多用於水果、蔬菜、魚、肉類之小型罐。

c. 蒸氣脫氣法：以蒸氣噴射罐瓶上部空隙的位置，以取代空氣而產生真空的方法。

(2) 密封：

A. 目的：隔絕內外，防止外部氧氣與微生物進入，並防止內容物之風味流失。

B. 方法：目前大部分食品罐頭均使用二重捲封(double seaming)：主要部位為托罐盤、軋頭及捲輪。

(3) 殺菌：

A. 目的：殺死微生物、酵素失活、組織軟化、趕走空氣

B. 罐頭殺菌重要因子：

a. 指標性微生物之菌體特性：壓力、溫度與時間

b. 罐頭內容物成分：水活性、酸鹼度、滲透壓、食品添加物與抑菌物質

c. 熱傳導度與熱分布狀態

d. 真空度：即罐內上部空隙，因空氣為熱的不良導體

e. 黏度：黏度越高對流越不利，熱分佈越不均勻

f. 固形物含量：減少對流，相對分佈不均

g. 殺菌釜轉速：影響冷點分佈

h. 罐頭排列方式：與受熱面積有關

4. 12D意義：

(1) 若於食品中於110℃下，測得*C. botulinum*之D值為2分鐘，為了安全起見，則應提高加熱時間為24分鐘。

(2) D值為在一定溫度下，將微生物數目降低1個對數值，所以在12D的處理下，若初始菌數為10^6，則經過12D處理後，菌數會變成10^{-6}，代表在100萬個罐頭中只有1個罐頭有可能有肉毒桿菌的存在，又於食品中，常常微生物的數目可能只有10^3，所以經12D處理後，幾乎不可能還有*C. botulinum*之存在。

111 年第二次專門職業及技術人員高考－食品技師

類科：食品技師　科目：食品分析與檢驗

一、稀釋的次氯酸水可用於清洗食器但不適合以加熱進行有效殺菌的生鮮即食蔬果，使用時須經充分的清水漂洗以避免殘留，最終食品中殘留的總有效氯含量需低於 1 ppm，方符合規範。請說明如何測定食品中的總有效氯含量。（20 分）

【111-2 年食品技師】

詳解：

總有效餘氯包括：自由有效餘氯與結合有效餘氯。

(一)原理：水樣加入磷酸緩衝液溶和 N,N-二乙基-對-苯二胺 (N,N-diethy1-p-phenylenediamine；DPD)呈色劑後，水中之自由有效餘氯可將 DPD 氧化，使溶液轉變為紅色，立即以分光光度計在波長 515 nm（或其他特定波長）處量測其吸光度。若於前述反應溶液中再加入多量碘化鉀，則水中之結合有效餘氯可將碘化鉀氧化而釋出碘，碘再氧化 DPD，使溶液之顏色加深，可再以分光光度計在波長 515 nm 處量測其吸光度。

(二)操作步驟：

1. 檢量線製備：[以高錳酸鉀(穩定)取代次氯酸鈉(不穩定)當標準品去氧化 DPD 呈色，再計算高錳酸鉀相當於氯的量(Chlorine equivalent)，891 mg/L 高錳酸鉀相當於 1000 mg/L 氯濃度]

(1)高錳酸鉀標準溶液之配製：取 10.0 mL 高錳酸鉀儲備溶液(891 mg/L)，以試劑水(不含氯的純水)稀釋至 100 mL。取 0.1~8 mL 前述稀釋液，再以蒸餾水稀釋至 200 mL；配製含一個空白和至少五種濃度的高錳酸鉀標準溶液。

(2)於 250 mL 三角燒瓶中，依次加入 5 mL 磷酸鹽緩衝溶液、5 mL DPD 呈色劑及高錳酸鉀標準溶液 100 mL，使其均勻混合並呈色，以分光光度計在波長 515 nm（或其他波長）處測定其吸光度。

(3)將測定液倒回三角燒瓶中，立即以硫酸亞鐵銨(ferrous ammonium sulfate, FAS)溶液滴定至紅色消失，由以下公式計算相當於氯之濃度(mg/L)。以吸光度對應相當於氯之濃度(mg/L)，製備檢量線：(以 FAS 測定 $KMnO_4$)

FAS 的 meq = $KMnO_4$ meq　$KMnO_4$ 當量轉換為氯

$$\text{相當於氯之濃度(mg/L)}=\frac{\text{FAS 濃度(N)}\times\text{FAS 體積(mL)}}{100\text{(mL)}}\times\frac{158}{5}\times\frac{1}{0.891}\times 1{,}000$$

2. 生鮮即食蔬果測定：

(1)取檢體約 3 g，精確稱定，置於 50 mL 離心管中，加入去離子水 30mL，輕搖 30 秒，上清液經濾膜過濾後，供作檢液。

(2)分別取 0.5 mL 磷酸鹽緩衝溶液及 0.5 mL DPD 呈色劑於 50 mL 三角燒瓶中，加入 10 mL 檢液，再加入碘化鉀結晶約 0.1 g，靜置 2 分鐘之後，以分光光度計在波長 515 nm 處測其吸光度。

3. 計算公式：

經分光光度計測得之吸光度藉由檢量線可求得樣品中相當於氯之濃度。

總有效餘氯(mg/L)=由檢量線求得相當於氯之濃度(mg/L)×稀釋倍數。

二、膠體金（immune colloidal gold）免疫層析技術常用於食品中動物用藥或農藥殘留之快速篩檢，請說明膠體金標記的呈色原理，並說明一般快篩試劑的組成及使用方式。（20 分）

【111-2 年食品技師】

詳解：

(一)膠體金標記的呈色原理：

利用抗體-抗原專一性為原理，以偵測特定抗原的存在，若特定抗原存在，則可以利用外觀[如顏色線(、螢光或放射性)]來判斷。

將兩種抗體(可親和特異性抗原的抗體與可親和結合抗體的抗體)先固定於硝化纖維素膜(Nitrocellulose Membrane)的個別兩區帶[測試線(Test Line)與控制線(Control Line)]，當該乾燥的硝化纖維素膜一端加入含有特異性抗原的液態樣品分析物(Analyte)後，由於毛細作用，樣品將沿著該膜向前移動，當移動至結合板(Conjugate Pad)時，特異性抗原會被結合板上帶有膠體金(Gold)、有色乳膠(Latex)或螢光(Fluorophore)等標記的結合抗體親和，繼續移動至固定有可親和特異性抗原的抗體區域時，樣品中的特異性抗原再與該抗體發生特異性親和而形成雙抗體三明治親和，並形成肉眼可辨識的顏色線，最後沒有親和特異性抗原的結合抗體繼續往前移動直到被可親和結合抗體的抗體固定住，並形成肉眼可辨識的顏色線。從兩顏色線(T 和 C 線)，可分析特異性抗原是否存在的免疫診斷。

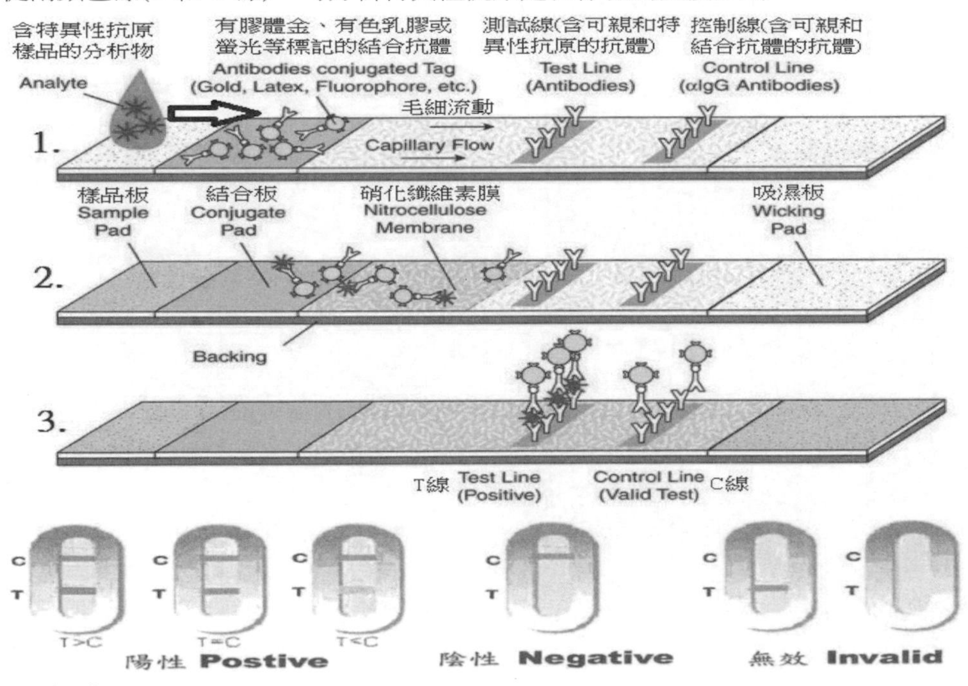

(二)組成：

1. 主要材質：硝化纖維素膜，可提供液狀樣品毛細流動。一般有塑膠材質外殼包覆，沒有亦可。
2. 樣品板：供含特異性抗原的液狀樣品滴入。

3. 結合板：有膠體金標記的結合抗體，可親和特異性抗原。
4. 測試線(T 線)區域：有可親和特異性抗原的抗體。
5. 控制線(C 線)區域：有可親和膠體金標記的結合抗體之抗體。

(三)使用方式

1. 購買市售商業化的食品中動物用藥或農藥殘留之快速篩檢試劑。
2. 將固態食品以無菌水均質或直接取一定量的液態樣品加入試劑的樣品板。
3. 等待片刻，若出現兩條顏色線(T 線與 C 線)則代表食品中含食品中動物用藥或農藥殘留。

三、請比較說明傳統聚合酶連鎖反應（polymerase chain reaction, PCR）、反轉錄聚合酶連鎖反應（reverse transcription PCR, RT-PCR）及定量聚合酶連鎖反應（quantitative PCR, qPCR）三者之差異。（20 分）

【111-2 年食品技師】

詳解：

(一)傳統聚合酶連鎖反應（polymerase chain reaction, PCR）：

1. 原理：利用耐熱性聚合酶(Taq)，使能在體外擴增(大量複製)DNA 模板的技術。主要的原理需經過三步驟：

(1)變性(denaturation)：一雙股 DNA 變性成兩單股 DNA。

(2)黏合(annealing)：DNA 引子找互補之 DNA 序列黏合。

(3)延展(extention)：以引子為首以聚合酶(Taq)進行複製。

2. 目的：體外複製標的的 DNA。

(二)反轉錄聚合酶連鎖反應（reverse transcription PCR, RT-PCR）：

1. 原理：以 mRNA 反轉錄成雙股的 cDNA 為例，以 mRNA 為模板及 oligo-dT 為引子(primer)經反轉錄酶(reverse transcriptase)、水解單股 mRNA 及 DNA 聚合酶 I(DNA polymerase I)反應所得的 DNA，稱之為互補 DNA (cDNA)。主要的原理需經過三步驟：

(1)複製單股 DNA：以單股 mRNA 為模板，oligo-dT 為引子(primer)利用反轉錄酶複製一段互補的單股 DNA。

(2)水解單股 RNA：將單股 mRNA 以氫氧化鈉(NaOH)鹼水解掉。

(3)複製另一股單股 DNA：再利用 DNA 聚合酶 I (DNA polymerase I)以已複製好的一段互補的單股 DNA 為模版，複製另一股單股 DNA，成雙股 DNA。

2. 目的：將單股 RNA，如 mRNA、病毒單股 RNA 等反轉錄成雙股 DNA。

(三)定量聚合酶連鎖反應（quantitative PCR, qPCR）：

1. 原理：以 DNA 結合染劑法(SYBR Green I method)為例，SYBR Green I 會很特異性地和 DNA 雙股螺旋的小溝(minor groove)結合，因此在 PCR 過程中，可在每一循環的延展步驟結束時(只有此時 DNA 才是雙股的)，以特定波長紫外光之激發光激發結合於雙股 DNA 小溝的 SYBR Green I，使其發射特定波長螢光之發射光，偵測螢光強度，即可知每次 PCR 循環產生了多少 PCR 產物(雙股 DNA 越多，螢光強度越大)。主要的原理需經過三步驟：

(1)變性(denaturation)：一雙股 DNA 變性成兩單股 DNA。

(2)黏合(annealing)：DNA 引子找互補之 DNA 序列黏合，SYBR Green I 會和雙股 DNA 結合。

(3)延展(extention)與螢光強度偵測：以引子為首以聚合酶(Taq)進行複製，SYBR Green I 會和更多雙股 DNA 結合，再以特定波長紫外光之激發光激發 SYBR Green I 使之發射特定波長螢光之發射光，並偵測螢光強度。

2. 目的：定量樣品 DNA，常用於基因改造食品(GMF)基改 DNA 含量之檢測，3 %以上須標示，「基因改造」或含「基因改造」字樣。

四、酵素聯結免疫吸附分析法（enzyme linked immunosorbent assay, ELISA）常用於食品中蛋白質抗原的快速篩檢，請列出間接三明治 ELISA 法（indirect sandwich ELISA）之檢測步驟，並以此說明檢測原理，並說明間接三明治 ELISA 法相較於直接固定抗原的直接 ELISA 法（direct ELISA）其優勢何在？（20 分）

【111-2 年食品技師】

詳解：

題目出錯，以三明治 ELISA(sandwich ELISA)作答

(一)間接三明治 ELISA 法（indirect sandwich ELISA）之檢測步驟：

1. 將偵測特定抗原捕捉抗體固定於 96 孔微量滴定盤(microtitre plate)上。
2. 洗去未固定的特定抗原捕捉抗體。
3. 加入欲測試之樣品。如果樣品中含有特定抗原，將會被捕捉抗體捕捉。
4. 洗去未被捕捉的其他物質。
5. 加入可以與特定抗原結合的偵測抗體，且此偵測抗體帶有酵素。
6. 洗去未結合的偵測抗體。
7. 加入可以與偵測抗體酵素反應的呈色受質，使分解受質而產生顏色，顏色的強度與待測抗原的含量成正比。
8. 以 ELISA reader 偵測吸光度。

(二)檢測原理：

抗體與抗原的專一性反應已成為許多用來偵測(定性)及定量複雜檢體中特定抗原之多種技術的基礎。其中有一個最具代表性技術是 ELISA。

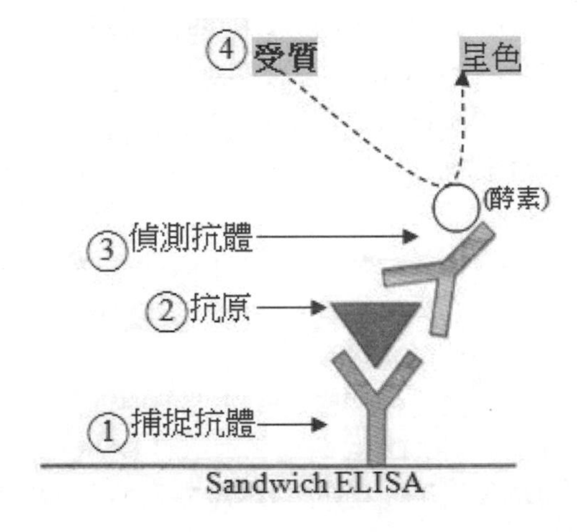

(三)間接三明治 ELISA 法相較於直接固定抗原的直接 ELISA 法（direct ELISA）其優勢：

1. 具有較高的特異性(專一性)，因為使用了兩種抗體與抗原結合來檢測。
2. 具有較高靈敏度，少量抗原即可偵測。
3. 適用於複雜的食品樣品，因為抗原不需要事先純化。

五、請說明感應耦合電漿光發射光譜儀（inductively coupled plasma-optical emission spectrometry, ICP-OES）之測定原理及組成元件，並說明可能干擾分析之因素。（20 分）

【111-2 年食品技師】

詳解：

(一)測定原理：

將灰化後之待測定樣品溶於去離子水或硝酸等中，利用高頻電磁感應通入氬氣產生的高溫氬氣電漿(6,000~10,000 ℃)，使導入之樣品受熱後，經由一系列去溶劑、分解、原子化等反應，將位於電漿中之待分析元素形成激發態的原子後，此激發態的原子再鈍化回基態時，會發射特定波長的發射光，發射光具有某個元素的波長特性，最後通過單色光器或濾光鏡再以光增倍管檢測器測定發射光的強度，比對標準曲線以得知某元素的濃度。

(二)組成元件：

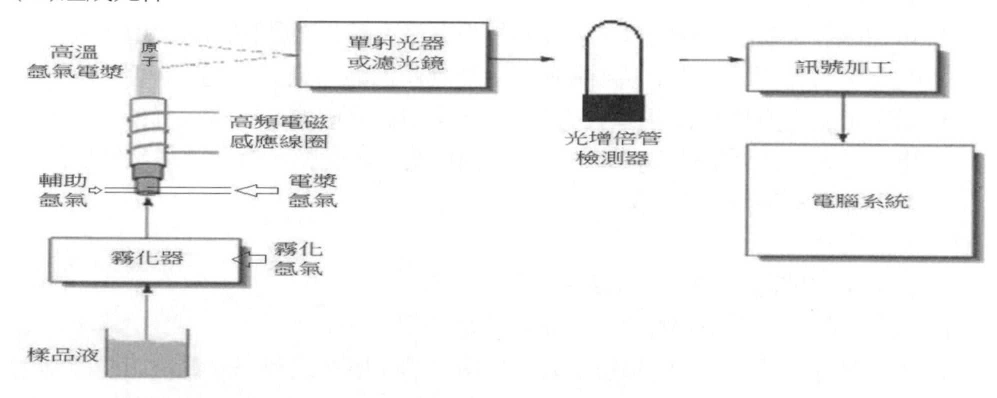

(三)可能干擾分析之因素：

1. 檢測過程汙染來源的干擾，如：

(1)實驗試劑保存於會溶出金屬的容器中，如金屬瓶，而溶出金屬元素。

(2)灰化的坩鍋使用前無徹底以鹽酸洗淨並灰化，而於實驗時溶出金屬元素。

(3)空白試驗、標準溶液、樣品試驗無溶於相同的溶劑中及無使用相同的試劑，而於歸零與校正時無法扣除汙染物。

(4)選擇分析的試劑時，沒有選擇無金屬成分的試劑，而造成金屬元素污染。

(6)儀器沒有於分析前先行通入清洗溶劑，而造成前批殘留的金屬元素污染。

2. 霧化器之霧化效果差的干擾。
3. 高頻電磁感應線圈無法產生足夠高溫的氬氣電漿，使金屬形成激發態的原子效率低之干擾。
4. 高壓氬氣鋼瓶壓力不夠，不足以產生足夠的高溫氬氣電漿，使金屬形成激發態的原子效率低之干擾。
5. 光增倍管接收穿透光不穩定的干擾。
6. 標準曲線製作之決定係數(R^2)低的干擾。

111 年第二次專門職業及技術人員高考－食品技師

類科：食品技師　科目：食品衛生安全與法規

一、以食品安全危害的概念，請說明食品中可能存在引起人類疾病或傷害的三大類因子，並說明各因子之特性、傳播途徑與防範措施。（20 分）

【111-2 年食品技師】

詳解：

以畜禽等動物性食品原料為例：

(一)生物性危害因子：

1. 特性：病原菌(如雞肉可能存在沙門氏桿菌)、腐敗菌或寄生蟲之的污染、孳長或存活。
2. 傳播途徑：在屠宰時污染、製備過程中污染、而禽類動物之雞腸道有大量沙門氏桿菌，若屠宰時不甚弄破腸道，而會使肉品污染到沙門氏桿菌。
3. 防範措施：生物性危害因子之防制上，必須做到破壞、排除或降低危害、防止再污染、抑制生長與毒素的產生，而禽畜類等動物性食品之生物性風險因子大都倚賴後續加熱步驟去除。

(二)物理性危害因子：

1. 特性：如玻璃、塑膠、木頭、石頭、金屬。
2. 傳播途徑：在製備過程混入或器械損壞而混入等。
3. 防範措施：可利用製備過程中人員的檢測排除異物或利用金屬檢出器偵測金屬異物。

(三)化學性危害因子：

1. 特性：藥物殘留的潛在危害，如殘留農藥(殺蟲、除草劑)、動物用藥(抗生素、磺胺劑、賀爾蒙)、消毒藥劑、環境污染物(重金屬，多氯聯苯)、天然毒素、不允許或過量之食品及色素添加物等。
2. 傳播途徑：於飼養時使用動物用藥而殘留於動物性食品原料、動物經由食物鏈累積於體內等。
3. 防範措施：一旦存在於食材則無法去除，因此慎選肉品來源，如 CAS 肉品廠或符合 HACCP 之肉類加工廠的肉品，則此危害相對已由來源管控，亦可由供應商評鑑，選擇有監控藥物使用或藥物殘留檢驗者，則可將肉品的藥物殘留判為潛在危害。

二、病原性大腸桿菌在歐美國家是常見造成食品中毒的細菌之一；請說明病原性大腸桿菌的定義，並說明腸出血性大腸桿菌與腸毒素型大腸桿菌之特性、傳染與媒介食品、感染症狀及預防措施。（20 分）

【111-2 年食品技師】

詳解：

(一)病原性大腸桿菌(Pathogenic *Escherichia coli*)的定義：大腸桿菌為兼性厭氧性細菌，大部分大腸桿菌是無害且存在健康人的腸道中，可提供人體所需的維生素 B_{12} 和 K，亦能抑制其他病菌之生長。該菌在自然界分佈廣泛，一般棲息在人和溫血動物腸道中，故同時可做為食品衛生指標。大腸桿菌通常不致病，但有些菌株則會使人致病，可引起食品中毒，這些菌株統稱為病原性大腸桿菌，主要分為四種亞群(subgroups)：腸病原性大腸桿菌(EPEC)、腸侵入性大腸桿菌(EIEC)、腸毒素型大腸桿菌(ETEC)、腸出血性大腸桿菌(EHEC)。

(二)腸出血性大腸桿菌之特性、傳染與媒介食品、感染症狀及預防措施：

1. 特性：G(-)菌、桿狀菌、有鞭毛、無芽孢、兼性厭氧性。
2. 傳染與媒介食品：存在不健康動物的腸道中，尤其是不健康的牛腸道中
(1)可經由不健康牛的糞便汙染食物、水源，再以此糞便作為肥料、受污染的水灌溉製程的生菜沙拉，人類再食用此生菜沙拉造成感染。
(2)可經由混入不健康牛腸道的牛絞肉、牛肉而污染，人類再食用此受污染而未全熟的牛絞肉、牛肉造成感染。
3. 感染症狀：可產生類志賀毒素(Shiga-like toxin, Stx)，造成嘔吐、腹痛、腹瀉、發燒、血便、出血性結腸炎、溶血性尿毒症候群。
4. 預防措施：
(1)清潔：調理食品所用之器具、夾子；手；水等應確實保持清潔。
(2)迅速：食品調理後，盡速食用。
(3)加熱與冷藏：75 ℃加熱 1 分鐘以上即可被殺死，故調理時應充分加熱。若不能馬上加熱煮熟，則置於冰箱中保存。
(4)避免疏忽：調理食品時應戴衛生之手套、帽子及口罩，並注重清潔。

(三)腸毒素型大腸桿菌之特性、傳染與媒介食品、感染症狀及預防措施：

1. 特性：G(-)菌、桿狀菌、有鞭毛、無芽孢、兼性厭氧性。
2. 傳染與媒介食品：存在不健康動物的腸道中，可經由不健康動物的糞便汙染食物、水源，再以此糞便作為肥料、受污染的水灌溉製程的生菜沙拉，人類再食用此生菜沙拉造成感染。
3. 感染症狀：嘔吐、腹痛、嚴重腹瀉、發燒、旅行者腹瀉主因。
4. 預防措施：
(1)清潔：調理食品所用之器具；手；水應確實保持清潔。
(2)迅速：食品調理後，盡速食用。
(3)加熱與冷藏：調理時應充分加熱。若不能馬上加熱煮熟，則置於冰箱中保存。
(4)避免疏忽：調理食品時應戴衛生之手套、帽子及口罩，並注重清潔。

三、請說明多環芳香烴化合物及丙烯醯胺等食品加工過程中產生之有害物質的特性、形成方式、食用安全性及降低攝入風險的方法。（20 分）

【111-2 年食品技師】

詳解：

(一)多環芳香烴化合物：

1. 特性：為不包含雜環或取代基，並含有兩個或以上的芳香環所構成的化合物，如苯駢芘(benzo[a]pyrene)，為脂溶性：

2. 形成方式：高溫加熱的食品，有氧下，碳氫有機物高溫燃燒不完全，而分解再聚合而成，如炭烤牛肉、牛排、燻魚及各類燻製食品或烘乾食品都會有。
3. 食用安全性：產生苯駢芘(benzo[a]pyrene)之多環芳香烴，食入後，會被肝細胞微粒體的氧化酶代謝成環氧化物，使具致突變性與致癌性，為確定致癌物(IARC 1)。
4. 降低攝入風險的方法：

(1)避免使用高溫加熱的烹調方式，如油炸、燒烤、烘焙，並減少食用量。

(2)多用水煮的方式進行烹調。

(3)不吃或少吃經高溫加熱烹調方式的食品。

(4)平常多補充抗氧化物質。

(二)丙烯醯胺：

1. 特性：丙烯醯胺為三碳的一種不飽和醯胺，為水溶性：

2. 形成方式：高澱粉(醣類)含量之原料(如馬鈴薯製品、麵包、蛋糕、煎餅、黑糖、油條等)經油炸、燒烤、烘焙(高溫加工)，其中天門冬醯胺酸(asparagine)與還原糖經梅納反應(Maillard reaction)為主要途徑。
3. 食用安全性：

(1)丙烯醯胺(acrylamide)經動物(老鼠)肝臟酵素代謝之主要代謝產物為環氧丙醯胺(glycidamide)，研究發現長期暴露於丙烯醯胺環境的老鼠，其體內環氧丙醯胺含量顯著增加，且環氧丙醯胺比丙烯醯胺更易與 DNA 作用產生突變性，是引發癌症之誘發物質。但人類研究有限。

(2)國際癌症研究中心(IARC)已將丙烯醯胺歸類為極有可能致癌物(probably carcinogenic to humans) (IARC 2A)。

4. 降低攝入風險的方法：

(1)碳水化合物：高碳水化合物的食品較易產生；減少高碳水化合物高溫加熱。

(2)高溫加工：經油炸、燒烤、烘焙製成之食物中含有高量的丙烯醯胺(acrylamide)；減少高溫加熱，可使用水煮。

(3)水分：高水分含量經高溫加工容易產生；高溫加工時盡量減少水分含量。

(4)酸鹼值：鹼性下高溫加工易梅納反應而產生；酸性下高溫加工不容易產生。

(5)時間：高溫加工時間越長，越容易產生；減少高溫加工時間，以減少產生。

四、請說明二氧化碳及一氧化二氮等氣體做為食品添加物之用途、使用食品範圍、限量、限制及規格標準之規定。（20 分）

【111-2 年食品技師】

詳解：

(一)二氧化碳：

1. 用途：品質改良用、釀造用及食品製造用劑。
2. 使用食品範圍、限量：本品可於各類食品中視實際需要適量使用。
3. 限制：限於食品製造或加工必須時使用。
5. 規格標準：

(1)別名：INS No. 290。

(2)定義：

a. 化學名稱：Carbon dioxide、b. C.A.S.編號：124-38-9、c. 化學式：CO_2、d. 分子量：44.01、e. 含量：99.5%以上(v/v)。

(3)外觀：本品為無色、無臭氣體，在 0℃，760 mm Hg 下，密度約為 1.98 g/L。在 59 大氣壓力下為液態，其中一部分快速蒸發為白色固體(即乾冰)。固態二氧化碳暴露於空氣時，直接昇華為氣態。

(4)特性：下列規格項目適用於氣態二氧化碳，包括自液態及固態二氧化碳產生之氣態二氧化碳。

(二)一氧化二氮：

1. 用途：品質改良用、釀造用及食品製造用劑。
2. 使用食品範圍、限量：本品可於各類食品中視實際需要適量使用。
3. 限制：限於食品製造或加工必須時使用。
5. 規格標準：

(1)別名：Dinitrogen oxide; Dinitrogen monoxide; INS No. 942。

(2)定義：一氧化二氮為無色、不可燃之氣體，俗稱笑氣(laughing gas)，本品可由加熱分解硝酸銨(Ammonium nitrate) 而得。經加熱分解之高溫具腐蝕性之混合氣體，可經冷卻及過濾移除較高級之氮氧化物，及/或三階段鹼洗、酸洗及鹼洗。一氧化二氮如含有不純物，可以硫酸亞鐵 (Ferrous sulfate) 螯合、鐵金屬還原，或以鹼為高級氧化物 (higher oxide) 吸附等方式去除。

a. 化學名稱：Nitrous oxide、b. C.A.S.編號：10024-97-2、c. 化學式：N_2O、d. 分子量：44.01、e. 含量：99%以上(v/v)。

(3)外觀：無色無味氣體。

(4)特性：無。

五、請說明我國「食品中微生物衛生標準」中，對於乾酪、奶油及乳脂等食品之大腸桿菌檢驗，其採樣計畫與結果判定之限量標準，並說明該標準是取代或是合併過去的那些衛生標準。(20 分)

【111-2 年食品技師】

詳解：

(一)對於乾酪、奶油及乳脂等食品之大腸桿菌檢驗，其採樣計畫與結果判定之限量標準：

參照「食品中微生物衛生標準」(109.10.6)：

1.乳及乳製品類					
食品品項	微生物及其毒素、代謝產物	採樣計畫		限量	
		n	c	m	M
1.1 鮮乳、調味乳及乳飲品 1.2 乳粉、調製乳粉及供為食品加工原料之乳清粉 1.3 發酵乳 1.4 本表第1.6項所列罐頭食品以外之煉乳	腸桿菌科	5	0	10 CFU/mL (g)	
	沙門氏菌	5	0	陰性	
	單核球增多性李斯特菌	5	0	陰性	
	金黃色葡萄球菌腸毒素	5	0	陰性	
1.5 乾酪(Cheese)、奶油(Butter)及乳脂(Cream)	大腸桿菌	5	2	10 MPN/g (mL)	100 MPN/g (mL)
	沙門氏菌	5	0	陰性	
	單核球增多性李斯特菌	5	0	陰性	
	金黃色葡萄球菌腸毒素	5	0	陰性	
1.6 罐頭食品[1]：保久乳、保久調味乳、保久乳飲品及煉乳	經保溫試驗(37℃，10天)檢查合格：沒有因微生物繁殖而導致產品膨罐、變形或pH值異常改變等情形。				

(二)該標準是取代或是合併過去的那些衛生標準：

衛福部發布訂定食品中微生物衛生標準，自 110 年 7 月 1 日起實施：

衛生福利部(衛福部)歷經多次草案修訂與預告後，於 10 月 6 日發布訂定「食品中微生物衛生標準」，整併「一般食品衛生標準」第 5 條有關微生物之規定，並取代現行「乳品類衛生標準」、「罐頭食品類微生物衛生標準」、「冰類微生物衛生標準」、「嬰兒食品類微生物衛生標準」、「冷凍食品類微生物衛生標準」、「包裝飲用水及盛裝飲用水微生物衛生標準」、「飲料類微生物衛生標準」、「生食用食品類衛生標準」、「生熟食混合即食食品類衛生標準」及「液蛋衛生標準」等 10 種標準，以上標準也將配合本次新標準的實施日(110 年 07 月 01 日)同步修正或廢止。

111 年第二次專門職業及技術人員高考-食品技師

類科：食品技師　科目：食品工廠管理

一、新產品開發是維持企業永續發展的不二法門，在設計新產品的功能時，需遵循一定的原則，請說明新產品功能設計的原則。(25 分)

【111-2 年食品技師】

詳解：

(一)新產品功能設計的原則：考量消費者、業者

1. 官能特性：
如色、香、味、舌感、觸感、咬感等能滿足五官生理的特性。
2. 心理特性：
符合消費者心理需求，如新潮、尖端、名牌、身份及高貴感等。
3. 機能特性：
具保健功效、品質好、不易變質等。
4. 生產特性：
生產容易、品質好維持等。
5. 健康特性：
營養豐富、天然、安全等。
6. 經濟特性：
售價便宜、生產成本低、維護費低等。

(二)新產品包裝之功能設計的原則：考量消費者、業者

1. 公司所追求的產品形象。
2. 包裝的成本、製造的時間、可行性、再利用性。
3. 包裝的尺寸、材料、型狀、顏色、重量、保護性、拆封容易度。
4. 主要消費者的性別、年齡、薪資水準。
5. 包裝的圖樣、質感與標示。

二、請以餐飲業為例，說明食品餐飲採購作業流程。（25 分）
【111-2 年食品技師】

詳解：

(一)食品餐飲採購作業流程：

1. 進行市場調查，選擇好供應商，商洽談判，簽訂供貨合約或訂單。
2. 盤點原料庫存，根據餐廳營業預估，制訂採購計劃，報餐廳經理審批，並確認集體採購和自主採購的品項。
3. 按採購計劃向財務人員申請集體採購品項及數量，報集體採購中心下單統一採購。
4. 按採購計劃向財務人員申請自主採購品項及數量，向供貨商採購。
5. 安排人員按訂單接貨，並驗收貨物。
6. 驗收合格，依照餐廳庫房定位圖入庫貨物，正確儲存。
7. 財務部憑收貨憑證付款結帳。
8. 倉庫部根據領料單，安排廚房日常領貨。

(二)餐飲採購作業流程，可以更簡單地劃分為採購、驗收、倉管、發放：

1. 採購：評選良好且適合的供應商進行採購，並簽訂供貨合約或訂單。
2. 驗收：進貨管理：

(1)預定交貨驗收時間。
(2)預定交貨之品質。
(3)依合約書內所指定之地點交貨。
(4)依合約書上所訂的數量來點收。
(5)凡不符合規定之貨品，一律拒收。
(6)採購人員於貨品收到驗收後，應給予供應商驗收證明書。

3. 倉管：庫房管理重點：

(1)需注意放置領用順序、分類而集中之。
(2)定位管理(將庫房中之區域及儲存櫃架予以標記編號，並登記於位置卡上)。
(3)設存料標與存量卡。
(4)適時盤點庫存。
(5)隨時防火防盜。
(6)不得將貨品直接放置地面，應以棧板隔開，或放置於貨架上。
(7)應防止太陽直曬，並有隔絕齧齒類動物進入之裝置，並保持乾

4. 發放：出貨管理重點：

(1)正確性：數量與品質應正確無誤。
(2)安全性：確保領料(出貨)人員及搬運車輛之安全。
(3)經濟性：人員及作業應經濟有效。
(4)準確性：時間應符合使用者的需要。
(5)先進先出：先入倉庫之貨品，應先進行出貨。

三、請以圖示說明品質管制七大手法（QC 七大手法）。（25 分）

【111-2 年食品技師】

詳解：

<table>
<tr><td colspan="2">(一)特性要因圖(魚骨圖)定義：(條理分明)</td></tr>
<tr><td>對於結果(特性)與原因(要因)間或所期望之效果(特性)與對策間的關係，以箭頭連結，詳細分析原因或對策的一種圖</td><td>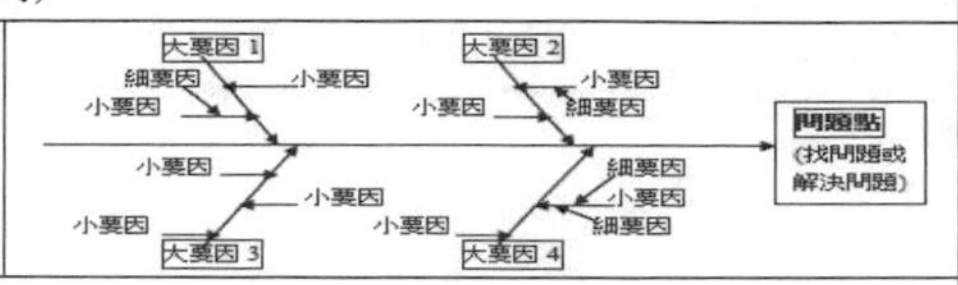
</td></tr>
<tr><td colspan="2">(二)柏拉圖(ABC 圖)：(把握重點)</td></tr>
<tr><td>根據所搜集之數據，按不良原因、不良狀況、不良發生位置等不同區分標準，以尋求佔最大比例之原因、狀況或位置的一種圖形，以判定問題的癥結，並可針對問題加以改善，稱為柏拉圖</td><td>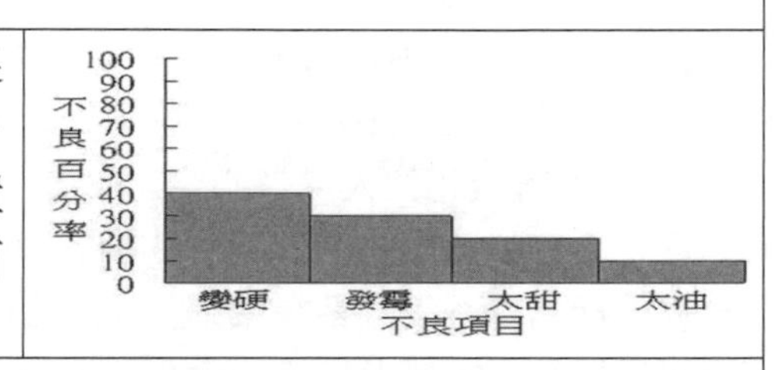
</td></tr>
<tr><td colspan="2">(三)檢核表(查核表)：(簡易有效)</td></tr>
<tr><td>檢核表是一種為便於收集數據，使用簡單記號。填記，並與以統計整理，以獲得情報的手法</td><td>
<table>
<tr><td rowspan="2">地區 機台 原因</td><td colspan="3">1</td><td colspan="3">2</td></tr>
<tr><td>A</td><td>B</td><td>C</td><td>A</td><td>B</td><td>C</td></tr>
<tr><td>溫度不足</td><td>I</td><td>III</td><td>I</td><td></td><td></td><td>II</td></tr>
<tr><td>壓力不足</td><td></td><td></td><td></td><td>卌</td><td>III</td><td></td></tr>
<tr><td>轉速不足</td><td>II</td><td>卌</td><td>I</td><td>I</td><td>III</td><td>III</td></tr>
<tr><td>其它</td><td></td><td>II</td><td>I</td><td></td><td>I</td><td></td></tr>
</table>
</td></tr>
<tr><td colspan="2">(四)層別法：(比較分析)</td></tr>
<tr><td>無固定圖形(可用查核表、管制圖等)，為區別原料、機械、人員、加工條件、時間、環境、產品等，分別收集數據找出各層別間之差異比較分析，針對差異加以改善的方法為層別法</td><td>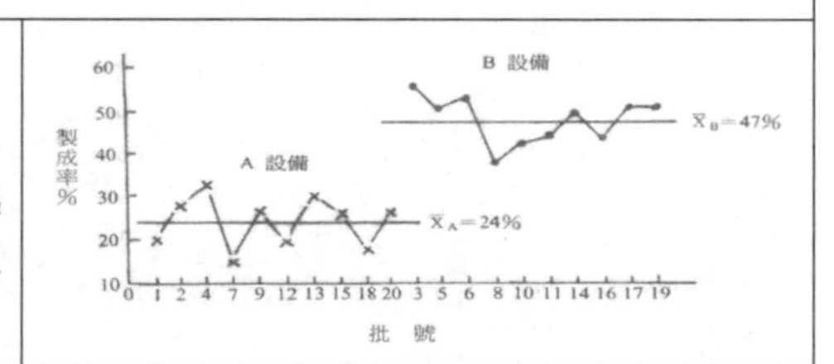
</td></tr>
<tr><td colspan="2">(五)散佈圖：(簡易關係)</td></tr>
<tr><td>為研究兩個變量間之相關性，而搜集成對兩組數據，在方格紙上以點來表示出兩個特性值之間相關情形的圖形</td><td>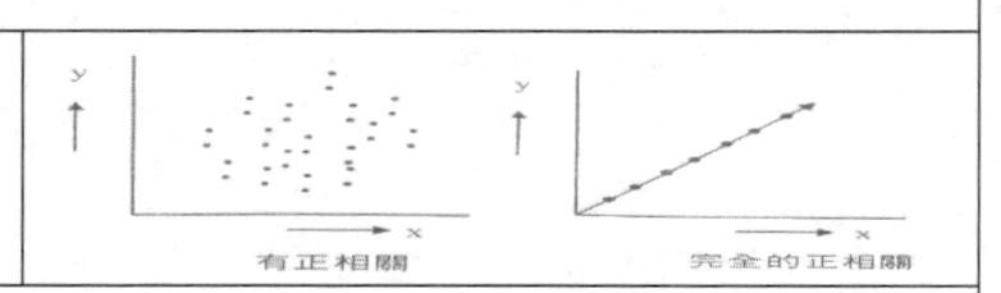
</td></tr>
<tr><td colspan="2">(六)管制圖：(趨勢明朗)</td></tr>
<tr><td>是一種以實際產品品質特性與根據過去經驗所判明的製程能力的管制界限比較，而以時間順序用圖形表示者</td><td>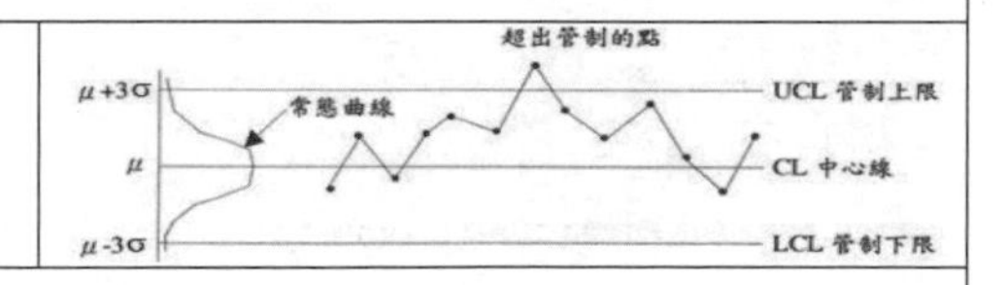
</td></tr>
<tr><td colspan="2">(七)直方圖(柱狀圖)：(了解品質)</td></tr>
<tr><td>將所搜集的數據、特性值或結果值如長度、重量、時間、硬度、水份等計量值，在一定的範圍橫軸上加以區分成幾個相等的區間，依其分布的次數，用柱形表示的圖形</td><td>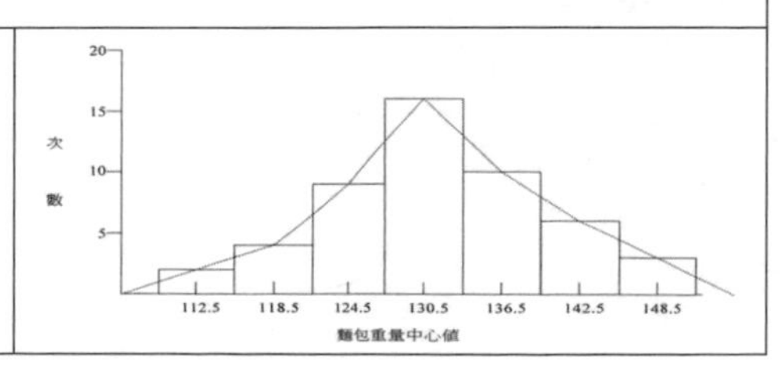
</td></tr>
</table>

四、依據衛生福利部「食品安全管制系統準則」，請說明：
(一)管制小組的成員應如何組成？（10 分）
(二)管制小組的成員，對於相關的訓練證明及持續訓練課程，應符合那些要求？（15 分）

【111-2 年食品技師】

詳解：

(一)管制小組的成員組成：

參照「食品安全管制系統準則」(107.5.1)第三條第二項：

管制小組成員，由食品業者之負責人或其指定人員，及專門職業人員、品質管制人員、生產部(線)幹部、衛生管理人員或其他幹部人員組成，至少三人，其中負責人或其指定人員為必要之成員。

(二)管制小組的成員，對於相關的訓練證明及持續訓練課程的要求：

參照「食品安全管制系統準則」(107.5.1)第四條：

管制小組成員，應曾接受中央主管機關認可之食品安全管制系統訓練機關(構)(以下簡稱訓練機關(構))辦理之相關課程至少三十小時，並領有合格證明書；從業期間，應持續接受訓練機關(構)或其他機關(構)辦理與本系統有關之課程，每三年累計至少十二小時。前項其他機關(構)辦理之課程，應經中央主管機關認可。

112年第一次專門職業及技術人員高考-食品技師

類科：食品技師　科目：食品微生物學

一、我國衛生福利部食品藥物管理署所公告與建議之各種食品微生物檢驗方法中， 部分的檢驗方法可使用即時聚合酶鏈鎖反應（ real-time polymerase chain reaction, RT-PCR）進行，請說明 RT-PCR 之原理，並舉出三項應用 RT-PCR 進行之公告或建議檢驗方法。（20 分）

【112-1年食品技師】

詳解：

(一)RT-PCR 之原理：以 DNA 結合染劑法(SYBR Green I method)為例，SYBR Green I 會很特異性地和 DNA 雙股螺旋的小溝(minor groove)結合，因此在 PCR 過程中，可在每一循環的延展步驟結束時(只有此時 DNA 才是雙股的)，以特定波長紫外光之激發光激發結合於雙股 DNA 小溝的 SYBR Green I，使其發射特定波長螢光之發射光，偵測螢光強度，即可知每次 PCR 循環產生了多少 PCR 產物(雙股 DNA 越多，螢光強度越大)。

1. 主要的原理需經過三步驟：

(1)變性(denaturation)：一雙股 DNA 變性成兩單股 DNA。

(2)黏合(annealing)：DNA 引子找互補之 DNA 序列黏合，SYBR Green I 會和雙股 DNA 結合。

(3)延展(extention)與螢光強度偵測：以引子為首以聚合酶(Taq)進行複製，SYBR Green I 會和更多雙股 DNA 結合，再以特定波長紫外光之激發光激發 SYBR Green I 使之發射特定波長螢光之發射光，並偵測螢光強度。

2. 方法如下：

(1)利用各個不同已知濃度之樣品標準品 DNA 片段進行 PCR 並連續測得螢光值，以螢光值對 PCR 循環次數作圖。

(2)再以此圖中固定螢光值畫出交叉直線，然後再以此交叉直線固定螢光值循環次數對各個不同已知濃度的樣品標準品 DNA log 作圖，以獲得標準曲線。

(3)最後以未知濃度的樣品 DNA 片段進行上述的 PCR 反應，於上述固定螢光值之循環次數，比對上述的標準曲線，以得知樣品 DNA 片段 log 濃度。

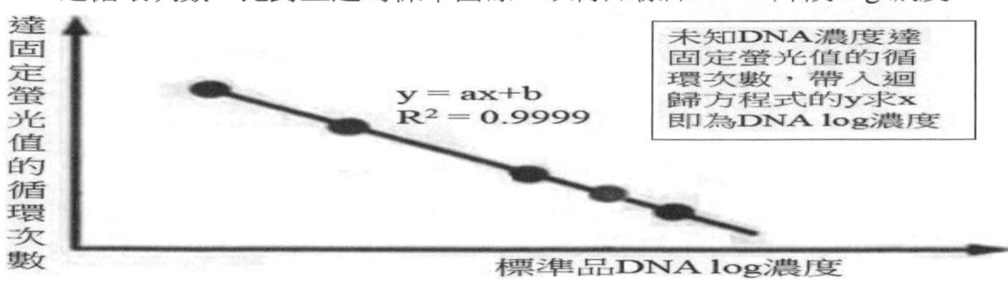

(二)三項應用 RT-PCR 進行之公告或建議檢驗方法：

1. 食品中動物性成分檢驗方法－牛肉製品中含豬肉成分之定量檢驗(2013-09-06)。
2. 基因改造食品檢驗方法一黃豆轉殖品項 40-3-2 (RRS) (UI: MON-Ø4Ø32-6)之轉殖品項特異性定性及定量檢驗(2022-12-30)。
3. 食品微生物之檢驗方法(定性)－乳酸菌－乳酸乳球菌之檢驗(2022-01-11)。

二、微生物透過食品或農產品為媒介傳播疾病，請說明其藉由食品或農產品傳播疾病之途徑為何？並說明控制這類微生物感染，減少食因性疾病的防範措施。（20 分）

【112-1 年食品技師】

詳解：

(一)微生物藉由食品或農產品傳播疾病之途徑：

1. 腸炎弧菌(*Vibrio parahaemolyticus*)：腸炎弧菌天然存在海水中，可透過海水直接汙染水產品，或透過菜刀、砧板、抹布、器具、容器及手指等媒介物接觸生的水產品後間接污染其他食品，未馬上進行煮熟且無防腐措施，放置於危險溫度帶(7~ 60 ℃)一段時間，未冷藏、冷凍或熱藏，腸炎弧菌會於食品中大量生長，再生食或未煮熟食用，大量的生菌隨食品被攝取後，在腸道再增殖到某一程度，作用於腸道而發病，導致嘔吐、腹痛、腹瀉、發燒之症狀。
2. 金黃色葡萄球菌(*Staphylococcus aureus*)：金黃色葡萄球菌為動物表皮自然菌相，極易經由操作人員之皮膚、毛髮、鼻腔及咽喉等黏膜，尤其是化膿的傷口汙染至食品，若該食品於危險溫度帶貯放一段時間，該病原菌會於食品中繁殖時產生耐熱的外毒素之腸毒素，經攝取該食品而外毒素之腸毒素作用於腸道，導致嘔吐、腹痛、腹瀉症狀。
3. 仙人掌桿菌(*Bacillus cereus*)：仙人掌桿菌可由空氣中的孢子污染白米等澱粉類食品，而孢子耐熱，故白米煮成米飯的過程，仙人掌桿菌的孢子不會死滅，若米飯放置室溫或以較低溫的保溫一段時間，使得仙人掌桿菌的孢子萌發生長，且其澱粉分解能力強，故能於冷掉的米飯快速生長：

(1)感染型仙人掌桿菌：當仙人掌桿菌於食品中繁殖，大量的生菌隨食品被攝取後在腸道再增殖到某一程度，作用於腸道而發病，導致腹痛、腹瀉。

(2)毒素型仙人掌桿菌：當仙人掌桿菌於食品中繁殖時產生的外毒素之腸毒素，經攝取該食品而外毒素之腸毒素作用於腸道，引起噁心、嘔吐。

(二)控制這類微生物感染，減少食因性疾病的防範措施：

1. 四大原則：

(1)清潔：手部清潔，餐具、砧板、抹布等廚房用品應徹底洗淨。

(2)迅速：食品買回後，不要放得太久，應該盡快烹調供食、並選擇新鮮食品。

(3)加熱與冷藏：食品需煮熟食用，或冷藏、冷凍貯藏，以抑制微生物生長。

(4)避免疏忽：遵守衛生原則(GHP)，注意食安維護，不可忙亂行之；生食與熟食同放冰箱時，應將熟食放上層，生食放下層；避免交叉污染。

2. 五要原則：

(1)要洗手：調理時手部要清潔，傷口要包紮。

(2)要新鮮：食材要新鮮，用水要衛生。

(3)要生熟食分開：生熟食器具應分開，避免交互污染。\

(4)要徹底加熱：食品中心溫度應超過 70 度 C。

(5)要低溫保存(要注意保存溫度)：保存低於 7 度 C，室溫下不宜久置。

三、溫度為影響微生物生長的主要因子，且部分的微生物在冷藏及加熱過程中尚可存活；請分別說明何謂嗜冷菌(psychrophiles)與嗜熱菌(thermophiles)？其分別可在低溫與高溫環境下生長的生理特性為何？(20 分)

【112-1 年食品技師】

詳解：

(一)嗜冷菌（psychrophiles）與嗜熱菌（thermophiles）：

1. 嗜冷菌（psychrophiles）：

(1)生長溫度：可於 0℃以下生長，最適生長溫度為 15℃，20℃無法生長。

(2)典型菌：深海和北極地區的細菌。

(3)對食品影響：冷藏與冷凍的腐敗菌，造成低溫腐敗。

2. 嗜熱菌（thermophiles）：

(1)生長溫度：能於高溫 50~60℃下生長，最適生長溫度在 55~65℃。

(2)典型菌：堆肥之分解菌、罐頭商業滅菌殘存的菌(孢子)造成罐頭腐敗：

腐敗類型	微生物	罐頭外觀或食品特徵
平酸腐敗 (flat-sour spoilage)	*Bacillus coagulans* (pH≤ 4.6) *Bacillus stearothermophilus* (pH> 4.6)	1. 罐頭無膨罐。 2. 食品變酸。
腐臭厭氧腐敗 (putrefactive anaerobe spoilage)	*Clostridium sporogenes* (PA3679) (pH>4.6)	1. 罐頭會膨罐。 2. 食品pH增高。 3. 有腐臭味。
嗜高溫厭氧腐敗 (thermophilic anaerobe spoilage) (TA 腐敗)	*Clostridium thermosaccharolyticum* (新名：*Thermoanaerobacterium saccharolyticum*)	1. 罐頭會膨罐。 2. 食品變酸。 3. 不會產生硫化物。
硫化黑變腐敗 (sulfide stinker)	*Desulfotomaculum nigrificans*	1. 罐頭無膨罐。 2. 食品黑變(硫化物)。 3. 有蛋腐味。

(3)對食品影響：主要為貯存較高溫的腐敗菌，如保溫保久乳的腐敗。

(二)其分別可在低溫與高溫環境下生長的生理特性：

1. 嗜冷菌（psychrophiles）：

(1)細胞膜組成：細胞膜含有大量不飽和脂肪酸，於低溫下，不會凝固，而使細胞膜不失去流動性，可維持細胞膜於低溫下的作用。

(2)蛋白質酵素：對冷穩定。

(3)胞器：耐冷。

2. 嗜熱菌（thermophiles）：

(1)細胞膜組成：細胞膜含有大量飽和脂肪酸，於高溫下，可維持熔化狀態，而不揮發，故細胞膜對熱穩定。

(2)蛋白質酵素：對熱穩定。

(3)胞器：耐熱。

四、請說明何謂生物危險群第二等級（Risk Group 2, RG2）微生物與生物安全第二等級實驗室；並請說明該實驗室中使用之生物安全操作櫃之運作原理及操作注意事項。（20 分）

【112-1 年食品技師】

詳解：

(一)生物危險群第二等級（Risk Group 2, RG2）微生物：

1. 定義：輕微影響人體健康，且有預防及治療方法之微生物。
2. 微生物：如金黃色葡萄球菌、B 型肝炎病毒、惡性瘧原蟲等。
3. 如大量增殖實驗以「生物安全等級二(BSL-2)實驗室」操作。

(二)生物安全第二等級實驗室：[(BSL-2)實驗室]

1. 定義：操作造成人類疾病之微生物；適用處理對個人具有中度危害性，而對社區之危害有限之微生物的實驗室。
2. 實驗：如大量增殖「生物危險群第二等級(Risk Group 2, RG2)微生物」、食品中毒菌、基因重組之操作。

(三)生物安全操作櫃之運作原理：

係指應用層流(laminar flow)原理，將經由 HEPA 濾網過濾過之氣流由上而下吹過操作台面，並可避免外界空氣污染操作區域之生物安全操作櫃(Biological Safety Cabinet)。

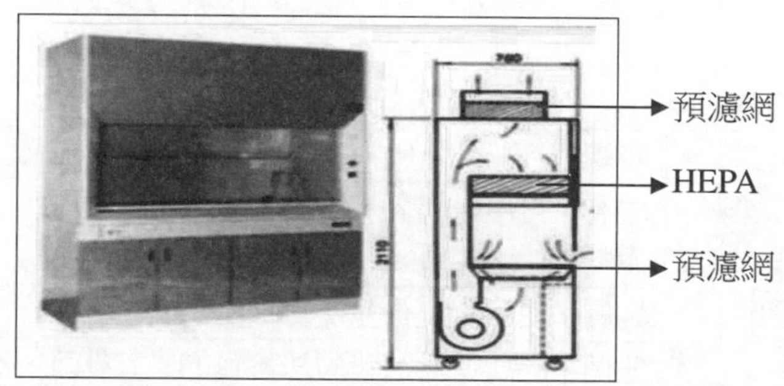

HEPA(High Efficiency Particulate Arrestance) filter：高效率過濾網：於微生物實驗操作用之無菌操作台中，為外界空氣進入無菌操作台之過濾用，可過濾掉空氣中的微生物，以使無菌操作台成為無菌的空間，當操作病原菌時可間接保護操作者，使其免於吸入性的危害。

(四)生物安全操作櫃之操作注意事項：

1. 實驗進行前，生物安全操作櫃以紫外燈照射 30~ 60 分鐘滅菌，以 75 % ethanol 擦拭生物安全操作櫃抬面，並開啟生物安全操作櫃之風扇運轉 10 分鐘後，才開始實驗操作。
2. 每次工作開始及終止時，必須清理並用殺菌液擦拭實驗檯面。
3. 在任何操作過程的開始前及終止後，雙手都必須以清潔劑清洗(例如：70~75 % 的酒精水溶液)。

五、微生物發酵（microbial fermentation）應用的範圍很廣，請舉二例以微生物發酵生產之產品並敘述其特性，另說明以微生物發酵生產食品及醫藥產品的優點為何？（20 分）

【112-1 年食品技師】

詳解：

(一)二例以微生物發酵生產之產品並敘述其特性：

1. 納豆(Natto)：

製程	步驟	特性
大豆→浸漬→烹煮→冷卻→接種→發酵→納豆	浸漬	大豆於冷藏浸泡過夜，避免雜菌生長及產酸
	烹煮	1.殺菌、2.增加水分、3.蛋白質變性及澱粉糊化
	冷卻	可不用進行冷卻，於熱接種時因納豆菌會產生孢子，於冷卻時萌發生長
	接種	接種 *Bacillus natto* (*Bacillus subtilis*)進行培養
	發酵	於 37 ℃發酵 18~ 24 小時，使大豆表面佈滿黏絲
	好處	1.大豆異黃酮(Isoflavone)具有抗氧化，及類雌激素功效 2.納豆菌分泌的納豆激酶(Nattokinase)，具有溶解血栓之功效 3.納豆中含有活性高的 SOD 及過氧化酶，可抗氧化

2. 優酪乳(Yogurt)：

製程	步驟	特性
牛乳原料→均質→殺菌→冷卻→接種→發酵→均質→調味→優酪乳	牛乳原料	可用全脂乳、脫脂乳、奶粉等混勻
	均質	使牛乳混勻並使質地均勻
	殺菌	巴斯德低溫殺菌法。目的：1.殺菌、2.降低氧化還原電位、3.可將部分蛋白質分解、4.提高黏稠性
	接種	接種 *Streptococcus thermophilus* 及 *Lactobacillus bulgaricus*
	發酵	以 30~ 45 ℃，4~ 16 小時發酵。發生的變化： 1.乳糖→半乳糖+葡萄糖 2.葡萄糖→乳酸 or 乳酸+醋酸+酒精+二氧化碳 [產生的酸使 pH 至 4.6 之酪蛋白等電點(pI)而凝乳] 3.蛋白質→胺基酸 4. [(葡萄糖→乙醛(風味)]
	調味	可添加其他乳酸菌菌粉，或添加香料
	好處	1. 胃腸功能改善 2. 免疫調節 3. 改善乳糖不耐症

		4. 抗癌效果 5. 降低血膽固醇效果

(二)以微生物發酵生產食品及醫藥產品的優點：

1. 增加多樣性：不同的微生物生產不同的發酵食品為我們的日常飲食增添了一群獨特且十分營養的食品；不同微生物可生產不同的醫藥產品。
2. 做為配料：發酵食品是許多菜餚的重要成分，通常用來提供特殊風味，例如炒菜用的醬油、味精、紅麴等。
3. 增進營養品質：例如發酵食品中酵母會增加維生素 B 群的含量、天貝(tempeh)發酵會增加維生素 B_{12} 之含量、發酵可能增進礦物質的可利用性。
4. 保存：發酵常常可以用來保存原料，增進食源性病原菌方面的安全性，並延長儲存期限，例如優酪乳比生乳可儲存期限較長。
5. 改善消化：部分發酵食品較原料更易於消化。無法適當消化乳糖的乳糖不耐症者，往往可以攝食某種類型的發酵乳品(特別是優酪乳)。
6. 原料的解毒：發酵過程中可以去除原料中的有毒化學物質。例如樹薯發酵可去除會產生氰化物的配醣(glycoside)，但生食樹薯會中毒。
7. 健康益處：根據報導，優酪乳之類的發酵乳品可以降低血膽固醇的含量，並且有助於防癌，特別是結腸有關的癌症。
8. 製程簡單：微生物培養簡單、發酵時間短、生產穩定、不受氣候影響、便宜。

112 年第一次專門職業及技術人員高考-食品技師

類科：食品技師　科目：食品化學

一、請說明咖啡豆烘焙過程中玻璃轉化溫度（Glass transition temperature, Tg）及型態之變化、風味形成之化學反應及影響因子。（20 分）

【112-1 年食品技師】

詳解：

(一)玻璃轉化溫度（Glass transition temperature, Tg）及型態之變化：

1. 玻璃轉化溫度（Glass transition temperature, Tg）：當溫度低於 Tg 時，聚合物非結晶部分屬於玻璃態，溫度高於 Tg 而於 Tm(熔點)以下，高分子聚合物吸收能量轉變成柔軟具彈性的固體，稱為橡膠態。此一使高分子由固態(玻璃態)轉變為橡膠態的轉變稱之為玻璃態轉移(glass transition)，此時的溫度稱為玻璃轉換溫度(Tg)。
2. 型態之變化：

(1)生咖啡豆含水率約 10~12%，在室溫時為堅硬的玻璃態，當開始把它加熱進行烘焙後，隨著豆體溫度昇高、水分慢蒸散，它會由玻璃態慢慢進入橡膠態，豆體變得比較軟並且帶有彈性；再持續對它加熱，當水分散失到一定程度時，它又會回到硬脆的玻璃態。烘焙過程中，豆子倒底處在玻璃態或橡膠態，不能單看溫度，還必須配合當時豆子的含水率。

(2)生咖啡豆加熱烘焙之後，豆體會逐漸膨脹，原因是當豆子進入橡膠態變得柔軟有彈性時，內部水份受熱變成蒸氣，加上豆子的有機質部分轉化成揮發性氣體，蒸氣及氣體被豆子的細胞組織侷限住無法立即脫離，對細胞壁產生極大的壓力(可達 8~25 大氣壓)，豆體就這樣被撐大，直到爆裂。

(二)風味形成之化學反應及影響因子：

1. 風味形成之化學反應：

(1)梅納褐變反應：含有胺基的化合物(胺基酸、胜肽、蛋白質)與含有羰基的化合物(醣類、醛、酮等)經由縮合、重排、氧化、斷裂、聚合等一連串反應生成之褐色的梅納汀(melanoidins)及經史特烈卡降解(Strecker degradation)產生小分子醛類香氣成分。

(2)焦糖化反應：醣類在沒有胺基化合物存在下，以高溫加熱或以酸鹼處理，使醣類最終形成褐色的梅納汀(melanoidins)和小分子醛、酮類香氣成分。

2. 影響因子：

(1)烘焙溫度：越高，越容易進行梅納褐變反應與焦糖化反應產生香氣。

(2)烘焙時間：越長，越容易進行梅納褐變反應與焦糖化反應產生香氣。

(3)豆子水活性：越大，越容易進行梅納褐變反應與焦糖化反應產生香氣。

(4)豆子成分：胺基的化合物與羰基的化合物越多，越容易進行梅納褐變反應；若醣類越多而胺基化合物越少，則越易進行焦糖化反應。

(5)豆子 pH 值：豆子越偏鹼性，則越容易進行梅納褐變反應；若越不偏鹼性，則越容易進行焦糖化反應。

二、乙醯化己二酸二澱粉（Acetylated Distarch Adipate）為一種化學雙修飾澱粉，請回答以下問題：
(一)請繪出以天然玉米澱粉製備此雙修飾澱粉之化學結構式。（6 分）
(二)請以連續糊液黏度圖說明此雙修飾澱粉與天然糯性玉米澱粉之差異。（10 分）
(三)請舉例說明此雙修飾澱粉於食品加工之應用及理由。（4 分）
【112-1 年食品技師】

詳解：

(一)請繪出以天然玉米澱粉製備此雙修飾澱粉之化學結構式：

玉米澱粉以醋酸酐加水形成醋酸與澱粉顆粒之羥基(OH 基)進行酯化作用，脫去一分子水形成酯鍵，醋酸之乙醯基取代澱粉之-OH 基；及己二酸酐加水形成己二酸之兩側的羧基(-COOH)與澱粉分子之羥基(-OH)行酯化反應，各脫去一分子水形成酯鍵，最後形成分子內或分子間的架橋結構稱之。為合法修飾澱粉的黏稠劑(糊料)。

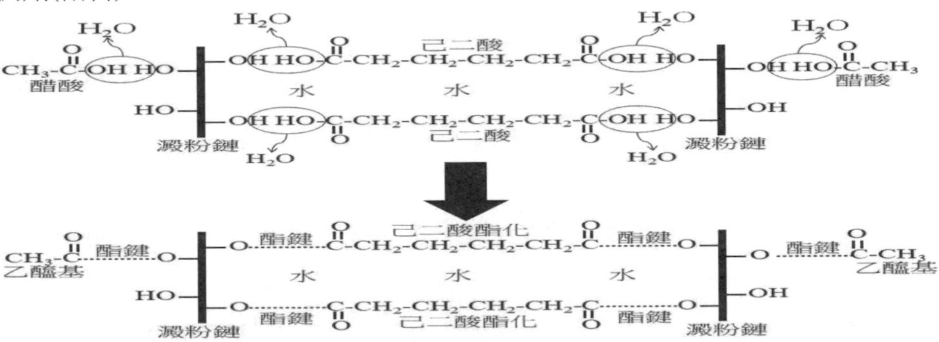

(二)請以連續糊液黏度圖說明此雙修飾澱粉與天然糯性玉米澱粉之差異：

以連續(快速)糊液(化)黏度分析儀(Rapid viscosity analyzer, RVA)分析：

1. 雙修飾澱粉：成糊溫度低、尖峰黏度高、最終黏度高、黏度回升值低。
2. 天然糯性玉米澱粉：成糊溫度高、尖峰黏度低、最終黏度低、黏度回升值高。

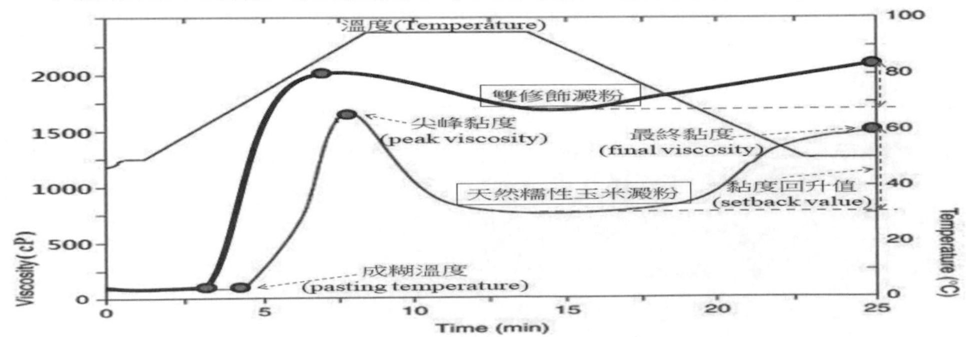

(三)請舉例說明此雙修飾澱粉於食品加工之應用及理由：

1. 油炸食品用裹粉：因可耐長時間高溫而不會降低彈性與口感。
2. 熱、冷或冷凍的粉圓：高黏度、高彈性與口感、並能抗老化、耐冷凍與解凍。
3. 醬汁類產品：高黏度、耐長時間高溫、耐酸鹼，可用於蕃茄醬、中西式醬汁。

4. 火鍋料：高黏度、可耐長時間高溫而不會降低彈性與口感。
5. 微波食品、罐頭食品：高黏度、可耐長時間高溫而不會降低彈性與口感。

三、請舉例說明下列食品中蛋白質之溶解度分類、蛋白質或胺基酸組成特性及功能性，並說明其在各類食品中之作用機制與影響功能特性之可能因子。（每小題5 分，共20 分）
(一)豆干中之大豆蛋白質
(二)小麥麵糰中之麵筋
(三)戚風蛋糕麵糊中之雞蛋蛋白
(四)芒果奶酪中之明膠

【112-1 年食品技師】

詳解：

(一) 豆干中之大豆蛋白質：
1. 溶解度分類：鹽溶性大豆球蛋白(glycinin)與水溶性的白蛋白(albumin)。
2. 組成特性：偏中性 pH 值，促使大豆球蛋白表面極具負電性。
3. 功能性：凝膠性。
4. 作用機制：添加正電荷的鈣、鎂離子產生離子鍵，將水保留於結構之中。
5. 影響功能特性之可能因子：鈣、鎂離子添加越多，凝膠性越好，但越硬。

(二)小麥麵糰中之麵筋：
1. 溶解度分類：鹼溶性小麥穀蛋白(glutenin)與醇溶性穀膠蛋白(gliadin)。
2. 組成特性：蛋白質富含半胱胺酸，可以形成許多雙硫鍵。
3. 功能性：麵糰成形性。
4. 作用機制：麵粉熟成與麵糰醒麵或添加氧化劑，促使硫氫基氧化成雙硫鍵。
5. 影響功能特性之可能因子：氧化促使雙硫鍵形成，還原會破壞雙硫鍵。

(三)戚風蛋糕麵糊中之雞蛋蛋白：
1. 溶解度分類：水溶性卵白蛋白(ovalbumin)。
2. 組成特性：極具有親水基與疏水基。
3. 功能性：起泡性、乳化性。
4. 作用機制：親水基作用於水與疏水基作用於氣體或油脂。
5. 影響功能特性之可能因子：不含油脂則出現起泡性、含油脂則出現乳化性。

(四)芒果奶酪中之明膠：
1. 溶解度分類：溫水可溶，冷水不溶之明膠凝膠狀態。
2. 組成特性：富含羥基(OH 基)的纖維狀蛋白質。
3. 功能性：凝膠性。
4. 作用機制：溫度降低時，明膠彼此羥基形成氫鍵，將水保留於結構之中。
5. 影響功能特性之可能因子：低溫以氫鍵形成凝膠、高溫破壞氫鍵失去凝膠。

四、脂質氧化對食品貯存品質影響重大，請說明何謂油脂自氧化作用（autoxidation）及光氧化作用（photooxidation），其影響因子為何？請以油酸為例說明其氧化反應產物。（20 分）

【112-1 年食品技師】

詳解：

(一)自氧化作用（autoxidation）：油脂氧化生成自由基(free radical)，再與空氣中的氧結合後生成順式氫過氧化物(peroxide)，而反應反覆進行。主要發生於不飽合脂肪酸或含不飽合脂肪酸的油脂，可分為：

1. 起始期(initiation stage)：為反應決定步驟，從不飽合脂肪酸中移去一個氫原子，產生自由基(free radical)。(抗氧化劑於此期前加入效果最好)
2. 連鎖反應期(propagation stage)：生成的自由基與氧氣反應，並從其他不飽合脂肪酸中奪取氫原子，產生大量的過氧化物及自由基。
3. 終止期(termination stage)：各種自由基互相作用，形成各種聚合物。

(二)光氧化作用（photooxidation）：利用光敏劑(photosensitizer)，如葉綠素(cholorophyll)、核黃素(flavin)、肌紅素(myoglobin)等物質，將氧分子由穩定的三旋態激發至高能階的單旋狀態，即可與任何帶有雙鍵的不飽合脂肪酸分子作用，產生反式氫過氧化物。反應機制：

$$^{3}O_2 \text{ (triplet oxygent)} \xrightarrow[\text{葉綠素、肌紅素}]{hv} {^{1}O_2} \text{ (singlet oxygent)}$$

(穩定) (不穩定)

(三)影響因子：

1. 外在因子：

(1)氧氣：濃度低時，氧化速率與含氧量呈正比。可脫氧劑或包裝提升保存。

(2)光線：會促進活性氧($^{1}O_2$)的形成並促進氧化。可避光儲藏。

(3)溫度：隨溫度升高而氧化反應加快。可利用低溫儲藏預防。

2. 內在因子：

(1)脂肪酸不飽合程度：氧化速率與雙鍵呈正比。可氫化減少不飽合度。

(2)水分：氧化速率與水分呈正比；Aw 約 0.3 時，可延緩。

(3)催化劑：二價金屬離子(如鐵、銅)為助氧劑。可加螯合劑(如檸檬酸)抑制。

(4)酵素：如脂氧合酶催化脂質氧化。可利用殺菁(blanching)使酵素失活。

(5)抗氧化劑：延緩並抑制油脂氧化作用。可加如維生素 E、BHA、BHT 等。

(四)請以油酸為例說明其氧化反應產物：

1. 自氧化作用（autoxidation）：產生四種順式氫過氧化物

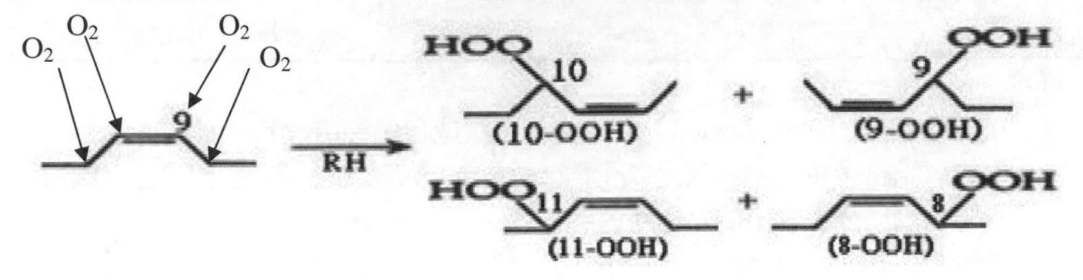

2. 光氧化作用（photooxidation）：產生兩種反式氫過氧化物

9
$^{1}O_2$
RH
HOO
10
(10-OOH)
+
OOH
9
(9-OOH)

五、請說明並繪出葉綠素及肌紅素在化學結構上的異同及加工過程中導致蔬菜及肉品色變之原因，並提出保色之作法。（20 分）

【112-1 年食品技師】

詳解：

(一)說明並繪出葉綠素及肌紅素在化學結構上的異同

1. 葉綠素：

(1)相異點：1 個四吡咯環中央為二價鎂(Mg^{2+})配位共價、結合 1 個葉綠醇。

(2)相同點：以吡咯為單元構成的四吡咯環或稱紫質環，中央有配位共價金屬。

(3)化學結構：

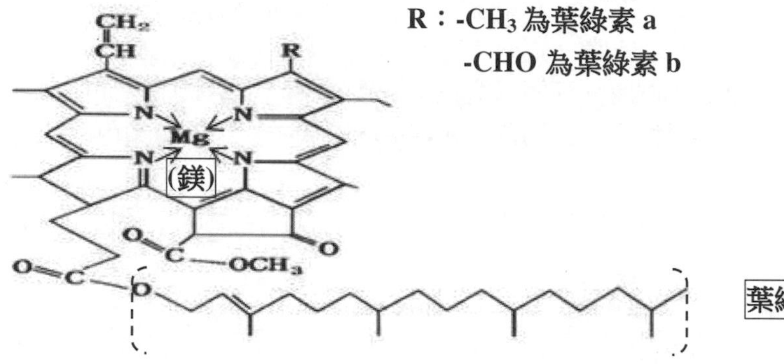

2. 肌紅素：

(1)相異點：1 個四吡咯環中央為二價鐵(Fe^{2+})配位共價、結合 1 條多胜肽(蛋白)。

(2)相同點：以吡咯為單元構成的四吡咯環或稱紫質環，中央有配位共價金屬。

(3)化學結構：

(二)加工過程中導致蔬菜及肉品色變之原因，並提出保色之作法：

1. 蔬菜：

(1)色變之原因：

a. 葉綠素在高熱與高酸下，即會脫鎂產生棕橄欖色的脫鎂葉綠素(Pheophytin)。

b. 含葉綠素的植物，於室溫貯藏一段時間後，即會被本身的葉綠素酶(Chlorophyllase)作用為綠色的葉綠酸(Chlorophyllide)，其更容易被熱與酸作用，導致脫鎂，而產生棕橄欖色的脫鎂葉綠酸(Pheophorbide)。

(2)保色之作法：

a. 提高 pH 值：利用酸鹼中和的方式，將加熱中的食品系統提高為鹼性，然而由於維生素會因此遭受破壞，並不鼓勵。

b. 避免長時間加熱：加熱時間縮短，避免葉綠素或葉綠酸脫鎂成棕橄欖色。

c. 銅的添加：在加熱過程中，鎂的位置會由銅所取代，葉綠素的顏色因此更綠。

d. 抑制酵素：如利用高溫短時(HTST)的加工處理、調氣包裝、低溫貯藏、低水活性。

e. 抑制光氧化褪色：避光(包裝)及除氧、加抗氧化劑。

2. 肉品：

(1)色變之原因：

a. 肌紅素於氧氣(O_2)存在之變化：

紫紅色的肌紅素接觸氧氣，即會氧化成鮮紅色的氧合肌紅素，若接觸氧氣太久，而過度氧化，則會產生棕色的變性肌紅素。

b. 肌紅素於過氧化氫(H_2O_2)存在之變化：如乳酸菌可產生。

與肌紅素、氧合肌紅素作用，生成綠色的膽綠肌紅素(cholemyoglobin)。

c. 肌紅素於硫化氫(H_2S)存在之變化：如假單胞球菌(*Pseudomonas*)可產生。

與肌紅素作用，生成綠色的硫化肌紅素(sulfmyoglobin)。

d. 肌紅素於一氧化碳(CO)存在下之變化：

紫紅色之肌紅素(Mb)→粉紅色之一氧化碳肌紅素(MbCO)。

e. 肌紅素於硝酸鹽或亞硝酸鹽類存在下之變化：

硝酸鹽或亞硝酸鹽(鈉或鉀鹽)要先還原成一氧化氮(NO)再與肌紅素作用成亮紅色的氧化氮肌紅素，可再加熱固定成亮紅色的氧化氮肌色元。

(2)保色之作法：

a. 採用適當的透氣膜包裝肉類，以保持高氧分壓的狀態，而不過度氧化。

b. 先以硝酸鹽類或亞硝酸鹽類醃製後，再包裝貯存。

c. 採用調氣(MA)或控氣(CA)包裝，以 100 %之 CO 氣體條件包裝(違法)。

d. 避免金屬離子，如銅、鐵、鋅、鋁，會加速 MbO_2 氧化成 MMb。

e. 避免造成綠變(green meat)的微生物污染。

112年第一次專門職業及技術人員高考-食品技師

類科：食品技師　科目：食品加工學

一、請回答下列題目：(每小題10分，共40分)

(一)

1. 何謂 high pressure processing(高壓加工)？
2. 比較利用高壓加工與傳統熱加工處理的產品，其品質上的差異。

(二)

1. 何謂 Intermediate moisture foods(中濕性食品)？特性為何？
2. 為何有些中濕性食品還需要加熱殺菌處理或添加防腐劑？

(三) 關於烘焙食品的議題

1. 何謂 leavening agents(膨鬆劑)？請寫出兩種常見的膨鬆劑，並說明其機制及功能。
2. 何謂 shortening(酥油)？其在烘焙食品的功能為何？

(四) 根據食品的乾燥曲線，就水分含量變化的角度，解釋下列問題

1. 請畫出食品乾燥曲線圖，並標示不同乾燥期。
2. 就食品乾燥曲線圖，比較恆率乾燥期(constant-rate drying period)與減率乾燥期(falling-rate drying period)的差異。

【112-1年食品技師】

詳解：

(一) 高壓加工技術

1. 高壓加工(high pressure processing)

利用Pascal’s principle，於高強度鋼製厚壁圓筒容器中注滿液體，在不使液體洩漏的情況下以強壓力封入活塞，則內部的液體受到壓縮，體積減少而發生高壓(範圍：1000～10000大氣壓；1大氣壓 ＝0.1 MPa)。此密閉液體之壓力可在任何點都不衰減下傳至各方向，即可均勻受壓。

此法已被美國食品及藥物管理局列為一種可代替巴斯德殺菌之非加熱的殺菌技術。其作用機制包括破壞微生物細胞膜、使微生物生長所需蛋白質變性、破壞 DNA 轉錄及細胞膜上磷脂質固化等，使得生長中的微生物細胞產生重大變化而達到殺菌的效果。

2. 品質上的差異：

(1) 高壓技術較能保留食品的色香味；而傳統較能生成加熱香氣及色澤形成(梅納反應)。

(2) 蛋白質受熱變性可說是因分子激烈活動使化學鍵破壞而起，而壓力變性則只有非共價鍵如氫鍵、離子鍵、疏水鍵等受影響。

(3) 高壓技術產品需靠柵欄技術搭配(如低溫)才可長期保鮮。

(二) 食品之劣化與柵欄技術章節

1. 中濕性食品(Intermediate moisture food, IMF)：Aw在0.60~0.85，含水量在15~50%，長期在室溫儲藏也不會腐敗的食品，如果醬、果凍、蜂蜜、糖漿、蜜餞等。此產品由於水活性及含水率低，故微生物較難生長：

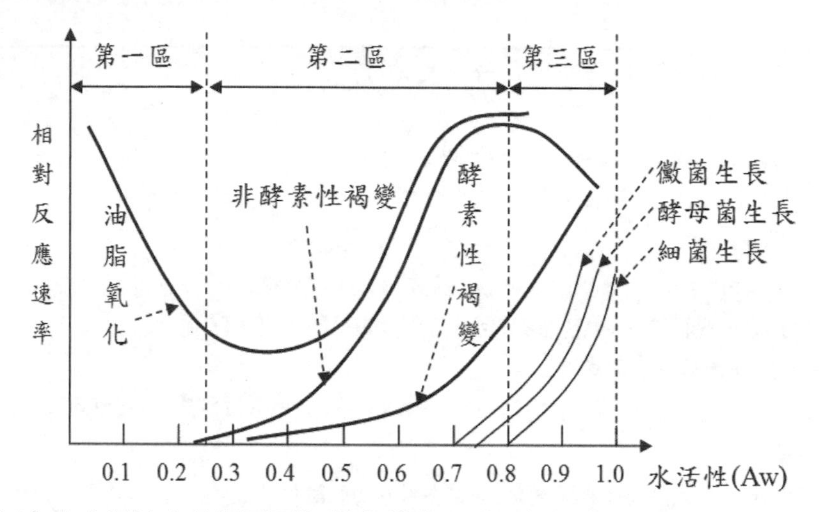

2. 為何有些中濕性食品還需要加熱殺菌處理或添加防腐劑：

(1) 柵欄技術((hurdle technology)之利用：增加一組或多組柵欄，防止低水活性下還能夠生長的黴菌與酵母菌。

(2) 開封後無法迅速食畢：需要防腐劑功能(如改變微生物細胞膜通透性)以防止儲存過程微生物之生長。

(三) 食品添加物與油脂類加工

1. 膨鬆劑(leavening agents)：產生大量氣體，使食品體積變大並且使食品膨鬆柔軟。常見膨鬆劑可分為：

(1) 天然膨鬆劑：如酵母之運用，利用糖加以發酵產生二氧化碳，以使麵團膨脹。

(2) 化學膨鬆劑：屬於衛生福利部公告之食品安全衛生管理法內管理內容，須符合食品添加物使用範圍及限量暨規格標準。膨鬆劑屬於第六類食品添加物，如碳酸氫鈉。在製作產品時，因遇到水或受熱即產生二氧化碳，使產品組織膨鬆，適用於高油、高糖的產品。

2.

(1) 酥油(shortening)：100%油脂、不加乳化劑、熔點高(40℃以上才會溶化)。

(2) 烘焙食品的功能：用於麵包、點心，可增加酥脆性。

(四) 乾燥章節

1. 食品乾燥曲線圖：在一定乾燥條件下進行乾燥，測定各時間的游離含水率的變化，以乾燥速度與游離含水率兩者之關係所畫成的曲線。

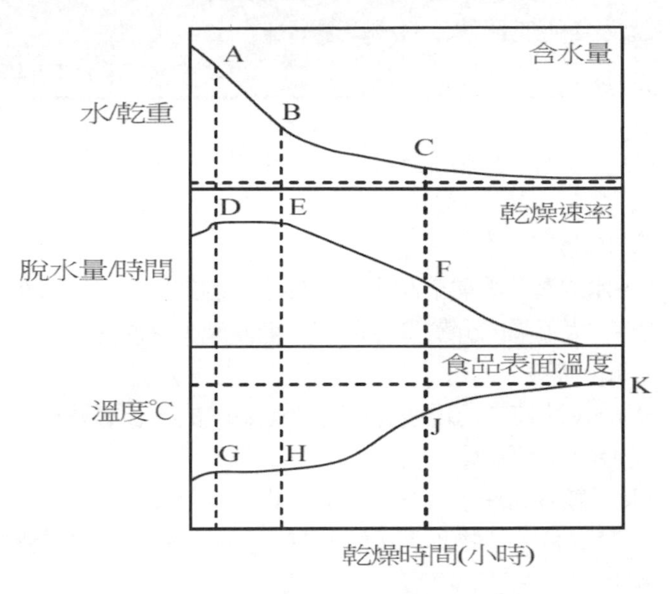

(1) 恆率乾燥期(A→B；D→E；G→H)

(2) 減率乾燥期(B→C；E→F；H→J)

(3) 乾燥終止期(K)

2. 差異：

(1) 恆率乾燥期(constant-rate drying period)

A. 熱能主要用來食品表面蒸發，大約移走 90%的水分，移走的是自由水，且表面水分的蒸發量與內部水分的擴散量達成平衡，食品本身的溫度維持一定，故對食品品質的影響較少。

B. 食品表面的溫度等於空氣的濕球溫度，其表面蒸氣壓為飽和蒸氣壓。

C. B 點的含水率稱為臨界含水量(critical moisture content)。

(2) 減率乾燥期(falling-rate drying period)

A. 大約移走 10%的水分。

B. 經過恆率乾燥期後，表面蒸散速度減緩，此時去除輕度束縛的水分。即食品再經進一步乾燥，表面蒸發速率大於內部擴散速率，同時品溫上升，食品產生表面硬化(case hardening)現象，乾燥速度逐漸降低。(第一段)

C. 再度乾燥時，會受到食品內水分移動速度的影響。到乾燥最困難時期，水分在食品內部蒸發，而以蒸氣狀態擴散到表面。(第二段)

D. 食品表面溫度等於空氣的乾球溫度。

二、影響豬肉冷凍速率的兩大因素，包括食品組成因子和非食品組成因子。請說明：(每小題15分，共30分)
(一) 豬肉冷凍速率的食品組成因子和非食品組成因子為何？
(二) 通常加工業者如何加速產品的冷凍速率？
【112-1年食品技師】

詳解：

(一) 豬肉冷凍速率的食品組成因子和非食品組成因子為何？

1. 食品組成因子：

(1) 水分多寡與均勻度：

A. 水分越多時，水的潛熱總熱焓越大，需要帶走的熱能較多而降低冷凍速率。

B. 均勻度越差時，大冰晶的介質厚度越高，進而減少冷凍速率。

(2) 油脂含量與乳化狀態：

A. 油脂含量多時，冷凍較常出現多孔性，空氣(為熱的不良導體)越多而使得熱能傳送受阻，使冷凍速率降低。

B. 乳化狀態差時，較容易油水分離，油脂聚集處空氣較多。

(3) 低分子物質含量：低分子物質越多時，會降低結冰點，使得共晶點溫度降低，進而延長冷凍時間，使速率降低。

2. 非食品組成因子：

(1) 冷凍溫差：事先設定之溫度與食品品溫差越大，冷凍速率越快。

(2) 冷凍時豬肉厚度：介質厚度越大會降低冷凍速率(熱傳速率)。

(3) 冷凍之接觸表面積：肉品堆疊程度會影響與冷空氣接觸表面積，當接觸表面積變小時，冷凍速率會降低。

(4) 溫度變動：當冷凍時，多次開關或是機械設備損壞而導致溫度變動會降低冷凍速率。

(二) 通常加工業者如何加速產品的冷凍速率？

1. 改變食品組成：

(1) 減少水分：生豬肉不適合。其他豬肉製品可先部分乾燥再冷凍。

(2) 改變油水均勻狀態：利用拍打方式打散豬肉內部油水，進而改變均勻狀態。

(3) 真空包裝後冷凍：透過內部壓力減少而達到加壓操作，可使得空氣減少並且使食品內組成分互相接觸，達到均勻化且可增加冷凍速率。

2. 控制非食品組成，可利用傅立葉定律：

(1) 增加冷凍時溫差：

A. 急速冷凍(quick/rapid freezing)：使食品能夠在短時間內(30分鐘內降至-20℃)通過最大冰晶生成帶(-1~-5℃)的凍結法。使食品內生成的冰晶為小且分布均勻，因此食品凍結後可保持優良品質。

B. 低凝固點冷媒或寒劑低溫冷凍法：利用液態氮(沸點-196℃)或是液態二氧化碳(沸點-79℃)的冷凍法。

(2) 減少介質厚度：因熱能傳送速率與介質厚度呈反比。故透過切片等減積操作，減少熱傳過程的介質厚度。

(3)增加接觸表面積：

A. 切片減積操作，以增加接觸表面積。

B. 真空包裝後冷凍，並使用分隔方式冷凍，勿堆疊。

C. 利用強制對流冷風方式，使接觸之比表面積增加。

三、在蔬果加工過程中，影響蔬果的質地變化有內在組成因素及外在加工因素。請問：(每小題15分，共30分)
(一) 蔬果內在組成因素有那些？並說明可能機制。
(二) 外部加工因素有那些？並說明其作用機制
【112-1 年食品技師】

詳解：

(一) 蔬果內在組成因素有那些？並說明可能機制。

1. 水分：水分充足時，由細胞內部組成分提供滲透壓而具有向外的膨脹壓力，經細胞壁結構物質阻擋，組織能保持腫脹狀態。當水分不足而導致萎凋狀態時，質地變差。

2. 細胞壁組成：透過下列相互鍵結作用而穩定細胞壁結構：
(1) 纖維素：形成結晶區、微纖維、纖維束等結構，非常安定。
(2) 半纖維素：可能與果膠質有交互鍵結。
(3) 果膠質：存在於細胞壁間之中膠層，作為細胞間脂黏性物質，與組織質地有密切關係。可分為高甲氧基果膠與低甲氧基果膠。
(4) 木質素：非多醣類，具有書水性立體構造，常與細胞壁多醣類結合，穩定細胞壁構造。
(5) 蛋白質：如伸展蛋白，為一種羥脯胺酸，可與醣類及酸類結合。

3. 果膠酵素：會破壞果膠，使蔬果軟化。

果膠酯酶(pectin esterase, PE)	將果膠質上的甲氧基水解除去，使變成低甲氧基果膠或果膠酸。
聚半乳糖醛酸酶(polygalacturonase; PG)	將果膠質、果膠酸加水分解低分子量的聚半乳糖醛酸之 α-1,4糖苷鍵結，最終產物為半乳糖醛酸。
果膠解離酶(pectin lyase)	主要作用於高甲氧基果膠，其作用於鄰近甲酯基旁的醣苷鍵經 β 脫去反應。

4. 乙烯作用(ethylene action)：就植物學的觀點，乙烯是植物本身生成的氣體分子，為一種植物荷爾蒙，能影響植物的生長、發育及老化。
(1) 非更性水果其產生乙烯量較更性水果來的低。
(2) 乙烯之生合成屬於自催化反應，會使更性水果之後熟做用提早發生而軟化。

(二) 外部加工因素有那些？並說明其作用機制
1. 溫度：高溫會破壞組織性，使質地變差。
2. 二段殺菁：先以中溫(50~70℃)預煮，再以高溫(90℃以上)烹煮，其組織硬化比直接烹煮來的高。經第一段殺菁(中溫預煮)後，可活化組織中的果膠酯解酶，使果膠分子經去酯化作用形成自由羧基，再由內在的鈣離子形成架橋結構，穩定細胞壁結構，硬度增強。在預煮液中若添加適當濃度的鈣、鎂鹽等金屬離子，其可進入組織中，與游離羧基結合而形成鈣架橋，加強內部膠質強度，延緩細胞壁剝離，強化組織。

2. 鹽類溶液($CaCl_2$)：利用食品添加物使鈣離子濃度增加，搭配二段式殺菁可提高架橋而強化質地。

3. pH值：酸與鹼皆會減少咀嚼感

4. 原料儲存環境：減少質地在儲存過程改變

低溫	抑制蔬菜、水果的呼吸作用。
換氣	簡單地將蔬菜、水果維持於最適當的氣體濃度。
減壓	(1) 抑制蔬菜、水果的呼吸作用 (2) 將蔬菜、水果的乙烯(ethylene)排出，以抑制催熟 (3) 抑制黴菌、細菌的繁殖。
高濕	防止蔬菜、水果的重量減輕。

112 年第一次專門職業及技術人員高考-食品技師

類科：食品技師 科目：食品衛生安全與法規

一、最近某美式大賣場已上架販售之冷凍莓果產品，被檢出含有何種可能引發食品中毒之病因物質（含形態特徵與傳播方式）？民眾食用後可能之感染症狀？如何預防此種危害？衛生單位依據食品安全衛生管理法之何種條文可處分多少範圍之罰鍰？（20 分）

【112-1 年食品技師】

詳解：

(一)被檢出含有何種可能引發食品中毒之病因物質（含形態特徵與傳播方式）？

1. 病因物質：A 型肝炎病毒(Hepatitis A virus)。
2. 形態特徵：單股 RNA 病毒、絕對寄生、屬於小 RNA 病毒科(Picornavirus)，肝病毒屬(Hepatovirus)。
3. 傳播方式：

(1)糞便經口：如吃到受 A 型肝炎患者糞便汙染的食品而感染。

(2)飛沫(口水)：如接觸到 A 型肝炎患者的飛沫(口水)或吃到受 A 型肝炎患者飛沫(口水)汙染的食品而感染。

(二)民眾食用後可能之感染症狀？

1. 機制：A 型肝炎病毒由腸胃道進入人體後，先於腸道上皮細胞繁殖，再經血流至肝臟繼續生長而破壞肝細胞，而病毒也會擴散至腎與脾臟。
2. 症狀：嘔吐、腹痛、腹瀉、食欲不振至較嚴重的肝腫大與全身性黃疸。

(三)如何預防此種危害？

1. 戴口罩、勤洗手、保持環境衛生及空氣流通、避免到人群聚集或空氣不流通的地方、避免不必要的探病、均衡飲食、適量休息及運動、增強免疫力。
2. 飲食衛生、進行公筷母匙、食品防範汙染，且適當消毒或煮熟。
3. 注射 A 型肝炎疫苗(永久)。

(四)衛生單位依據食品安全衛生管理法之何種條文可處分多少範圍之罰鍰？

1. 依據條文：依據「食品安全衛生管理法」(108.6.12)第十五條第一項第四款：食品或食品添加物有下列情形之一者，不得製造、加工、調配、包裝、運送、貯存、販賣、輸入、輸出、作為贈品或公開陳列：
   四、染有病原性生物，或經流行病學調查認定屬造成食品中毒之病因。
2. 處分多少範圍之罰鍰：依據「食品安全衛生管理法」(108.6.12)第四十四條第一項第二款：有下列行為之一者，處新臺幣六萬元以上二億元以下罰鍰；情節重大者，並得命其歇業、停業一定期間、廢止其公司、商業、工廠之全部或部分登記事項，或食品業者之登錄；經廢止登錄者，一年內不得再申請重新登錄：

二、違反第十五條第一項、第四項或第十六條規定。

二、民國 110 年食品中毒發生與防治年報刊載，新北市某學校有 232 位學生因食用營養午餐後，引發食物中毒情況，經衛生單位從食餘檢體與患者糞便檢體均檢出產氣莢膜桿菌，請詳述此病原菌之形態特徵與特性（含致病性、中毒症狀）？屬於細菌性食品中毒分類的那一型以及此類型的定義為何？預防此類中毒的方法？（20 分）

【112-1 年食品技師】

詳解：

(一)病原菌之形態特徵與特性（含致病性、中毒症狀）：

1. 形態特徵：G(+)、桿狀菌、無鞭毛、有芽孢、厭氧性。

2. 特性（含致病性、中毒症狀）：

(1)致病性：會於人類腸道生長產生毒素，引起疾病，俗稱腸道中的壞菌。

(2)中毒症狀：嘔吐、腹痛、腹瀉。

(二)屬於細菌性食品中毒分類的那一型以及此類型的定義：

1. 細菌性食品中毒分類：中間型(toxico-infection)。

2. 此類型的定義：

病原菌在食品中繁殖，以及其在腸道內有某種程度的增殖的情形與感染型相同，但在腸道內產生外毒素(此菌有)或細胞裂解產生內毒素(此菌無)引起的食物中毒。

(三)預防此類中毒的方法：

1. 預防食品中毒四大原則：

(1)清潔：手部清潔，餐具、砧板、抹布等廚房用品應該以水或漂白水洗淨，砧板在洗乾淨後晒太陽也很有效。

(2)迅速：細菌之繁殖或毒素之產生，與其污染於食品中之時間相關，所以時間愈短，愈可以避免食品中毒。

(3)加熱與冷藏：細菌通常不耐熱，加熱 70℃以上，大部分的細菌都會死亡，雖然冷藏細菌較不容易繁殖，若保存的溫度非常低，譬如冷凍食品(貯存於-18℃下)中的細菌就根本不會繁殖了。

(4)避免疏忽：遵守衛生原則(GHP)，注意食安維護，不可忙亂行之；生食與熟食同放冰箱時，應將熟食放上層，生食放下層；避免交叉污染。

2. 預防食品中毒五要原則(2013)：

(1)要洗手：調理時手部要清潔，傷口要包紮。

(2)要新鮮：食材要新鮮，用水要衛生。

(3)要生熟食分開：生熟食器具應分開，避免交互污染。

(4)要徹底加熱：食品中心溫度應超過70度C。

(5)要低溫保存(要注意保存溫度)：保存低於7度C，室溫下不宜久置。

三、有民眾食用自行捕撈之不明魚類之卵巢後，出現唇舌發麻、手腳麻、眩暈、頭痛、嘔吐等症狀，請說明引發此中毒最有可能的病因物質為何？屬於食品中毒類型的那一類？產生的來源與造成中毒原因為何？有那些預防此類中毒發生的方法？（20 分）

【112-1 年食品技師】

詳解：

(一)引發此中毒最有可能的病因物質：

1. 病因物質：河豚毒素(Tetrodotoxin)。
2. 特性：

(1)毒素具耐熱性，於 100 ℃加熱 30 分鐘，毒性仍殘留 80%左右。

(2)毒素易被強酸或強鹼破壞。

3. 毒性：

(1)屬強烈的神經毒素，高致死率，LD_{50}=12 μg/kg b.w. (大白鼠)。

(2)發病時間：20~30 分鐘，慢者 2~3 小時。

(二)屬於食品中毒的類型：

動物性天然毒素。

(三)產生的來源與造成中毒原因的原因：

1. 產生的來源：

(1)自行產生：約有 80 種左右的河豚會自行產生毒素，台灣佔 30 種。其毒素會隨季節變化而產生或消失，且毒素大多集中在河豚的肝臟、卵巢、小腸、精巢等內臟器官中，肉質則少見。(卵巢、肝臟毒性最高)。

(2)食物鏈：河豚攝取某些含有河豚毒素的微生物(如某些弧菌類、某些海藻)，將毒素經生物濃縮效應累積在體內。

2. 造成中毒原因的原因：人類食用含河豚毒素的河豚內臟或被內臟污染的肉質，河豚毒素先作用於腸道，導致嘔吐、腹痛、腹瀉，再經由腸道吸收，經由血液到達神經，阻礙神經細胞鈉離子傳遞，抑制神經訊息傳導，進而導致麻木麻痺、呼吸麻痺而死亡。

(四)預防此類中毒發生的方法：

1. 政府：宣導民眾食用河豚的注意事項、定期抽驗市售河豚產品。
2. 業者：小心進行河豚的屠宰，勿弄破內臟而污染肉質、師傅到日本認證。
3. 消費者：

(1)儘量避免食用來源不明之河豚肉。

(2)若要食用河豚肉必須選擇安全可靠，具宰殺河豚資格的商店。

(3)絕不可食用河豚的內臟器官或被破碎內臟器官所汙染的肉質。

(4)河豚毒素不會因烹調加熱而消失，一旦中毒也無任何解毒劑，故必須盡速使中毒者嘔吐、洗胃、服瀉藥將胃內容物排出，並且送醫急救。

四、衛生福利部擬於明(113)年正式實施「縮水甘油脂肪酸酯(Glycidyl fatty acid esters)」之限量標準，請說明此物質是如何生成的？可能存在於那些食品中？如何對人體的健康造成危害？以及該限量標準的規定內容？（20分）【112-1年食品技師】

詳解：

(一)縮水甘油脂肪酸酯生成機制：

1. 只要食品中含有雙酸甘油酯、單酸甘油酯，且經高溫加工縮水形成。
2. 精煉食用油的過程中，會有脫臭過程，是以高溫將油耗味物質及油雜味物質經過蒸發而去除，但在此高溫過程，上述化學反應而形成。
3. 天然棕櫚油含較多雙酸甘油酯、單酸甘油酯，會經過高溫的脫臭過程，會產生大量的縮水甘油酯。
4. 結構：

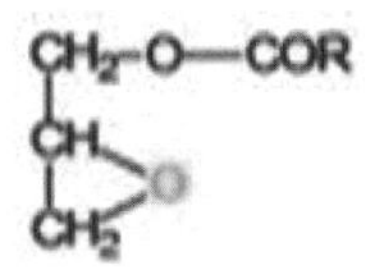

(二)可能存在的食品：

棕櫚油及其製品，如以棕櫚油油炸的產品、奶精、人造奶油等。

(三)對人體的健康危害的原因：

縮水甘油脂肪酸酯攝取後，會被腸道脂解酶水解為縮水甘油(Glycidol)，而縮水甘油被國際癌症研究中心歸類為極有可能致癌物(IARC 2A)。

(四)限量標準的規定內容：

食品中污染物質及毒素衛生標準(111.5.31)有規範嬰幼兒食品與食用油脂：

8	縮水甘油脂肪酸酯(Glycidyl fatty acid esters, GEs)，以縮水甘油/環氧丙醇(Glycidol)計	
	食品	限量(μg/kg)
8.1	嬰幼兒食品[5]	
8.1.1	嬰兒配方食品[6]、較大嬰兒配方輔助食品[7]及特殊醫療用途嬰[9]/幼兒配方食品	
	-粉狀型式販售者	50
	-液狀型式販售者	6.0
8.2	食用油脂	
8.2.1	市售供食用或作為食品加工原料之植物性食用油脂、魚油及海洋生物油脂[19]	1000
8.2.2	供作為生產嬰幼兒穀物類輔助食品[10]及嬰幼兒副食品[11]之植物性食用油脂、魚油及海洋生物油脂	500
備註:		

五、依據民國 110 年食品中毒發生與防治年報，衛生福利部食品藥物管理署為降低食品中毒案件之發生，乃公告「食品五要二不原則」之宣導政策，請詳述何謂五要二不原則？（20 分）

【112-1 年食品技師】

詳解：

應疫情陸續解封，消費者出遊及外食機會提升，為維護大眾飲食衛生安全，食品藥物管理署提醒您製備餐點時，應遵守食品良好衛生規範準則等相關規定，並謹記預防食品中毒五要二不原則「洗鮮分熱存，要落實；山泉與動植，不採食」，讓消費者吃得安心又放心：

(一)五要原則：

1. 要洗手：
   調理時手部要清潔，傷口要包紮。
2. 要新鮮：
   食材要新鮮，用水要衛生。
3. 要生熟食分開：
   生熟食器具應分開，避免交互污染。
4. 要徹底加熱：
   食品中心溫度應超過70度C。
5. 要低溫保存(要注意保存溫度)：
   保存低於7度C，室溫下不宜久置。

(二)二不原則：

1. 不要飲用山泉水：
   飲水要先煮沸再飲用。
2. 不要食用不明的動植物：
   對於不知名動植物，應遵守「不採不食」的原則。

112 年第一次專門職業及技術人員高考-食品技師

類科：食品技師　科目：食品分析與檢驗

一、實驗室購有一部天平，說明書記載可讀重量（readability）為 0.1 mg，最大限量（maximumcapacity）為 210 g，最小限量（minimumweight, USP, 0.1%typical）為 240 mg。請說明此天平規格之意義、如何符合實驗操作流程之「精確稱定」規範以及維持天平量測誤差應注意事項。(25 分)

註：USP：指美國藥典之稱量指引 United States Pharmacopeia weighing guideline。

【112-1 年食品技師】

詳解：

(一)請說明此天平規格之意義：

1. 可讀重量（readability）為 0.1 mg：天平最小可讀到的重量單位。
2. 最大限量（maximumcapacity）為 210 g：稱量不大於該重量具準確度要求。
3. 最小限量（minimumweight, USP, 0.1%typical）為 240 mg：稱量不小於該重量具準確度要求。

(二)如何符合實驗操作流程之「精確稱定」規範：

1. 檢視清潔：在使用之前，應先檢視天平是否乾淨。以毛刷將稱盤表面及附近刷乾淨，以避免雜物殘留影響稱重。
2. 檢查水平：檢查儀器是否放置水平，轉動水平調整鈕，使水平指示器的氣泡在中央位置；每次搬移天平，都需要調整水平。
3. 暖機：電子天平使用之前須先暖機 30 分鐘，讓機器穩定。實驗室的天平通常多是接上電源插座，隨時保持在暖機狀態，因此可以直接使用。
4. 開機：壓按一下電源開關（ON/OFF）執行開機。此時顯示幕上所有的字幕都會顯現，待數秒鐘穩定後，出現「0.0000 g」，即完成歸零。
5. 外砝碼校正：開機、歸零之後應該先校正天平。將校正砝碼置於稱盤中央位置，待質量讀值穩定後，如果電子字幕所顯示數值與砝碼質量相同就可以直接使用。如果顯示數值與砝碼質量不同時，就需進行後續的自動校正工作。
6. 一般稱量：稱量物品質量時，先壓按住歸零鍵，將天平歸零。再將待測物放在稱盤中央位置，當穩定偵測訊號消失後，表示讀值已穩定，顯示幕上的數值即是待測物品質量。

(三)維持天平量測誤差應注意事項：

1. 電子天平是一種精密稱量的儀器，應該安置在穩定不易受震動的檯面，室內溫度穩定並且沒有日晒風吹的環境中。
2. 所稱量物品的質量不可以超過天平的稱量上限。
3. 檢查並且調整儀器水平。
4. 稱量前應先行校正，校正完後，待稱量物品要放在稱盤的中心位置稱量。
5. 切勿將天平上下倒置，以免儀器內的電子零件受損。

二、請說明如何測定可可膏、可可磚與可可粉等可可產品中粗脂肪的含量。（25 分）

【112-1 年食品技師】

詳解：

使用索氏萃取器(Soxhlet extractor)進行可可產品中粗脂肪的含量測定。

(一)萃取器裝置安裝：

1. 精稱樣品 3 g (Ws)再乾燥後，於稱藥紙中，放入圓筒濾紙中，塞上脫脂棉花，再置於索氏萃取器中。
2. 已乾燥恆重之圓底瓶(W_0)中加入約 1/2 量無水乙醚，組裝索氏萃取裝置。

(二)溶劑迴流速率控制：

將脂肪抽出裝置於 50~60℃恆溫水浴鍋中不斷迴流萃取 3~4 小時；每秒約 5～6 滴冷凝液的速度萃取約 4 小時，若是 2～3 滴則需要萃取 6 小時。

(三)溶劑回收與乾燥操作：

1. 溶劑回收：大部分乙醚於上方索氏萃取器中，再取圓底瓶。
2. 乾燥操作：將含有油脂的接收瓶(圓底瓶)在 100°C 烘箱內乾燥 30 min，取出放入乾燥器中冷卻至恆重，稱重(W_2)。

(四)油脂含量計算：

$$粗脂肪(\%)=\frac{W_2-W_0}{W_s}\times 100\%$$

W_s：樣品重
W_0：圓底瓶重
W_2：萃取脂肪後，烘乾達恆重之圓底瓶重

$$粗脂肪(\%)=\frac{脂肪重(g)}{樣品重(g)}\times 100$$

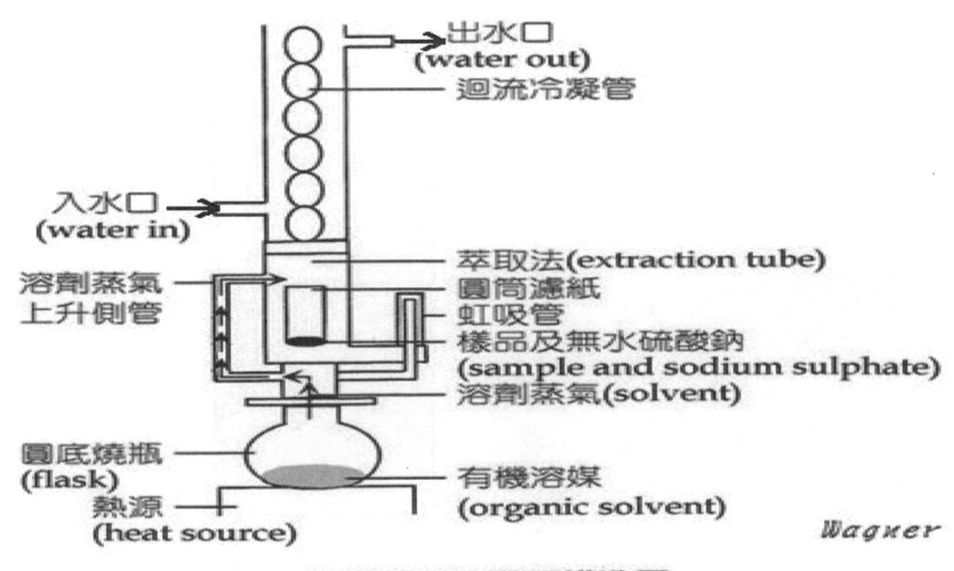

(a) 索氏萃取裝置構造圖

三、測定膠囊與錠狀食品中水溶性維生素時，採用配備有光二極體陣列檢出器（PAD）之高效能液相層析儀（HPLC），以 C18 之管柱分離並測定維生素 B1、B2、B6、C、菸鹼酸、菸鹼醯胺、泛酸及葉酸 8 種維生素，檢驗方法中以標準品之波峰滯留時間及吸收圖譜比較鑑別維生素，並以標準曲線求得各維生素含量，請說明設備設計與測定的原理。（25 分）

【112-1 年食品技師】

詳解：

(一)設備設計：

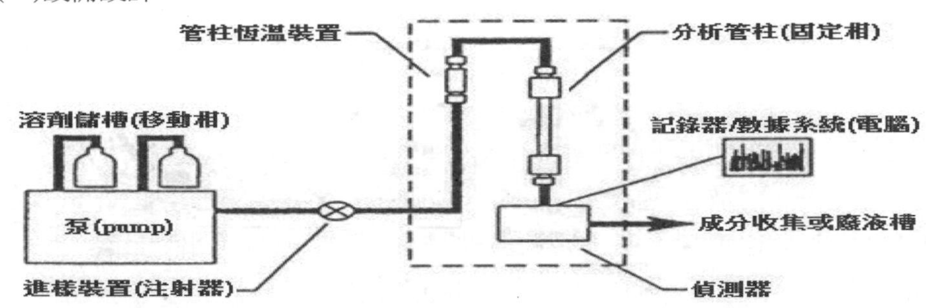

(虛線框內的管柱和檢測器可恆溫調節，以便在控溫下操作)

1. 泵(pump)：極性溶劑(移動相)輸送系統，以準確之流速輸送移動相，經過進樣裝置(注射器)，帶走樣品(Sample)，進入分析管柱(Column)，進行分離。流速常為 1 ml /min。
2. 進樣裝置(注射器)：樣品注入器，將樣品在常壓下打入管路後，再打開閥門導入高壓的層析管。
3. 分析管柱(Column) (固定相)：使用 C18 之管柱為非極性管住，使用的方法為逆相層析(Reversed Phase)之 HPLC，其分離原理為混合物中的各成份在固定相和移動相之間的分配係數不相同(即親和力不同)，使其在管柱中的滯留時間不相同而得以分離出來
4. 偵測器(detector)：使用光二極體陣列檢出器（PAD），可以同時設定各個水溶性維生素之最大波長，同時一次偵測全部的水溶性維生素。
5. 記錄器/ 數據系統：將訊號轉成滯留時間(retention time)與吸收峰(peak)。

(二)測定的原理：

將樣品經過前處裡，然後溶於適當有機溶劑過濾後，注射入逆相層析 HPLC，經由幫浦(pump)產生壓力，推動極性的移動相(mobile phase)溶劑和分析物到非極性的 C18 之管柱(column)固定相，由於各分析物與 C18 之管住中填充之固定相(stationary phase)之間的分配係數不同(即親和力不同)，使其在管柱中的滯留時間不相同而得以分離出來。流出之各種化合物經由光二極體陣列檢出器（PAD）辨認測定後可被記錄於記錄器上，由紀錄器的層析圖可求出滯留時間，並與標準樣品比較後，可鑑定出試樣中的各種化合物成分(定性分析)。若由層析圖之吸收峰(peak)積分面積，比對標準品繪製的標準曲線(外部標準法)，則可定量出各種化合物的含量。

四、飼養動物以取得肉類供應，是重要經濟活動，為增進飼養效率，提高肉品之瘦肉比例，部分國家或區域依風險管理依據，開放使用乙型受體素，俗稱瘦肉精，如萊克多巴胺，為管理使用品項與使用時期，因此衛生管理單位制定檢驗方法，如食品中動物用藥殘留量檢驗方法－乙型受體素類多重殘留分析，以管理產品中容許的殘留濃度，因為所檢驗的物質濃度低，且有許多干擾，因此選擇使用以液相層析串聯質譜法，並使用同位素內部標準品。請說明儀器的測定原理、鑑別依據與定量所用基質匹配檢量線之操作方式。（25 分）

【112-1 年食品技師】

詳解：

(一)液相層析串聯質譜法之儀器的測定原理：

將液相層析(LC)接上兩台質譜儀(MS)串聯在一起，LC分離純化待分析成分(提供純度99%↑物質)，進入第一台MS，經過離子源：電灑離子化法(eletro-spray ionization, ESI) [母代離子(第一次離子源產生)]，質量分析器(四極柱)依不同質荷比(m/z)分離，選擇特殊離子碎片，進入第二台質譜儀，再經過離子源(ESI)後[子代離子(第二次離子源產生]，質量分析器(四極柱)依不同質荷比(m/z)分離，最後進入偵測器獲得質譜圖譜，以定性與定量。

(二)鑑別依據：

1. 定性：

(1)將樣品導入 LC/MS/MS 比對第二台 MS 之樣品標準品與樣品碎片分布，相同離子碎片代表相同物質。

(2)將樣品導入 LC/MS/MS，依照第二台 MS 之不同瘦肉精的定性離子對是否存在，若存在代表有此瘦肉精。

2. 定量(內部標準法)：求反應係數值或稱感應因子或稱相對感應因子(response factor, Rf)：

(1)配製不同比例的樣品標準品與內部標準品之溶液，將此不同比例之溶液混合注入 LC/MS/MS，得樣品標準品及內部標準品之相對豐盛度(R)比值(y 軸)。將樣品標準品與內部標準品濃度(C)比(x 軸)，與二者之相對豐盛度(R)(y 軸)作線性迴歸所得斜率即為反應係數(Rf)。

(2)分析樣品時，將樣品加入固定量的內標準品混合，一起注入 LC/MS/MS，再利用以下公式，即可算出待測成分之量。

$$R_f = \frac{Rsample/Ris}{Csample/Cis}\text{；}Csample = \frac{Rsample/Ris}{R_f/Cis}$$

(三)定量所用基質匹配檢量線之操作方式：(內部標準法的校正曲線製作)

取空白檢體，調製未添加內部標準品之檢液原液，取 500 µL，分別加入標準溶液 1～50 µL、內部標準溶液 10µL 及適量 5 mM 醋酸銨：甲醇(9:1, v/v)溶液，使體積為 1000 µL，混合均勻，供作基質匹配檢量線溶液，依條件進行液相層析串聯質譜分析。就各乙型受體素與內部標準品波峰面積比，與對應之各乙型受體素濃度，分別製作 1～50 ng/mL 之基質匹配檢量線。

112 年第一次專門職業及技術人員高考-食品技師

類科：食品技師　科目：食品工廠管理

一、原物料採購作業是食品工廠管理的重要一環。請說明此作業的市場調查目的、內容、與訂購單應填寫那些內容使買賣雙方能一目了然。（25 分）
【112-1 年食品技師】

詳解：

(一)採購的市場調查目的：採購人員必須了解市場情況的變化，並掌握市場現狀，如此才能擁有最新和最完備的市場資料，要做好這些，則要進行市場調查。市場調查的方式可分為直接調查、間接調查、委託調查、參考有關機構發行的研究報告等。其目的可以歸納如下：

1. 作為進行各種預測時的參考。
2. 提供新產品設計或改良舊有產品的情報。
3. 掌握更有利的供料市場。
4. 作為存貨管理的參考。
5. 減低採購成本。

(二)採購的市場調查內容：

1. 調查並選擇合適的原物料。
(1)選擇適合規格要求的原物料。
(2)原物料的性能與價格的比較。
(3)新製品的原物料調查。
2. 調查價格的合理性：
(1)了解原物料價格動向。
(2)依製造方法估算製造成本。
(3)價值分析。
3. 採購時期、儲運時間的認識：
(1)調查原物料有關的供需趨勢。
(2)覓取最有利的訂購時機和數量。
4. 把握合適交易對象：
(1)調查交易對象的經營狀況。
(2)調查流通路線。

(三)訂購單應填寫那些內容使買賣雙方能一目了然：為了避免誤會或誤解，訂購單上對於規格的填寫愈詳細愈好，使買賣雙方能一目了然，通常其內容包括：

1. 品名。
2. 數量及交貨日期。
3. 品質特性。
4. 試驗與檢驗項目。
5. 合格判定基準。

二、市場上常見食品業者使用塑膠類包材包裝加工食品，依據「食品良好衛生規範準則」，請說明其對塑膠類食品器具、食品容器或包裝製造業的原料及產品之貯存、製造場所、與生產製造有何規定？（25 分）

【112-1 年食品技師】

詳解：

參照「食品良好衛生規範準則」(103.11.7)：

第十章：塑膠類食品器具、食品容器或包裝製造業：

(一)原料及產品之貯存規定：

第四十一條：原料及產品之貯存，應符合下列規定：

一、塑膠原料應有專屬或能與其他區域區隔之貯存空間。

二、貯存空間應避免交叉污染。

三、塑膠原料之進出，均應有完整之紀錄；其內容應包括日期及數量。

四、業者應保存塑膠原料供應商提供之衛生安全資料。

(二)製造場所規定：

第四十二條：製造場所，應符合下列規定：

一、動線規劃，應避免交叉污染。

二、混料區、加工作業區或包裝作業區，應以有形之方式予以隔離，並防止粉塵及油氣污染。

三、加工、包裝及輸送，其設備及過程，應保持清潔。

(三)生產製造規定：

第四十三條：生產製造，應符合下列規定：

一、依塑膠原料供應者所提供之加工建議條件製造，並逐日記錄；建議條件變更者，亦同。

二、自製造至包裝階段，應避免與地面接觸；必要時應使用適當器具盛接。

三、印刷作業，應避免油墨移轉或附著於食品接觸面。油墨有浸入、溶出等接觸食品之虞，應使用食品添加物使用範圍及限量暨規格標準准用之著色劑。

三、品管員從管制圖發現食品在製造過程有異常現象發生，擬依特性要因圖之五M 法則分析可能的異常原因。請寫出此 5M 名稱，並針對各 M 列舉至少 4 項可能因素。（25 分）

【112-1 年食品技師】

詳解：

(一)5M 名稱：人(man)、設備(machine)、原材料(material)、操作方法(method)和測定(measurement)，也就是要將人管理得好、設備要夠水準、原材料要穩定、操作方法要標準和測定要正確，將能排除製造過程有異常現象發生。

(二)各 M 列舉至少 4 項可能因素：

1. 人(man)：

(1)工作人員沒有經過職前教育訓練。

(2)工作人員人員罹患傳染病而未健康檢查合格，並參與食品生產作業。

(3)工作人員於工作中沒有戴手套、戴口罩、穿工作衣帽、工作鞋而進行生產。

(4)工作人員於工作中飲食、配戴飾品、化妝等而汙染食品。

(5)工作人員沒有遵守人流、物流、水流、氣流的動向。

2. 設備(machine)：

(1)機械設備未定期保養，導致製成品質不符。

(2)機器設備散熱風扇故障，導致高溫運轉使食品品質未達標。

(3)機器設備齒輪磨損未更換，輸送帶運轉速度不同步，造成食品品質不均一。

(4)機器設備與食品的接觸面磨損凹陷，使微生物大量孳生而污染食品。

(5)機器設備老舊未更換，導致使用此設備製成的食品之品質有落差。

3. 原材料(material)：

(1)原材料品質不好，導致做出來的產品之品質差。

(2)原材料品質不均一，導致做出來的產品之品質不均一。

(3)原材料不新鮮，導致做出來的產品之品質不符。

(4)原材料已部分腐敗，導致做出來的產品品質未達標。

(5)原材料儲存不適當，導致品質劣化，使製作出來的產品之品質異常。

4. 操作方法(metho1d)：

(1)操作方法未標準化，使不同工作人員使用不同的操作方法。

(2)操作方法未落實，使部分工作人員未按照標準的操作方法。

(3)操作方法不正確，使工作人員使用錯誤的操作方法。

(4)操作方法於更換機器設備時未更改，使工作人員使用舊設備的操作方法。

(5)操作方法複雜，使工作人員看不懂，而未按照操作方法操作設備。

5. 測定(measurement)：

(1)測定方法未標準化，使不同工作人員使用不同的測定方法。

(2)測定方法精密度低，使相同樣品三重複的測定結果差異大。

(3)測定方法準確度低，使樣的的測定結果與真正的結果產生差異。

(4)測定方法不正確，使工作人員使用錯誤的測定方法。

(5)測定方法太複雜，使工作人員看不懂，而未按照測定方法進行測定。

四、依據「食品良好衛生規範準則」，請說明真空包裝即時食品的定義，本準則中對食品公司製造能常溫貯存及販賣的真空包裝即時食品應符合那些規定？（25 分）

【112-1 年食品技師】

詳解：

參照「食品良好衛生規範準則」(103.11.7)第三十七條：

第九章：真空包裝即食食品製造業：

(一)真空包裝即時食品的定義：

所稱真空包裝即食食品，指脫氣密封於密閉容器內，拆封後無須經任何烹調步驟，即可食用之產品。

(二)對食品公司製造能常溫貯存及販賣的真空包裝即時食品應符合的規定：

製造常溫貯存及販賣之真空包裝即食食品，應符合下列規定：

一、具下列任一條件者之真空包裝即食食品，得於常溫貯存及販售：

（一）水活性在零點八五以下。

（二）氫離子濃度指數(以下稱 pH 值)在九點零以上。

（三）經商業滅菌。

（四）天然酸性食品 (pH 值小於四點六者)。

（五）發酵食品 (指微生物於發酵過程產酸，致最終產品 pH 值小於四點六或鹽濃度大於百分之十者；所稱鹽濃度，指鹽類質量佔全部溶液質量之百分比)。

（六）碳酸飲料。

（七）其他於常溫可抑制肉毒桿菌生長之條件。

二、前款第一目、第二目、第四目及第五目之產品，應依標示貯存及販賣，且業者須留存經中央衛生福利主管機關認證實驗室之相關檢測報告備查；第三目之產品，應符合第八章之規定。

高元線上名師大會集

黃上品（黃靖堯） 食品微生物.食品化學 食品安全.食品分析

◎國立大學食品生技所博士
◎專攻食品微生物及乳酸菌之研究
◎經歷：
1. 曾任CAS食品工廠-品管課課長
2. 曾任610好康網 健康專欄作家
3. 現任ISO 22000茶葉農場顧問
4. 現任生技公司保健食品顧問
5. 現任高元文教機構講師

◎著作：
1. 最新食品技師.新食品技師師選
2. Carrer職業情報誌433題-食品技師搶手市場短缺500人專刊撰寫

◎證照達人：
1. 食品技師(專技高考)
2. 營養師(專技高考)
3. 食品檢驗分析(乙級技術士)
4. 化學(乙級技術士)
5. 保健研發工程師

梁　十（黃敏郎） 食品加工

1. 國立大學食品科技所博士
2. 食品技師證照
3. 專攻於食品加工、團膳之研究
4. 精心整理課程、授課清晰，建立完整課程核心

于　傳（葉傳山） 生物化學.生物技術.分生

1. 國立大學生物化學博士、生命科學碩士。
2. 上課方式生動有趣，題材新穎並能確切迎合考題趨勢。
3. 具豐富實驗經驗，能準確破解實驗題型。
4. 上課教材配合各校重要試題演練，使同學能夠熟能生巧。

萬　玫（蔡東亦） 生物統計學

1. 國立大學副教授。
2. 注重觀念引導，搭配歷屆試題，完全掌握方向。
3. 不必死背公式，看到題目即會運用，作答順暢，非常容易拿高分。

高元 112年第一次食品技師感言錄

黃書賢 錄取 112年第一次食品技師[榜首]

原就讀：中山醫學大學/健產系

身為中山醫健產系的學生，好像是第一屆還是第二屆能夠考取食品技師，因為害怕學習資源不夠，所以毅然決然的報名補習班，來惡補一些知識上的不足。
由於在學期間常常打混摸魚，且看完的書總是過目即忘，所以剛開始看函授影片時，常常看到一把鼻涕一把眼淚，每看30分鐘可能需要暫停2、3次，但秉持每部影片至少觀看2次的原則，硬是咬牙在考試1、2個月前把課程全部觀看完，按照老師的教學來練習題目，強迫自己一題至少寫完雙面A4空白紙，從不會的題目中找出問題點，重複觀看課程，或寄Email詢問老師，加強記憶與理解，練習到走火入魔之後，可嘗試將課本闔起，並從第一章的觀念默寫到最後一章，對學習會很有幫助！
在決定讀書科目占比時，我自己會將食品工廠（只讀重點就能瞎掰）的科目或最沒把握的科目（檢驗）占比降至最低，全力衝刺其它分數能夠大幅成長的科目，且建議能夠每一科都做小筆記方便考試倒數時的瀏覽與翻閱，食品衛生則是要特別注意時事題，把握基本分數。

很榮幸能夠應屆考上食品技師，在這邊要感謝黃上品老師總是能用淺顯易懂的方式來教學，使學習不再艱澀，梁十老師則是直搗黃龍訴說著最原始的觀念，雖然剛開始可能不理解，但只要懂了之後，便能舉一反三的套用在許多地方。

食品衛生安全與法規 63
食品加工學 66
食品分析與檢驗 52
食品微生物學 76
食品工廠管理 84
食品化學 68
總成績 68.17分（及格標準：55.83分）及格

馮如羿 錄取 112年第一次食品技師

原就讀：輔仁大學/食科系

很慶幸當初有選擇補習，讓我省了很多整理筆記的時間。準備食品技師無非就是一直背，背到講義所有內容都滾瓜爛熟，並且留意考古題常出的方向。在考試當下看到不會的題目也不要緊張，盡量湊相關內容、盡量一題寫滿一整面，如果寫不滿一整面可以用畫圖的方式占版面，期望大家都能順利上榜！

考試成績：
食品衛生安全與法規：67
食品加工學：64
食品分析與檢驗：51
食品微生物學：62
食品工廠管理：72
食品化學：67
總成績：63.83分(及格標準：55.83分)

高元 112年第一次食品技師感言錄

李玟怡 錄取 112年第一次食品技師

原就讀:屏東科大/食科系

謝謝黃上品老師、梁十老師，上課方式有趣，教材有條理、整理的很完整，背誦方式也很有效。看考古題比較能清楚知道哪裡還需要加強，也要實際計時手寫過題目才知道怎麼分配時間，看完考古題後會發現很多題目很常考，常考的題目要背熟，老師上課說的通則也要背熟。

1.食品衛生安全：時事很重要，要常常去食力網站、食藥署闢謠專區看一下最近的食安事件和食安法的修改。
2.食品加工：考的很廣所以基本觀念要熟記，答題才能寫的豐富。
3.食品分析與檢驗：做筆記的時候可以畫圖增加印象，答題時也可以用畫圖表達。
4.食品微生物：菌名和特性要背熟，老師給的通則也要熟記。
5.食品工廠管理：我沒有補工廠管理，考前一個禮拜開始看工廠管理的考前猜題，大概看一下歷屆的工廠管理考什麼，常考的背一下，考試時把相關的都寫出來。
6.食品化學：常考的水分、蛋白質、脂質、色素等盡量背熟。

考前把高元的考前猜題背熟，看考古題和筆記不熟的地方，技師的答案紙有12面，按照老師說的20分至少寫一面滿，不用擔心寫不滿12面，我覺得有寫到重點比較重要，拿到考卷先瀏覽過題目，分配時間，不用寫太急反而漏寫東西。

食品衛生安全與法規：69　　食品微生物學：75
食品加工學 ：66　　食品工廠管理72
食品分析與檢驗：54　　食品化學：68　　總成績：67.33

湯蕙慈 錄取 112年第一次食品技師

原就讀:嘉南樂理科技大學/食科系

感謝黃上品與梁十老師的教導及教材上有條理的編排，重點也會以表格的方式整理，可以讓我在課後能快速複習重點的部分。由於考科準備的內容大多都需要用背的，老師們也會提供一些速記法及通則，減少了在背誦各科重點時的負擔，在課程中每個單元也會講解相關考古題，並提供一些考試時的答題技巧。
大約距離考試前一個月開始看各科的總複習課程，搭配老師們編製的歷屆考題詳解，盡量將考古題及總複習內容看熟。另外食品衛生安全與法規的考前準備，需多留意近期時事及食藥署網站公告修正的法條等等。考試時，可善用條列式及畫圖的方式，也要注意考試時間的掌握，每個題目都盡量將相關的內容都寫上去，多爭取一些分數。
最後也謝謝高元補習班提供的課程資源，讓我能順利考上食品技師!

食品衛生安全與法規　72　　食品微生物學　64
食品加工學　61　　食品工廠管理　68
食品分析與檢驗　46　　食品化學　46　　總成績59.50分

111年公職 食品衛生檢驗高考 高元金榜錄

全國招考4人,高元強佔4人 錄取100%完勝

吳優 榜首	李昀蓁	邱聖文	邵芃茂
原就讀:實踐食營	原就讀:嘉大食品 榜眼	原就讀:屏科食品 探花	原就讀:中興食品

111年公職 食品技師 高元金榜錄

全國招考3人,高元強佔3人 錄取100%完勝

莊○馨 榜首	許韶恬 榜眼	林佩蓁 探花
原就讀:中國醫/營養	原就讀:弘光/食營	原就讀:東海/食品

李昀蓁 原就讀:嘉大/食品系

考取學校:食品衛生檢驗高考 榜眼

一開始去買高元出版的"食品衛生檢驗&農產加工 高普考2.0(103~109年度試題詳解)"回來讀,讀完之後覺得還想要再多刷幾年的考古,於是決定買高元食品公職課程。

因為公職考試的範圍廣、內容又多,所以一定要把你讀的東西變成長期記憶。我是用"艾賓浩斯遺忘曲線"的規律來複習,因此課本裡每一題我都至少讀過、複習過7遍以上。 大家有興趣可以去研究一下。在唸考古題的時候,我會先看題目,然後直接讀擬答。重點畫底線、專有名詞圈起來,旁邊空白的地方補充(一定要想辦法寫滿空白)。考古題你會讀到很多重複考出來的東西,擬答都是一樣的,但還是要認真再讀一次,空白的地方也要再把它寫滿。(你每多寫一次,那些東西就多留在你的長期記憶一點)。

國文(作文、公文與測驗):56分
食品安全與衛生法規:64分
法學知識與英文:72分
食品化學:67分
食品加工學:66分
食品微生物學:91分
食品分析與檢驗:74分
生物統計學:89分
總成績:72.93分
(錄取標準:71.67分)

邱聖文 原就讀:屏東科大/食品系

考取學校:食品衛生檢驗高考 探花

感謝高元老師的指導,雖然我是補函授,但看影片的當下也盡量去揣摩老師的想法及答題方式並且去實踐,之後只要自己堅持下去,那麼離上榜的日子也不遠了!

國文(作文、公文與測驗):56分
食品安全與衛生法規:64分
法學知識與英文:38分
食品化學:62分
食品加工學:70分
食品微生物學:83分
食品分析與檢驗:90分
生物統計學:100分
總成績:71.93分
(錄取標準:71.67分)

賀!! 高元111年第二次食品技師榜

狂賀！全國錄取51名，高元學員強佔24名

前10名，本班強佔7人　並榮登 榜首、榜眼、五、六、八、九、十名！

史羽含(長庚/保營) 榜首	吳佳璇(嘉大/食品) 榜眼	林于婷(台大/食品所) 第五名	高培涵(慈濟/醫檢) 第六名
董祐均(海洋/食品) 第八名	黃浩然(東海/食品) 第九名	葉史苑(中興/食品) 第十名	吳凱豪(中興/食品)
黃琬筑(中山醫/健產)	陳佳瑩(嘉大/食品)	林貝兒(中台/食品)	張姿晴(屏科/食品)
洪士媖(台大/食品所)	蕭慈瑩(輔仁/食品)	李姿葭(中興/食品)	林子傑(海洋/食品)
李喜箴(嘉藥/食品)	鄭和欣(靜宜/食營)	邱子綾(東海/食品)	趙珮雯(金門/食品)
林凱欣(真理/運管)	湯孟儒(中山醫/生化所)	蔡旻真(海洋/食品)	傅O鈺(中山醫/營養所)

賀!! 高元111年第一次食品技師榜

狂賀！全國錄取66名，高元學員強佔41名

前10名，本班強佔8人　並榮登 榜眼、探花、五、六、七、八、九、十名！

應屆生考取高達21人！

邱聖文(屏科/食品) 榜眼	吳俊毅(海洋/食品) 應屆考取 探花	黃筱婷(中興/食品) 應屆考取 第五名	游曼伶(宜蘭/食品) 應屆考取 第六名
李宜樺(嘉大/食品) 應屆考取 第七名	黃筠恩(嘉大/食品) 應屆考取 第八名	陳亦凡(嘉大/食品) 應屆考取 第九名	邵柔榛(北醫/食安) 第十名
林皇龍(宜蘭/食品) 應屆考取	陳泓維(中興/食品) 應屆考取	林禹丞(輔仁/食品) 應屆考取	吳珮聿(輔仁/食品) 應屆考取
陳佳綾(高海/水食)	鄒宜芳(宜蘭/食品)	林佳緯(海洋/食品) 應屆考取	游欣榕(宜蘭/食品)
蘇容仙(東海/食品)	洪詩敏(中興/食品) 應屆考取	周婉榆(北醫/保營)	鄭佳昕(中興/食品) 應屆考取
萬芜妡(中山醫/健產)	李旭傑(海洋/食品)	林珈鋒(屏科/食品)	王佳容(高海/水食)
許舜綺(大學畢業)	謝姍倪(中興/食品) 應屆考取	張馨云(中興/食品) 應屆考取	郭庭妤(嘉大/食品)
黃上智(弘光/食品) 應屆考取	辛佩家(嘉大/食品) 應屆考取	鍾泠　(嘉大/食品)	陳怡彣(嘉大/食品) 應屆考取
許婷宇(嘉大/食品) 應屆考取	陳紫貽(屏科/食品)	陳祐萱(弘光/食品)	陳允文(東海/食品)
胡雅涵(中國醫/營養)	陳曉柔(宜蘭/食品)	彭富鈺(北醫/食安) 應屆考取	陳珈伃(輔仁/食品) 應屆考取
吳禹新(屏科/食品)			

112年 高元 食品營養 研究所榜單（一般生）

姓名	原就讀	考取學校	
呂佳恩	北醫/食安	台大/食安所	榜首
蔡欣唐	中興/食科	台大/食科所乙	榜首
施姵綺	北醫/保營	台大/食科所丙	榜首
賴芸安	中興/食科	台大/食科所丙	榜眼
林瑜庭	中興/食科	台大/食科所丙	探花
李沛瑋	中興/食科	台大/食科所丙	正6
李宜樺	嘉大/食科	台大/食科所丙	正7
林昀	北醫/食安	台大/食科所丙	正8
蔡聖奇	嘉大/食科	台大/食科所丙	正9
廖柔茜	海洋/食品	台大/食科所丙	正11
黃柏鈞	嘉大/食科	台大/食科所丙	正12
陳澔廷	北醫/食安	台大/農化所丙	榜眼
葉律妤	中興/食科	中興/食安所	榜首
黃尚維	中興/食科	中興/食安所	探花
簡隆澤	嘉大/食科	中興/食安所	
張雍	中興/生技	中興/食安所	
林瑜庭	中興/食科	中興/食科所甲	榜眼
李沛瑋	中興/食科	中興/食科所甲	探花
黃柏鈞	嘉大/食科	中興/食科所甲	正5
簡隆澤	嘉大/食科	中興/食科所甲	正6
廖珮吟	嘉大/食科	中興/食科所甲	正7
馮如羿	輔大/食品	中興/食科所甲	正9
徐子筑	中興/食科	中興/食科所甲	正10
蔡聖奇	嘉大/食科	中興/食科所甲	正12
李彥翰	實踐/食營	中興/食科所甲	正14
賴芸安	中興/食科	中興/食科所甲	
廖柔茜	海洋/食品	中興/食科所甲	
邱曼瑄	嘉大/食科	中興/食科所甲	
廖佳萱	弘光/食品	中興/食科所甲	

姓名	原就讀	考取學校	
賴妤貞	輔大/食品	中興/食科所甲	
林沛萱	中興/食科	中興/食科所甲	
洪毓翎	輔大/食品	中興/食科所甲	
黃容怡	海洋/食品	中興/食科所甲	
黎彥頡	嘉大/食科	中興/食科所甲	
張雍	中興/生技	中興/食科所甲	
陳子心	嘉大/食科	中興/食科所乙	榜眼
蔡欣唐	中興/食科	中興/食科所乙	正4
莊雅筑	輔大/食品	中興/食科所乙	正8
黃琦芳	嘉大/食科	中興/食科所丙	正4
蔡聖奇	嘉大/食科	成大/食安所	
廖珮吟	嘉大/食科	成大/食安所	
黃琦芳	嘉大/食科	成大/食安所	
徐子筑	中興/食科	成大/食安所	正5
馮如羿	輔大/食品	成大/食安所	
張楷樺	靜宜/食營	海洋/食安所	榜眼
馮如羿	輔大/食品	海洋/食科所食科組	榜眼
廖柔茜	海洋/食品	海洋/食科所食科組	探花
黃琦芳	嘉大/食科	海洋/食科所食科組	
陳雅筑	宜蘭/食品	嘉大/食科所保健組	榜眼
蔡聖奇	嘉大/食科	嘉大/食科所食科組	榜首
邱曼瑄	嘉大/食科	嘉大/食科所食科組	榜眼
廖珮吟	嘉大/食科	嘉大/食科所食科組	
曾宇君	嘉大/食科	嘉大/食科所食科組	
林品均	東華/國企	嘉大/食科所食科組	
林永茹	美和/食營	嘉大/食科所食科組	
張華真	嘉大/食科	嘉大/食科所食科組	
陳昱霖	靜宜/食營	嘉大/食科所食科組	備4

黃柏鈞

考取學校: 台大/食科所丙組
中興/食科所甲組

原就讀:嘉大/食品科學系

謝謝黃上品老師跟梁十老師，黃上品老師在原理、題目講解得非常清楚，讓我容易去理解而不是死背課本以及了解如何解題。也建議多準備前年食品技師及高普考的試題，像今年台大就有重複的考題，此外，在考試時遇到不會的也要亂寫些相關的東西！

林瑜庭

考取學校: 台大/食科所丙組-探花
中興/食科所甲組-榜眼

原就讀:中興/食生系

高元提供了十分完整的講義，尤其比較整理的表格一目了然。老師們上課時會在重點部分搭配好記的口訣，講解題目的時候也會給予一些解題技巧，使我在練習題目的時候知道該怎麼作答。老師提供的考古題的詳解也幫助許多。切記堅持下去就有機會！加油！

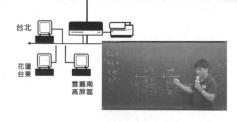

食品技師全攻略2.0
(106-112試題詳解)

著　　作：黃上品、梁十 老師

總 企 劃：陳如美

電腦排版：黃上品 老師、梁十 老師

封面設計：薛淳澤

出版者：高元進階智庫有限公司

地　址：台南市中西區公正里民族路二段67號3樓

郵政劃撥：31600721

劃撥戶名：高元進階智庫有限公司

網　　址：http://www.gole.com.tw

電子信箱：gole.group@msa.hinet.net

電　　話：06-2225399

傳　　真：06-2226871

統一編號：53032678

法律顧問：錢政銘律師事務所

出版日期：2023年09月　　ISBN 978-626-97096-3-2

定價：600元(平裝)